上海市精品建设课程建设精品教材

复旦卓越·21世纪烹饪与营养系列

中国名菜
大淮扬风味制作

主　编　陈苏华
副主编　茅建民
编　委　张丽丽　徐玉良　金永光　盛　斌　李冬梅　刘　振

TWENTY-FIRST CENTURY
COOKING AND NUTRITION SERIES

復旦大學出版社
www.fudanpress.com.cn

前言

到目前为止，绝大多数烹饪专业的中专、大专乃至本科教学皆缺乏具有各自特色的规范性谱系教材，至今仍沿用着一些社会基层编写的菜谱，此类菜谱则明显地存在着两种倾向：

第一，对旧时菜谱抄录，你抄我、我抄你，不管是否适应时代、是否适应教学、是否适应社会一线实践的需要，照抄不误，乐此不疲。绝大多数编者并不会制作或不熟悉所编菜品，且不了解烹饪教学的特点，编书只是一种文人或行外人的游戏活动。品种的滞后，体例的老化，内容的谬误等现象颇多，编者自不知其所以，读者更不知其所云，有很强的娱乐性特征。

第二，面对基本厨师的大众读物，以图片取胜，阐述非常简单，似乎还言犹未尽，某些商家机密不能明言。粗制滥造，快速生产，罗列书面种种众手献艺，一家难言，良莠不分，无限重复，从而缺乏个性特征。图片虽好却如镜中看月，雾里看花，很难适应中高层次教学的需要。

值得称赞的是，由原中商部饮食局主持，中国财政经济出版社出版的一套20余册的《中国名菜谱》真实而权威性地记录了当时京、津、沪、苏、浙、皖、闽、鲁、豫、鄂、湘、粤、川、滇、辽、黑以及清真、素菜风味的著名菜肴品种，具有巨大的历史文献意义，代表了我国当时以及之前历史时期的最高烹饪水平，是中国区域风味真实而客观的历史写照，同时也明显反映出历史时代特征。但是，这种庞大规模的历史性谱系记录既不方便学生学习，也不适应当代特别是进入21世纪以后各学校具体的特色性教学过程。尤其是进入到21世纪，随着全球化进程的加快，融合的规模与速度均不是20世纪所能比拟的，南北交融、东西合璧、中外渗透和科技发展日新月异，使今人的思维与意识跨上了一个新的台阶。烹饪进入了以整合与创新为特色的饮食传统重建的时代，机遇和挑战并存。历史的存在只说明过去的辉煌，饮食的传统正随着时代而演变。

由于上述种种，编写适应中国东南地区区位特征的大专、本科营养与烹饪专业教学所需要的谱系教材已成为当务之急。时代的积累资源也给予了这类谱系教程开花结果的条件。菜肴制作不仅仅是技术问题，区域饮食文化传统的影响也是十分明显的。所培养的学生首先要适应区域饮食市场的需要，然后才能进入更为广阔的空间。然而在新世纪大文化、大经济、大流通的背景下，教学的区域特征已不能局限于旧时的一省一市局部范围，而必须以更大的自然与文化时空为背景，立足于对具有相似餐饮特征的区域资料的广泛整合，诱导菜品市场化的进程。同时，教学内容亦必须紧握市场流通的脉搏，力主个性化创造性思维，从模仿性教学向设计型教学方向迈进。由此观之，本书有如下特点。

一、以传统为坚实的基础

本书三分之二内容取自区域传统菜式的经典之作，因为区域饮食传统的形成不是空穴来风，而是通过历史长期的自然选择实现人与自然平衡、人与食物平衡的结晶。我们每个人都生活在各自的自然与文化传统环境之中，深深印刻着对传统自觉或不自觉传承的烙印。因此，所谓"迷综"无视传统的则是无根之本，无土之花，也是事实上不存在的。我们深信，没有传统便无创新。

二、以整合为时代的特征

如前所述，当代教学应立足在对相似饮食文化区域性整合上，因此所举菜例正是从淮河与扬子江流域地区"清淡平和，咸甜适中"的总体风格特征上对其作时空的广泛整合，并集中体现的。跨越了所谓小淮扬的概念，从历史到空间的跨度上总体还其本源真实的面貌。该区域包括了江、浙、沪、皖、赣、闽、台等广大地域。实际上在当代市场流通过程中，该区各地之间的相互渗透，使特色与差异已大大地归于统一，你中有我，我中有你，缕脉难清，共同发展。从历史上看，其演进历程又是一脉相承的。因此整合的优势大于割裂。新的流行必定产生新的名品，新的名品必定创造新的辉煌。人们饮食观念的演变正促进烹饪的创新，产生新的流行与新的名品，并形成新的饮食时尚与风俗。在这里，中国烹饪正从普遍模仿的公众形象演进为个性化创新的特色形象。以卫生为基础，风味为核心，营养为目的，也就是说以卫生、营养、美感三要素的高度统一为名菜创作的方向，已成为共识，从而指导着饮食大众对传统批判性传承，选择性重构的过程。

据不完全统计，自 1984 年始中国烹饪技术的历届全国大赛，第一届、第二届基本上是老厨师、老菜式、老传统，第三届可以说是新旧参半，到了第四届、第五届则新式菜肴占到了绝大多数。尤其是第五届全国大赛，个人设计创作的新菜式基本上占到了 95%以上，而传统品种几乎不见踪影。这虽然有偏颇之处，但不能不说是时代大潮的必然。那些大赛的菜谱记录给了我们许多有益的启示。

三、以重组为创新的思路

所谓重组，就是重新组构。这取决于对历史传统的整体回顾和重新评估，以世界空间大舞台为背景，优化组织并重建我们的传统。世界各民族历史相当多的事例证明，一个民族与国家的文化传统是随着环境的变化而变化，随着历史的演进而演进的。就淮扬地区而言，28 年前的传统与当代的传统虽是一脉相承，但在许多方面已产生了较大的差异性。为了传统而传统那不是当代烹饪高等教育所需要的，当一个新的观点、新的意识、新的结合点产生的时候，如果约定俗成，并被传承下来时，那就是一种经过重组过程形成的新的传统。反之，如果我们原封不动地将古八珍搬到现代流通市场，让大众消费的话，那么就是愚蠢的，十分可笑的。当代许多流行菜式的产生，正强烈地说明了，我们自觉或不自觉地进入到了对传统的重组过程之中。在这个过程中，本味的时代演变为优化调味的时代，形式美的时代演变为科学美的时代。多元复合的、多重结合的，使安全卫生、营养保健、风味美感的高度统一成为当代中国烹饪的科学之美，这就是当代以重组为创新思路的特质。

四、用经典为教学的模板

所谓经典，就是经过千锤百炼的，众口同嚼的，广为流传的，具有典型性质的菜式。这也就是名菜。名菜不是昙花一现，一般具有较长的生存价值，被众口传颂着，它代表着一个范畴、一个档次、一个品级，能举一隅而以三隅反，以一菜代表一类。这是其具有精细的加工，独特的风味，优质的营养与疗补特征所决定的，因此，运用名菜作为教学的模板正是我们的追求。然而，名菜也随着时代的进化而进化着，新的名菜在不断地更新着名菜谱，这是名菜与音乐、绘画、雕塑应用性质的不同所决定的。通过科学的复演能直接应用于社会饮食生活之中，正是名菜教学的目的。因此，我们就必须依据时代的标准，适应社会的要求，更新名菜的教学，运用现代所赋予的科技知识研究名菜的创作与生产过程。本书正是基于这个观念对许多传统名菜进行再打造。因此，本书不是僵死的，照本宣科的，而是灵活的，标新立异的。同时也要说明，本书所用每例历史名菜都经过仔细的推敲分析，具有优化重组的过程。本教材以项目驱动的形式，进行模块化教学，共架设了七个项目驱动模块。项目一，中国大淮扬风味菜系绪论。主要从理论上阐述了大淮扬风味的生成、特色与结构。项目二与项目三，水产类菜例。大淮扬风味具有水产重于陆产的倾向性特征。项目四，畜肉类菜例。项目五，禽蛋类菜例。项目六，综合与果蔬类菜例。项目七，山海珍品类菜例。

五、张扬个性发展是名菜教学的目的

烹饪技艺的学习难度是众所周知的，在 3～5 年中即使是经过艰苦磨炼的人也难以成为一个好厨师。十年磨剑，百里挑一，即使成为好的厨师，也难以寻觅全才、通才，亦即各项技术都达到炉火纯青的地步。大师级厨师也各有短长，实际上衡量

一个厨师的高低，主要是以他所掌握名菜制作的质与量为标准的。对名菜的教学使之达到熟练掌握、灵活运用，富于变化，长于创新，这就是教学的希望。我们的每位厨师都有专长，如能张扬专长，精益求精，优长于多数人，那就是专家。如能综合运用，触类旁通，标新立异，那就达到了大师级标准，仅靠一两次大赛金牌的偶然获得而无深厚的名菜知识积淀，那不是真正大师级的人才，也不是教学所应推崇的。对每种定型名菜的复演过程，同时也是一次再创作过程，抱着这种心态，走向创新那是必然的。创新的积聚与爆发过程，就是个性得到张扬和发展的过程，培养未来的名师、大师正是本教程的崇高目标。这就要求我们通过广阅读、精复演的教学，使学生掌握的不是刻板的名菜模型，而是掌握名菜的精神灵魂。名菜是怎样设计并制作的？为什么？有什么长短？怎样进一步优化？怎样推演和派生？名菜的各项元素怎样提炼？怎样综合？怎样达到真、善、美、新、奇、特的创新应用效果？也正是从这点出发，本书中三分之一的品种纯属我们最新的设计，在每种案例里可以看到一个或两三个名菜的影子，但又有着全新的缜密的科学美思考。抛砖引玉，为学生开拓思维提供参考。

以上五个方面可以说明本教程是不同于社会一般菜谱读物的，我们为了目前华东地区烹饪工艺大专、本科的教学需要而编著此教材，充满了区域饮食文化个性化的特征。其中的每一个案例，都凝聚着我们制作与研究的心血，也可以说是作者对名菜制作研究教学 30 余年的经验集萃。所举菜例凡 400 品，无一野生动物，鲍、参、燕、翅等山海珍品择其典型者，大量地采用了农、牧、副、渔产品原料，既尊重历史名菜的原版，又大量提炼社会新品，采用新思维，打造新模式，贴近一线应用，方便教学过程，推崇绿色食品，面向 21 世纪的社会大餐饮。

本教材可作为东南地区高职教育的普及性教材，尤其在江、浙、沪、皖具有较强的侧重性和适应性。

2014 年 12 月于上海邦德职业技术学院

目录 MU LU

项目一　中国大淮扬风味菜系绪论

知识目标

本项目阐述了中国大淮扬风味体系的本质、源流、生成机因、结构组成以及风味与工艺特色。强调了大淮扬风味的范畴、内涵在中国烹饪大体系中的地位及其重要意义。

能力目标

通过教学，学生能充分了解中国大淮扬风味的深层次机理，明确认识大淮扬风味作为中国东南佳味特征性、文化性、工艺性与其他区域风味异同的本质；学生能在今后学习名菜制作中准确把握操作性与设计性的整体意境与精神，能区别并认识不同分支流派风味制作的特征。

导　　言

淮扬菜系与川、鲁、粤菜系被习惯性并列为中国四大菜系（加上西北地区清真类型风味菜系亦可并称五大菜系或五大风味集聚区），这是中国饮食文化区域风味分系现象的不争事实。然而，究竟什么是淮扬菜系？它的源流、内容、性质迄今为止尚无清晰的认识。甚至有的人尚回避这一约定俗成的事实，一提起它便会产生误会，争论不断，莫衷一是。于是在风俗、文化、物产、气候相近相似的地区之间，以地方本位观点冠名的“菜系”新概念蜂拥而出，分庭抗礼，而忘记了饮食文化的同创共享规则。那许多诸如八大菜系、十二大菜系甚至三十大菜系或更多菜系，实际上大多数是你中有我、我中有你，属于同一饮食文化分支体系，搞得一个清晰的系统格局犹如乱麻。在社会科学与自然科学高度发达的今天，我们对大菜系的研究远不能局限在一个有限的时空中了，而应在整体文化背景下透视淮扬菜系的全部过程，在广阔的视野中获得更为清晰的认识。

“菜系”是饮食文化的特有现象，是人们对风味集聚现象认识所作的系统归纳和总结，是在系统归纳总结中自觉形成的区域文化范畴概念。简单地讲，菜系就是区域风味菜点的总和与体系，是相对于其他风味集聚区菜系具有鲜明差异性特点的风味体系。因此，菜系是自然区域与人文渊源关系的产物，是人们为了生存与自然界相适应的一种选择，是这一适应过程的历史凝聚。菜系所反映的是一个自然区域人类饮食生活的习惯、风俗和传统的全部文化历史。我们研究菜系目的是认识其继承、共享、变异、进化的规律，从而力求准确地把握淮扬菜系这一优秀文化遗产的特色精华，更好地为现代人类饮食生活服务。

第一节　千古淮扬系东南

行政区划是历朝有变的，自然地理气候区划是亘古不变的。淮扬作为自然区域的概念来源于《尚书・禹贡》中“淮，海维扬州”。《孔传》称扬州的方位是“北据淮，南距海”。《尔雅・释地》有云：“江南曰扬州。”《周礼》亦云：“东南曰扬州。”这里的淮是指淮河（周秉钧著《尚书易解》）、海是指大海（东海）。扬即是扬子江。汉水出潘家山至汉口与岷江合流，东流至今扬州、泰州一带的长江中下游古称扬子江。州，通“洲”，是指多水的周边陆地，后作地区称谓。《毛诗》曰：“水中可居者曰州。”《说文》：“州本州渚字”“昔尧遭洪水居水中高土故曰九州”“古文‘州’像前后左右皆水”。《尚书》是记载上古与夏、商、周先秦三代历史的中国第一部史书，以中原为中心，依据当时大陆“山林川泽丘陵坟衍原隰”的自然生态形势将国土划分为“冀、兖、青、徐、扬、荆、豫、梁、雍”等九州。传说中夏铸九鼎就是说的这一史实，这里所指的扬州方位是淮河以南，东海以西，扬子江流域两岸为轴心的广大区域。这一区域位于大陆东南，以地形低湿的江南为核心。扬州的地域称谓形象地描绘出东南地区多水低平的地貌特征。这是一个巨大的地域范围概念，包括了现在整个华东地区与华中部分地区以及澎、台、舟山等岛。

这一区域由一个主要地区和两个边辅地区连成一片，即淮河流域与扬子江流域平原区、东南沿海区、周围低山丘陵地区。这些地区间交通方便，气候相同，风俗相近，流通频繁，与其他三大菜系所在区域存在明显的诸方面阻隔与差异，是一个具有相对独立意义的自然生态区域，中国的综合自然地理区划上一般将其划归为一个区域。“淮扬”之称正是对这一自然生态区域环境的高度概括。

再看政区划分。扬州作为政区的称号，始于汉武帝元封五年（公元前 106 年），扬州为十三刺史部之一，领庐江郡（治舒县，今安徽庐江南）、九江郡（治寿春，今安徽寿县）、会稽郡（治吴县，今江苏苏州）、丹阳郡（治宛陵，今安徽宣城）、豫章郡（治南昌，今江西南昌）、六安国（治六县，今安徽六安北）等五郡一国九十三个县，范围较为广大。东汉时扬州治所在历阳或寿春或曲阿，领九江、丹阳、庐江、会稽、吴郡、豫章等六郡。当时福建、浙江早期的建制也大部分归属会稽和吴郡。魏至周为寿春或合肥。吴至陈为建业（今南京）或会稽，领丹阳、吴郡、会稽、豫章、庐陵、鄱阳、新都、临川、临海、建安、吴兴、东阳等郡。几乎囊括了东南沿海及安徽、江西广大地区。将扬州治所落在今扬州（江都与江阳）是隋朝开皇九年（公元 589 年），设立扬州总管府，唐武德九年（公元 626 年），设扬州大都督府，领江都、楚、滁、和、濠、庐、舒、寿、光、蕲、黄、申、安、沔等十四州郡。及至南宋，扬州改为淮南道，治所亦在江都，领江都、楚、滁、泰、通、真、安东、高邮、淮安、招信、清河等州郡。元灭宋建江浙行省于旧地江都，统两淮两浙，又称淮东行省或扬州行省。至元二十一年治杭州，称江浙行省。二十三年还治江都，仍名江淮行省。二十六年再徒杭州，二十八年以江北州县隶河南行省，再称江浙行省。大德三年（公元 1299 年）罢福建行省以其地属之，范围包括今安徽、江苏、上海、浙江、福建、江西广大地区。至明、清之时，由于人口密度的大幅度增加，政区的细划，在原江都城设扬州府，此时扬州并非元以前的扬州，而仅辖江都与甘泉二县，是当时江苏省的一个重要州府机构。在元以前今扬州或称邗城或叫广陵或称江都，一直是当时扬州辖区经济和文化的重镇，并在唐以后基本是扬州治所。1949 年正式设立（今）扬州市。仅就扬州这一名称在历朝历代与东南诸省市错综复杂的行政关系来看，也说明了东南地区文化历史的整体性。扬州以自然山川形势而闻名，又作政区称号而久远，成为东南诸省市悠久文化历史的象征，约定俗成地深深凝聚积淀在东南诸省市人民饮食文化生活意识之中。而淮河流域地区长期与扬州的隶属关系又进一步反映了两河流域饮食文化同风同俗的一体化特征，因此将淮扬并称已成为一种习惯，可见淮扬菜系是自然历史的范畴，是自然区域饮食文化的大系概念；是东南饮食风味风俗的共同体；是东南诸省市人民同创共享的传统文化遗产。因此它必然地是东南各省市人民饮食文化创造活动的本然基础和结晶。由上观之，淮扬菜系并不属于一个省或市，而是属于大陆东南区域整体范畴的文化系统概念。

第二节　淮扬菜系的生成条件

菜系的生成应具备自然地理物产条件和人类经济文化活动的人文条件。东南区域千百年来一直是中国最富庶地区，长期是大陆经济文化发展中心的重中之重，牵动着祖国经济文化发展的命脉。东南的食物资源无论在品种还是产量方面都是全国之最。优势的文化，发达的经济，丰富的物产正是孕育淮扬菜系生成的肥沃土壤。以历史唯物主义的观点来看，其实东南经济文化的发展，特别是以汉饮食文化为主体的淮扬菜系的发展则相对晚于华北汉魏之时，水平也相对落后于中原。然

而它作为中原汉饮食文化的继承者，又青出于蓝，发展成一个相对完善，规模宏大的菜系，其深厚的汉文化积淀与东南文化精神，千百年来对中国烹饪产生了巨大的影响，并且早就在国际上具有卓尔不凡的形象，这是由东南特定的时空条件所决定的。我们从两个方面进行讨论。

（一）东南地区自然地理的生态条件

我们所指的东南饮食文化区域包括华东的政区范围，亦包括自然地理分区的华中地区的大部分地区。这一地区大致位于秦岭余脉——伏牛山、桐柏山、大别山与南岭之间，绝大部分属扬子江流域亦即长江中、下游流域。南部达南岭山地，东部包括闽浙丘陵，主要中心区包括江苏、浙江、安徽、江西、上海，其影响范围直接达到湖北的东部、湖南洞庭湖区、福建北部等边缘地区，这一区域同属亚热带气候，但分东西两部分。由于地势以及所处的地理位置，特别是陆海位置的差别，使东西两部分亚热带在气候、植被、土壤以及人类经济活动方面虽均有所不同，但不存在大的差异。该区基本是中、北亚热带季风气候，日照时数在 2 000～2 200 小时，年降水量平均在 1 200～1 600 毫米，气温平均 16～18℃，雨量充沛、日照充足、空气湿润、四季分明。区内平原辽阔，河湖密布，海岸曲折漫长，边缘低山丘陵连绵众多，使东南形胜之地自成一个相对完整而独立的自然生态循环圈和自足系统。从整个区域特征来看，东南地区属我国三大阶梯的最低一级阶梯，形成一个低山丘陵与平原相间分布的地貌特征，由主要以低山丘陵为主，中间夹持着一个主要由长江穿连、冲积而成的长江中下游平原和东南广阔而曲折的沿海地带等三种不同的相依相存的地理单位组成。

1. 长江中下游平原

长江中下游平原包括江汉平原、洞庭湖平原、鄱阳湖平原、苏皖沿江平原和长江三角洲平原。平原内部地势低平，河网稠密，湖泊众多，有多处水乡泽国：①两湖平原（湖南湖北）以长江干流（荆江）为界，以北称江汉平原，主要由长江与汉水冲积而成。荆江以南称洞庭湖平原。②鄱阳湖平原由赣江、抚河、修河等河流冲积而成，但以赣江为主。③苏皖沿江平原，是自湖口以下到镇江之间，沿长江两岸分布冲积平原。④长江三角洲的顶点在扬州、镇江一带，从顶点向东，沿通扬运河直达于海，是三角洲北界。从顶点向东南直至杭州湾北岸，是三角洲南界。

在长江中下游流域平原上，自枝江以下至河口，长江两侧连续不断地散布着许多湖泊，有五个湖泊群构成中国最大的水系网。

（1）两湖平原湖泊群，介于枝江与武穴之间，这里原是古云梦泽所在，古代有数以千计的湖泊，现代仍有 600 多个，主要有洞庭湖、洪湖、梁子湖、汈汊湖、长湖、白鹭湖等，其中洞庭湖最大，达 2 820 平方公里，有松滋、太平、藕池和调弦四口与长江相通。

(2) 赣皖湖泊群，分布于武穴与大通之间，主要有鄱阳湖、泊湖、龙湖、大官湖、武昌湖、菜子湖等。其中以鄱阳湖最大，面积 3 858 平方公里，是我国第一大湖，由湖口泄入长江。

(3) 苏皖湖泊群，位于大通与茅山之间，主要有巢湖、南漪湖、石臼湖、固城湖等。以巢湖最大，面积 820 平方公里，通过运漕河与长江相通。

(4) 江淮湖泊群，主要湖泊有分布在大运河西面的洪泽湖、宝应湖、高邮湖、邵伯湖、白马湖和东面的射阳湖、大纵湖等。最大的是洪泽湖，面积有 1 586 平方公里。

(5) 太湖湖泊群，分布在长江三角洲的太湖平原有大小湖泊 250 多个，其中最大的是太湖，古称“雷泽”，面积有 2 420 平方公里，通过黄浦江、浏河等与长江相通。

在长江中，下游平原上集中的中国巨大淡水湖水系，河湖水温高，水质肥，饵料丰富，水产资源的丰富是任何地区所不能比拟的，据调查，仅洞庭湖繁殖的鱼类即达 120 余种，太湖达 71 种。主要经济鱼类除定居性的鲤、鲇、银、黄颡鱼外，还有洄游性半洄游性的鲚、青、草、鳙、鳊、鲟。较为著名的有长江三鲜：刀鱼、鲥鱼、鮰鱼和松江四鳃鲈鱼、鲃鱼、江鲀。一些野生的鱼，如鳢鱼、沙光鱼、金丝鱼、鳜鱼、鳝鱼、泥鳅、黄尾密鲴、鲇鱼和鳗鱼也有大量的繁殖。东南一带一到夏末秋至便是大闸蟹的季节，尤以苏南阳澄湖的红毛蟹、洪泽湖的清水蟹闻名海内，在湖荡江河之中盛产的中华鳖、水龟、青虾、白虾、螯虾、河蚌、田螺皆是席上珍品，绿头鸭、三黄鸡、白湖鹅、金华猪、太湖羊均为国内禽畜名品，一些平原低田与水边的植物如水芹、慈姑、莲藕、莲心、蒲菜、芦蒿、荸荠、茭白、瓢儿菜、菱角、蕹菜、芡实、金花菜、紫角叶、莼菜、马兰、枸杞菜、野菊叶、金针菜、芦笋、山芋藤、南瓜藤均是东南特色蔬菜种类。江北特产银杏，江南特产百合，其他通用瓜、豆、果、菇无不应有尽有。由此可见，长江中下游平原的丰富食物资源特色，形成了东南人的饮食选择：水产重于陆产，猪、羊重于牛、驼，蔬菜尤重季节的饮食习惯、风俗和传统。

2. 低山丘陵地区

东南的低山丘陵包括北、南两部分。北部至秦岭余脉桐柏山、大洪山与大别山等广大低山丘陵南麓，位于豫、鄂、皖三省分界处，大致相当于地理学的淮阳丘陵地区，是长江与淮河水系的分水岭。淮阳山地一般海拔不高，桐柏山 500 米左右，大别山为北部山地最高地区，有的山峰达 1 500 米以上，一般也在 1 000 米左右，形成通北方向的屏障和地理气候分水界线。此为淮扬饮食文化圈的北部边缘。桐柏与大别山南麓一带的大片地势低缓的岗地和南阳盆地，呈北高南低，海拔 100～150 米，北高 20～30 米，是鄂、豫两省间的重要农耕地区。

南部低山丘陵主要在长江中下游平原以南广大地区，主要为海拔 1 000 米以下的低山丘陵，主要地跨扬子断块、闽浙断拗等地理结构单元。通常将这一地区称

为江南丘陵、闽浙丘陵和南岭山地。其中江南丘陵范围最广，西起武陵山，东至武夷山，包括湖南、江西、皖南和浙西北。湖南、江西地势皆向北倾斜，皖南、浙北地势向东北倾斜直达杭州湾。江南丘陵上的许多名山如武陵山、罗霄山、九华山、天目山、武夷山、黄山、庐山等是风景秀丽的旅游胜地。

闽浙丘陵包括浙江、福建的大部分，是一个向东南倾斜的大斜面，1 000 米以上的山峰连绵不断，有名的有雁荡山、天台山、括苍山、会稽山、洞宫山、戴云山等，其中雁荡山悬崖深谷，峰峦奇特，风景优美，是浙东的第一名山。低山丘陵占 95%，平原占 5%，主要公布在沿海较大河流出口处的海湾地带，是闽浙两省重要城市的所在。闽浙丘陵水系发达，大的江河有闽江、钱塘江、瓯江、灵江、飞云江等，河流主干多横切山岭而成峡谷，组成格子状，河流水量丰富，都有水力舟楫之利，东北流向与江、海交通连成网络。

南岭山地包括越城岭、都庞岭、萌渚岭、骑田岭和大庾岭，又称为"五岭"，北坡处于湘、桂、粤、赣四界处，大部分属于中等高度，山簇海拔大都在 1 500 米以上。南岭山地是长江与珠江水系的分水岭，并且对南北气流运行具有一定的阻滞作用，是我国东南部与华南部之间的一条重要的地理界线，同样也是淮扬饮食文化圈的南部边缘地区。

纵观长江中下游平原两侧的低山丘陵地区，属亚热带过渡性植被和土壤，为江淮海湖沿岸人民提供了大量的特色性食物资源，主要有竹笋类、菌菇类、银杏、核桃、松子、板栗、桂圆、荔枝、枇杷、草莓、李子、甜橙、蜜橘、水蜜桃、杏子、樱桃、梨子等，尤其是茶，较著名的有浙江的"平珠绿""越红""龙井"，福建的"乌龙"，安徽的"祁红""屯绿"，江西的"宁红""玉眉绿"，湖南的"湘红"，湖北的"茶砖"，苏州的"碧螺春"，扬州的"平山绿"，溧阳的"悬针"等等，饮茶吃笋成为东南各地人民重要的饮食习俗之一。在动植物食物原料的使用与口味北浓南淡、甜咸适中、略吃麻辣的习惯方面，皆呈向华北、西南、华南过渡状态。

3. 东南沿海

东南沿海是指江苏、浙江、福建三省的沿海岸线与近海海域，海区为东海，介于北纬 23°～33°，东经 117°11′～131°，面积约 80 万平方公里，南有台湾海峡与南海相接，东北有朝鲜海峡与日本海相连，海面开阔，渔场众多，是大陆近海四大海区中最大的海区，海岸线呈弧形而漫长，达 7 000 余公里。岛屿众多，仅浙江沿海就有 3 000 多个岛屿。因此，东南沿海水产资源极其丰富，全国最大的渔场几乎大多集中于此。渔场十分广大，江苏有 15.4 万平方公里，著名的有吕泗、海州湾渔场，黄鱼、带鱼、对虾、海蜇、蟹及贝壳类产量在全国具有一定地位，经济鱼类有近 40 种。浙江海洋渔场达到 20 万平方公里，舟山群岛是全国最大渔场，墨鱼的产量全国最高。福建有渔场 13 万平方公里，经济鱼类达 100 多种，是我国主要产渔区之一，主要有闽东、闽中、闽南、闽外与台湾浅滩五大渔场。如此丰富的海产资源是造就淮扬菜系形成的得天独厚的条件之一，形成江湖海产并重饮食的特点。沿海各省的东南诸市犹重海产的鲜活。

综上所述，淮扬菜系所涵盖的东南饮食文化区域，无论从地理构造上还是日照与气候条件上都是一个相对完整独立的自然区域，总的地理形势西高东低，周围低山丘陵虽占绝大多数的地表面积，但都不高而且秀丽，人行其间多有赏心乐事，意在山水之趣，千万丘陵山地纷纷向长江水系轴心的倾斜，形成一连串宽阔而肥沃的平原。人口高度密集，农耕发达。平原上湖泊成群而巨大，河流网布其间，呈南北沟通走向。海岸漫长，海区广阔，具有众多肥沃的港湾与三角洲平原地带。动植物种群多样，江河湖海山地平原的食物资源生产丰富，是中国最为著名的鱼米之乡，也是中国最为完善的优越的自然生态自足系统的生态圈。在交通上，东南亦是全国最畅通最发达地区，由无数低山坳口通道、江海河湖水上通道、沿海平原通道将整个区域与长江流域平原连成网络一体，尤以运河为纽带(京杭运河)南北贯联，交通东西，使沪、宁、杭一带尽得水运七分之利。长江三角洲地带成为东南经济文化以及饮食文化的发展中心。这种交通结构优势正是东南饮食文化各区域之间物资流通、资源共享、风俗同化、饮食相似的一体化发展形态最为主要的地理条件。这里借用《饮食美学》中的一个论断:“从自然地理看，四大菜系实为南北两个巨系，当中以秦岭山脉为界，秦岭以北为黄河流域的华北菜系，秦岭以南为南方菜系，南方菜系中又以南岭山脉为界，南岭以北为长江流域，形成了长江中、上游的西南菜系与长江中、下游的东南菜系，南岭以南为珠江流域的华南菜系，又称之为岭南风味。因此，四大菜系实是由南岭、秦岭两大分水岭和黄河、长江、珠江三大流域的自然地理所决定的四大自然生态循环区。”

(二) 华夏文化与经济的重心南移

众所周知，长江流域与黄河流域一样同是中华文化的发祥地，一般认为水稻从野生植物经过人工栽培而成是从江南开始的，钱塘江以南的河姆渡遗址下层发现大量金黄色稻谷，还有带绿叶的稻茎，经鉴定是经过人工培育的晚籼稻，这是目前世界上已知最早的稻作遗存，距今已有七千年历史。在太湖流域的青浦、崧泽和吴县的草鞋山下层，也发现了炭化籼稻粒，证明江南地区在原始社会早、中期已普遍栽种水稻。不仅如此，太湖流域和沿江一带发现适应气温较低的生态环境而出现的变异粳稻，江南一带已成为粳稻栽种中心。尽管如此，江南无论在文化还是经济方面仍落后于北方中原，风俗也与中原有异。

中原地区在上古时代经济发展处于领先地位，应归功于农业的规模性发展。七千年前黄河流域已经栽种各种适合于华北地区的农作物了，如神农氏因天之时，分地之利，制耒耜，教民农作，主要有粟、小麦、高粱、麻、稻等和一些蔬菜种植。这些在仰韶文化与半坡文化类型遗存中都有相当的发现。到了原始社会晚期龙山文

化类型遗存中发现了田间管理的精耕化现象，并有号称“六畜”的马、牛、羊、鸡、犬、豕的畜牧业普遍发展。而江南，苏北一带仍然大多过着自然渔猎生活，传说中的伏羲氏，又名太皞，“大迹在雷泽（今太湖），华胥履之生伏羲”（《山海经》注引《河图》），可见伏羲氏的象征和氏族分布在江淮一带。《易系辞》曰：“古者包羲氏之王天下也……始作八卦……作结绳而为罔罟，以佃以渔。”可见是以渔猎为主的部族。

中国向以中原地区是中华民族的摇篮，北方黄帝的部落群南下与黄河流域的炎帝部落群和黄、淮间及山东半岛的东夷部落群融合而成的华夏族及其文化是其正宗。夏分中国为九州时，扬州虽已入版图，但居住在扬州广大地区的民族为九夷诸族的少数民族，直至西周时江淮之间的东夷各部有淮夷和徐夷，江南广大地区有楚、吴、越、扬越诸方国和部族分布，可谓“百越杂居，各有种姓”（《后汉书・东夷传》）。这些部族尚未属于中原华夏族之正宗封国。徐偃王曾“率九夷以代宋周，西至河上”，周穆王被迫“分东方诸侯，以徐偃王主之”。可见淮扬诸族虽与中原联系，但还是野蛮时期的原始部落状态，而与中原华夏族相抗衡。史载周古公之长子太伯、二子仲雍让国避居于蛮荆之地，即今江苏苏州、无锡地区，为了入乡随俗而“文身断发”，可见其风俗与中原迥异。太伯与仲雍在江南一带以中原先进的农耕文化教化于民，大约在公元前 12 世纪建立了东南最初的国家之一“勾吴”，包括今江苏大部、安徽与浙江北部。比之更早的是建都于会稽（今绍兴）的古越国的越王，亦是中原夏少康庶子一支的后代，被封在会稽，敬奉掌管那里对夏禹的祭祀。他们文身断发，除去蓬蒿，开辟荒野，建起都城国家，后经二十多代至元常再至勾践，后越灭吴，奄有其地，后世将吴越共称，此是东南文化早期与华夏文化同化的开端。勾践的先祖与太伯、仲雍也可能是中原南来的最早的一批高层文化代表。当商周宫廷充分享受酒池肉林、列鼎而食的宴享生活时，吴越还是一个边远的、相对落后的封国。无论考古方面还是典籍文献方面，都可以看到当时东南文化相对落后的状况。一部太史公《史记》，仅有《吴太伯世家》与《越王勾践世家》两篇关于东南文化政治历史的叙述。中国的文化精华和正宗的脉络皆集中在中原各公侯伯级分封国家，如宋、晋、燕、秦、郑、卫等封国。到了秦汉的大统一，出于战略的考虑而长期都关中。西安、洛阳一带是当时中国政治经济文化的中心。东汉末年，三国鼎立，南方出现蜀汉与孙吴两个政权，江南得以规模性开发而逐渐显示出在资源方面的优势，但在国家高层人才方面，仍然依靠或基本上来自北方。孙吴建国后置五州，即扬州、荆州、郢州、交州与广州。其中扬州最大，包括今苏南、浙、赣、闽、皖南等（领丹阳、吴郡、会稽、豫章、庐江、庐陵、鄱阳、新都、临川、临海、建安、吴兴、东阳等郡），治所在建业（今南京）也是孙吴的国都。曹魏也治扬州于江北，治所在合肥（后寿春），领淮南、庐江、安丰三郡，而广陵（今扬州）属徐州，治所在彭城（今徐州），领地有下祁、彭城、东海、琅琊、广陵、东莞等郡。可见东南地区同时得到孙吴与曹魏的开发。西晋时扬州成为当时最大的州治，治所亦在建业。领丹阳、宣城、淮南、庐江、毗陵、吴郡、吴兴、会稽、东阳、新安、临海、建安、晋安、豫章、临川、鄱阳、庐陵、南康共19郡163县，就如现代开发大西北一样，东南地区在当时中央政府的统一管辖下，得到全面开发，这为后来东晋迁都到东南打下了良好的基础。

迫使文化中心南迁的第一次波澜是永嘉之乱和晋室南迁。晋怀帝五年，刘渊称帝，石勒攻陷洛阳，帝被捕，晋迁都建康(今南京)，西晋亡而东晋立。东晋是西晋的继续，史称两晋。中原士大夫、商贾与百姓的逃避战乱与北部游牧民族入侵的杀戮，沿长江水道大规模长距离南迁至东南，甚至远达福建南部与岭南地区(闽南山区的客家人就是一例)。冷僻的江南开始繁荣起来了。大批知识分子、工程技术人员、富有的商贾阶层、官僚世家、精耕农业人才的急剧增加，使东南一带文化与经济都产生了深刻而广泛的变化。以孙吴、西晋为基础，经东晋的转折，后历宋、齐、梁、陈，史称六朝的数百年开发，扬州的建康成为南方经济文化的中心，且已显露优于北方之势。古人所云"腰缠十万贯，骑鹤下扬州"，其实就是以南京(建康)为核心的扬州。北方先进的烹调技术也传到了扬州，例如面食由北方传入，束皙《饼赋》中"柔若春绵，白若秋练"的发酵面饼，当时成为南朝宫廷风靡一时的美食。这是大陆南北饮食文化的第一次大交融，也是淮扬饮食文化由蛮夷文化迈向汉民族文化进化的第一步。北方文士的豪饮之风、宫廷与世族家庭奢靡之风和民间饮食习俗一时充斥南方市肆与宗室生活之中，成为移风易俗运动的强大动力，例如中原筷匙的传入是重要一证。

经过隋唐的再次大统一与盛唐一代的恢复，中原经济文化与东南又趋平衡，中原关中再度恢复了往日的繁荣和辉煌，京都长安成为至今令人羡慕称奇的辉煌的世界第一大都市，政治文化经济的中心再度回到了中原。然而，当人们还沉浸在长安那庄严、神圣、恢宏的繁荣之中时，"安史之乱"的巨浪击碎了盛唐的美梦，掀起了第二次文化中心向东南推进的汹汹波澜。黄河流域的文化地带经过浩劫而残破不堪，作为汉文化中心的中原风光不再，人民大举南迁，唐帝国盛极而衰。南方经济与文化的成就和发展从此超越了中原和北方。由于京杭大运河的开凿贯通，使以江都为中心的扬州集天下七分交通之利而得到空前高速的发展，扬州的江都城成为当时最为繁荣的东方港口商贸大都市和交通枢纽中心。《全唐会要》称其为"南北大冲，百货所集"，《新唐书·地理志》载扬州治所人口为467 857，显示出"十里长街市井连""夜市千灯照碧云"的繁华景象，与西南的以成都为中心的益州并称"扬一益二"。

据张步天《中国历史地理》所云："安史之乱不仅是唐代国势兴衰的转折点，而且也是经济地理分布明显变化的分野。由于战乱破坏和尔后北方藩镇割据以及西域吐蕃等的压力，唐后期经济依赖南方，从而加快了南方农业经济开发的步伐，使经济中心南移。"南方农业经济的发展，不仅表现在它担负了中唐以后长达一个多世纪的财赋收入，也表现在农业生产力的发展和耕作制度的进步。中唐以后江南

牛耕与两熟制的普及使水稻的产量超过了北方的粟、麦。在城市建设上，由于人口大规模的南迁，加速了城市化进程。原有的城市扩大了，新的城市又不断出现，在繁荣的东南城市发展中，饮食市场也相当活跃起来，江南各地城市酒楼、饭庄等市肆饮食店得到快速的发展。市肆花式菜点为一时风潮，从而进入淮扬菜系实质性建设发展阶段。江南饮食汉文化化也成定势，原本是中原汉文化的饮食行为风范和养生意识铸入成为江南世家饮食文化的新风尚。有宋一代持续发展，及至宋迁都临安府（在扬州辖地），而南宋建立。淮扬菜系以其东南佳味的瑰丽精雅的清淡风味与文人色彩而崭露头角。与此同时，在全国范围内与北食、川味、岭南风味成为四大菜系，作为饮食汉文化化后的区域文化特色新格局已露端倪。

第三次迫使汉文化南迁的巨大运动正是金兵的南侵。“靖康之难”徽、钦二帝被掳，中原的激烈战争又起，人民再次大规模南迁避乱，南方犹如无比安全的大后方和财赋库。政治、经济、交通是人口自发性迁移的三大原因。纵观整个六朝至隋唐五代再至宋辽金元的近千年间，整个儿是人口由北向南大迁移，西部、北部游牧民族主力进入黄河流域，黄河流域的汉民精英又大批南移，主要的目标是：①长江中游谓之江东。当时“两京（指东京开封、西京洛阳）蹂于胡骑，士君子多以家渡江东”（《旧唐书·权德舆传》），甚至深入闽南闽中而“避难莆田”。②长江三角洲谓之三吴。“天宝末，安禄山反，天子去蜀，多士奔吴为人海”（《全唐文》卷529顾况《送宣歙李衙推八郎使东都序》）。北民“不能自奋者，多栖于吴土”（《全唐文》卷756杜牧《唐故银青光禄大夫赠吏部尚书崔公行状》）。③江淮之间即皖北与苏北之地，这里离中原较近，又是战乱的偏远地区，所以“士多避居江淮间”。④四川盆地谓之蜀。例如安史之乱与唐末黄巢入京，“唐皇入蜀”构成向后方西川移动的人流，从此，南方特别是东南不仅在经济上而且在文化、人口上都占有了绝对优势。

汉文化像一个无比神奇的染色桶，既同化了西、北入侵的诸民族，又扩散渲染汉化了广大的东、南诸民族，如果说六朝乃至隋唐时南方的上层文化精英人士还基本是由北方迁来的，那么经过三次巨大波澜之后，到了宋元明清，东南文化与经济已取得了根深蒂固的地位，北方文化的精英——文人无论在数量还是质量上皆远不及东南，抑或须依赖于南方了。广粤与川中也深刻地感受到东南文化魅力的照射。这里谨摘录陈正祥教授的《中国文化地理》第17页的一段精彩论述加以佐证：

“进士科举为当时官僚人才的主要来源，南方读书人大批通过考试进入政界，又因为南人在进士考试中取得了绝对优势，势必相对地削弱北人的权利。于是北人集团全力主张采取分区取士之制，企图增加北方进士的名额，从而扩大北人参政的机会。经北方派力争的结果，到宋朝不得不实行南、北分卷制，特许齐、鲁、河朔三路的北人别考，使南北取士的人数得到比较的平衡，但这么一来，南北进士学问的水准又发生了差别。”

由于北方连年战乱，民不聊生，文化地带被破坏得不可收拾，而东南一隅，偏安繁荣，近一千年稳定的发展经济，民生富足，科举之事人皆求之，安心读书，人才辈出，酒宴之事，人皆乐之，烹饪精进，花样翻新。宋时欧阳修与沈括皆是南人而久居北方，有感于南、北饮食的差异，欧阳修在《送慧勤归余杭》诗中将其作了一番比较，诗云："南方精饮食，菌笋鄙羔羊。饭以玉粒硬，调之甘露浆。一馔费千金，百品罗成行。晨兴来饭僧，日昃不敢尝。乃兹随北客，枯粟充饥肠。"宋元以后，经过明、清两朝，在东南各地区帮口厨师的共同努力下，特别是通过维扬帮、两淮帮、金陵帮、苏帮、杭帮、宁波帮、绍兴帮、徽州帮、闽帮厨师群的共同创造和发展，随着康、乾十二次南巡的巨大推动力，淮扬菜系终于在扬州府城的江都集大成而为洋洋巨系，集中地演绎成规模宏巨又极尽豪华的烹饪奇宴——扬州"满汉全席"。"满汉全席"以其宏巨而不失精雅、豪华又充满文采的东方烹饪最高成就，展示了东南淮扬菜系极其深厚的人文积淀，昭示古今，在中国饮食文化与烹饪史上产生了巨大而深远的影响。(满汉全席按惯例为满、汉分席，由清宫光禄司主办。后乾隆下江南，在扬州府时，维扬帮厨师首次将满汉大菜融为一席，从而真正地成为一种规模宏巨的以民间地方菜系为特色的"全席"模式。再以后各地皆仿而效之，直至今天)在此谨以李斗《扬州画舫录》中所载乾隆下江南时的"扬州满汉全席"席谱与读者分享。

第一份：头号五簋碗十件——鲫鱼舌烩熊掌、糟猩唇猪脑、假豹胎、蒸驼峰、梨片伴蒸果子狸、蒸鹿尾、野鸡片汤、风猪片子、风羊片子、兔脯奶房签、一品级汤饭碗。

第二份：二号五簋碗十件——鲫鱼舌烩熊掌、糟猩唇猪脑、假豹胎、蒸驼峰、梨片拌蒸果子狸、蒸鹿尾、野鸡片汤、风猪片子、风羊片子、兔脯奶房签、一品级汤饭碗。

第三份：细白羹碗十件——猪肚、假江瑶、鸭舌羹、鸡笋粥、猪脑羹、芙蓉蛋鹅掌羹、糟蒸时鱼、假斑鱼肝、西施乳文思豆腐羹、甲鱼肉片子汤、茧儿羹、一品级汤饭碗。

第四份：元白盘二十件——獲炙、哈尔巴、小猪子、油炸羊肉(2件)、挂炉走油鸡鹅鸭(3件)、鸽臛猪杂什、羊杂什(2件)、燎毛猪羊肉(2件)、白煮猪羊肉(2件)、白蒸小猪子、小羊子、鸡、鸭、鹅(5件)、白面饽饽卷子、什锦火烧、梅花包子。

第五份：洋碟二十件——热吃劝酒二十味、小菜碟二十件、枯果十撤桌、鲜果十撤桌。

此席130道菜点编排为5个层次，是江浙官府饮宴风情的体现，是江浙水鲜菜式与满洲牛羊烧烤菜式的完美结合。上承古代"八珍"之精华，下启东南传统风味之新篇，是古今中外登峰造极第一豪华之盛宴。

另外，在清代扬州名士童岳荐的烹饪奇书《调鼎集》中更可看到当时淮扬菜系的洋洋大观，是书共分十卷，收录菜品凡一千六百余种，饭、粥、点心、小吃四百余种，内容包括了江、浙、皖、闽、赣一些市面常见的名菜名点，可谓是淮扬菜系品种的

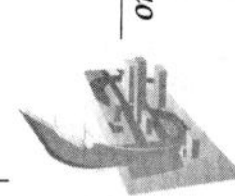

第一次总体现，集理论和实践于一体，集中反映了清代长江中下游流域各阶层人民的饮食风貌。

随着封建时代的结束，中国进入近、现代，铁路、公路、航空交通的兴起，广陵故地的扬州收敛起昔日的光芒，代之而起的是沪宁一线的繁华，淮扬菜系的重心移向了杭州，移向了南京，更移向了上海这个东方第一大都市的十里洋场。百年上海极速的繁荣又为淮扬菜系装上了翅膀，飞越重洋。杭州扼守在苏浙要冲，南京再度成为中国的政治中心之一，上海更以世界东方最大都市的雄姿矗立于长江三角洲头、黄浦滩上，成为东方金融中心的同时又成为中国经济发展中心和方向。淮扬厨师的精英纷纷从四面八方向上海涌进，其中有维扬厨、淮厨、宁厨、杭厨、苏厨、宁波厨、徽厨，同时还有川厨、鲁厨、粤厨和西厨，以江浙风味为基础，融八方烹饪为一炉，海派以崭新的国际形象成为淮扬菜系一支现代新派的象征而光照四方，喷吐着强烈的现代气息。今天杭厨又高举着"迷踪"的大旗，占领东南饮食市场几近半壁江山，而为淮扬菜系新派改革的新军和榜样。

如上所述，淮扬菜系是总括东南风味的大系，是中原黄河流域汉民族经济文化中心南移与本土九夷部落文化融合的结果，也是受汉民族强势文化同化的区域文化的结晶，是以广大的华中自然地理物产和居民生理、风俗为基础的汉饮食文化在东南部的巨系。

第三节　淮扬菜系的演进与文化风格

在前面我们讲到淮扬菜系的生成前提是东南地区自然生态自循环系统所提供的物质条件和汉文化与经济中心的南移所提供的人文条件。如果没有自然生态相对独立的区域条件，那么至少说菜系是不完善的、残缺的或是特征不明显的。如果说没有汉文化和经济中心的南移，那么淮扬菜系也不可能像今天这样复杂发达，也不可能是以汉饮食为主体的饮食文化样式了。因此说淮扬菜系是东南独特的山水江河所孕育的，同样也是中国伟大的汉民族文化所造就的，是历史地继承了发端于中原黄河流域的中华汉民族饮食文化精神，同时又优异地发扬了本区域物产的优势。它是一脉相承"五味调和"的区域饮食文化典范。它萌芽于商周，启蒙在汉魏，变革于六朝，发展在隋唐，繁荣于宋元，大成于明清，经历了五个演进阶段，认真思考一下，我们就可以看到从牛耕到筷箸，从器皿到宴享，从食制到思想各项汉饮食文化的重要特征事象，无不是由北向南的古今延伸。可以说淮扬菜系的发展历史是汉饮食文化与东南非汉族族群饮食文化融合的过程，同时也是中华饮食文化共同体的形成过程。

为什么江、淮、海地区（即东南扬州地区）开发得较迟呢？据有关专家分析，是因为江淮入海口地势低湿、水网密布，加之没有天然堤和人工堤，一遇下雨便江河横流，不便于早期人类的交流活动。相传大禹曾到达太湖流域（雷泽）治水，死后葬在会稽山。只有少数部落活动其间，直到周时，南方尚称蛮，东方尚称夷，故东南谓之蛮夷之地，文化风俗皆与当时华夏族不同，直至吴越春秋之时，吴越文化依然不入中原正统。秦汉的一统，东南扬州虽已纳入汉族势力范围之内，但“楚、越之地，地广人希，饭稻羹鱼，或火耕而水耨，果隋蠃蛤，不待贾而足……是故江淮以南，无冻饿之人，亦无千金之家”（《史记·货殖列传》）而需要大力开发。到了西汉以后，江淮之间出现了一批重要都会，除了苏州曾是吴国都外，江北有寿春、合肥，沿江有柴桑（南京）、南昌（豫章）、临湘（长沙）、江陵（南郡，曾为楚国郢都）。但城市规模与数量远没有中原那些重要都会大和多，人口也远远少于中原的关中、三河、齐鲁诸区的那些大都市，经济实力甚至不及中原一些豪商巨贾，直至中唐时中原的牛耕才在江南得到普及。因此我们细阅先秦典籍也难以发现对东南饮食的记述，而绝大多数是对周宫廷宴享生活的记述，或许在《诗经》与《楚辞》中有一些描写南方饮食的痕迹，那也只是黄河以南接近长江中游地区（湖南、湖北）的食品。直至北魏贾思勰的《齐民要术》，主要的也是对中原农业状况和食品状况的记述。一些汉赋如《七发》《吴都赋》《南都赋》中有些可能是对南方美食的夸张描写，以及唐代一些如李白、王建等大诗人有对东南佳味和美酒的抒情感想，但都不是具体的、实在的、主流的，因此我们也不能清楚地考量唐以前东南风味是什么真实的内容，菜肴究竟做到了什么水平，而尽可能多的是对北方饮食风味的知识和宫廷菜肴宴享的认识。可以认为，江南饮食风俗与菜肴制作随着汉族强势文化的南移，正经历过六朝的变革（汉族世家风俗）和唐的发展（市场化发展），淮扬菜系才得到初步形成。到了宋元时代，记述江淮饮食的题材逐渐增多，无论是烹饪专业著作，还是通书、类书、食疗、农书、笔记等都有了一些具体记述，著名的如浙江浦江吴氏的《中馈录》、南宋林洪的《山家清供》、元无锡倪瓒的《林云堂饮食制度》、台州人陈仁玉的《菌谱》、德昌吴僧赞宁的《笋谱》、宋宁波人高似孙的《蟹略》、宋蔡襄的《茶录》、宋太兴人陈直的《寿亲养老新书》、元浙江人贾铭的《饮食须知》等等，另外一些笔记和诗词对东南佳味的描述可谓是精彩至极，如《都城纪胜》与吴自牧的《梦粱录》、周密的《武林旧事》、陶谷《清异录》、陆游的《老学庵笔记》、罗大经的《鹤林玉露》等等，无一不是对东南风味、饮食思想和市肆饮食状况的记述，而且又是出自南人之手的烹饪典籍。宋元时，无论是风味特色、制作特技，还是饮食风俗、原料种类，都能看到其倾向性特征与现代无多差别了，可以说经过唐宋元的发展，淮扬菜系已呈繁荣之势，淮扬菜体系已基本形成。到了明清更是蔚为大观，从现存的烹饪典籍看，明清两朝绝大多数是出自南人之手，记述南人之味，描写东南之菜，这与唐以前的典籍形成鲜明对比。

淮扬以其特有的交通枢纽位置，汇聚八方精英，融合成南北皆宜的兼容而庞大的菜系，到了明清时，在理论上、技术上、花样上、宴享规格上都远远超过了北方地

区，这在明清的烹饪典籍中可以清楚地看到。江淮商贾、官宦、世家、文人的大量集中，具有"平时养生食，岁时豪门宴。悠然在山水，诗酒画中仙"生活的物质条件和有闲时间，激发庖人烹也文采，调也细腻。文人以诗酒美食为乐事，连家庭主妇和寺院出家之人也做得一手文情并茂、色味双全的好菜。旧家中常有备几本食经或养生之类的书以为日常膳食参考，代代相传成为习俗。对这些饮食状况的反映，明代有韩奕所撰《易牙遗意》、华亭宋诩的《宋氏养生部》与其子宋公望的《宋氏尊生部》、杭人高濂的《饮馔服食笺》等，都是以江南为基础兼容八方养生美食的著作，另外屠本畯的《闽中海错疏》与《海味索隐》以及遯园居士的《鱼品》皆尽展江南水产海鲜特色，是集大成的作品。

清代重要的饮食典籍大多数出自南方文人之手，如嘉兴人朱彝尊撰《食宪鸿秘》、顾仲撰《养小录》，嘉善人谢墉撰《食味杂咏》皆是描写江浙饮食的著作，最重要的是杭州人袁枚的《随园食单》，夹叙夹议中发出许多具有现实意义的经验理论，被认为是淮扬菜系创作与审美经验的总结和淮扬厨师创作流派的纲领。书中理论主要在《二十须知》与《戒单》中，内容涉及选料、加工、组配、火候、调味、装盘、上菜、品评的各个环节，他说："凡物各有先天……构性不良，虽易牙烹之，亦无味也。"(《先天须知》)"厨师之作料，如妇人之衣服首饰也。虽有天姿，虽善涂抹，而敝衣褴褛，西子亦难以为容。善烹调者，酱用优酱，先尝甘否；油用香油，须审生熟；酒用酒娘，应去糟粕；醋用米醋，须求清冽。且酱有清浓之分，油有荤素之别，酒有酸甜之异，醋有新陈之殊，不可丝毫错误。其他葱、椒、姜、桂、糖、盐，虽用之不多，而俱宜选择上品。"(《作料须知》)又说："调剂之法，相物而施。有酒水兼用者；有专用酒不用水者；有专用水不用酒者；有盐酱并用者，有专用清酱不用盐者；有用盐不用酱者，有物太腻，要用洗先炙者；有气太腥，要用醋先喷者；有取鲜必用冰糖者；有以干燥为贵者，使其味入于内，煎炒之物是也；有以汤多为贵者，须其味溢于外，清浮之物是也。"(《调剂须知》)"凡一物烹成，必需辅佐。要使清者配清，浓者配浓，柔者配柔，刚者配刚，方有和合之妙。"(《配搭须知》)"熟物之法，最重火候，有须武火者，煎炒是也，火弱则物疲矣；有须文火者，煨煮是也，火猛则物枯矣；有先用武火而后用文火者，收汤之物是也，性急则皮焦而里不熟矣……鱼起迟，则活肉变死。屡开锅盖，则多沫而少香；火熄再烧，则走油味失……司厨者能知火候而谨伺之，则几于道矣。"(《火候须知》)袁枚对各类食料的烹调过程观察入微，无比精细，经验老到成熟而周备，被后世历代大厨所称道。其实，淮扬菜系的传统经验也正是这样，被袁枚精辟道出精微正是表明淮扬菜系的成熟和深厚。从中我们同样可以看出作为在野文人的那种顺应自然、崇尚本味、追求本真的老庄风骨，那种淡泊平和、精求至美的儒雅风味。这种淡泊平和自然天真的饮食审美风格，在李渔的《闲情偶寄》里更是到了飘逸欲仙之境。他完全将饮食之事归于精神的体验，崇尚自然、清淡、真味、至美和意趣。他认为蔬食第一、谷食第二、肉食第三。他说："声音之道，丝不如竹，竹不如肉，为其渐近自然。吾谓食饮之道，脍不如肉，肉不如蔬，亦以其渐近自然也。”“世间好物，利在孤行，蟹之鲜而肥，甘而腻，白似玉而黄似金，已造色香味三者之至极，直无一物可以上之。和以他味者，犹之以爝火助日，掬水益河，冀其有裨也，不亦难乎？”李渔的观点正从一个侧面反映了文人阶层的饮食审美情趣，其实这正是淮扬菜系中追求平和清淡、天人合一的自然主义特色所在，具有鲜明的饮食作为艺术审美对象的个性化特征。

如果说《调鼎集》以其对东南食品收录的全面，“扬州满汉全席”以其规模的宏巨、风味结构的完善说明了淮扬菜系的集大成，那么袁枚的《随园食单》与李渔的美食思想则说明淮扬菜系从经验到风格的全面成熟，由此我们看到淮扬菜系从无到有，由小到大，由朦胧而至明朗，由低级而到高级，从简单而向复杂的演进历程，它的演进与成熟是与中国文人阶层的饮食导向分不开的，因此淮扬菜系正是东南饮食文人化导向的结晶。中国南方文人所表现的清新自然、雅丽和美、淡泊归真的文化风骨正是淮扬菜系文化风格的精神内核。

要真正了解淮扬菜系的文化风格与风味特色，如不了解中国文人，那只是知其表。如果说，在六朝时期，南方饮食文化的中心主要在南方宫廷与世家官僚阶层，基本还延续着北方宫廷的传统风貌，唐宋时期主要是市肆饮食，地方特色开始凸显，及至明清则中国文人的饮食审美意识走在了社会实践的前面，左右着烹饪的社会活动。特别是南方，在山清水秀而又物质丰富的条件下，南方文人的思想情操和饮食娱乐的需要无处不在刺激引导着南方社会饮食活动的方向。

中国文人是中国特有的历史政治文化环境所造就的一个特殊文化阶层，他们以“学而优则仕”的态度通过科举考试进入政界，但大多数都不能实现治国安邦的宏伟志向。应科举考试而产生的历代大批文人，如不得志则也想做一番“惊天地泣鬼神”的大事，或做“卧龙待出”的高人美梦，或做“隐居山林”的快活神仙。即便有的得意为仕也难免官场沉浮。因此他们出世好道喜山乐水，入世为儒治国安邦而具有双重人格，这些文化的上层人士常是百姓日常行为的榜样。自古以来，北方出猛将，江南多谋士，除以战功进身的达官贵人都是文人出身。猛将若与朝廷分歧则大多落草为寇，而文士是多采用及时行乐逃避人生的态度，表现出铮铮不凡的态度。他们逃避现实而隐居，或希仙慕道丹药养生；他们不仰权贵而有不屈不挠的气节，或潇洒浪漫而有放荡不羁的生活风度；他们及时行乐具有随遇而安的胸襟；或追求淡泊归真，过着清静闲适的无为生活。这一切决定了中国文人阶层注重身心两方面修养享受的风格，这种情况在中国文化历史中触目皆是。文人在饮食中追求风雅的思想渗透到社会文化艺术的各个方面，他们对饮食境界的追求，对食物至美品质的追求，对饮食行为修养品德的锤炼，要求科学、技术、艺术的高度统一，实现自然与人性的完美结合。细究历史，帝王将相酒池肉林而长寿者少；高人逸士淡食真味而健康者众；花天酒地中痛苦者有之，山林野味里其乐者也融融。要知人的

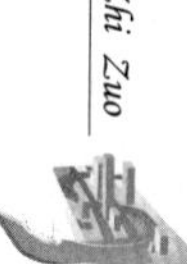

精神与身体是一个统一体，修心有助于养身，养身离不开修心，这就是清淡平和养生的根本道理。

如果说东南区域的江海的水鲜、山林的果蔬是构成淮扬菜系对清淡鲜嫩食物的倾向性选择使用的条件，气温日照条件是促使其形成清淡平和的风味特色的生理因素，那么文人阶层身心兼修的清淡平和养生饮食风范正是心理的动因。苏东坡在《超然台记》中说："哺糟啜醨，皆可以醉；果蔬草木，皆可以饱。推此类也，吾安往而不乐？……非必怪奇伟丽者也。""撷园蔬，取池鱼，酿秫酒，瀹脱粟而食之，曰：乐哉游乎。"真趣在平平常常的饮食之中，袁枚常以一块肉、一块豆腐测试庖厨的真实水平，他认为制菜应"一碗自成一味"，调味品不能"伤至味"（《随园食单》）；顾仲提倡"淡则真"的"本然之味"（《养小录》）。宋诗人杨万里提倡鱼的本质本味和季节性，有诗云："淮白须将淮水煮，江南水煮正相违。霜吹树叶都落尽，鱼吃雪花方解肥。醉卧糟丘名不恶，下来酒豉味全非。饔人且莫供羊酪，更买银刀二尺围。"白鱼肉细以蒸为贵，宋有"酒炊"，明清有"糟蒸""稀卤"等，都以本质本季本味为美。李渔则更重视自然天成的本质本味，认为蔬食之美在清、洁、芳馥、松脆。笋是蔬菜中至美者，"若以他物伴之，油香和之，则陈味夺鲜。而笋之真趣没矣"（《闲情偶寄》）。曹雪芹则在《红楼梦》中将江南文人官宦世家的饮食风雅生活与四时平和养生的饮食风味描写得淋漓尽致。风花雪月，怀古讽今，喜乐情愁皆寄于诗酒美食的恬情淡养之中，如"姥姥鸽蛋""茄鲞""老蚌怀珠""金银蹄"等名菜都是自然取物、平中见奇、点石成金之作，风味清鲜，诗情画意涤人心扉。这种风格我们犹可从宋元以后的江南船宴与文会雅集宴中看到最为鲜明的特色。宋元明清时代，在西湖、太湖、秦淮河、瘦西湖等处，水上游览十分兴旺。骚人墨客乃至商贾市民都以"游船舟中诗对酒，桨拨波影画中来"为风雅习俗。四时游览以"画舫"最为著名。画舫是供文人游览时吟诗作画的专门游船，南宋时，西湖中大小船只数百舫，有可容二三十人至百人聚者，"皆精巧创造，雕栏画拱，行如平地，各有其名：四百花，十样锦、七宝、钱金……"这些游船上配置酒食，可以开出精美的筵席，谓之"船宴"。船家为招客人，菜用鲜活时令水产与时蔬，点心也尽仿水中生物，花鸟虫鱼、瓜果藕菱无不毕肖，玲珑剔透。这种新鲜的水产、清雅的点心、清香的酿酒自与青山绿水、清风明月、轻快的游兴相谐而为人生画境。《清稗类钞·各省特色之肴馔》中曾对秦淮河船宴有真实的记载："每日暮霭将沉，夕餐伊迩，画舫屯集于阑干外，某船某人需肴若干、酒若干、碟若干，万声齐沸，应接不暇。但一呼酒保李司务者，嗷然而应，俄顷胥致，不爽分毫也。而秦淮画舫之舟子亦善烹调，舫之小者，火舱之地仅容一人。踞蹲而焐鸭、烧鱼、调羹、炊饭，不闻声息，以次而陈……"

除了画舫之游，江淮文人墨客又以雅集聚会为时尚。六朝有"兰亭雅集"，造就了王羲之《兰亭集序》的千古绝唱，这种雅集聚会叫文会或文酒会、会文宴、文字饮等，是古代文人以诗文会友的宴饮方式。文会的最大特色就是"雅"字，即雅人、雅境、雅诗、雅酒、雅菜、雅兴等等。文会是中国文人的古老传统，自《诗经·鹿鸣》唱出“我有旨酒，以燕乐嘉宾之心”以后，文会便被历代推崇作为风韵雅乐之事，备受文豪深爱。曹植在文会上“置酒高堂上，亲交从我游，中厨办丰膳，烹羊宰肥牛”(《墨筷引》，一次文会活动同时也是一次雅食共享的宴饮活动。历史上著名的文会宴有张华的《园林宴》，刘九令的《竹林宴》，苏颋的《月光宴》，白居易的《洛宾宴》，王羲之的《兰亭宴》，李白的《舟中宴》，明代张岱的《解会》等。明太祖朱元璋曾命修建15座大酒楼在秦淮河边，以供文人诗酒会知音。纵观酒会，自宋以后以江淮一带为最盛，“画舫”只是文会的重要场所之一。或郊外，或城阁，或自家园林，或酒楼店家，文会成为孕育文化艺术流派的肥壤。据《扬州画舫录》载：清代扬州的虹桥修禊，常集大批文人诗酒唱和，一时名厨齐集，操办雅集之宴，“以马氏小玲珑山馆、程氏筱园及郑氏休园为最盛。至会期，于园中各设一案，上置笔二，墨一，端砚一，水注一，笺纸四，诗韵一，茶壶一，碗一，果盒、茶食盒各一。诗成即发刻，三日内尚可改易重刻，出日遍送城中矣。每会酒肴俱极珍美……”

再如，清代淮扬盐商富可敌国，又都是文人出身且官居高位，他们“衣服屋宇，穷极华靡，饮食器具，备求工巧，俳优妓乐，恒舞酣歌，宴会嬉游，殆无虚日，金钱珠贝，视为泥沙”(雍正元年八月初二日上谕中语)。康、乾年间，西园曲水的主人，每餐有10余桌备宴，以供即时更选。嘉庆、道光年间的淮盐政使阿克当阿则“每食必方丈”，同治年间胜洪的盐商在自家花园中举行“消夏会”，用画舫载宾客游湖，四周芙渠掩映，含葩欲吐，舫中雕梁画栋，金碧辉煌，鼓乐齐鸣，仕女成阵。一餐之费，累钱数万。乾隆时，出现在扬州江都的“满汉全席”鸿篇巨制就是淮扬盐商的煌煌杰作。

中国文人寄情山水、能书善画、高歌吟唱的文化风骨，平和养生、身心兼修的饮食态度，顺应自然、崇尚本真、追求至美的美食精神，清淡调和、南北相恬的中庸治膳的风格，正是这样全方位地渗透并左右淮扬厨师崇尚文化的美食创造过程，使淮扬菜系中每一款精美的菜点都凝聚着对人生品味的人文精神，透发着人格美的无穷魅力，因此每一款名菜、名点都是经过千锤百炼而炉火纯青的，具有对食料自然属性本质优选的最佳食用价值和意义。

第四节　淮扬菜系的风味特色与组成

风味特色，是指菜种食品明显不同于其他食品在色、香、味、形、质、意诸方面的倾向性特征，如同样相似则不成为其特色，因此风味特色就是指相比较而言的差异性所在。一般来说，一个区域风味的形成是自然环境长期作用于人的生理的过程，同时又受制约于区域人文环境对人的文化心理的作用。在中国的汉民族饮食文化

为主体的四大系中，我们可以看到因两种作用相互制约而产生的鲜明的差异性的特征。一般认为川滇黔菜系口味多重复合的浓郁刺激这一倾向性特征，是由于山地、盆地、高原中西亚热带的自然气候环境长期作用于人的生理而产生的代偿性习惯，是西南居民应发散性养生之需所作出的选择，也是汉饮食文化内向与西南少数诸民族饮食相融沉淀的结果。物产的条件也决定了其选择上陆产重于水产，山珍贵于水蔬的习惯风俗，因此，川菜系被普遍认为具有更多的西南山寨村社家常饮食的特色风情，而与淮扬菜系世家文人个性化饮食风情形成鲜明的对照。据此类推，岭南粤海菜系，由热带季风雨林性气候与临海地理条件所致，在口味上实与淮扬没有太大区别，都习惯于清淡，但在选材上却是一个异类，山珍海错、生猛怪异的取材如猴、猫、狗、兔、蛇、虫、鼠、蚁的食风正与淮扬以农牧副渔产品为主体的选料及其平和食风形成鲜明的差异，这是热带雨林物种多样性的条件所致，同时也是热带居民强壮养生之需的选择，这在唐代刘恂的《岭南录异》早有论述。清屈大均著《广东新语》则详细地记录了广东一带康熙年间乡民生猛怪异的饮食风俗。另外粤海又广泛地与南洋诸国连接，饮食之间依稀可以见到一些奇异的南洋风情，这是汉饮食文化南向开放性发展，与岭南原始自然食俗通过近代域内外国际贸易的两极交融而具有了快便清鲜奇异的市场商业烹饪风格。至于北方的鲁豫秦晋菜系，同处秦岭之北的南温带一线，由于受干旱、寒冷、缺水的大陆气候地理的影响，齐鲁菜系咸、酸、辛、香、辣诸味皆重于淮扬与粤海，尤以咸口为重。据一份调查显示，天津一带为全国食盐量之最，由于动植物类群的原因，中原尤重陆畜旱禽，以牛、羊、驼、驴、鸡、狗以及根茎、蔬菜为其特色，恪守以肥厚为美的传统，崇尚滋补养生，尤其以荒漠草原地带为最。中原作为汉民族文化的正宗源流之地，长期以其政治文化统治的雄浑气魄将文化精神向四方广布，加之北方历史上多次有草原剽悍民族的融入，因此，一般认为，北方菜系的最高成就集中反映在奇瑰壮美的宫廷烹饪之中。其瑰丽雄浑的食俗风情、肥厚咸辛的倾向性风味特色与淮扬雅丽精细的食俗风情、清淡平和的倾向性风味特色形成鲜明的对比。

如上所述，我们知道淮扬菜系是以“清淡平和”的主体风味特色而有别于其他三大菜系的，具体地讲，清淡平和就是：取料平常，精细雅丽，顺其自然，崇尚真美；清淡调味，按照物性；浓淡相怡，取决本味；辅不掩主，醇纯净一；浓不鞔胃，此为平和；淡不槁舌，此是和美；鲜而生津，清而有质；淡而不薄，肥而不腻；虽酥烂脱骨又不失其形，虽滑嫩爽脆而不失其味。这是内外形质清淡平和的高度统一。细述淮扬菜系有如下两方面主要特色。

（一）选料的特色

淮扬菜系在选料方面极其讲究，一般从六个方面进行选择。(1)季节性：又叫“赶季”，即原料应是什么季节的产品就应按季使用，即使有大棚培育或养殖的反季节原料，一般也不反季使用，认为反季的食料在风味上远逊于正季之品，在必熟季节上更有“抢鲜”的习惯，即新蔬和鱼品上市时，赶抢在刚上市的初期供应，是谓“品鲜”。例如蔬菜以上市头半月为上品，韭菜用“喜鹊尾”，蚕豆用“樱桃米”，油菜用“鸡毛菜”等等。刀鱼明前骨刺软，盛暑要吃“笔杆青”，绣球花开鮰鱼熟，螃蟹九团十尖脐等等，不一而足。(2)活与鲜：江南一带对水产第一重活，其次保鲜，冻品少有问津者。市场上鱼虾视鲜活与否价格悬殊，讲究者非活烹不食，尤其是鳖、鳝、蟹，则更是如此。并且活与死的食料烹成菜后一吃便知，神乎其觉。(3)养生性：注重原料平时的四季养生性，有道是“药补不如食补”，认为只要饮食得当就会收到四时疗补的最佳效果。因此并不刻意追求“药膳”之补。例如，童鸡未鸣尚雄，肥鸡尚雌而未蛋；老鸡炖汤以雌为好，老鸭炖焖以雄养生。鳖不过拳不食，夏日吃羊上火等等，食料平和养生的例子随处可见。(4)完整性：淮扬菜的选料注重完整性，崇尚原形本色，如整鱼、整虾、整鸡、整鸭，皆选光鲜丰满健全者，如虾脱头、蟹掉腿、鸡跛足、鱼断尾皆不被入选。(5)质地性：因质做菜各因材质的老、嫩、肥、瘦、干、湿优质取料，例如鸡腿宜烧焖显其肥，鸡脯宜炒显其嫩。再如大蟹宜蒸不宜炒，小蟹宜炒不宜蒸。再例如籽虾宜氽不宜炸，大虾宜烹不宜氽等等。(6)产地品牌性：选料注意产地的优质性和名优品牌性，除海产外，淡水产以江湖为上，河产次之，沟塘最次。禽类以放养为上，圈养次之。名特蔬菜亦各有出地，如南京的芦蒿，扬州的豆腐干，无锡的油筋，常熟的血糯，泰兴的银杏，浙江的扁尖，福建的茶树菇等等。以上 6 项各地菜系可能也有相似之处，但因物产与食俗的差异性而各有倾向性侧重点的不同。

（二）调味的特色

(1) 淮扬菜系注重口味的平和性，以原料主味为主，辅之以五味的适中调和以及对香料的清淡使用，一般不强烈突出某一调味品之味或刻意去浓烈使用多重复合调味，而显得极清极淡极鲜，真实地接近于自然。淮扬重汤，汤以“七咂”为上汤，上汤“三吊”而成，力求清醇甘洌的最高境界。擅长以汤做菜，即用高汤烩制菜肴，用以增味补质，虽炒爆亦以汤为之。然而对鲜活原料都极讲究原汁原味，甚至在炖焖中亦密封器口，不使本味有一丝一毫的飘散。(2)淮扬菜有时也十分的浓郁，但不是调味品的浓郁，而是多种鲜活原料同炖一锅的本味互补的浓郁，谓之醇厚。如“海中世界”“佛跳墙”“八珍鱼头”“鸡火鳖”等菜式就是如此。(3)淮扬菜追求“本真”是指“吃鸡不失鸡味，吃鱼不失鱼味”。这里的味不是纯指口味，而是滋味，包含鸡鱼应有的自然本质。例如鱼肉嫩白鲜美，不管怎样加工都应使之凸显本质特点，如将其炸至焦脆则鱼味尽失，非死鱼而不能为之。凡鲜嫩之物先重在蒸、炒，次重烧、烤，再次炸、熘。凡肥厚之物先重炖、焖，次重烧、烤，再次是熟而烩之。凡老韧之物，皆十焖九炖使之烂。(4)酥烂是淮扬菜中最重要的滋味。“东坡肉”“扒猪头”

“狮子头”要嫩比豆腐，仍极烂所至。“京葱鸭”“富春鸡”要不费刀叉，肉脱于骨，入口即化，有“一烂胜三味”之说。清钱泳曾说：“同一菜也，而口味各有不同。如北方人嗜浓厚，南方人嗜清淡；北方人以肴馔丰、点食多为美；南方人以肴馔洁、果品鲜为美，各有妙处，颇能自得精华。”(《履园丛话·治庖》)《清稗类钞》曾对清末的饮食状况作了记载，说：“各处食性之不同——食品之有专嗜者，食俗不同由于习俗也。则北人嗜葱蒜，滇黔湘蜀人嗜辛辣品，粤人嗜淡食，苏人嗜糖。”此话总结得很有道理。北方以牛羊为主要原料，故膻味重，必以辛咸克之。南方水产多而重水腥，必以酒酸和之。前者味质浓厚统一，后者质味浓淡相济，皆为顺应天时地利而为人之习俗。

经过大量的实践与比较研究，我们认为淮扬菜系调味的一般规律是：用盐旨在脱去淡味增鲜；用糖以收口回甜起鲜；用醋旨在平衡口味兼及去腥起香；用辛辣以除臊、膻之味，微带刺激；不尚麻味，用花椒只为取其悠然之香；不得已不用浓香药料。即使用香料也只五香为限，决不滥用，力求清幽，点到为止，突出主香，在于似有似无之间，犹如风下桂花香，飘然又散去的韵味。清人顾仲说过：“凡烹调用香料，或以去腥，或以增味，各有所宜。用不得宜，反以拗味”(《养小录》)。袁枚亦云：“求香不可用香料，一涉粉饰，便伤至味”(《随园食单》)。淮扬烹调大师认为：用香的道理是，提取食料本身的香为上乘，用清香药料佐之为次，轻易不用浓香掩饰本味。凡上等原料，皆不用香料，或改用荷叶、桂花、白菊、棕叶等清香增其味。只有次等原料才用浓香改其味。起香全在火候与酒的调节。淮扬尤擅香糟、酒酿、南卤、桂花、霉菜、臭腐之香，但不滥用，贵在“清”字。

淮扬菜点味型的基本规律是：咸鲜为一，咸甜为二，甜酸为三，咸甜微辣为四，一般咸辣、麻辣、酸辣、甜辣较少使用，即使使用也尚清爽，在四种主体味型之中都以清幽的增香取胜，如花椒、胡椒、咖喱、香菇、鲜奶、辣椒、白酒、姜、葱、蒜等，尤以花卉型香为特色，如珠兰、茉莉、桂花、杏仁、松针、薄荷、金橘、茶叶、白菊、玫瑰等等。清香暗袭贵在含蓄，没有痛快淋漓之乐，但有幽赏自得之趣。在宴席中注重调节，味不雷同，浓味点缀一二，穿插于清淡之中。味型对比明快、跌宕多姿。

淮扬菜点味纯而不杂，一碗自成一味，真正做到了味味有别，层次分明，主辅有致。不强烈刺激味感，于清新中见奇谲，从而使菜点可食性最佳达到南北相宜、老少同嗜的无限境界。

顾仲云：“饮食之道，所尚在质，无他奇谲也。”(《养小录》)除了上述特色，淮扬菜系在组配、刀工、火候、造型方面的特点都大致与其他菜系具有相似性。总的特点是相比较而言的，具有更为细腻的刀法，精巧的食雕，严谨的法度和更为典雅精细的菜式和点心造型。在本质上，淮扬菜系由上述方面反映了“清淡平和”主体风味的倾向性特色。

（三）淮扬菜系的风味组成

如上所述，淮扬菜系是覆盖北至秦岭，南达南岭，东至东海，西止汉江的东南风味大系，古人云："十里不同俗，百里不同言。"这是指上古封闭贫穷落后愚昧的状况。但现代交通已呈立体化，空间距离如同一个"村"，千里之地朝分暮聚。然而在该区域里，由于海陆地理物产的自身差别，加之历史地方传统风俗的遗存，由文化与自然物产的地理综合情况来看，该区域存在四个互补风味区域。

（1）江淮风味区：淮河两岸长江以北包括苏北、皖北与江汉平原东北侧皆属该范围，特点是界于中原华北风味的接壤区加之水系发达而众多，口味上稍浓，用烧、焖、煨、烤、炒、爆、烩、煎、贴之法，以扬州、合肥、武汉、沿江北一线为重心兼有南北特点而咸甜适中。以徐海与淮北、亳州为最浓，表现出向中原鲁豫风味过渡形态，在原料方面，江淮风味重淡水产胜于海产，猪、狗胜于牛、羊。旱禽多于水禽，陆生蔬菜多于水生蔬菜，尤在徐海一线已喜面食为主粮。武汉西、南则呈现向川、湘风味的过渡，于清淡中加重了酸辣麻的使用，但比之川菜则为清淡。

（2）江南风味区，即长江以南，沿九江、南昌、皖南到沪宁杭一线，该区湖泊众多，水系最为发达，气候尤为温润。在口味上清鲜淡泊，尤喜甜味与黄酒之香。特别重视活鱼活虾，爱用蒸、煮、氽、烩、炖、炒、炸、白汁（烧之一种）、蜜汁之法，尤其江南乡镇蒸菜为一大特色。该区是淮扬菜系的中心区域，尤以沪、宁、杭为重中之重，充分地表现出淮扬菜系的"清淡平和"主体特色，风味细腻淡泊归真。该区以上海为龙头，上海尤以江南风味为基础，兼有江淮风味、沿海风味、江南丘山风味的众家之汇，为当代淮扬菜系的核心。其意义相当于六朝的建康，唐代的江都，宋时的临安，清朝的扬州。南昌一带，以南则表现出岭南与川湘风味的过渡现象，酸香辣加重。在原料上淡水产占极大比重，水禽多于旱禽，六畜以猪为主，水生蔬菜系是一大特色，莲、藕、菱、茭、米葱、薏仁、芡实、水芹、蕹菜、芦蒿、莼菜、芦笋、蒲菜十分丰富。

（3）沿海风味区，即东南沿海，北至连云港、南通；中有宁波、温州；南到福州、泉州、厦门一线。该区虽横向分别受江淮、江南、丘山内陆风味的直接影响，然而该区以压倒一切的海洋水产的风味为其主要特色，在口味上为最清淡地区，例如连云港是江淮的最清淡区，宁波是江南的最清淡区，尤其福州、厦门为全区最淡。由于海产品占主要的地位，该区人一般喜食海中鱼虾蟹而以淡水产为次，其他相同。厦门以西南一带菜式呈向岭南粤海风味过渡。实际上沿海一带是有区别于以淡水产为主的淮扬内陆风味而成为有特色的一个附属区域。在烹调方法上尤善蒸、煮、白焯、炝拌、烤、风、氽、烩等。

（4）江南丘陵风味区，即皖豫浙闽低山丘陵地带风味，此是淮扬菜系的后方附属区域，以丰富山货，如笋、菌、果、茶类供应沿江海平原地区，同时也受到江淮海地区食俗的直接影响，如果说江淮、江南、沿海以城市饮食风味为主要特色的话，该区

则更多保持山区饮食的乡土朴实醇厚之风，偏于味浓色重。如绍兴乡巴佬食品类型和皖北符离集烧鸡类型，喜爱煎、腊、腌、扒、烧、煨。多有豉、酱、香料之香和色彩。在用料方面主要用六畜中的牛、猪，野生动植物比沿江平原更为丰富，如刺猬、野猪、野兔、果子狸、山龟、石鳞、獐子、竹鼠、獾等等。丘山家常风味的主要城市有浙江的绍兴、金华、衢州；安徽的黄山；江西的宜春、赣州、景德镇与福建的南平、漳州。其中宜春、赣州最为浓郁敦厚，直接受到川湘风味的影响而呈过渡形态，而漳州则在对客家菜的历史承继下多有几分中原厚重的风味色彩。

上述四区风味是相互补充的，整合而为淮扬菜系的多元结构（如图 1－1）。

鲁豫菜系风味

川湘菜系风味	江淮风味			
	江南丘山	江南风味	沿海风味	

粤海菜系风味

图 1－1　淮扬菜系风味区域形势图

以上是从自然地理物产民俗方面对淮扬菜系风味组成的综合考察，在城市市场中，各风味区皆产生出具代表性的烹调流派和帮口。现依据行政区划加以解释如下：

1. 江苏风味与帮口

江苏在清代中叶因江宁、苏州二府首字而定名。江苏风味实质分南北两大部分，即苏北风味与苏南风味。苏北属淮扬菜系江淮风味支系的一部分，又有徐海风味帮口与维扬风味帮口两个亚支系。(1)徐海帮口包括徐州、宿迁、连云港等地，与安徽淮北一线为“淮海风味”类型，是淮扬风味区域北缘，而与中原接壤，风味亦相近，喜葱酱辣咸，其中连云港较清淡，是徐海影响下的沿海风味，更接近于维扬。该区著名的菜有“霸王别姬”“羊方藏鱼”“花果黄鱼”“沛公狗肉”“琵琶明虾”“蝴蝶乌花”等。(2)维扬帮口：包括镇江、扬州、淮安、盐城、南通、泰州等市，以镇扬为中心，又以镇扬合称为维扬。其中尤以扬州（广陵）在历史上具有重要地位。从唐到清，扬州（广陵）几度成为华东政治经济文化的中心，具有深厚的地域文化历史的沉淀。由于开凿大运河与淮北盐场的建设，在近千年间，扬州都是东南财赋、漕运、盐铁转运中心和对外贸易最大的通商口岸，是南来北往、东去西来的通衢要冲。因此很早以前扬州就形成了咸甜适中、南北皆宜的饮食风俗。扬州又与江对岸的镇江京口彼此相连不可分割，实为一体，具有名菜互有共生的特点，而盐城与南通实质上是在维扬风味影响下的沿海风味。维扬帮是江苏境内最大帮口，是影响力最为深远而广泛的国内名帮，与粤海的潮帮、豫鲁的津帮和川菜的蓉城帮齐名而为四大帮口。因此常有人将淮扬菜系与维扬菜混称，其实维扬菜正是淮扬菜系中最具特色性的东部代表。传统名菜浩繁众多，其中最具代表的有：三套鸭、拆烩鲢鱼头、扒烧整猪头、清炖蟹粉狮子头、大煮干丝、炒软兜、烤方、松子酥方、红松鸡、醋熘鳜鱼、京江肴蹄等等，另有维扬素菜系列、维扬细点系列以及扬州满汉全席、红楼宴、八怪宴、乾隆宴、三头宴、刀鱼全席、鳝鱼全席等等辉煌成果。在风味本质上与合肥、武汉同属江北风味类型。

苏南属江南风味支系，与上海、浙北杭州等地一道为淮扬菜系的中心地域，与维扬具有大同小异的区别。俗话说："早饭，江北吃粥江南泡饭"，口味更为清淡。苏南又有金陵帮与苏锡帮两个亚支系。(1)金陵帮，又称京苏帮，南京所处的地理位置与省行政中心地位，决定了金陵菜是兼有维扬、苏锡、皖南山地风味的集合体，以鸭馔、缔子菜见长，有"京苏大菜"闻名江左，口味是清淡中见浓郁，是江苏风味中一个特别帮口，著名菜品有：清炖鸡孚、金陵叉烤鸭、桂花盐水鸭、彩色鱼夹、芙蓉猪排、桂花鱼饼等等，另有金陵各式油酥面点最具特色。(2)苏锡帮口，包括苏州、无锡、常州，实际与浙江杭嘉湖风味同属一个亚支系，同处江南腹地，同具典型的江南特色。以苏杭为中心。春秋时苏州作为吴国国都，一直是东南重镇，又是率先产生近现代资本主义城市化经济的城市之一，具有较为深厚的地域文化积淀，历史上与杭州并称为人间天堂，"上有天堂，下有苏杭"。苏锡常一线是现代江苏饮食经济发展中心，与沪杭一道是现代淮扬菜系的发展中心，菜点也十分丰富，著名菜式有：松鼠鳜鱼、蟹酿橙、八宝脆皮鸡、卤鸭、莲荷童鸡、镜箱豆腐、叫化鸡、鸡茸蛋、扣兰丝、灌汤鱼圆、青鱼鲟、杏仁葛粉包、虾米莼菜汤、龙风腿、清烩鲈鱼片、鱼皮馄饨、鲃肺汤等。另外，苏锡尤以糕团与船点十分突出，对沪杭的影响具有深刻的意义。

江苏居于华东枢纽之地，上承千古之历史，下启东南之文明，风味渐浓渐淡，系结沪浙皖，沟通东南北，是淮扬菜系的重中之重，因此人们一提起江苏风味那就是说淮扬菜。说明江苏风味与淮扬菜系具有直接的因果关系，同时也显示江苏风味是淮扬菜系中最重要的代表和基础。

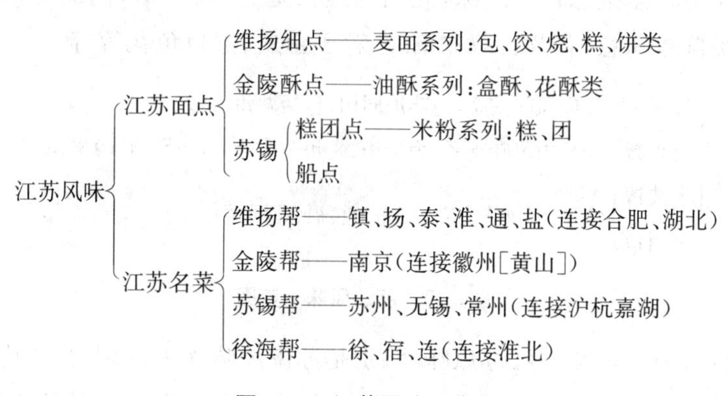

图 1-2　江苏风味一览图

2. 浙江风味与帮口

浙江是东南腹地，浙北杭、嘉、湖与江苏苏、锡相连，合称为江南天堂，浙江因钱塘旧称“浙江”而得名，秦统一置会稽郡于此，隋开凿大运河，沟通了南北政治经济的往来，促进了这里的发展，特别是宋迁都临安，使得城市规模与经济得到巨大发展，杭州成为十分繁荣的大城市，元时属江浙行省的一部分，直至明代以前，浙江一直隶属于扬州政区，明时置浙江布政使司，清时始称浙江省。

浙江以丘陵低山地为主，占全省面积的70%，沿海岛屿星罗棋布，多达3 000多个，浙江人文活动中心基本集中在沿海湾平原等地，沿海风味较江苏突出，尤以舟山渔场附近的宁波等地最为典型。(1)平原以杭嘉湖最为富庶，与苏锡隔太湖相望，实与苏锡风味同属一个类型，蒸、煮、烧、烩、氽、白焯、炝、拌，本色本味，黄酒香郁，糟、腌、卤、醉显得清雅而纯净，美味自然天成，比苏锡更为清淡鲜醇。这里是浙江饮食文化活动的中心，具有十分丰富的饮食文化历史遗存，如东坡肉、宋嫂鱼羹、西湖醋鱼、叫花鸡、扁尖炖鸭、龙井虾、罗汉斋、莼菜鲈鱼羹等，因此杭州自宋而明、清直至现代都是浙江一带最为著名的风味帮口。(2)其他有宁绍平原的宁波与绍兴帮口较为著名，绍兴是春秋时越国国都，历史悠久，民风淳朴，受浙中会稽山区风味的影响，显得极富江南乡土情调，香酥绵糯，汤浓味厚，有名菜干菜焖肉、糟熘鱼白、清汤鱼圆、白鲞扣鸡、清汤越鸡等。(3)宁波虽与绍兴相距不远，却是以舟山渔场为背景的典型渔乡村镇风味，宁波菜又叫甬菜，是浙江除杭帮之外最具影响力的帮口。口味清淡，尤喜家常腌、臭菜，特别是爆腌菜于咸鲜中加重醋酸，臭菜曾在旧时大江南北乡镇居家流行，老妇女基本都会在家灶中自制，现多存留在浙菜和徽菜中而以宁波为最，以苋菜苔霉变发酵至臭渍之，名品有臭豆干、臭豆腐、臭冬瓜、臭鳜鱼之类，美其名曰“吃吃香”，品来确有一番滋味。除此之外，宁波菜在腌渍上也独树一帜，如腌渍膏蟹，鲜嫩咸酸，清新爽口。宁波在主体风味上除了上述内容，其他主要还是与杭州、苏州相一致的，具有浓郁的江南沿海渔家村社风味的余韵，名菜有冰糖甲鱼、苔菜拖黄鱼、雪菜大汤黄鱼等等。(4)温州平原临海风味，温州菜又叫瓯菜，纯粹是海洋生态自然风味，北面与连云港、南通相似，南面与福州、厦门无别，风味清淡自然随意，名菜有双味蝤蛑、蒜子鱼皮、爆目鱼花等等。

浙江风味
- 杭帮（属江南风味支系，与苏沪同构，包括湖州、嘉兴等地）
- 绍兴帮（属丘山风味支系，为金华、衢州一线余脉，与徽州、赣州、漳州相呼应）
- 宁波帮、温州帮（属沿海风味支系，与连、通、福、厦同类）

图1-3 浙江风味一览图

综上观点，浙江风味与江苏风味，特别是苏南风味无大区别，往往许多菜式、点心、小吃等都是共产共享。从历史的角度来看，由江苏南下文化对浙江的影响是极大的，而浙江人文中心基本集中在浙北与沿海平原区域，海陆相连，自古江浙并称，菜式典雅细腻，清鲜淡白，自然纯真，具有更多的同质同构饮食文化的特点。

3. 安徽风味与帮口

安徽，介于江浙与中原之间，从地貌形势看被分为三个部分，即淮河以北的大别山、淮阳丘陵一带是皖北，淮河与扬子江之间是皖中，扬子江以南是皖南。淮北属黄淮平原的一部分与江苏徐州一线已与江南风味相差较大，喜食牛、驴多于食猪，风味已接近中原。大别山东南的江淮之间以合肥一带为中心，是长江中下游平原的一部分，西通江汉，东连维扬，风味趋淡，口味适中。合肥一带在两汉之时就是扬州长达数百年的首府，后来扬州首府移至建康（六朝）再移至广陵（隋唐），可见其文化中心东南而下的迹象。皖南以徽州（今黄山市一带）为中心，是明、清时期赣皖山区的土特产货物集散中心，也是安徽风味最具代表性地区，特别有清一代，徽商富甲天下，尤以木材商、粮商最为著名，其生活的奢靡、宴席之盛名响东南。由于扬州广陵古城的再度兴盛，徽商大多通过南京赴扬再至苏杭广做生意，在一定程度上左右了大江南北扬州的经济。随之而来的便是徽厨的东来南下与江浙的金陵厨、维扬厨、苏杭厨师的广泛交融，并对淮扬菜的咸甜适中风格与金陵京苏大菜的形成产生很大影响，所以一般认为安徽风味最佳处当在徽州，安徽菜的最兴盛地也在徽州，因此徽菜是安徽风味帮口的主要代表。皖菜也叫徽菜。

在夏、商、周时，安徽同江浙一样属东夷之地，战国后属楚，当时皖北属豫，皖中、南属扬。明时直隶南京，清时属江南省。康熙六年（1622年）由江南省分设安徽省，1732年起设两江总督，统管江苏、安徽与江西三省。

由此观之，安徽风味实际上正是自然地分为代表三种不同区域风味的帮口，即徽州帮、沿江帮与沿淮帮。

（1）徽州帮，即以皖南今黄山市一带为中心，位于江南丘陵要冲，连接赣中、气衔江淮，历来为山货集散之地，善烹山野珍味，讲究食补，有“沙地马蹄鳖、雪天九尾狸”的传统。徽州菜素以火功见长，芡大油多色重，口味咸中微甜，咸鲜香微麻，甜酸微辣等，菜式朴素实惠，保持着一份古老的纯真，原汁原味纯朴传统，多用烧、煨、熏、煮、蒸、炸、烤诸法，许多菜用炭火长时加热焖、㸆，善用火腿提味、冰糖提鲜，使汤汁醇浓厚实，原锅上席，香气四溢，因此徽州帮为安徽最为著名的风味帮口而誉满东西。在江淮风味、金陵风味与绍兴风味中都可以看到徽菜的影子。徽菜程式化较为突出，其菜式分筵席菜、和菜、五观八碟十大碗菜、大众便菜和家常风味菜等。著名菜点有红烧果子狸、瓦罐煨龟汤、熏鸡、黄焖刺猬、木模米糕、腌鲜鳜鱼、黄山炖野鸽、火腿炖甲鱼、问政山笋等，实际上徽州菜正是淮扬菜系中丘山风味支系的杰出代表。（2）沿江帮，即扬子江北岸至淮河南一带，以合肥、淮南为中心，以烹制江湖河鲜为主，口味咸鲜甜酸与江浙无异，风味稍浓于江南而与维扬相当。因此，沿江帮实际是江淮风味支系中与维扬帮口具有同等特点的风味类型。如名菜

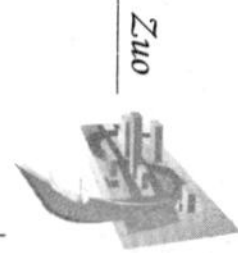

有红烧划水、醋熘铜头、熏鲥鱼等等，是江北风味的两侧区域。(3)沿淮帮，以淮北、宿州一带为中心，口味习惯已像中原，尚咸鲜香辣，油色味皆重，与江苏徐州一带是同类型，属淮扬菜系江淮支系的淮海风味类型，实际上这里是离中原近而距江东远，可以说是淮扬菜系饮食文化的边沿，也可以说是豫鲁菜系饮食文化的南伸。因为该区已跨越了大别山山地，进入了华北地理气候范围，以牛羊、鸡为主要原料，名菜符禽集烧鸡、红烧牛肉等。

安徽风味
- 淮北帮(属江淮支系与徐海同类)
- 沿江帮(属江淮支系与维扬同类)
- 徽州帮(属江南丘山支系与绍、赣同类)

图 1－4 安徽风味一览图

4. 上海风味与帮口

上海地处三江长角洲之头，南宋建镇，元设上海县，1927 年设上海特别市，新中国成立后一直是中央直辖市。上海因吴淞江近海段左称“扈渎”后简称“沪”，上海风味简称“沪菜”。上海是 100 多年前近代殖民资本经济促使畸形繁荣起来的特大都市，被称为“冒险家的乐园”，现代一直是东南乃至全国最大的经济中心城市，可以说，上海汇聚了中国各区域饮食文化的精英，并将其融为一体，形成“海派”风味特色，具有海派淮扬、海派川湘、海派粤海、海派京鲁以及海派西菜、海派素菜等众多帮口，风味林林总总，花样翻新。如果说“京帮”是北方独具特色的融汇型大帮口，上海帮则是东南腹心中独具特色的融汇型大帮口。京帮是以齐鲁菜等为基础的北方型融汇，而上海则是以淮扬菜系为基础的南方型融汇。这种融汇也只是在饮食市场中酒店宾馆的经营方式，一旦我们贴近市民阶层，便会发现上海民间饮食风俗正是维扬、苏杭、沿海风味的结合点，表现出典型的东南饮食风格而具有汤卤醇厚、浓油赤酱、咸甜适中、清淡平和、清新雅丽、海陆产并重的特点。名菜有老烧鱼、虾籽大乌参、扣三丝、炒蟹黄油、贵妃鸡、烟鲳鱼、芙蓉蒸蟹、裹烧冬笋等等，凡淮扬菜系各支系的菜式大多有之。

维扬帮 ⟶ 上 ⟶ 海派淮扬
苏杭帮 ⟶ 海 ⟶ 海派粤海
宁绍帮 ⟶ 风 ⟶ 海派川湘
上海居家风格 ⟶ 味 ⟶ 海派京鲁
} 海派市场风格

图 1－5 上海风味一览图

5. 江西、湖北、福建风味

此三省皆在淮扬菜系的华南、西南、西北边缘。

(1) 江西风味，江西，春秋属楚、吴、越，战国属楚地，秦置九江郡，汉置豫章、晋置江州，皆是当时扬州属地。唐分数州属江南西道，宋属江南东、西两路，元后立省。江西一直与东南各行政区域相依相辅，或从属或分立，可以看到其自然与历史文化机制的紧密性。江西三面环山，北面为坦荡的盆地形平原，是长江中下游平原的一部分，以南昌、九江为中心与安徽、湖北共享鄱阳湖、扬子江水产资源。风味清淡，但加重了一些酸、辣、香成分而稍显浓郁，南部赣州山地风味浓厚，嗜辣在湘味之后，品味侧重咸鲜香辣，油重保嫩，名菜有粉皮烧甲鱼、三杯鸡、子姜炒子鸭、酸菜野鸭、眉毛丸子烧海参、小炒鱼、兴国米粉鱼、清蒸荷包红鲤鱼等，比之川湘还算是浓中清淡。

（2）湖北风味，湖北称鄂，位于长江中游，南依扬子江界头，北傍淮河源头，东南部是上古湖河密布的楚地泽国，由于湖北位于中原附近、江淮之间，楚国美食在先秦时就卓有成就，影响直贯东南，是先秦乃至秦汉南食的象征。这在《诗经》《楚辞》《七发》中都有记载。湖北菜中心在武汉一带江汉平原，以淡水鱼虾最负盛名，由于武汉居南、北、东、西交通之要冲，在口味上也兼南北之宜，口味以咸鲜为主，咸鲜甜、咸鲜甜酸、纯甜、甜酸、咸鲜甜辣等各有特色，这一点与江西之九江鄱阳湖一带，安徽的合肥一线，江苏的金陵，维扬风味是相同类型，同样沿扬子江一线各地都可以看到其一脉相承的因果源流关系。湖北地势西、东、北三面环山，西高东低，与西南西北具有天然的隔阻，武汉的江汉平原向南敞开，气候地理物产与苏皖具有相似之处，食风自然也是相似。以同样的咸鲜甜味型最具特色，加之水陆交通与苏皖赣之间的便利往来，这就促使很早就与淮扬风味融为一体。因此说，至少江汉平原的风味与淮扬风味是个共体，属江淮风味子系范畴，然而在江汉平原西、北山地风味则另当别论了，湖北具有丰富的饮食文化积淀和内涵，名菜也较多，其中较有特色的是：鸡蓉笔架鱼肚、冬瓜鳖羹、红烧鮰鱼、珊瑚鳜鱼、明珠鳜鱼、清蒸武昌鱼、荆沙鱼糕、橘瓣鱼氽、虫草八卦汤、珍珠圆子、蟠龙菜、紫菜苔炒腊肉、母子大会、黄陂烧三合等。

（3）福建风味，福建风味叫闽菜，位于东南部的顶端，再向南翻越南岭就到了岭南广东。福建真正的开发较江浙为迟，受江浙、皖南人文化影响极大。福建省依山傍海，浅海海滩特别漫长，鱼、虾、贝、螺、蚌、蚝、鲟等常年不绝，福建又以“八山一水一分田”著称，饮食文化中心皆集中在几个沿海大城市，苍茫的丘陵山地溪涧发达，盛产茶、笋、银耳、香菇以及鹿、石鳞、河鳗、甲鱼、穿山甲等山珍野味，风味特点表现得清爽、鲜嫩、淡雅，口味侧重于甜、酸、淡，调味具有红糟、虾油、米酒、沙茶、茶米、橘汁等特色风味细腻而富于变化。闽菜尤重视汤的使用，汤菜异常讲究，有“一汤十变”之称，有用牛肉、鸡肉、火腿炼制的“三蓉汤”，再根据不同需要选配干贝或鱿鱼，或红糟、京冬菜、霉干菜、茶叶或衣来香花等辅料料汁和入“三蓉汤”中，形成多种特色上汤。福建风味细分又有福州、闽南、闽西具有不同风格的帮口。①福州帮。包括闽东、闽北，是福建风味的主流，菜肴特色是刀工细腻，口味清淡、鲜嫩、淡雅，汤菜最具特色，代表菜有佛跳墙、茸汤广肚、肉米鱼唇、鸡丝燕窝、糟汁海蚌、淡

糟鲜竹蛏、煎糟鳗鱼等。②闽南帮。盛行于厦门、晋江、尤溪地区，又极大地影响到台湾省的烹饪，风味鲜醇、香嫩，清淡中略有香辣，具有向岭南菜系风味过渡状态，代表菜有沙茶鸭块、东壁龙珠、当归牛腩、八宝芙蓉鲟、炒鲎片等。③闽西帮。盛行客家话地区，以漳州一带为中心，主要以山珍野味为特色，色重味浓，嗜辣近于赣州，代表菜式有香油石鳞腿、爆炒地猴、姜鸡、涮九品等。

- 江西风味
  - 南昌、九江 — 鄱阳湖帮(属淮扬菜系江南风味支系，沪、宁、杭类)
  - 赣州帮——(属淮扬菜系丘山风味支系徽、绍、漳类)
- 湖北风味
  - 江汉平原鄂帮(属淮扬菜系江淮风味支系，合肥、维扬类)(武汉地区)
  - 周边山地风味(可认为是向川、湘、陕风味转化)
- 福建风味
  - 福州帮(属淮扬菜系，沿海风味支系，连、通、宁波类)
  - 闽南帮(属淮扬菜系沿海风味支系，渐向粤海转型)
  - 闽西帮(属淮扬菜系丘山风味支系，赣、徽类)

图 1－6　江西、湖北、福建风味一览图

小　结

综上所述，“淮扬”是中国上古历史所确立的东南自然形势概念，淮扬菜系是由江(扬子江)淮(淮河)海(东海)所系结的东南江、浙、皖、沪、闽、赣、鄂等省市地区广大人民在饮食生活中五千年集体创造的总和，是东方大陆流域精耕农业文化与东方海洋渔猎文化交融的结晶，也是华夏汉文化中心南移的终极产物。淮扬菜系是东南各地区饮食文化的多元同构，也是中国菜系中最具丰富内容和最为庞大的菜、点食品风味体系。它风味详实，变化多端，帮口众多，特色纷呈，色彩斑斓。但纵观东南各地，江、河、湖、海、平原、山地由水陆便利的交通连成一体，你中有我，我中有你，同食一江鱼，共饮一江水，习俗相近，口味相似，在相对一致的气候条件下形成相对一致的饮食品味习惯，即清淡平和、崇尚自然、追求本真的整体风格。在自循环生态平衡格局中，又具有淡水陆产为主山海物产互补的特点。由于汉魏以后经济与文化中心的南移，促成了淮扬菜系对饮食文化进行东南区域化的特色创造，在东南特有的山清水秀的自然景观对人的性情陶冶下，在大批中国传统文人精英的直接参与下，赋予淮扬菜系更多的人文理念和雅丽精致的人格化魅力，形成了菜点制作与品尝具有身心双修的四时养生文化精神和深远的品味意义，真正而优秀地继承并发展了先秦《吕氏春秋》所提出的“阴阳之化，四时之数。故久而不弊，熟而不烂，甘而不浓，酸而不酷，咸而不减，辛而不烈，淡而不薄，肥而不腻”的中庸平和的本味传统思想。淮扬菜系正是东南自然生态环境与中国历史文化的双重作用的必然结果。

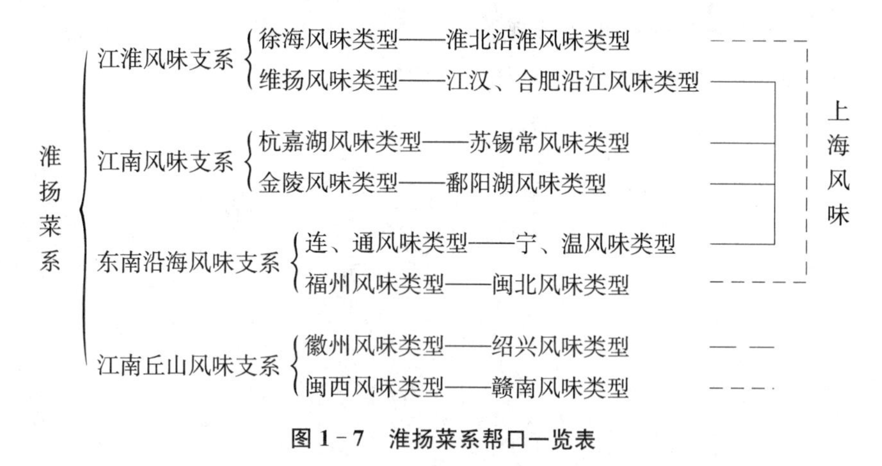

图 1-7　淮扬菜系帮口一览表

相比较而言,淮扬菜系各区虽各有特色,还是具有一定规律的。现代淮扬菜系以沪菜为龙头,以扬子江干流两侧为中轴,以丘山与沿海风味为辅,表现的是维扬风味类型居中,咸甜适中;徐海风味类型稍重,接近齐鲁;江南风味类型较清淡,皆以甜收口,喜甜酸;沿海风味类型最清淡,咸、甜、辣、酸皆轻;而丘山风味类型最浓郁,但在咸、油、色、酸、辣方面比中原清淡,在麻、辣、辛、酸、香、色方面又比西南清淡,在食俗用料方面崇尚农渔牧副为主体,比岭南清淡。

菜系与地方风味的存在本无优劣,这是自然区域环境长期作用于区域人类自然生理与文化行为过程历史凝聚的必然产物和现象。关键是这种饮食风味对人体生理-心理适应的状况如何,适应面宽则为优,反之则需改革。风味是人的生理-心理与自然环境互动相适应的产物,此方未必适应彼方,如果将西南浓烈风味原封不动地拿到东南沿海地区,可能会产生一时的口腹之快,但长期食用则有伤生理。反之亦然。如果将北方的驼峰与南方的臭鱼互调,则两方皆会因不适气味而产生饮食心理的背叛。这都是经营与制作需要认真考虑的问题。淮扬菜系的经营者们怎样把握自身的特色而又与各大菜系相交融,扩大经营市场,这恐怕不是经验问题而是管理科学的问题了,这一点清代有维扬,近代有海派,当前有杭帮,都为我们做出了表率。

据调查,淮扬菜系风味的适应面与其他菜系相比较而言是最广泛的,老、幼、妇、病、知识人群尤其适应,它的那种低脂、低盐、低糖、低刺激的平和调味与水产、蔬菜为上的原料结构,可能更符合绿色主义,这也可能是中国政府国宴大多选用淮扬菜系品种的深层原因吧!

思考题:

1. 什么是大淮扬风味? 其结构性体系由哪些组成?

2. 大淮扬风味与中华烹饪主流体系具有什么传承关系？
3. 大淮扬风味的风味特色有哪些？
4. 简述大淮扬风味的生成机理。
5. 江、浙、皖、沪的风味都是怎样组成的？

项目二　水产类菜例(上)

知识目标

本项目主要选用水产性食材为主料的案例，要求学生广泛阅读，了解各名菜的制作方法及风味特色。

能力目标

本项目通过精选，从中挑选出 10～15 个品种进行示范与实训，使学生通过模仿制作典型品种，学会对这些菜品的制作并举一反三学会类比设计。

2.1　鱼皮五仁锅贴

烹调方法：煎

主题味型：咸鲜微甜

原料：鲜鳜鱼 1 条 750 克，熟松仁 25 克，熟香瓜仁 20 克，猪肉茸 100 克，熟银杏仁 20 克，熟桃仁 20 克，熟杏仁 25 克，姜、葱末各 5 克，绍酒 10 克，生抽 10 克，精盐 2 克，白胡椒 1 克，鸡粉 2 克，白糖 5 克，干淀粉 100 克，湿淀粉 5 克，芝麻油 100 克，鸡蛋 1 只，锡纸托 12 只。

工艺流程：

鳜鱼取肉→敲皮→包馅→拖浆→煎熟→装盘

猪肉茸、五仁过油→切碎→制馅→包馅

鸡蛋、淀粉调浆→拖浆

锡纸托→装盘

工艺要点：

(1) 取肉敲皮：将鳜鱼去皮、骨，取肉，切成碎片，分 10 等份，拍干淀粉敲成 12 张薄皮，刻出直径 6.5 厘米圆皮 12 张。

(2) 制馅：①将肉茸加姜、葱末、酱油、糖、鸡粉、绍酒、白胡椒、盐 1.5 克入锅炒熟，用湿淀粉勾包芡出锅；②将五仁过油起香，银杏、杏仁、桃仁则需压碎，将五仁等

肉馅拌匀成五仁肉馅。

（3）生坯成形：将馅拌匀，均分包入鱼皮中，折捏成月牙蒸饺形状，鸡蛋一只磕开加干淀粉调成厚浆待用。

（4）生煎成熟：将麻油加入煎锅，鱼皮锅贴生坯底部拖浆排入锅内，加盖，小火慢煎至底部黄脆，上部变白成熟即可。

（5）装盘：将煎熟的鱼皮锅贴分装 12 只锡纸花托，排入点缀的盘中即成。

风味特色：

菜似点心，亦点亦菜，形式灵巧，下脆上嫩，肉馅鲜香。

思考题：

1. 这是典型的传统名菜，但这里却在馅心上做了些变化，这能给你以什么启迪？

2. 煎时火候的把握有几个关键点？

2.2 银鱼酿黄蛋

烹调方法：炸

主题味型：咸香鲜

原料：小银鱼 350 克，白鱼茸 250 克，花椒粉 2 克，精盐 3 克，姜葱汁 10 克，熟咸鸭蛋黄 4 只，熟猪板油 150 克，绍酒 15 克，细葱末 15 克，细火腿茸 5 克，鸡粉 3 克，鸡蛋 2 只取清，干淀粉 150 克，精炼油 1 000 克（耗 100 克）。

工艺流程：

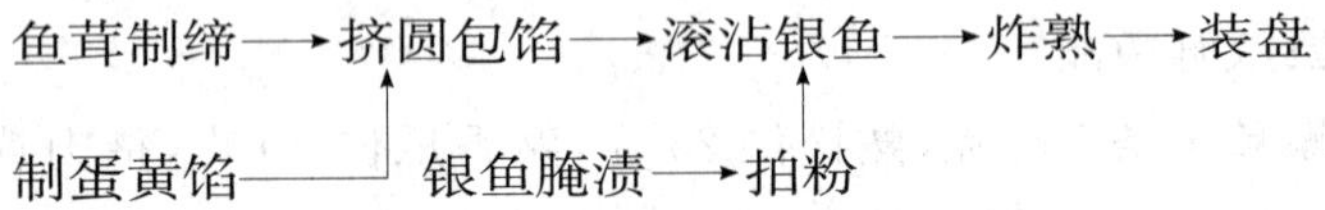

鱼茸制缔→挤圆包馅→滚沾银鱼→炸熟→装盘

制蛋黄馅→（挤圆包馅）　银鱼腌渍→拍粉→（滚沾银鱼）

工艺要点：

（1）制缔：将鱼茸与绍酒 10 克、精盐 2 克、鸡粉 1 克、蛋清、干淀粉 5 克一同混合搅拌成厚质缔。

（2）制馅：将葱末、花椒粉、火腿茸、板油、鸡粉 1 克、精盐 0.5 克与熟咸鸭蛋黄粉一起搅拌均匀，搓成直径 1 厘米小球。

（3）生坯成形：①将小银鱼洗净吸干水分，加盐 1 克、鸡粉 1 克、绍酒 1 克腌渍拌匀，炝透干淀粉，松散地抖落在桌上。②将鱼缔挤出直径 2 厘米球，将馅球塞入鱼圆中，滚沾满小银鱼即成，银鱼酿黄蛋生坯。

（4）炸熟装盘：将银鱼球投入 180℃油中，一次性炸至银鱼酥脆，鱼圆成熟即可装盘。

风味特色：

色泽金黄，外脆里嫩，馅心鲜香油润，形式新颖富有诱惑力。

思考题：

1. 为什么本菜要一次性炸成，而不经蕴养过程？

2. 馅心中，葱、板油、火腿茸、蛋黄粉的各自作用是什么？

3. 此菜暗涵了哪一款江苏名菜？

2.3 香脆银鱼排

烹调方法：炸

主题味型：咸鲜微甜

原料：大银鱼 50 根、每条 9 厘米，生咸鸭蛋黄 50 克，鸡蛋清 50 克，汾酒 10 克，白胡椒粉 1 克，味精 2 克，绵白糖 5 克，干淀粉 50 克，面粉 75 克，细面包糠 300 克，水果色拉 300 克[①]，嫩黄瓜 1 条，精炼油 1 000 克(耗 100 克)。

工艺流程：

银鱼清理 → 腌渍 → 串排 → 挂糊 → 沾面包糠

咸鸭蛋黄、水、淀粉、面粉 → 挂糊

沾面包糠 → 炸熟 → 整理 → 装盘

水果色拉 → 装盘

工艺要点：

(1) 清理腌渍：将银鱼切去鱼头、尾成 8 厘米段，抽去鱼肠洗净滤干水分，用汾酒、白糖、盐、味精将鱼拌匀腌渍 10 分钟，用牙签每 5 条串成排片待用。

(2) 制糊：将咸鸭蛋黄，加适量水上粉碎机打成浆，与蛋清、淀粉、面粉一同搅调成厚糊。

(3) 生坯成型：将 10 片用牙签串起的银鱼排匀挂上糊，再两面拍上面包糠即成银鱼排生坯。

(4) 炸制成熟：将鱼排投入 200℃油中一次性炸至两面金黄外壳酥脆捞起，抽去牙签，修齐装盘。将每只银鱼排上装上半匙水果色拉即可上席。

风味特色：

银鱼外脆里嫩，香鲜适口，佐以水果色拉，风味独特。

思考题：

1. 此菜是由什么传统银鱼菜演变而来？

2. 为什么要先串后挂糊拍粉？

3. 为什么要一次性炸熟而不是分两次？

---

① 水果色拉：用绿、红、黄、紫四色水果小丁 200 克与 1 500 克色拉酱拌匀的色拉混合物。

2.4 糟煎白鱼[①]

烹调方法:香煎

主题味型:糟香咸甜

原料:鲜白鱼中段 750 克,红糟 100 克,绍酒 100 克,精盐 5 克,鲜味王 2 克,姜葱末各 10 克,葱段 200 克,酱油 30 克,绵白糖 20 克,糟卤蘸糖碟[②],芝麻油 50 克,鸡蛋 2 只取清,干淀粉 10 克,五香粉 5 克,精炼油 100 克(耗 50 克),香菜 50 克。

工艺流程:

白鱼中段剞刀 ⟶ 腌渍 ⟶ 挂浆 ⟶ 干煎 ⟶ 装盘
蘸料碟 ⟶ 装盘

工艺要点:

(1) 腌渍:在鱼段面剞深至骨的一字刀段,刀距 1 厘米。在盆中将红糟、绍酒、盐、糖、特鲜五香粉、姜、葱各 5 克和匀,将鱼段埋入,腌渍 1～2 天。

(2) 干煎:将鱼段取出,冲洗干净,顺刀纹批大片,挂一层鸡蛋淀粉薄浆,用中火加热,将其煎至两面金黄装盘。用香菜点缀,带糟油蘸料碟一同上席即成。

风味特色:

糟香浓郁,鱼肉鲜嫩,肉色微红。

思考题:

1. 将鱼糟腌后,鱼肉为什么具有微红色泽?

2. 红糟、白糟皆可糟煎,请比较两者的成香差异。

2.5 青鱼塌

烹调方法:干煎

主题味型:咸鲜

原料:去骨青鱼肉段 400 克,雪菜梗 100 克,猪网油 150 克,鸡蛋 1 只,香菜 15 克,味精 2 克,雪菜汁 10 克,绍酒 5 克,葱末 10 克,白胡椒粉 2 克,干淀粉 75 克,吉士粉 20 克,芝麻油 50 克,精炼油 75 克,茄酱蘸料 1 碟[③]。

---

① 传统上有“糟煎白鱼”一菜,其方法是用糟调味红烧,因此应视为“糟烧”菜肴。

② 糟油味碟,太仓糟油＋鲜辣粉＋白糖＋花椒粉＋白胡椒＋味精＋芝麻油＋绍酒＋淀粉熬制而成。

③ 茄酱蘸料,以番茄酱为主的混合酱料,用于蘸食,其配比是:番茄酱小听,千岛汁 30 克,喼汁 10 克,白糖 5 克,白醋 2 克,芝麻油 50 克,熬制而成(两份量)。

工艺流程:

鱼片批片 ⟶ 上浆 ⟶ 包裹 ⟶ 拍粉 ⟶ 干煎 ⟶ 装盘

网油清理、雪菜切末 ⟶ 包裹；蘸料 ⟶ 装盘

工艺要点:

(1) 上浆:将鱼去皮及胸刺,批 4 厘米×2 厘米×1 厘米长方块,用绍酒、雪菜汁、味精、胡椒粉、绵白糖、葱末拌匀起黏,用鸡蛋与干淀粉 15 克上浆。雪菜梗切细末待用。

(2) 包裹:将网油渍味后晾干,裁成 25 厘米×25 厘米长片,遍撒混合粉拍匀,匀铺 1/2 雪菜梗末,将鱼片层层相叠在一侧呈 12 厘米×15 厘米长方堆形,再匀铺 1/2 雪菜梗末在鱼片上,提起四角包成长方包形,修齐四边再将鱼包两面匀拍干混合粉,即成鱼塌生坯。

(3) 干煎:在煎锅中布 20 克麻油,75 克清油,将鱼塌缓煎至两面全黄,表面出油香脆,煎时用竹签在鱼包上戳一些小眼,以防起泡。

(4) 装盘:将鱼塌煎透出锅改成 2 厘米宽条块排入盛器中,带蘸料茄酱味碟上席即成。

风味特色:

外脆里嫩,突出雪菜鲜香,色泽金黄诱人。

思考题:

1. 本菜在调味方面,具有什么特色?
2. 为什么在煎时用竹签将鱼包戳出小孔?

2.6 葱烤雪鱼[①]

烹调方法:网烤

主题味型:咸鲜香,微辣

原料:雪鱼 500 克,葱 500 克,鲜辣粉 10 克,五香粉 5 克,绍酒 10 克,海鲜酱 20 克,美极鲜 10 克,柠檬 1 只,丁香 4 粒,姜片 4 片,芝麻油 20 克,新中方糟白腐卤 2 小块,蜂蜜 20 克,鸡精 1 克,香醋 5 克,竹网 2 片。

工艺流程:

雪鱼开片 ⟶ 腌渍 ⟶ 上网 ⟶ 烤制 ⟶ 上席

① 此种做法适用于任何鱼、虾、禽、肉,不用烤时,也可采用炸的方法,调味亦可由精心设计而变化。

工艺要点：

（1）腌渍：将雪鱼开1厘米厚片，用鲜辣粉、五香粉、绍酒、海鲜酱、美极鲜、半只柠檬的汁、丁香、姜片腌渍20分钟。用白腐乳加蜂蜜、鸡精、香醋、芝麻油5克拌匀成腐卤蜜蘸料，待用。

（2）烤制：取25厘米竹箅网2只，将雪鱼匀排入竹箅网中，上下两片夹住，用竹签固定，入炉用250℃烤15分钟至葱黄而香时出炉。

（3）上席：上席时揭去竹网上片和葱，涮一道芝麻油，再淋半只柠檬汁，带腐乳蜜汁碟同上桌。

风味特色：

雪鱼红润细腻，葱香浓郁，风味咸鲜微辣，干香入味。

思考题：

1. 柠檬汁在此菜中的作用是什么？
2. 同样是烤雪鱼，葱烤与非葱烤在风味塑造方面有什么区别？
3. 思考蘸料与主菜的关系，是否可以随意使用任何形式和性质的蘸料呢？

2.7 老卤石斑

烹调方法：铁板烧（熘）

主题味型：咸甜微酸辣

原料：石斑鱼1条600克，红椒丝10克，葱丝5克，蒜茸5克，姜丝5克，精盐2克，味精2克，绍酒10克，酒酿20克，果汁辣沙司50克，鱼露10克，酸辣酱油10克，美极鲜10克，香醋5克，红油5克，湿淀粉10克，芝麻油50克，干淀粉10克，精炼油1 000克（耗50克），锡纸1大张。

工艺流程：

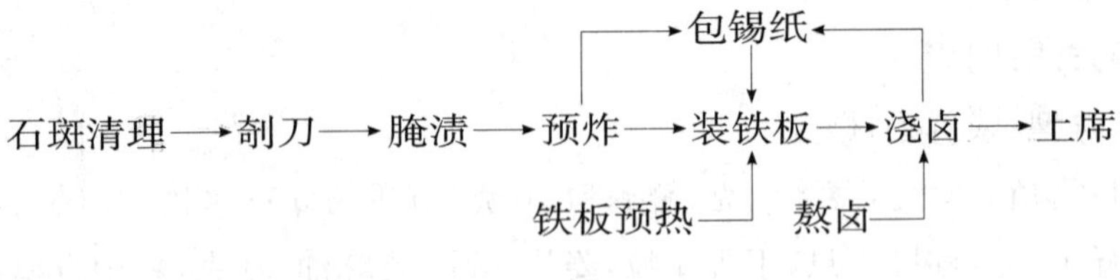

预炸→包锡纸；包锡纸→装铁板；浇卤→包锡纸

石斑清理→剞刀→腌渍→预炸→装铁板→浇卤→上席

铁板预热→装铁板；熬卤→浇卤

工艺要点：

（1）腌炸：将石斑鱼内脏从鳃盖下卷出，洗净，两面剞瓦楞花刀，用盐2克，味精1克，绍酒5克，姜、葱腌渍2小时。用干淀粉遍拍鱼身，入180℃油中炸至外皮壳起脆捞起待用。

（2）加热：将锡纸做成窝状，内置炸后的石斑鱼，将炒锅上火，下清油50克、果汁辣沙司、鱼露、酒酿、味精1克、酸辣酱油、美极鲜、香醋、红油、绍酒及适量水烧沸，勾流利芡浇在鱼身上，包起锡纸封口，放在烧得将近发红的铁板上上席。

(3) 上席：上席服务员剖开鱼锡包，将姜、椒、葱丝及蒜茸布撒在锡包内，将烧至 160℃的热芝麻油 50 克浇在鱼身上即成。

风味特色：

老卤糟香，咸甜酸辣，口感美妙丰富而含蓄，鱼肉细嫩、鲜美，开包食用，香气四溢。

思考题：

1. 清淡并不是说单调，以本菜为例，谈谈淮扬菜调味的丰富和含蓄。

2. 在自由运用各项调味品的前提下，淮扬菜的制作都自觉地遵循了一条总原则，这个总原则是什么？这个原则在本菜中是怎样体现的？

2.8 珊瑚花枝

烹调方法：滑炒

主题味型：葱油咸鲜

原料：紫海蜇 400 克，鲜墨鱼 200 克，米葱末 50 克，绍酒 25 克，精盐 3 克，上汤 50 克，文蛤精 2 克，白胡椒 3 克，干淀粉 20 克，蝴蝶笋花 20 克，孔雀头雕件 1 只，蛋黄粒鸡心片 10 片，佛手黄瓜 10 片，红樱桃 10 粒，精炼油 500 克(耗 50 克)。

工艺流程：

海蜇浸泡 → 批片 → 炝粉 → 浇烫 ┐
墨鱼清理 → 批片 → 炝粉 → 滑油 ┘→ 烩炒
↓
点缀 → 装盘

工艺要点：

(1) 批片：①海蜇浸泡去咸味，批 6 厘米 3 大片，滤干水，撒 10 克干淀粉拌匀。②墨鱼批格子大片漂洗，滤水撒 10 克干淀粉拌匀。

(2) 盘中点缀：将孔雀头雕件置长盘一端，将佛手黄瓜、蛋黄糕心形片与红樱桃做成 10 个组合件围于盘周。

(3) 烩炒：①用沸水对海蜇浇烫，但不能使之收缩。②用 160℃油温将墨鱼片滑油，变色即起滤油。③用鸡汤、绍酒、胡椒、文蛤精粉、湿淀粉做兑汁芡，与鱼片、海蜇一同下锅快速翻炒包芡。另用 25 克 140℃热油冲葱末起油花，迅速与珊瑚酱片拌匀做包尾油即成。

风味特色：

海蜇象征珊瑚，脆嫩爽口，墨鱼花枝卷曲洁白、嫩滑，色彩和谐，造型大方。

思考题：

1. 炒海蜇使之既脆嫩又不收缩是怎样做到的？

2. 为什么要用热葱包油？

2.9 腐皮黄鱼角

烹调方法:脆炸

主题味型:咸鲜香

原料:豆腐皮 4 大张，鲜黄鱼肉 300 克，生咸鸭蛋黄 20 粒，葱末 50 克，花椒粉 10 克，姜末 5 克，葱椒盐蛋浆 50 克，白胡椒 5 克，精盐 4 克，特鲜王 2 克，绍酒 10 克，芝麻油 25 克，鸡蛋 1 只，干淀粉 50 克，绿咸菜叶 20 张，山楂酱 30 克，甜面酱 20 克，香醋 2 克，精炼油 1 000 克(耗 100 克)。

工艺流程:

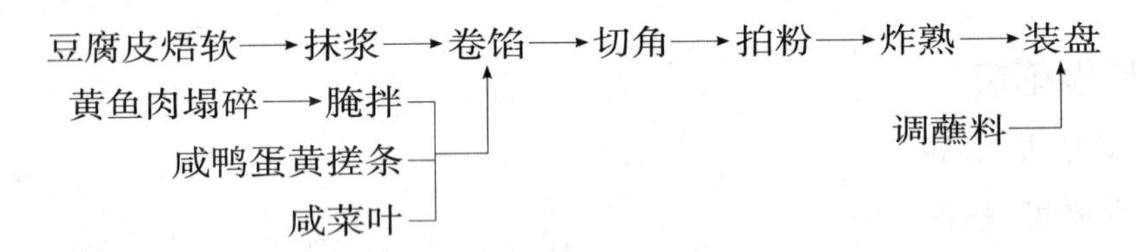

工艺要点:

(1) 制馅:①用刀将黄鱼肉塌碎，加绍酒、精盐 3 克、特鲜王、葱末、姜末、花椒粉、鸡蛋液混合成馅。②将咸鸭蛋黄搓四根 0.6 厘米×15 厘米细长条待用。

(2) 卷筒:①将豆腐皮用热毛巾焐软，修剪成方形，遍抹葱椒盐蛋浆。②将咸菜叶在腐皮一端贴平，再铺厚 0.4 厘米、宽 4 厘米的黄鱼肉馅，中间按上咸蛋黄条 1 条。将腐皮两角提起平卷成直径约 3 厘米、长 15 厘米的卷筒(皮层 4～5 层)，稍稍压扁。

(3) 炸制:将皮卷切下 4 厘米、上 1 厘米的梯形三角块，在刀口两侧沾上干淀粉，入 180℃油中炸至皮脆馅熟色泽金黄时出锅。

(4) 装盘:将鱼角排在点缀盘中，用鱼形料碟盛上用山楂酱、甜面酱、麻油、精盐 1 克，香醋炒制的蘸料跟上即成。

风味特色:

腐皮酥脆，肉馅鲜亮，色层分明，极富雅趣。

思考题:

1. 为什么在油温上定在 180℃而不是通常炸菜的 200～210℃?
2. 馅心里咸菜叶起到了什么作用?
3. 为什么黄鱼肉馅里亦用多量葱末?

2.10 牡丹鱼

烹调方法:脆熘

主题味型:甜酸、咸辣

原料：青鱼中段500克，甜彩椒4只，咸面包100克，干淀粉400克，吉士粉50克，红曲粉50克，西柠汁50克，精盐5克，绵白糖60克，草莓酱50克，白醋30克，油咖喱10克，球葱末5克，姜葱汁10克，红椒油20克，精炼油1 000克（耗100克），鸡蛋1只。

工艺流程：

青鱼段去皮骨⟶批片⟶腌渍⟶敲皮⟶生坯造型⟶炸定型⟶复炸⟶装盘

调双色双味芡汁⟶浇芡（↑装盘）

工艺要点：

（1）备料：①将青鱼段去皮骨，顶丝批半月形0.5厘米厚大片20片，用3克盐及姜葱汁拌腌10分钟。②将吉士粉与200克淀粉拌匀，另用红曲粉与另200克干淀粉拌匀。

（2）生坯造型：①将鱼片每10片与双粉拌匀，用面杖敲成不规则4大3中3小弧形花瓣片。②将面包修切成直径3厘米、高4厘米圆柱状。③将鸡蛋1只打开加淀粉调成蛋浆糊。④将每10片交叉旋叠贴在一根面包板上，共贴三层，按下层4、中层3、上层2层次卷叠。上下片之间用牙签插入分开，使花瓣向下翻卷。至花心，挖去剩余面包，用最后的一片鱼片卷起沾糊插入做花心。

（3）预炸定型：将两朵牡丹鱼生坯分别拖底糊，入180℃油中预炸定型，一呈金黄，一呈淡红，表层略脆。

（4）熘制成熟：起小油锅先熬双味熘汁：①西柠汁、草莓酱、适量水、盐1克、白醋15克、白糖50及湿淀粉，熬成朱红色果味甜酸流利芡汁，盛起。②用咖喱酱、葱末、蒜泥、红油、盐2克、白糖10克、红椒油、白醋15克、适量水及湿淀粉熬成咖辣味流利芡汁盛起。将牡丹鱼复炸至脆捞起，抽去牙签，置盘中，分别均匀浇淋上双汁，成一黄一红牡丹花朵形。

（5）装盘：将彩色甜椒刻成花叶形，用油烫熟围在牡丹鱼侧即成。

风味特色：

形似牡丹，红、黄、绿色彩艳丽，口味甜酸、咸香辣对比分明，鱼肉酥松脆香，十分爽口。

思考题：

1. 此为集形、色、味、触于一体的象形工艺菜，加工精细，但如果批量生产，应怎样安排加工？

2. 敲皮时要怎样做才能使鱼片薄而不软，大小有致，边廓自然？

3. 熘菜汁要怎样才能做到稠黏而滑，透明而亮？

4. 这里面包圆柱的作用是什么？可以用其他的原料代替吗？

2.11 响油鳝糊

烹调方法:熟炒

主题味型:咸甜

原料:熟鳝丝400克,火腿丝20克,姜丝5克,葱丝5克,蒜茸15克,花椒10克,老蔡酱油25克,白糖15克,香醋10克,精盐3克,白胡椒5克,芝麻油50克,姜、葱各10克,熟猪油50克,姜末5克,葱末5克,湿淀粉10克,绍酒20克,精炼油500克(耗10克)。

工艺流程:

熟鳝丝→焯水→切段→溜油→炒制→装盘

工艺要点:

(1) 预处理:将鳝鱼丝入水锅加盐3克、醋5克、绍酒10克、姜、葱。加热烧至微沸,浸2分钟至软烂,捞出鳝丝切成6厘米段。

(2) 加热至熟:将油加热至160℃,将鳝段滑入油中熘10秒钟出锅滤油,锅复上火,下熟猪油、姜、葱、蒜末略煸,和鳝丝煸炒,接着下绍酒、酱油、糖、香醋、湿淀粉匀糊芡,装入汤盘中。

(3) 冲油:将鳝丝在盘中向四面扒开出一个凹塘。将蒜泥及火腿丝,姜、葱丝匀撒在塘内四周,将麻油加热至200℃,下花椒作出香味捞去,再热油冲浇在鳝丝上即成。

风味特色:

鳝丝绵软香嫩,热油冲沸,香气四溢。

思考题:

1. “鳝糊”的“糊”字在本菜中的意义是什么?
2. 冲油对菜风味的形成具有什么特殊意义?
3. 本菜的触觉风味的特色是什么,是怎样形成的?

2.12 卷筒虾蟹[①]

烹调方法:脆炸

主题味型:咸鲜香

原料:虾茸200克,河蟹粉200克,葱椒盐蛋浆50克,蛋皮4张,青菜叶50克,姜末20克,葱末10克,精盐5克,鸡精3克,白胡椒5克,米粉200克,鸡蛋4只取清,精炼油1 000克(耗50克),芝麻油25克,蒜辣酱20克,紫菜酱30克,香菜20

① 传统上用网油包卷,再加肥膘、虾仁,不制缔。

克，干淀粉 10 克。

工艺流程：

虾茸制缔、蟹粉预炒 → 混合成馅 → 卷筒 → 挂糊 → 预炸 → 复炸 → 改刀装盘 → 上席

烙鸡蛋皮 → 卷筒；调米粉糊 → 挂糊；调蘸料 → 上席

工艺要点：

(1) 制馅：将蟹粉煸炒，加盐、姜、葱末、胡椒、绍酒、鸡精调味，炒至出香，煸干水汽出锅晾凉。用鸡蛋清与虾茸混合，加盐、鸡精、淀粉搅拌起黏成厚质缔。再加入蟹粉拌匀成馅。

(2) 卷筒：将蛋皮遍抹葱椒盐浆贴菜叶，包卷馅心为四条，直径 2 厘米，长 15 厘米的卷筒虾蟹生坯。

(3) 炸制成熟：①用蛋清、适量水与米粉调成稠黏的米粉脆糊，调入 25 克清油起酥。②将卷筒虾蟹裹上脆糊，入 180℃油中炸至定型。

(4) 装盘成菜：用 200℃油温复炸虾卷至金黄酥脆捞出，淋上麻油，切斜角块装盘成花形，将蒜辣酱与紫菜酱调和做蘸料，装碟跟上，缀以香菜即成。

风味特色：

外脆里嫩，虾茸雪白，蟹黄如玛瑙，外壳金黄。

思考题：

1. 用糯米粉调的脆糊与淀粉和面粉脆糊有什么不同之处？

2. 为什么在制馅时要先将蟹粉煸炒一下？

2.13 金橘莲茸鳜鱼

烹调方法：脆熘、香炸

主题味型：咸甜酸，微辣

原料：鳜鱼 1 条 750 克，干莲子 100 克，金橘饼 2 粒，精盐 6 克，干淀粉 300 克，鸡蛋 2 只取清，果汁辣沙司 150 克，绍酒 30 克，姜葱汁 50 克，绵白糖 30 克，大葡萄 20 粒，鲜柠檬 1 只，精炼油 1 000 克(耗 100 克)。

工艺流程：

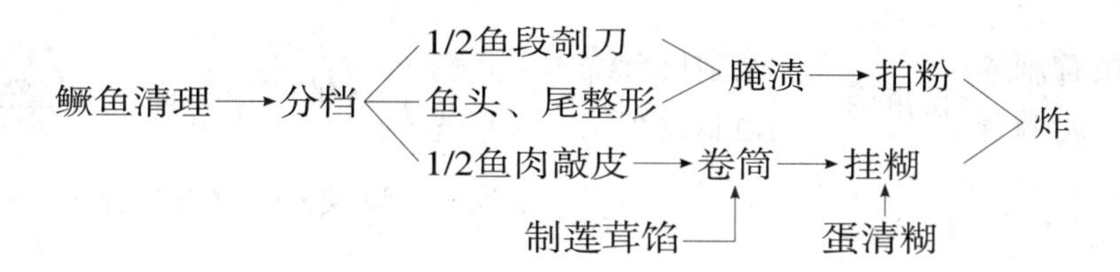

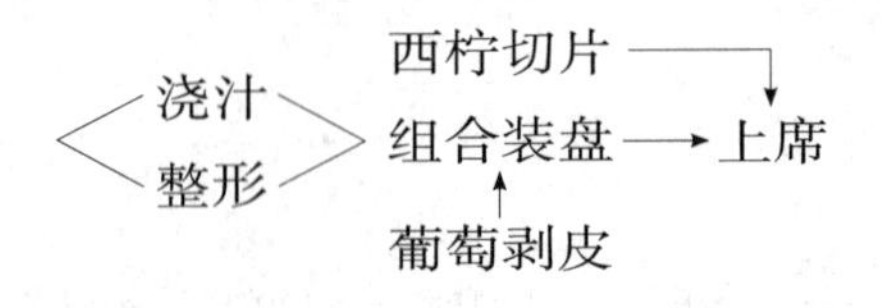

工艺要点：

（1）分档取料：将鳜鱼去鳞、鳃，切下头、尾。将鱼段剖为二，去内脏与脊骨、肋骨洗净。

（2）精加工：①取 1/2 鱼肉切碎拌淀粉敲成薄皮。②将莲茸蒸发，塌成细茸，金橘切成细粒，用糖 30 克，盐 2 克，熟猪油将其炒成馅冷凝后，用鱼皮包成直径 2 厘米、长度 5 厘米的卷筒 10 段。③另 1/2 鱼段斜刀剞鳞毛花刀，与鱼头、尾一起用盐 2 克、绍酒、姜葱汁水腌渍 10 分钟。

（3）预炸：①用蛋清与淀粉调成蛋清淀粉糊，鱼卷挂糊入 180℃ 油中炸定型。②将鱼头、尾与剞刀鱼段拍干淀粉，入 200℃ 油中炸至定型。

（4）组合成菜：取 16 英寸长盘，将鱼头、尾及鱼段、鱼卷分别入 210℃ 油中炸至金黄，外壳酥脆时捞出，鱼头、鱼段及鱼尾居盘中顺长排放，鱼卷围两侧。之间用葡萄隔开，外侧再用柠檬片排齐。果汁辣沙司用 50 克精炼油加热炒沸浇在鱼头、尾、段即成。

风味特色：

口味新异、复杂；脆香咸甜，酸辣相得益彰，组合富有创意。

思考题：

请分析本菜的组配思路。

2.14 四喜鱼豆腐

烹调方法：蒸

主题味型：咸鲜

原料：白鱼茸 200 克，小箱豆腐 500 克，姜葱汁水 50 克，鸡蛋 2 只取清，熟咸鸭蛋黄 2 只，精盐 4 克，干贝精 1 克，鸡精 3 克，干贝茸 50 克，蘑菇粉 2 克，湿淀粉 30 克，火腿茸，皮蛋黄 2 只，海苔 5 克，绿菜叶末 10 克，清鸡汤 200 克，熟猪油 20 克。

工艺流程：

鱼茸制缔、豆腐制茸 → 混合 → 1/2制贝茸缔 → 上模；1/2制皮蛋缔 → 上模 → 铺四色彩面 → 蒸熟 → 改刀装盘 → 浇芡 → 上席

工艺要点：

（1）制鱼腐缔：①将鱼茸里加 50 克上清汤，与姜葱汁水 50 克、精盐 2 克、蛋

清、湿淀粉 20 克混合搅拌成厚鱼缔。②将豆腐去老边，粉碎至极细，用纱布吊去水分，加入鱼缔搅拌均匀成混合缔。

（2）制双色缔：取缔 1/2 与干贝茸、干贝精混合搅拌成干贝缔，另 1/2 与皮蛋黄粒拌和成缔待用。

（3）上模：取正方形模型 1 只，边长 15 厘米，高 2.5 厘米。取平盘 1 只，下抹猪油，放上模框，将双缔分两层铺入模中。

（4）铺彩面：沾蛋清将模型内缔面刮平，分四等份分别铺上熟咸鸭蛋黄茸、绿菜叶茸、海苔茸与火腿茸按实整齐成四喜鱼腐坯。

（5）制熟成菜：将四喜豆腐上笼用中火蒸 8 分钟至熟，取下脱模，每种色块均切四块三角形，再取不同色彩块对接成四色方块 4 块，呈图案形盛于大盘中，用鸡汤、蘑菇粉、盐 1 克、湿淀粉、熟猪油勾流芡浇上四喜鱼腐上即成。

风味特色：

色彩艳丽、明快、整齐，鱼腐细嫩，鲜味丰富多样，构思奇巧。

思考题：

1. 本菜具有哪些新巧的思考和设计？
2. 为什么先将鱼缔制好再加入豆腐泥？
3. 运用混合缔和模型，请你设计两种富有意义的图案。

2.15 象眼虾托

烹调方法：炸

主题味型：随机配置

原料：大河虾 10 只，鸽蛋 5 只，咸面包 5 片，火腿茸 5 克，菜叶茸 5 克，鱼厚缔 200 克，彩色龙虾片 50 克，心里美萝卜酒樽形刻件 1 只，蘸料酱 50 克，精炼油 1 000 克（耗 100 克）。

工艺流程：

河虾剥壳 → 敲片 → 修形 →
鸽蛋煮熟 → 剥壳 → 剖半 →
面包修形 →
（以上汇入）→ 镶嵌成型
制鱼缔 → 镶嵌成型 → 炸制 → 装盘
火腿茸、菜叶末 → 镶嵌成型
虾片 → 装盘 → 上席
调蘸料 → 上席

工艺要点：

（1）取料：先用 8 厘米长的河虾剥壳成凤尾虾，再从虾仁背部剖开拌淀粉，用面杖敲成鸡蛋状原片。面包每片由中切开为两片，修裁成桃形片，共 10 片，将鸽蛋煮熟，冷激剥壳，一切为二待用。

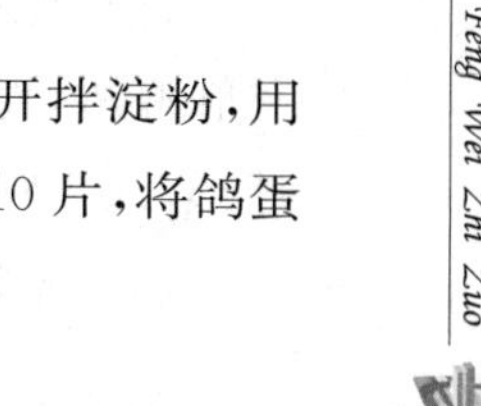

(2) 生坯造型:将鱼缔在面包片上薄敷一层,在虾尾朝宽外贴上,再敷一层鱼缔,嵌上半只鸽蛋,刮平四边,在尖端点缀火茸,再点缀绿菜茸,生坯即成。

(3) 炸制成熟:将生坯面包底朝下排放在漏勺内,先用160℃油缓缓浇炸至肉缔发白成熟,再改用200℃油温,将虾托底部沉入油中急炸至面包金黄酥脆即起,再将虾片炸起。

(4) 装盘:将心里美萝卜雕件酒樽放于盘心。酒樽内盛50克蘸料。蘸料口味随机设置,如卡夫、沙司、西汁、千岛汁、辣酱油、南乳等皆可,将虾片围在“酒樽”一周,虾托在外侧对称排放即成。

风味特色:

龙眼虾托,造型大气,口感丰富,酥脆嫩软松,炸菜五品皆具,香鲜诱人,口味由所配蘸料所定。

思考题:

1. 此菜内含哪两种传统菜肴?
2. 当作为黏结胶的鱼缔水分含量过高,则在炸时会出现什么状况?

2.16 连中双元

烹调方法:干煎、烩

主题味型:椒麻咸鲜

原料:鲜虾仁400克,猪肥膘100克,南荠100克,去壳芝麻150克,鲜蚕豆仁100克,花椒盐10克,葱50克,姜20克,鸡蛋清4只,精盐3克,干淀粉30克,精炼油500克(耗100克),鸡汤10克,莓酱5克,柠檬1只,鸡精2克,味精4克。

工艺流程:

清理 → 制虾饼缔 → 干煎 → 装盘(味碟 → 装盘)
清理 → 制虾圆缔 → 清炸 → 烩制 → 装盘

工艺要点:

(1) 清理:①将虾仁打水漂白滤干,粉碎成茸。②将南荠切成米粒状。③将蚕豆煮熟亦切成米粒状。

(2) 制缔:①将肥膘切成米粒状茸与虾茸、蛋清、淀粉、味精、盐混合成缔,再分出相等两份。②将一半虾肉缔与南荠混合,另一半虾肉缔则与豆茸混合。

(3) 熟制:①将南荠虾缔挤成直径2厘米球,滚沾上芝麻,按平成相等大小的芝麻虾饼,直径约3.5厘米,上煎锅煎至两面金黄。②将豆茸虾缔挤出直径2厘米球形,入120℃油温中汆炸成熟,用鸡汤、盐、鸡精、莓酱、淀粉、勾流芡拌匀。

(4) 装盘:将虾饼围于一周,将虾圆垒迭在盘中,中间用柠檬片隔断,带花椒盐上席。

风味特色：

双色双味，脆嫩鲜香，风味别致，色彩绚丽。

思考题：

1. 虾缔为什么不将虾肉粉碎得如鱼茸一般细腻？

2. 与鱼缔(胶)不同，串虾缔的主要关键是什么？

3. 谈谈本菜干湿、脆软以及口味对比的艺术风格。

2.17 苹果虾

烹调方法：炸熘

主题味型：咸鲜苹果香

原料：虾仁 300 克，鸡里脊 200 克，肥膘肉 50 克，鸡蛋清 4 只，火腿末 25 克，蘑菇 15 克，苹果 100 克，猪瘦肉 50 克，香菜 10 根，熟凤尾虾 10 只，澄粉 50 克，精盐 4 克，鲜牛奶 50 克，精炼油 1 000 克(耗 100 克)，苹果酱 10 克，苹果醋 5 克，白糖 5 克。

工艺流程：

清理 → 制缔 → 包馅 → 生坯造型 → 预蒸
清理 → 制馅 → 包馅

→ 氽炸 → 装盘
莓子酱 → 装盘

工艺要点：

(1) 清理：①将虾仁打水漂向滤水，鸡里脊漂洗干净，去除筋膜，用刀背将两物分别捶至极烂，将肥膘切成米粒茸待用。②将猪瘦肉粉碎至极细待用。

(2) 制缔：①将虾茸、鸡茸、肥膘粒混合均匀，加精盐、味精、牛奶、蛋清、绍酒、澄粉混合搅拌成稠黏厚糊状的缔子。②将蘑菇、苹果切成米粒状与瘦肉茸与虾鸡缔的 1/4 混合，加盐、味精拌匀，致稠黏状，成为馅心。将馅心入冷柜－1℃冷凝，待用。

(3) 造型：将冷凝的馅心取出，切成 1.5 厘米×1.5 厘米方丁。将虾蛤缔挤出直径 4.5 厘米大圆，再将馅心丁塞入圆内，将虾鸡圆一侧沾火腿末，接着再滚沾干淀粉，置于抹油的盘中，在上部旋压出一个浅坑，在浅坑的中心插入凤尾虾，作为果柄。

(4) 熟制：将苹果虾生坯上笼蒸 8 分钟定型取出，再用 160℃油温炸至表面略脆成熟时捞出。另用苹果酱、苹果醋、盐 1 克，水 20 克、湿淀粉 5 克勾糊芡浇在苹果虾上。

(5) 装盘：将苹果虾按图案规则摆在盘中，再在蒂边插一根香菜即可。

风味特色：

象形苹果，外壳脆嫩而有弹性，内馅鲜香，苹果香味浓郁。

思考题：

1. 怎样将苹果虾的外层缔子搅打上劲而便于塑形？
2. 馅料是否可加入鱼骨胶，使其成熟后更为滋润一些？
3. 为什么要先蒸后炸，如不蒸而直接炸可能会出现什么状况？

2.18 网油虾方

烹调方法：煎

主题味型：咸鲜，葱椒香

原料：15厘米明虾12条，猪网油2张，葱椒浆100克，鸡蛋清4只，葱20克，精盐4克，味精3克，干淀粉50克，绍酒20克，精炼油100克，熟火腿30克，葱末15克，芝麻油20克，唿汁和辣酱油各20克。

工艺流程：

清理→腌渍→生坯造型→煎制→装盘

工艺要点：

(1) 清理与腌渍：①将明虾剥去头、壳，虾段剖成两片，剥离虾肉表面的薄膜，剔去虾肠，洗净滤水。用姜葱汁、盐、味精、绍酒腌渍入味。②将网油用清水、花椒、绍酒、姜、葱汁浸去异味，晾干。裁剪成长方大片。

(2) 生坯造型：将网铺开，遍抹葱椒浆，将明虾分5条排齐在网油中，上撒火腿末与葱末，用网油包起成两块8厘米×12厘米长方块状饼。

(3) 煎制：用鸡蛋清调入淀粉成蛋清浆，遍抹虾方两面，随即入煎锅中，用中、小火120℃左右火徐徐煎制，至网油出油，表面起脆起香时淋麻油起锅。

(4) 装盘：将虾方火腿面朝上，均匀切块排在点缀好的盘中，带唿汁与辣酱油碟上席。

风味特色：

外脆里嫩，色金黄，葱椒浓郁，虾肉鲜嫩爽口。

思考题：

1. 通过此菜谈谈虾方与虾排的区别。
2. 用本菜工艺设计不同主料的同类菜肴三款。
3. 本菜中西口味结合的关键是味感冲突还是味感和谐？

2.19 灯笼明虾

烹调方法：滑炒

主题味型:咸鲜

原料:10 厘米明虾 1 500 克,红玻璃纸 1 大张,鸡汤 25 克,虾油 150 克,鸡蛋清 4 只,干淀粉 40 克,绍酒 15 克,姜、葱汁 40 克,精盐 4 克,味精 3 克,白醋 1 克,精炼油 1 000 克(耗 100 克),芦笋 50 克,鲜菠萝 50 克,鲜红甜椒半只。

工艺流程:

清理⟶腌渍上浆⟶滑炒⟶包纸成形⟶上席

工艺要点:

(1) 清理与上浆:①明虾清理如前,将明虾片用姜、葱汁、盐、味精、绍酒 5 克腌拌起黏,上蛋清淀粉浆。②将芦笋批成长片,红椒去筋切菱形片,菠萝亦切长方厚片,待用。

(2) 清炒:将虾片、红椒片、芦笋片一同入 140℃ 油中滑油至变色捞起滤油,锅中下鸡汤、绍酒、盐、味精、淀粉勾芡,下虾片搅匀,烹下白醋、菠萝片与虾油,出锅盛在玻璃纸中,拉起四角。收紧扎口,拉直四角。

(3) 上席:将扎好的纸包虾迅速用 180℃ 热浸炸几秒钟提起放入点缀好的盘中上席,吃时在扎口下剪开虾包即可。

风味特色:

灯笼虾包红而透明,开包香气四溢,虾肉晶莹如玉,脆嫩爽口,色彩绚丽,鲜味纯净。

思考题:

1. 在本菜中,用玻璃纸包虾起到了什么作用?
2. 为什么在临上席前要用热油急炸一下,这在风味的表达方面有什么作用?
3. 对明虾片的上浆和滑油与河虾仁相比较有什么难点?

2.20 大虾三味

烹调方法:冻、炸、烹

主题味型:多种味型组合

原料:10 厘米活草虾 30 只,精炼油 1 000 克(耗 150 克)、面粉 50 克,鸡蛋 2 只,精盐 4 克,味精 2 克,绍酒 4 克,干淀粉 15 克。

调料:①芥末膏 10 克,美极鲜汁 25 克,南乳 10 克。②麦奇林 30 克,球葱末 25 克,鲜红椒半只,番茄沙司 20 克,精盐 2 克,鸡精 2 克,啤酒 5 克,绵白糖 5 克,红椒粉 2 克。③葱末 5 克,蒜末 5 克,白酒 5 克,花椒盐 5 克,味精 2 克。

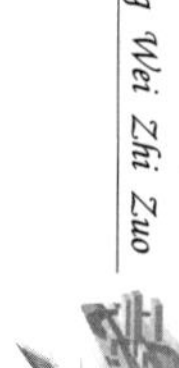

工艺流程：

着衣 → 预炸 → 搅味 → 装盘
清理 → 去壳 → 冻制 → 装盘 → 上席
清理 → 预炸 → 烹制 → 装盘

工艺要点：

（1）清理：①将10条虾去壳，取肉，剔去沙线，顺长批大片浸入冰纯净水中待用。②将另10条虾去头与身段壳，留尾。剔沙线洗净，待用。③将最后10条虾剪去虾须与腹足，由脊背剖开挑去黑线洗净待用。

（2）热前加工：①将凤尾虾由背后剖开，轻拍平整，用盐2克，味精1克，绍酒2克腌渍入味。另调全蛋面糊待用。②将脊背剖开的10条虾也如上腌渍入味，撒15克干粉拌匀待用。

（3）熟制：①用5寸玻璃鲍鱼盘盛冰块，上覆虾片，将第一组调料混合分两小碟。②将凤尾虾片拖糊，投入180℃油中炸至金黄外脆里嫩时捞出，空锅复上火，放入虾片，将第三组调料撒拌在锅中。③将拍粉的明虾投入210℃油中复炸，至外壳脆时捞出。炒锅复上火，下麦奇林化开，将球葱末与沙司略炒，大虾再入锅，烹下第二组其他调料，待其收干即可起锅。

（4）装盘：将虾片刺身置大号盘中间，调料碟置两侧，周围整齐排上另两味大虾即可。

风味特色：

风味奇特多样，触感丰富而变化，一虾三味。具有生熟冲突、干湿冲突、浓淡冲突的美感。

思考题：

1. 谈谈现代菜肴融多样化于一体的组合特征。
2. 本菜是通过什么方法将传统与现代、南味与北味巧妙地结合在一起的？

2.21 清蒸大闸蟹①

烹调方法：干蒸

主题味型：本味清鲜

原料：红毛闸蟹10只（半雌雄），棉线1卷，花椒10粒，生姜50克，镇江香醋200克，生抽25克，绵白糖50克，精盐3克，绍酒50克，精炼油50克，香菜2支。

---

① 除了蒸外，也可水煮，但需冷水下锅，盐、酒、姜、葱下齐，中火慢煮成熟，煮蟹可不用捆扎，但不如蒸蟹原味清香。

工艺流程：

浸养→清理→埋味→捆扎→蒸制→上席

工艺要点：

(1) 浸养：将河蟹浸养在清水里1～2天，使之吐出胃中污物。

(2) 清理：用时将河蟹里外刷洗干净，特别需将腹脐挤出污物。

(3) 埋味：将蟹盖翻开，放一粒花椒、姜1片和1分盐，再将蟹盖盖起随即捆扎。

(4) 捆扎：将河蟹两螯角八爪收拢于一起，用棉线捆十字线路，活结留在蟹背上。

(5) 蒸制：将捆好后的河蟹排在笼中，撒绍酒，摆姜、葱，旺火蒸25分钟熟透时出笼。

(6) 上席：将蒸熟的河蟹拆线在盘中排齐，刷清油，摆香菜2支，带姜醋碟各客[①]上席。

风味特色：

河蟹肉白脂红，香鲜无比，蘸以姜醋更增香美。

思考题：

1. 为什么蒸蟹要捆扎？要埋味？要刷油？要带姜醋碟？

2. 怎样选择河蟹上品，几月雌美？几月雄肥？

2.22 葫芦虾蟹

烹调方法：炸

主题味型：咸鲜香

原料：鲜河虾仁125克，熟河蟹肉100克，猪网油10厘米×10厘米10张，生凤尾虾10只，细面包糠200克(耗50克)，葱椒浆50克，鸡蛋清2只，龙虾片10片，香菜15克，水发绿笋丝10根，绍酒15克，精盐2克，味精2克，白胡椒2克，花椒盐2克，熟猪油25克，面粉50克，干淀粉50克，葱、姜末各3克，精炼油1 500克(耗100克)，芝麻油15，鸡清汤50克，湿淀粉5克，净香菜50克。

工艺流程：

清理→制馅→生坯造型→着衣→炸制→装盘

炸龙虾片→（装盘）

① 姜醋蘸蟹有三种差异：其一，江北纯以姜、醋；其二，江南则在姜醋中配以三分之一的白糖，有浅浅甜味在醋中为佳；其三，其他也有在醋中不但加糖还要加酱油以增咸鲜之味。

工艺要点：

（1）清理：①将虾仁用油洗净如前。②将虾仁与凤尾虾仁上蛋清粉浆待用。

（2）制馅：①炒锅上火，用熟猪油将姜末略煸，放入蟹肉煸出水汽，下绍酒、鸡汤，精盐1克烩至入味，勾芡起锅晾凉，取出15克蟹黄另用。②将虾仁滑油后与蟹肉、胡椒、葱末混合，拌匀成馅子。

（3）生坯造型：①将网油拍干淀粉，拌匀葱椒盐蛋浆、包馅心成圆锥形，在尖部装上凤尾虾仁（露1/2在外）。②用鸡蛋清与面粉和成蛋清糊遍抹锥体，再均匀滚沾上面包糠，最后用绿笋丝在锥体中间扎紧成葫芦状生坯。

（4）熟制：①将香菜铺于盘中。②将葫芦虾生坯投入180℃油中炸至网油出油，外壳香脆，色泽金黄时捞出，盛于香菜盘周。③将虾片用210℃油急炸而出，堆于盘中，上缀蟹黄即可。

风味特色：

有农家田园趣味，葫芦神似，外香脆而里鲜嫩。

思考题：

1. 这种模仿造型的花色菜肴遵循的首要原则是什么？本菜做到了吗？可从几个方面说明？

2. 此类菜肴在炸时易出现起泡的现象而影响质量。防止这种现象的出现可采用什么方法？

3. 通过现象看本质，此菜实际上是对什么基本菜肴的包装形式？

2.23 金馓炒蟹

烹调方法：熟炒、炸

主题味型：咸鲜

原料：细丝麻油馓1把100克，河蟹粉[①]300克，鸡汤250克，姜、葱末各10克，香菜末5克，姜丝3克，生抽5克，香醋5克，精盐1克，白胡椒5克，湿淀粉5克，芝麻油2克，绍酒10克，精炼油500克（耗50克），嫩丝瓜250克。

工艺流程：

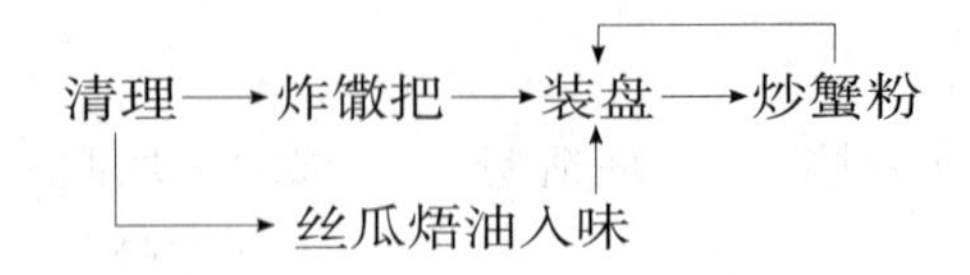

工艺要点：

（1）清理：①将蟹粉仔细检查，去除杂物。②选用高邮的象扇形细丝茶馓。

① 蟹粉：蟹肉与蟹黄的统称。

③丝瓜刮去表皮，去瓜瓤，切成8厘米长条。

（2）熟制：①将丝瓜入80℃清油中焐油至熟拌盐与味精入味。②将茶馓入200℃油中炸脆。③炒锅上火，将姜葱末略煸，下蟹粉煸香，烹入绍酒，加鸡汤生抽味精与盐烧沸后勾芡，烹入香醋。淋入麻油即成。

（3）装盘：将丝瓜皮面朝上排入盘中，将油馓炸后置丝瓜上，将蟹肉炒熟铺在茶馓上，再将香菜与姜丝堆砌在蟹肉上。

风味特色：

将小吃配菜，具有乡土情趣，但土而不俗，格调高雅，茶馓香脆，蟹肉鲜浓，丝瓜碧绿清淡，平和协调，造型别致。

思考题：

1. 土菜是城市商业菜肴之母，怎样使之土而不俗适应高品位的需要？请你谈谈自己的看法。

2. 本菜实质上是清炒蟹粉，纯净的菜往往单调，纯净是一种高格调，而单调是一种不美的组合。请你思考，怎样通过组配使菜肴既有那种纯净之美，又不失层次丰富的组配之美。

2.24 芙蓉套蟹

烹调方法：蒸

主题味型：咸鲜

原料：清水活螃蟹20只，150克/只，鸡蛋清8只，绍酒50克，葱末20克，姜末40克，精盐4克，白胡椒3克，鸡清汤250克，精炼油50克，香醋100克，香菜叶20克。

工艺流程：

清理→炒蟹粉→装盖→蒸芙蓉→勾芡浇汁→上席

姜、醋碟→上席

工艺要点：

（1）清理：将螃蟹蒸熟，出蟹粉，将螃蟹20只上壳刷洗干净、待用。

（2）炒蟹粉：用清油50克，将姜、葱末略煸起香，下蟹粉煸炒出香，调入绍酒、精盐、白胡椒，炒透入味。

（3）装盒：将炒入味的蟹粉分装在10只螃蟹壳中，另10只蟹壳相对盖成套蟹蟹盒。排入大汤盘内旺火蒸5分钟取出。

（4）蒸芙蓉：将蛋清搅散，加鸡清汤与精盐2克，味精2克调匀。将蛋清液倒入蟹盒上采用放气蒸6～7分钟，至芙蓉完全凝结成熟时出笼，在每个蟹盒上点缀贴上香菜叶两片，即成，上席带姜、醋碟。

风味特色：

将蟹壳作为容器饶有趣味，蟹粉香鲜软嫩，吃来过瘾，芙蓉蛋洁白爽滑细嫩，天然相配。

思考题：

1. 蟹盒又叫套蟹，与蟹斗的区别是什么？
2. 炒虾蟹、芙蓉套蟹与蟹粉煮干丝中对于蟹粉的使用具有什么不同的意义？
3. 请熟练掌握螃蟹出肉的技术。

2.25 酥皮花蟹斗

烹调方法：烤

主题味型：咸鲜黄油香

原料：7厘米阔度花蟹上壳盖10只，黄油酥皮8厘米方×10块[1]，熟蟹肉400克，青豆50克，球葱末15克，姜末20克，精盐5克，熟火腿丁25克，鸡蛋黄2只，鸡蛋1只，白胡椒3克，味精2克，绍酒5克，鸡汤50克，湿淀粉5克，精炼油50克，大红浙醋5克，低筋粉620克，黄油620克。

工艺流程：

清理 → 制酥皮 → 蒙酥皮 → 刷蛋黄 → 烤制 → 装盘
清理 → 炒蟹肉 → 装蟹斗 → 蒙酥皮

工艺要点：

(1) 清理：将花蟹上盖洗净滤干水分待用。

(2) 制酥皮：

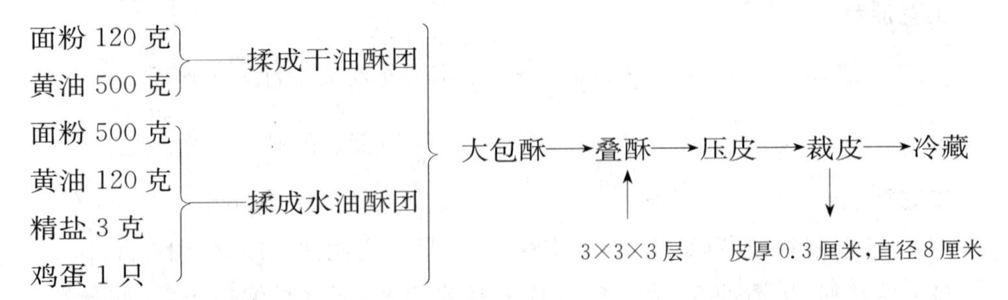

(3) 炒蟹肉：炒锅上火，下油50克将球葱末与姜末略煸起香，下蟹肉，青豆、火腿丁煸去水气起香，调以盐2克，味精、鸡汤、绍酒、白胡椒定味，勾芡出锅。

(4) 生坯造型：将炒熟的蟹肉分装入10只蟹盖上，蒙上酥皮，刷上蛋黄液排入

---

[1] 酥皮应超前半天制作，有一个醒饬冷凝稳定的过程，酥皮一般宜多份制作，不宜单份制作，以免原料的浪费。“酥皮”是现时较流行的高档菜式，有“酥烤日月贝”“酥蒙海烩”“酥皮大虾”等，前者是蒙在上面，后者是条卷在大凤尾虾仁上皆烤而成之。

烤箱待烤。

(5) 烤制:将烤箱预热至200℃,放入烤蟹盘,烤10~12分钟至酥皮成熟起酥,色泽淡,金黄,取出排入点缀好的大盘中,带大红浙醋碟一同上席。

风味特色:

蟹肉细嫩鲜爽,酥皮入口即化,奶香馨郁恬人。

淋两滴大红浙醋于斗中再食,其味尤为隽永。

思考题:

1. 中西合璧是各菜系传统风味重组和整合的重要内容之一,依据淮扬菜系清淡平和的主流特色,我们应从几个方面把握西为中用的关键?

2. 酥蒙菜是现代中国东南菜式中新流行的一种中西复合菜式系列,请查阅并熟悉"酥蒙海烩""酥皮大虾""酥蒙日月贝"等菜的制作方法。

2.26 竹蛏炒饭

烹调方法:蒸

主题味型:咸鲜微甜

原料:竹蛏10只,每只10厘米,糯米100克,泰国米50克,蒜茸5克,姜末5克,葱末10克,肉汤100克,磨豉酱55克,蚝油20克,绵白糖8克,味精2克,酱油5克,香菜3克,芝麻油5克,精炼油50克,锡纸1张,白胡椒5克。

工艺流程:

清理 ⟶ 炒饭 ⟶ 填饭 ⟶ 蒸制 ⟶ 上席
↑
⟶ 蒸饭

工艺要点:

(1) 清理:①将竹蛏剖开,洗净泥沙待用。②将糯米与泰国籼米混合淘洗,用沸水泡烫10分钟,再淘清滤干。③取小笼一只,用锡纸蒙住底壁。

(2) 制馅:①将混合米蒸成干饭,打散晾凉。②炒锅上火,下油50克将蒜茸、姜末5克,葱末煸香,下米饭翻炒,待出香味时调下盐、蚝油、磨豉酱、白糖、味精、肉汤、酱油、白胡椒、芝麻油继续翻炒至红亮晶莹时出锅。

(3) 蒸制:将炒饭平均填按在每个竹蛏肉上,装笼,封口,旺火蒸5~6分钟至竹蛏即熟即可,揭去封膜,用30克清油烧热冲下葱花,浇在每一只竹蛏上,洒上香菜即成。

风味特色:

竹蛏鲜嫩爽脆,米饭红亮香鲜,主食入菜富有岛风情调。

思考题:

1. 由糯米焖鸡衍生的炒饭类菜式也是东南诸省店家频频亮招的奇货,可谓是

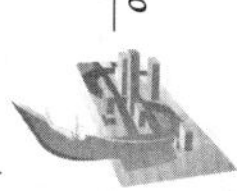

古菜新做。请你思考，古菜新做的延伸、变格可是一种创新？

2. 为什么在蒸饭前需将米泡烫一下？

3. 举一隅而反三隅，请设计出相同工艺不同主料的菜式二三例。

2.27 长鱼两吃

烹调方法：软炒、煨

主题味型：咸甜，咸鲜

原料：笔杆青鳝鱼 1 250 克，龙口粉丝 50 克，茶树菇 50 克，蒜子 50 克，生姜 50 克，葱 150 克，绍酒 200 克，醋 105 克，酱油 25 克，绵白糖 5 克，白胡椒 10 克，精盐 50 克，猪骨汤 1 500 克，香菜 20 克，鸡汤 50 克，熟火腿片 20 克。

工艺流程：

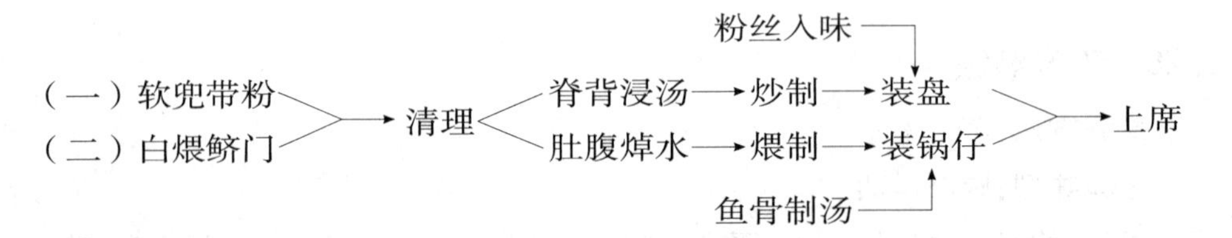

工艺要点：

(1) 清理：①锅中放 2 000 克清水烧沸，加入盐 25 克，醋 70 克，姜、葱，氽入鳝鱼烧沸，激入 250 克冷水，用手勺不停推动鳝鱼，至再沸时离火焖约 2 分钟，待鱼嘴张开，鱼肉发松时捞同浸入冷水，洗去黏液。②将鳝鱼出骨，将腹肉与背肉分开。鱼血摘去不用。③将粉丝与茶树菇热水泡软待用。

(2) 熟制：①将粉丝下锅，加入鸡汤、盐、味精和酱油 5 克烧入味盛于盘中。②将鱼脊肉改刀成 8 厘米段浸入 90℃汤中，汤中依然加入盐、醋、酒及姜葱。浸 2～3 分钟至鱼肉软嫩时捞出。炒锅上火，下油将姜、葱、蒜片煸香，用绍酒、酱油、白糖、味精、白胡椒、醋、芝麻油勾兑汁芡与鳝背一同下锅快速翻炒均匀出锅，盛在粉丝中即成，炒软兜带粉。③将鳝鱼腹肉改刀成 6 厘米段，焯水。水中依然放盐、酒、醋、姜、葱。④将鱼骨拉油捞起，用 1 000 克猪骨汤煨鳝鱼汤至汤汁浓白过滤。⑤将茶树菇切 4 厘米段，将蒜子 25 克炸成金黄与鳝鱼腹肉一同用鱼骨汤煨制 1 小时，待鱼肉酥烂，加入盐、味精、胡椒、熟火腿片再煨 5 分钟装入砂锅，点缀几根香菜，即成“白煨鲚门”。

(3) 上席：一般是白煨鲚门先煨，煨好即炒软兜，一同上席。

风味特色：

软兜软嫩滑松，鲚门酥烂汤浓。不同部位表达不同风味，工艺精细，调味纯正。

思考题：

1. 熟练掌握氽鱼与出骨的技术。

2. 在余鱼、焯水、浸汤时加入盐、醋的作用是什么？

3. 怎样将软兜炒出一个“活嫩”的特色来？

2.28 叉烧长鱼方

烹调方法：叉烤

主题味型：咸鲜

原料：大鳝鱼4条750克，鸡脯肉100克，虾仁100克，豆腐皮2张，熟火腿末100克，葱椒浆10克，干贝茸50克，精盐5克，酱油10克，味精2克，绍酒15克，葱末25克，花椒粉2克，鸡蛋2只取清，姜葱汁水50克，水淀粉50克，芝麻油20克，甜面酱20克。

工艺流程：

清理→取料→腌渍→生坯造型→上网叉→烤制→装盘→上席

制鸡虾缔→生坯造型；调味碟→上席

工艺要点：

(1) 清理：将长鱼宰杀，破腹去脏，洗净，起去鱼椎骨，批去两侧肋骨，剁去鱼头与鱼尾，再用盐擦洗去黏液待用。网油清理如前。虾仁与鸡肉皆漂洗干净。

(2) 取料与腌渍：①将鳝鱼段肉面排刀分切成相等两段共8段，用盐、味精、花椒粉、酱油、绍酒、葱末拌匀腌渍。②将鸡肉、虾仁粉碎，加盐、味精、绍酒、姜葱汁淀粉、鸡蛋清混合搅拌成厚糊状缔子。

(3) 生坯造型：将网油铺平，敲平，遍抹葱椒浆，撒下1/2火腿末在网油上，将4段鳝肉平排网中见方，上酿鸡虾缔抹平，再撒1/2火腿茸在缔上，盖上另4条鳝鱼段，将网油四角拉平包成长方块状，再用豆腐皮包在网油外，放进铁丝网络中①，扎紧上烤叉。

(4) 烤制：将叉网伸进烤箱②，炉温180～220℃烤制，叉网不停地晃动，烤10分钟调面，直烤至两面金黄取出。

(5) 装盘：将长鱼方由网中取出，刷芝麻油，改刀成5厘米×2厘米长条块装盘。另用芝麻油、味精调甜面酱，装碟跟上。

风味特色：

外脆里嫩，色泽金黄，香鲜干爽。

思考题：

1. 长鱼方在火候上与烤鸭有何区别？

---

① 烤网：用铁丝或其他金属丝编结，一般有长方形、鱼形、六角形、葫芦形、长圆形等，高度一般为2～2.5厘米，上部有盖，两侧有环，方便上叉。

② 叉烤用的一般为壁式炉、箱式炉或地槽式炉。

2. 在长鱼方中，鸡虾缔有哪些作用？

2.29 生爆龙爪长鱼

烹调方法：油爆

主题味型：咸鲜微辣

原料：中等鳝鱼 1 000 克，松仁 50 克，枸杞子 25 克，姜、葱、蒜茸 20 克，水淀粉 50 克，精盐 10 克，鸡精 3 克，绍酒 50 克，白胡椒 20 克，精炼油 500 克(耗 100 克)，香醋 5 克，芝麻油 20 克。

工艺流程：

清理 ⟶ 刀功处理 ⟶ 上浆 ⟶ 油爆 ⟶ 装盘

松子焐油、枸杞泡软 ⟶ 油爆

工艺要点：

(1) 清理：将鳝鱼宰杀，从背部剖开去除椎骨、头、尾与鱼肠，洗净待用。

(2) 处理：沿一侧将鳝鱼段切成梳子状，另一侧留 1/5 相连，再改成五刀条纹段，用盐 8 克揉擦，再加 50 克油拌匀，5 分钟后待鳝鱼片中黏液尽出，立即用清水冲洗干净，着粉浆待用。

(3) 油爆：①将松子用 120℃油温焐油成熟，待用。②将鱼片与枸杞子一同用 180℃油温急炸 3 秒钟至熟如龙爪样。用精盐、绍酒、芝麻油、鸡精、胡椒、勾兑成汁芡，将爆熟的鱼片与芡汁一同下锅，迅速翻炒勾包汁芡即可。

(4) 装盘：将香醋 1 克点在盘中，将油爆成熟的鱼片盛在香醋上，再撒上松子，即可上席。

风味特色：

鱼片形似龙爪，滑嫩爽脆，造型寓意生动。

思考题：

1. 为什么改刀后的鳝鱼需用盐油擦揉洗涤？
2. 油爆与滑炒的区别在哪里？
3. 用虾仁、草鱼片做主料，能否油爆？

2.30 雀巢虾脆

烹调方法：油爆

主题味型：咸鲜微酸

原料：大河虾 500 克，鹅肫 200 克，水面条 150 克，鸡蛋清 1 只，干淀粉 150 克，食用色素红、黄、绿适量，姜、葱、蒜茸各 5 克，白胡椒 3 克，黄酒 10 克，湿淀粉 10

克，精盐2克，芝麻油10克，香菜100克，白酱油3克，鸡精2克，香橙2只，果醋5克，精炼油500克(耗50克)。

工艺流程：

清理 → 上浆 → 油爆 → 装盘
兑汁芡 → 油爆；制雀巢 → 装盘

工艺要点：

(1) 清理：①将大河虾去壳留尾成凤尾虾仁，打白上蛋清浆。②将鹅肫去皮，切4块肫仁，剞鸡冠花刀，批成大片，漂清、上水粉浆。

(2) 盛器造型：①将面条过沸水上浮即捞起，激在冷水中，用三色素分别对干淀粉着色，再拍在面条上成三色面条，在雀巢模器中编三色雀巢，入180℃油中炸至定型。②将香菜垫在盘中，上置三色雀巢，再围上香橙片。

(3) 爆制：①用黄酒、白酱油、果醋、味精、湿淀粉、白胡椒、芝麻油及姜、葱、蒜茸调成兑汁芡。②将精炼油加热至160℃，迅速倒入虾、肫油爆，变色即起，滤去油。将兑汁芡与虾脆同时下锅，迅速翻拌均匀，出锅，装在雀巢中即成。

风味特色：

虾肫脆嫩爽滑，白褐色相间、醒目。雀巢别致，更添进餐情趣。

思考题：

1. 本菜由传统炒虾脆升华而来，试比较二者之间的区别。

2. 以此菜为例，谈谈爆菜的三大特点。

3. 雀巢既是盛器更是菜肴可食性的一部分，依据同理，你会使用其他原料和形式吗？

2.31 金丝鱼云吞

烹调方法：汆

主题味型：咸鲜微胡辣

原料：金丝鱼500克，瘦咸肉100克，活文蛤200克，白萝卜150克，肉馅小馄饨20只，香菜10克，猪骨头汤1 000克，姜葱各20克，绍酒20克，白胡椒4克，精盐2克，鸡精3克，西红柿50克，精炼油500克(耗25克)，白醋3克。

工艺流程：

清理 → 取料 → 制汤 → 上席 → 汆制
炸馄饨 → 汆制

工艺要点：

（1）清理：①将金丝鱼去内脏及在尖刺，表面烫刮洗净黏液。②将咸肉浸洗去1/2咸味。③将文蛤挖出肉。④将白萝卜洗净刨去外皮待用。

（2）取料：①将金丝鱼切下鱼头，批出脊骨待用。②将咸肉切成薄片。③将萝卜切成细丝，西红柿切块。

（3）制汤：将鱼头、鱼脊骨与姜、葱下锅煸炒，加骨头汤煮至汤白过滤。再将咸肉与萝卜丝下汤煮至出味。加绍酒、白胡椒、白醋、盐、鸡精、西红柿定味，装入玻璃锅仔。

（4）氽制：将金丝鱼肉、文蛤肉与香菜氽入锅仔，立即带酒精炉上席，另用180℃油温将馄饨炸至脆一同跟上。

风味特色：

鱼汤浓白鲜爽入口，萝卜丝醇绵口味别致，鱼肉细嫩，馄饨入锅吱吱有趣。

思考题：

1. 此菜是淮扬萝卜丝氽鱼的传统，但又赋予变化，这里文蛤与咸肉起了什么调味作用？云吞又是嫁接了什么菜的内容？

2. 由此菜谈谈地方风味传统的时代变异性特征。

2.32　清汤捶虾

烹调方法：汤爆

主题味型：咸鲜

原料：鲜大河虾10只（每只约7～8厘米），藕淀粉100克，紫角叶50克，熟火腿50克，熟冬笋50克，三吊清汤1 000克[①]。

工艺流程：

剥凤尾虾──→敲皮──→氽烫──→做汤──→装煮

工艺要点：

（1）敲虾片：将大河虾剥成凤尾虾，洗净。从虾仁背剖开拌匀藕粉，用小木槌将虾肉敲打成薄片。

（2）配料：将熟火腿切柳叶片；熟冬笋切薄梳子片；紫角叶烫绿，分装在10只汤盅里。

（3）做汤成菜：①将三吊清汤烧沸加干贝精粉、精盐调味分装入汤盅里。②将虾片入沸水氽烫至透明，立即捞起分装入汤盅里即成。

---

① 三吊清汤即用一只童子鸡分三次绍汤而成的清汤，其方法是：将童子鸡分档成骨架、大腿肉与鸡胸肉三档，分别剁碎和以葱、姜、水、盐、蛋清绍酒调成“恶绍”“红绍”“白绍”，再依次投入一般汤中绍清汤。（详见陈苏华著《中国烹饪工艺学教程》）

风味特色：

虾片滑爽，嫩白而透明，汤清鲜醇而见底。

思考题：

1. 虾片要敲得平滑得薄如纸，应注意几个什么关键？

2. 氽烫虾片时应怎样把握时机？

2.33 双尾虾托

烹调方法：煎炸

主题味型：楂奶甜酸

原料：鲜虾 20 只(6 厘米/只)，鱼茸 100 克，干淀粉 50 克，熟鸽蛋 10 只，鸡蛋 2 只，熟芝麻 50 克，面粉 30 克，精盐 3 克，山楂片 50 克，绍酒 10 克，鲜奶精粉 20 克，绵白糖 25 克，果醋 50 克，湿淀粉 5 克，姜葱汁 5 克，精炼油 500 克(耗 50 克)。

工艺流程：

剥虾→敲虾→酿缔→嵌蛋→拖糊→沾芝麻

鱼茸制缔→酿缔；鸽蛋→嵌蛋

→煎熟→油淋复炸→装盘；制山楂奶酱→装碟；装盘、装碟→上席

工艺要点：

(1) 敲虾：将虾剥成凤尾虾，剖开背部拌匀干淀粉，将两只虾皆腹朝上相向重叠，用小木槌轻捶成相黏的圆形厚片，直径约 3.5 厘米。

(2) 生坯成型：将鱼茸加蛋清、盐、味精、姜、葱酒汁，搅拌成厚缔，挤成圆酿在虾肉上，抹平四边使之黏接紧密，再将剥壳熟鸽蛋沾粉后嵌入鱼茸里，用缔子将两虾尾黏接在鸽蛋两侧，即成双尾虾托生坯。

(3) 煎制：将鸡蛋黄与面粉调匀成糊平铺在盘中，将虾托底拖糊，再沾芝麻，入平底煎锅，布 250 克清油，用小火慢煎至托底黄脆时提出。

(4) 复炸装盘：将虾托排在漏勺里，用 160℃油浇淋其上，至虾尾完全大红时整齐排入点缀的盘中，带上用山楂酱、奶精、白糖、果醋调制的山楂奶酱蘸料碟一同上席即成。

风味特点：

下脆上嫩，虾红蛋明，鱼缔白，清香干爽，蘸料开味。

思考题：

1. 要使鸽蛋能较为结实地黏在虾托上，一般采用什么强化方法？

2. 为什么加热时要先煎后淋炸？

3. 与传统虾托制作相比，在哪些方面加强了优化处理？

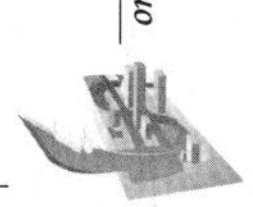

2.34　双皮刀鱼镶脆骨

烹调方法：蒸

主题味型：咸鲜

原料：刀鱼4条750克，猪肥膘茸70克，刀鱼茸200克，熟火腿片40克，熟火腿末10克，春笋片50克，水发冬菇片25克，鸡蛋1只取清，香菜末10克，绍酒25克，精盐4.5克，味精1克，葱结1只，姜片15克，姜葱汁5克，鸡清汤125克，水淀粉20克，熟猪油50克。

工艺流程：

清理→去骨刮肉→酿缔→装饰→蒸熟→挂芡→上席
制缔→酿缔；炸骨→上席

工艺要点：

（1）清理：用竹筷将鱼鳞刮去，剁齐鱼尾，割开脐门，从鳃口卷出内脏洗净。

（2）去骨刮肉：从鱼背两侧进刀剖开剪出脊骨。将鱼皮紧贴墩板，轻捶肉面，用刀沾水顺鱼轻刮下2/3鱼肉，剔去附在鱼皮上的细刺。

（3）生坯造型：将刮下的鱼肉粉碎成茸，与另200克刀鱼茸、猪肥膘末加盐2克，鸡蛋清、味精、绍酒5克，适量清水和姜葱汁5克混合搅拌成缔子，填入4条刀鱼腹中，恢复鱼原形，抹平鱼背，用火腿末与香菜末沾满点缀，即成双皮刀鱼生坯。

（4）蒸熟成菜：将刀鱼排在蒸盘中，上相间整齐排辅笋火腿、冬菇大片，放姜片、葱结、绍酒20克、精盐1.5克上笼蒸5分钟成熟，去原汁，用清鸡汤调味勾流芡浇在鱼身。同时将鱼脊骨腌渍拍粉入200℃油中炸脆装碟，撒花椒盐与鱼一同上席，即可。

风味特色：

鱼形饱满，鱼肉细腻鲜嫩，食之无刺。原汁原味，带椒盐龙骨上席，酥脆，清香，趣味倍增。

思考题：

1. 本菜为什么叫双皮刀鱼？

2. 刮肉时要注意什么关键？

3. 用同样的出骨刮肉的方法，但鱼腹填以八宝，背面封以鱼缔，用网油包起蒸熟的叫什么刀鱼？

2.35 明月生敲鳝鱼①

烹调方法: 烧

主题味型: 咸鲜微甜

原料: 活粗鳝鱼 1 500 克(150 克/条),鸽蛋 10 只,猪后腿肉 100 克,蒜子 15 克,黄豆抽 25 克,蒜茸豆豉酱 25 克,绵白糖 8 克,精盐 2 克,鸡粉 1 克,火腿汁 10 克,白胡椒 2 克,绍酒 40 克,肉汤 250 克,熟猪油 50 克,湿淀粉 20 克,香醋 5 克,芝麻油 15 克,五香粉 1 克,精炼油 1 000 克(耗 100 克)。

工艺流程:

鳝鱼宰杀 → 排松 → 切块 → 过油 → 焖熟 → 装盘造型

蒜子 → 切块

鸡肉切鸡冠片 → 鸽蛋装碟 → 蒸熟 → 装盘造型

工艺要点:

(1) 初步处理:①将鳝鱼宰杀洗净,由腹部剖开去内脏出脊骨,用盐 5 克揉洗干净。②将鳝鱼肉片平铺砧板上用棒键排敲至肉质松缩,改刀成 8 厘米段。③将肉亦切成 7～8 厘米长的鸡冠形厚片。

(2) 焖制:①将鳝段投入 200℃油中炸至酥香捞出;蒜子亦炸起焦黄。②炒锅上火,下猪油将蒜茸豆豉酱炒香,下葱白、姜片、绍酒、骨汤、酱油、白糖、精盐、肉片、火腿汁烧沸,下蒜子及鳝鱼段移小火焖 25 分钟至鳝肉酥烂,大火收稠卤汁,下鸡粉、芝麻油、五香粉、香醋、白胡椒拌匀离火。

(3) 成品造型:取大汤盘 1 只,将鳝段提出旋叠在盘中,蒜子摆成花朵形,同时用小味碟抹猪油,磕入鸽蛋蒸熟围在四周,淋入原汁即成。

风味特色:

鳝鱼酥烂鲜香,汤汁醇绵,鸽蛋点缀犹如明月生辉。

思考题:

1. 敲鳝鱼的原理是什么?
2. 在调味上与传统相比有了哪些改变?
3. 本菜中肉片充当了什么角色?

2.36 桂花虾饼

烹调方法: 蒸

---

① 明月是指鸽蛋。鸽蛋熟后,蛋黄透过蛋白象征圆圆的明月。

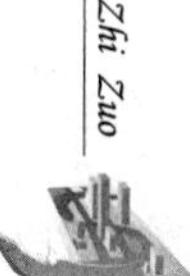

主题味型:咸鲜

原料:鲜河虾仁 200 克,猪生肥膘 50 克,生荸荠 50 克,熟火腿茸 10 克,鸡粉 2 克,鸡蛋黄 4 只,鸡蛋清 50 克,红心咸鸭蛋黄 2 只,咸桂花 2 克,精盐 3 克,绍酒 10 克,湿淀粉 2.5 克,干淀粉 2.5 克,鸡清汤 100 克,熟猪油 25 克,姜葱汁 5 克。

工艺流程:

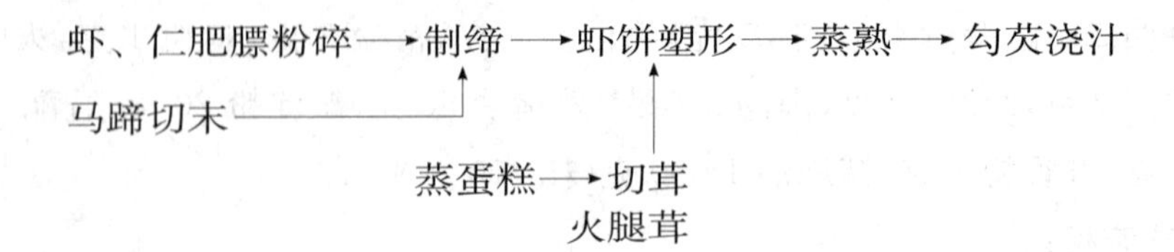

工艺要点:

(1) 制虾饼缔:将虾仁打净水挤去表水与肥膘一道上机粉碎成茸,加蛋清 50 克,精盐 2 克,鸡粉 1 克,绍酒、姜葱汁与干淀粉混合搅拌起黏,将马蹄切成米粒状和入虾茸中拌匀成虾饼缔。

(2) 虾饼塑形:将鸡蛋黄与咸鸭蛋黄搅拌均匀,蒸熟切成茸末。将虾缔挤成直径 3 厘米圆球,均匀滚沾蛋末,在盘中压成直径 4.5 厘米饼状,中间点缀以火腿茸,即成虾饼生坯。

(3) 蒸熟成菜:将虾饼入笼沸水蒸约 2 分钟成熟出笼,用 100 克鸡汤、2 克咸桂花、2.5 克湿粉、1 克精盐、熟猪油、1 克鸡粉、2.5 克湿淀粉勾流利芡,浇在虾饼上即成。

风味特色:

虾饼嫩软之中有马蹄之脆,黄蛋茸形似金桂,桂香沁人肺腑。

思考题:

1. 蒸虾饼时,应怎样把握火候?
2. 本菜中是通过几个方面突出桂花意韵的?

2.37 龙舟献珍

烹调方法:脆熘

主题味型:甜酸微咸

原料:活鲤鱼 1 条 1 000 克,浆虾仁 150 克,水发大西米 100 克,嫩莴苣 200 克,姜、葱各 10 克,紫菜云状鱼蛋卷 1 条 100 克[①],西柠汁 150 克,大红浙醋 100 克,白糖 100 克,精盐 4 克,红莓汁 50 克,干淀粉 100 克,湿淀粉 25 克,香槟酒 100 克,吉士粉 50 克,姜汁 25 克,绍酒 5 克。精炼花生油 1 000 克(耗 100 克)。

---

① 用鸡蛋皮卷紫菜鱼茸呈云片状。

工艺流程：

鲤鱼清理→背部去脏→去骨剞花→腌渍→拍粉

西米挂芡　　虾仁滑油

→炸制→装盘→浇芡→上席

紫菜卷切片→（装盘）

莴苣挖球烧油→点缀→（浇芡）

工艺要点：

(1) 鲤鱼处理：将鲤鱼去鳞、鳃、脊开去内脏，洗净、去脊、肋骨，在肉面剞鱼鳞花纹，深度至皮。用盐 2 克及姜、葱、绍酒腌渍 10 分钟。紫菜卷切大片待用，莴苣挖成 1 厘米球 20 只。

(2) 炸鱼：将吉士粉与干淀粉拌和遍拍鱼身，将鱼身翻转呈舟形，入 180℃油中炸至定形捞出。

(3) 熬滋：用清水 200 克，柠汁、莓汁、白糖、精盐 3 克、姜汁、大红浙醋烧沸，下湿淀粉、大西米勾流芡，用 75 克热油包芡成透明红亮的熘鱼芡汁待用。

(4) 熘汁成菜：将鱼垂入 200℃油中炸至金黄，装入超前用莴苣球、云状紫菜卷点缀的盘中，熘汁遍浇鱼身，将虾仁滑油撒在鱼身上即成。

风味特色：

造型有趣，柠姜香气雅致，鲤鱼外脆里嫩，卤汁透明红亮，甜酸咸鲜均衡很是醒味。

思考题：

1. 此菜是由什么名菜衍生而来？

2. 本菜的熘汁与松鼠鳜鱼的熘汁在熬制上有什么区别？

2.38 彩色鱼夹[①]

烹调方法：煎、烧

主题味型：咸鲜

原料：雪鱼净肉 350 克，鲜河虾茸 75 克，熟火腿茸 100 克，水发香菇 15 克，青甜椒 1 只，精盐 3 克，鸡粉 2 克，绍酒 20 克，干淀粉 30 克，湿淀粉 20 克，鸡清汤 100 克，熟猪油 75 克，葱 10 克，鸡蛋 2 只（取清）。

---

① 彩色鱼夹，传统上用鳜鱼肉，但用雪鱼在材质上更优。实际上许多鱼都可制作此菜，实用性很广泛，更为古老的菜式有鱼饺和蛤蜊鱼等，此菜正来源于斯。在加热方法上，除可煎烧外，尚可蒸熘、氽炸再熘等，口味上亦有变数。

工艺流程：

雪鱼批片 ⟶ 拍粉包馅 ⟶ 刷浆点缀 ⟶ 煎制 ⟶ 兑汁勾芡 ⟶ 装盘
↑
虾仁、火茸、制馅

工艺要点：

（1）制馅：将虾仁粉碎加火腿茸 50 克，绍酒 5 克，葱末 5 克，精盐 2 克，鸡粉 1 克，蛋清 1 只取清一同混合搅拌成馅。

（2）生坯成型：①将雪鱼批成 10 张 7 厘米×5.5 厘米×0.2 厘米的薄片，遍拍干淀粉。②将虾馅分装在鱼片中，顺长对折，修折口两侧呈月牙形，中间隆起，前侧压住虾馅。③用 1 只鸡蛋取清，加 10 克湿淀粉调成浆，遍涮鱼夹两面。④将香菇批薄，青椒去籽批薄，与火腿均切成 1 厘米边长的菱形片各 10 片，三片相夹，将三色片贴附在鱼夹 1 面。

（3）煎烧成熟：将鱼夹花面向上平贴煎锅中，下猪油 50 克，用小火慢煎至底面略脆，鸡汤调入精盐 1 克，鸡粉 1 克烹入锅内，旋锅吸汤均匀，加盖焖约 10 秒，使鱼夹内外成熟均匀，勾流芡，装盘，即成。

风味特色：

鱼夹洁白，鱼肉嫩而滑，形式美观，虾馅香鲜。

思考题：

1. 在虾馅里加多量火腿茸与葱末起到了什么调味作用？
2. 对鱼片拍粉上浆的意义是什么？

2.39 云雾香团[①]

烹调方法：软炸

主题味型：咸鲜微甜

原料：鲜河虾仁 200 克，云雾茶尖 20 克，鸡蛋 5 只取清，熟松子仁 20 克，绍酒 2 克，精盐 4 克，鸡粉 2 克，白糖 3 克，干淀粉 15 克，精炼油 1 000 克（耗 10 克），油菜松 100 克。

---

① 云雾香团：源自香炸云雾，这里稍加增改：（1）增加虾仁与松仁量，减少蛋清量，强化质地的弹性。（2）不用松仁茸而用松仁粒以保持本色。（3）茶叶随炸随拌，使绿白对比更为分明。（4）改茄酱为茶末酱，增强本味咸鲜，突出云雾茶香，表现当代品味。

工艺流程：

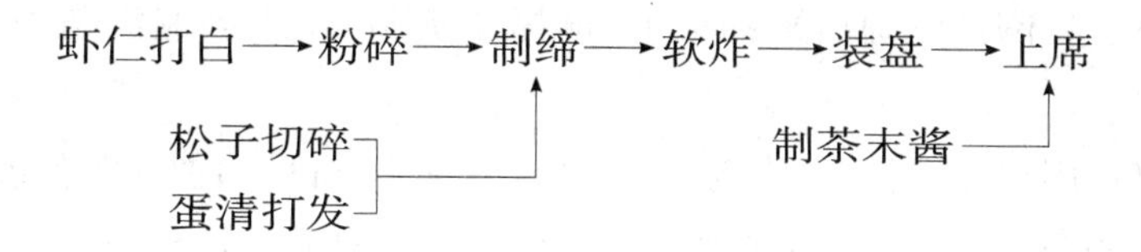

工艺要点：

（1）制缔：将虾仁打白，吸干表水，粉碎成茸，加 2 克精盐与绍酒搅拌起黏，分 2 次加入发蛋（5 只，鸡蛋量）拌匀。将松子切成米粒状，与干淀粉、鸡粉 1 克一道调入虾缔定质定味。

（2）软炸：将云雾茶尖 10 克粉碎待用，另 10 克用沸水泡发 30 秒钟捞起滤干与虾缔拌匀。用汤匙将虾缔舀成瓢儿状入 95℃油中氽约 1 分钟捞出，油继续加温至 160℃时，迅速瓢儿云雾投入翻两面捞起滤油。用鸡汤 150 克烧沸，加茶末，盐，鸡粉，白糖勾糊芡装碟待用。

（3）装盘上席：将滤油的云雾团排叠在用菜松垫底的盘中，带云雾茶酱上席即可。

风味特色：

形似云团，鲜嫩松软而又有内涵，茶香突出沁人肺腑，品质高雅。

思考题：

1. 虾缔的混合加工与鱼缔有什么不同？
2. 油温的两段具有什么意义？与鸡茸蛋加热的区别是什么？
3. 请参看传统的香炸云雾。

2.40 脱壳鳜鱼

烹调方法：脆炸

主题味型：咸香鲜

原料：活鳜鱼 1 条 600 克，净网油 150 克，绍酒 25 克，精盐 15 克，香糟 50 克，椒盐 5 克，胡椒粉 1 克，葱结 15 克，姜片 15 克，鸡蛋 3 只取清。粳米粉 50 克，干淀粉 75 克，芝麻油 5 克，熟猪油 1 500 克（耗 150 克）。

工艺流程：

鳜鱼清理 → 背开去脊骨 → 剞刀 → 腌渍
→ 包网油 → 挂糊 → 炸制 → 装盘 → 上席
（调糊 → 挂糊；淋麻油、胡椒粉、花椒盐 → 上席）

工艺要点：

（1）腌渍：将鳜鱼去鳞、鳃。背开，去内脏，去脊骨，洗净，在肉面剞深度 2/3 王

字刀纹。用精盐、香糟遍抹鱼身腌渍3小时，洗净，将葱结、姜片填入鱼腹。

（2）包鱼：将网油洗晾后平铺桌上，遍撒干淀粉，用绍酒遍涂鱼身置网油上包成条包。

（3）炸鱼：用蛋清、米粉、淀粉与适量水调成镶粉糊，均匀挂在鱼包上，投入180℃油中炸至结壳，蕴炸5分钟捞出，待油温升于210℃时投入鱼包复炸，至网油脆化，色泽金黄时取出。

（4）装盘：将鱼装入长盘（或竹篓），遍撒芝麻油、胡椒粉与花椒盐在鱼上即成。

风味特色：

外脆里嫩，糟香干爽。

思考题：

1. 除了鳜鱼还可用一些什么鱼制作此菜肴？

2. 倘若在炸时网油出油不充分，没能脆化会产生什么食用效果？

2.41 雪花蟹斗[①]

烹调方法：炒

主题味型：咸鲜微甜

原料：5厘米宽螃蟹上壳10只，螃蟹肉350克（黄50%），红胡萝卜250克，姜末10克，葱末5克，精盐3克，酱油5克，香醋10克，白胡椒粉4克，芝麻油20克，湿淀粉10克，绍酒125克，熟猪油150克，味精2克，鸡蛋6只取清，绵白糖2克，熟火腿末10克，香菜叶5克，鸡清汤100克。

工艺流程：

蟹壳清洗 ↓

胡萝卜拍粉切丁 → 煸炒 → 装蟹壳 → 蒸 → 勾芡 → 装盘 → 点缀

蟹粉 ↑（煸炒）　蛋清打发 ↑（装蟹壳）

工艺要点：

（1）煸炒：将胡萝卜切成筷条拍松，再切成丁入锅，下100克猪油煸炒至熟，再下姜末葱末、蟹粉一同煸炒去水汽，出黄油，烹入黄酒，下盐、酱油、香醋、白糖、味精、鸡汤50克，炒透入味，下胡椒粉，用5克湿淀粉勾芡，淋芝麻油拌匀。

（2）装壳：①将蟹壳刷洗干净。②将蟹粉分装在10只蟹壳里。③将蛋清搅打至全发，分装在每只蟹斗上即成雪花蟹斗生坯。

（3）加热制熟：将雪花蟹斗入沸水笼，蒸10秒钟等蛋清凝固即取出装盘，用

---

① 用螃蟹上盖壳盛物即叫蟹斗，如果盛物后再封口（挂糊或蒙酥皮）煎或烤或炸则称之为“蟹盒”，如名菜“软煎蟹盒”“酥蒙蟹盒”“吉皮蟹盒”等。

100 克鸡汤勾流芡浇在蟹斗上，撒上火腿末和香菜叶即成。

风味特色：

蟹壳做斗，蟹粉肥润清香，荤素搭配，爽口鲜美，蛋清如堆雪，平添美食情趣。

思考题：

1. 为什么在蟹粉里要配以胡萝卜？实际上是哪两种传统名菜的结合？
2. 煸炒是关键，一般要注意哪几点？

2.42 松鼠鳜鱼

烹调方法：脆熘

主题味型：茄汁甜酸

原料：活鳜鱼 1 条 750 克，浆河虾仁 30 克，熟笋丁 20 克，水发香菇丁 20 克，青豌豆 12 粒，葡萄 20 粒，绍酒 25 克，精盐 11 克，白糖 200 克，香醋 100 克，番茄酱 100 克，葱白段 10 克，蒜末 5 克，干淀粉 60 克，水淀粉 35 克，猪肉汤 100 克，芝麻油 15 克，花生油 1 500 克(实耗 235 克)。

工艺流程：

鳜鱼清理 ⟶ 刀工处理 ⟶ 腌渍 ⟶ 拍粉 ⟶ 油炸 ⟶ 熘汁
熬汁 ⟶ 熘汁
熘汁 ⟶ 装盘
葡萄点缀 ⟶ 装盘

工艺要点：

(1) 清理：①将鳜鱼宰杀去鳞、鳃、内脏洗净，切下鱼头，剖开鱼身去脊骨及肋骨成鱼尾相连的两片鱼肉。②将鱼肉剞出羽毛花刀条纹深至鱼皮，与鱼头一道用绍酒 15 克，精盐 3 克腌渍 5 分钟。

(2) 生坯成形：用棉线将鱼嘴扎住，与鱼肉一同遍拍干淀粉，将鱼头入 200℃油中炸成淡金黄色，鱼肉向两侧翻卷，筷夹鱼尾竖起定型，入 200℃油中炸至定型，虾仁入 140℃油中滑油待用。

(3) 熘汁成熟：将葡萄剥皮堆在盘中一侧，将鱼重油 20 秒钟，同时另用锅下油将葱煸黄，捞出，下番茄酱与绵白糖煸出红油，下肉汤、笋丁、香菇丁、青豆、绍酒、盐 8 克、蒜茸、香醋、芝麻油、湿淀粉勾成糊芡，下 150 克热油打至透明沸腾状态。

(4) 装盘：将松鼠鱼坯捞出在盘中摆成造型在葡萄旁侧。浇上芡汁，撒上熟虾仁即成。

风味特色：

鱼肉外脆里嫩，滋汁红亮透明，虾仁洁白，形似松鼠，浇汁吱吱有声，鲜香酸甜。

思考题：

1. 做此菜时，拍粉应在什么时机，倘若拍得过早会出现什么状况？
2. 在滋汁方面，此菜与醋熘鳜鱼有什么不同？

2.43 椒斗玉镶金

烹调方法：炒

主题味型：咸鲜

原料：大河虾仁500克，秋蟹黄脂块100克，水发金钱菇100克，虾籽4克，绍酒10克，明矾2克，精盐6克，鸡粉2克，酱油15克，绵白糖10克，鸡蛋2只取清，鸡清汤100克，干淀粉20克，湿淀粉10克，姜汁10克，葱段15克，芝麻油10克，精炼油500克(耗100克)。

工艺流程：

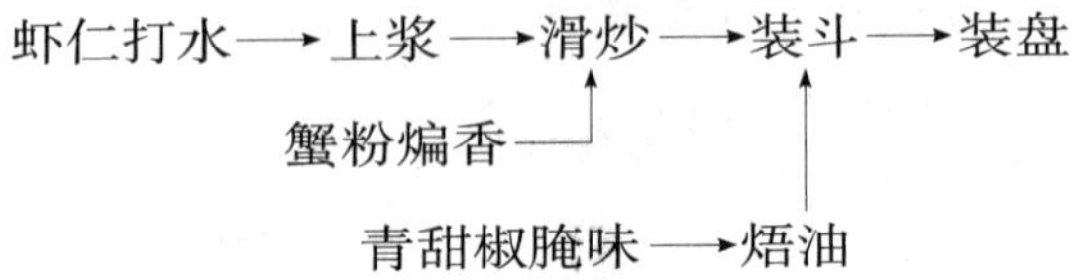

虾仁打水→上浆→滑炒→装斗→装盘

蟹粉煸香→滑炒

青甜椒腌味→焐油→装斗

工艺要点：

(1) 虾仁上浆：将虾仁在淡矾水中搅洗至洁白，漂清水，滤净水，用4克盐与鸡粉1克将虾仁搅拌起黏。另用鸡蛋清与干淀粉搅拌成蛋粉浆，匀拌入虾仁，用清油100克封面待用。

(2) 椒斗处理：用圆口刀从甜椒蒂下1/3处戳下椒盖，剪去椒壁内筋，用1克精盐化水遍擦青椒，将之投入120℃油中焐5秒钟成熟立即捞起。

(3) 炒制成熟：①用虾籽、酱油、白糖、黄酒、鸡粉将水发金钱香菇烧卤入味，勾包芡淋芝麻油起锅排于盘周。②将虾仁入140℃清油中滑过捞出，下蟹黄脂煸香，下盐0.5克、鸡粉0.5克、姜汁、鸡汤勾包芡下虾仁拌匀装入椒斗。虾仁在下，蟹黄点缀在上，将装有虾蟹的椒斗排在盘中即成。

风味特色：

椒斗碧绿清香，虾仁洁白透明如玉，蟹脂橘红，口感脆嫩香鲜，形式美观。

思考题：

1. 此菜蕴含有哪两种传统名菜？
2. 此菜在色彩组配上有哪些特点？

2.44 东吴万里泊粮船

烹调方法：炒

主题味型:咸鲜微甜

原料:鳜鱼净肉 300 克,熟松子仁 200 克,水发枸杞 20 粒,冬瓜 1 只,西兰花 200 克,哈密瓜半只,鸡蛋 3 只取清,精盐 4 克,嫩黄瓜 1 条,特鲜粉 2 克,土米酒 100 克,白糖 2 克,湿淀粉 10 克,干淀粉 15 克,青葱油 15 克,姜汁酒 5 克,精炼油 500 克(耗 50 克)。

工艺流程:

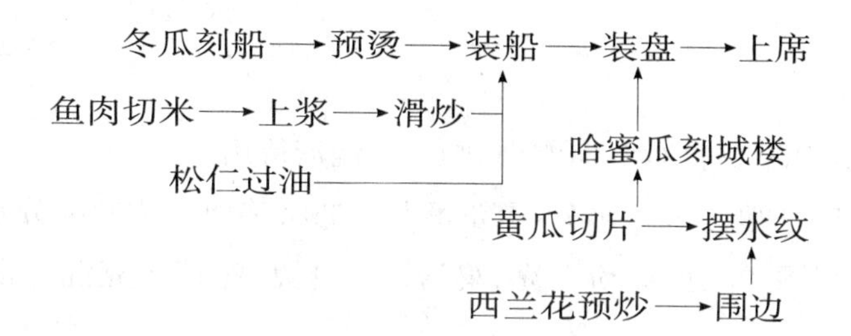

工艺要点:

(1) 预加工:①将鳜鱼肉漂白切成米粒状上蛋粉清浆。②将松子仁入 120℃温油过油,待用。

(2) 雕刻处理:①用哈密瓜雕苏州水门城楼形象,洗净用冰块埋住。②西兰花焯水炒熟待用。③冬瓜雕刻成长 6 厘米、宽 3 厘米、高 2.5 厘米蓬船形 10 只,烫绿待用。

(3) 制熟成菜:取大盘一只,一侧点缀以城楼与西兰花,盘面用黄瓜片点缀成波浪纹,滑炒鱼米与松子拌匀装入 10 只小船,排在城楼下的波纹上,撒上枸杞子即成。

风味特色:

鱼米洁白鲜嫩,松子清香,冬瓜绿脆,咸鲜清爽,寄意怡情。

思考题:

1. 菜肴创作的意境美、形式美、本质美的统一在本菜中是怎样体现的?
2. 你是怎样认识高级雅食的商品价值的?

2.45 芙蓉鲜虾仁[①]

烹调方法:软炒

主题味型:咸鲜

原料:鲜河虾仁 150 克,生胸鸡肉 100 克,猪肥膘 50 克,鸡蛋清 6 只,熟火腿茸

① 此菜芙蓉的制法,在江南一带不用鸡茸,而是纯用蛋清。其制法是:6 只蛋清打开,加鸡汤 50 克,湿淀粉 15 克,盐 2 克,白胡椒 1 克,姜葱汁 5 克,味精 2 克,调匀至蛋清与各种料充分分散融合时下 120℃多量油中,用手勺轻推起小片浮起,捞出滤油过水再炒,其他皆同。芙蓉炒是一种类菜方法,例如青蟹、牛脊、鸡片等皆可用芙蓉炒之法。

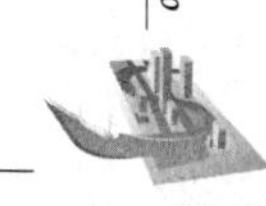

10克，豌豆苗20克，精炼油500克（耗100克），绍酒20克，精盐6克，味精4克，葱、姜汁20克，水淀粉20克，鸡清汤200克，姜1块，葱2根。

工艺流程：

工艺要点：

(1) 清理：将虾仁打白，鸡肉漂白，豌豆苗洗清待用。

(2) 精加工：①吸干虾仁水分，上蛋清浆。②将鸡肉与猪肥膘分别粉碎，加姜、葱汁、盐3克、绍酒10克、淀粉5克、鸡清汤100克、味精2克混合搅拌成稀糊状缔子。

(3) 成熟：①热锅温油，油温120℃下鸡缔一边加热一边用手勺轻推出碎块状浮起，倒入漏勺滤油待用。②将虾仁用同法滑油。③将豌豆苗炒熟围边。④将鸡茸与虾仁一同炒熟勾芡盛在豌豆苗中，撒上火腿茸即可。

风味特色：

鸡茸细腻润滑，虾仁嫩脆，色泽洁白，纯净鲜爽。

思考题：

1. 鸡芙蓉的缔子和炒法与鸡粥有何区别？
2. 如果滑油时油温过高会出现什么问题？

2.46 芙蓉月宫鲫鱼

烹调方法：蒸

主题味型：咸鲜

原料：活鲫鱼1条500克，鸡蛋清6只，猪油20克，鸽蛋6只，香菜2枝，火腿茸1克，姜、葱汁5克，鸡汤200克，鲜奶50克，姜丝5克，陈醋50克，淀粉3克，白胡椒2克。

工艺流程：

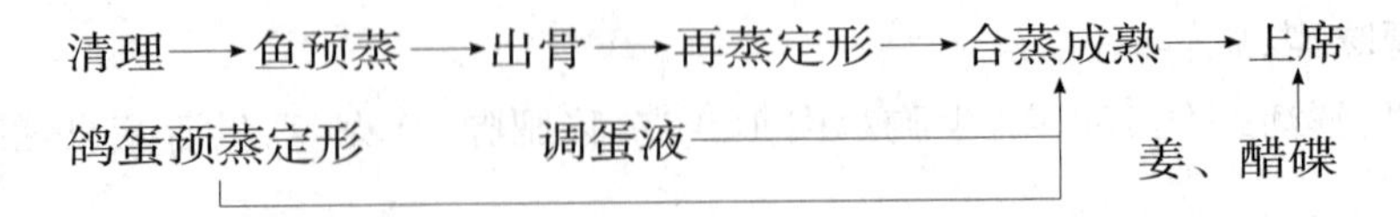

工艺要点：

(1) 清理：将鲫鱼去鳞、鳃、内脏，洗净腹膜。切下鱼头、尾留用，鱼段剖开去脊椎骨。

(2) 预蒸：①将鱼头、尾与两片鱼段摊开在盘中放姜、葱、酒，上笼蒸 3 分钟，取出，轻轻抽去肋骨待用。②将 6 只小碟抹上猪油，敲入鸽蛋，点缀 1 片香菜叶，上笼用小火蒸熟脱出待用。

(3) 再蒸：①将蛋清轻轻打散不要起泡，加入鸡汤、淀粉、鲜奶、姜葱汁、白胡椒、盐和味精调和均匀。②取汤盘 1 只，将鱼头、尾放置两端，中间放鱼肉 1 条，如鱼原形，将蛋液 3/4 倒入盘中淹没鱼段，放气蒸 10 分钟至凝结，再复上另一鱼肉皮朝上与之相对，再倒入另处 1/4 蛋液，将鸽蛋排放于鲫鱼两侧，上笼放气蒸 5 分钟至熟出笼。

(4) 上席：将嫩香菜两枝点缀在两侧鱼与鸽蛋之间，均匀撒下 1 克火腿细茸。带姜丝醋碟上席。

风味特色：

格调高雅，白嫩纯净，鲜美无骨。

思考题：

1. 此菜是放气蒸的典型，芙蓉蛋与鸽蛋为什么要采用放气蒸的加热方法？
2. 此菜采用了一些优化芙蓉蛋凝结的方法，请指出这些方法各自的功能。
3. 你能否采用此种方式举一反三？

2.47 瓜姜墨鱼线

烹调方法：软炒

主题味型：咸鲜

原料：鲜墨鱼 400 克，鸡蛋清 2 只，鲜红椒 1 只，酱乳黄瓜 50 克，酱生姜 50 克，湿淀粉 30 克，芦笋 1 根，鸡清汤 150 克，盐 4 克，味精 2 克，绍酒 5 克，葱姜汁 20 克，清油 500 克(耗 75 克)。

工艺流程：

清理 ⟶ 制缔 ⟶ 组配 ⟶ 炒制 ⟶ 装盘

工艺要点：

(1) 清理：①将墨鱼撕去老皮，切成小块洗净。②将酱生姜与酱乳瓜冲洗去 1/2咸味，红椒与芦笋皆择洗干净。

(2) 制缔：将墨鱼块与鸡汤、盐、味精、鸡蛋清 100 克、葱姜汁、湿淀粉 25 克，一并上粉碎机粉碎至稠黏成缔子，再加清油 25 克搅拌均匀冷藏上劲(5℃)。

(3) 组配：将鱼缔子与酱瓜、姜、红椒、芦笋丝合构组成菜肴生坯。

(4) 炒制：①用裱花具将鱼缔挤出长丝至 95℃油中养熟捞起，改刀成 6 厘米长丝。②起小油锅将瓜姜椒笋丝略煸，用 50 克鸡汤，盐 1 克，味精 1 克，绍酒 2 克，湿淀粉 5 克勾芡，下鱼丝拌匀即可装盘。

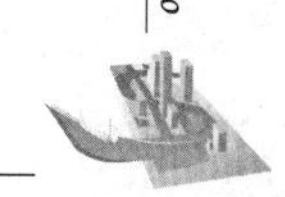

风味特色：

墨鱼丝洁白透明，鲜嫩细软。酱瓜姜香味幽雅，令人食来怀旧。

思考题：

1. 墨鱼茸与一般鱼茸制缔有些什么区别？
2. 在油温的控制上要注意哪些问题？
3. 请用本菜瓜姜风味举一反三，说出2～3个案例。

2.48 锦绣烤河鳗

烹调方法：盘烤

主题味型：咸鲜甜酸微辣

原料：活鳗鱼1条750克，京葱250克，球葱100克，西芹50克，香叶50克，花椒5克，丁香8颗，盐3克，味精3克，绍酒5克，番茄酱20克，白糖5克，红油麻辣酱10克，海鲜酱10克，花生酱10克，麦其林50克，芝麻油50克，柠檬1只，黄瓜1根。

工艺流程：

清理 ⟶ 腌渍 ⟶ 烤制 ⟶ 装盘
调混合酱 → 腌渍；烤盘配料 → 烤制

工艺要点：

（1）清理：将鳗鱼宰杀烫刮腹开去骨，在肉面交叉排刀待用，球葱摘洗切块，京葱、西芹摘洗切段。

（2）腌渍：①用盐、绍酒、姜葱将鳗鱼肉先腌5分钟，拣去姜葱。②将红油麻辣酱、番茄酱、海鲜酱、花生酱与白糖、芝麻油25克混合成四合酱。将四合酱均匀抹在鱼肉两面。

（3）烤制：①取小烤盘1只，先撒入花椒、香叶、丁香再将京葱入烤盘，最后铺入球葱、西芹。②将腌渍的鳗鱼皮朝上排在笼上，将麦其林切成薄片铺在鱼上，用220℃温度烤15分钟出炉，将鱼肉翻身再烤15分钟，出炉刷一层芝麻油。

（4）装盘：拣部分京葱排在盘中，将鳗鱼肉改刀整齐排在京葱上，淋上烤盘中原汁。另用柠檬片、黄瓜片围边即成。

风味特色：

鳗鱼金红，肉质酥嫩肥美，口味丰富，平和香鲜。

思考题：

1. 谈谈本菜的调味特征。
2. 本菜对传统烤鳗鱼的烤法有些什么变化？
3. 此法适合使用什么性质的主料？请举一反三。

2.49 油浸鳊鱼

烹调方法：油浸

主题味型：咸鲜香，微辣

原料：鳊鱼 1 条 600 克，京葱 200 克，球葱 200 克，蒜子 100 克，咖喱 20 克，红油 120 克，芝麻 50 克，白扣 10 粒，苹果 10 粒，小茴 10 克，香叶 10 克，凉姜 10 克，孜然粉 5 克，沙姜粉 5 克，盐 5 克，味精 3 克，绍酒 5 克，精炼油 750 克，香醋 50 克，绵白糖 5 克，姜丝 5 克，芝麻油 20 克。

工艺流程：

清理 → 腌渍 → 油浸 → 上席

调油 → 油浸；调醋碟 → 上席

工艺要点：

(1) 清理：将鳊鱼去鳞、头、尾，内脏洗净。

(2) 腌渍：将鱼表水吸干，斜刀批大片，厚度 0.5 厘米，用盐、味精、孜然、沙姜、绍酒、姜葱腌渍 10 分钟。

(3) 油浸：①用干洁布吸干鱼片水分，整齐排入浅口瓦罐中。②将精炼油上火加热至 180℃，投入京葱、球葱、蒜子及白扣、凉姜、小茴、芝麻、香叶，改用中小火慢慢熬制至葱焦，蒜黄出香离火过滤。③将红油 100 克与咖喱调入香味油中，复上火，加热至 160℃时注入瓦罐中，见油面沸腾即可上席。

(4) 上席：用 50 克香醋，20 克红椒油，20 克芝麻油和 5 克绵白糖调成小糖醋汁与油浸鳊鱼一同上席蘸食。姜汁另装一碟跟上。

风味特色：

鳊鱼细嫩洁白，油料香醇透明。油可反复使用。

思考题：

1. 油浸使原料成熟的原理是什么？

2. 油浸适合对什么主料加工？请举一反三。

3. 本菜既与川味油浸的“红油一口锅”不同，又与传统“油浸白鱼”不同，变化主要在哪里？

2.50 龙须鳜鱼

烹调方法：滑炒、蒸

主题味型：咸鲜

原料：活鳜鱼 1250 克 1 条，熟火腿 60 克，青甜椒 100 克，黄鸡蛋皮 1 张，鸡蛋

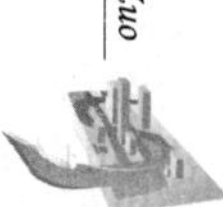

清 4 只，干淀粉 75 克，精盐 3 克，味精 2 克，绍酒 50 克，姜葱汁 15 克，精炼油 1 000 克(耗 100 克)，鸡清汤 50 克。

工艺流程：

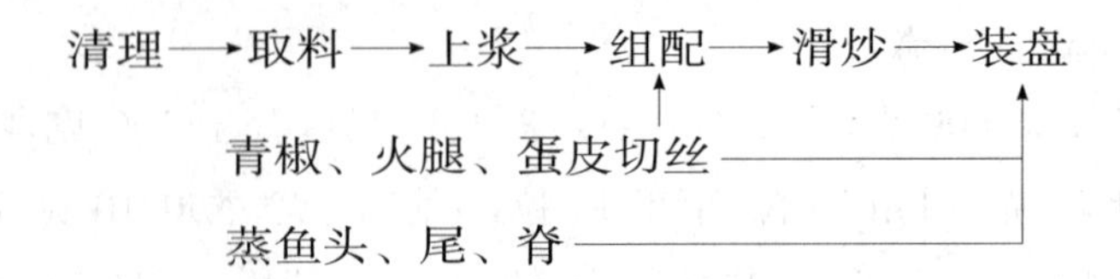

工艺要点：

(1) 清理：去鳞、鳃及内脏。

(2) 取料：①胸脐下切下鱼头，鲚门下切下鱼尾，并加工使之能够立起。②将鱼段剖开，取下脊骨三分之二，将尖刺剁去，待用。肋骨与皮去掉不用。③鱼肉漂洗干净，批切成 0.2 厘米×6 厘米细丝漂水待用。④将青椒烫绿与火腿、蛋皮分别切成细丝待用。

(3) 组配：①将鱼丝吸干水分上蛋清浆。②将青椒拌咸鲜味，鱼头、尾、脊腌渍入味。③鱼丝、鱼头、尾、脊及三丝组配成龙须鳜鱼生坯。

(4) 成菜：①将鱼头、尾、脊蒸熟滤去原汁放置长盘两端，将鱼脊竖摆与头尾相接。②将鱼丝滑炒堆于脊骨两侧，再将三色丝分两等份从两侧从上到下以火腿、青椒、蛋皮丝为序顺长排放整齐。③用鸡清汤调味勾流芡浇上即成。

风味特色：

色彩斑斓，精细典雅，鱼丝细嫩，鲜香，吃时拌和各丝相得益彰。

思考题：

1. 将鱼形摆好后为什么还要兑汤勾芡？

2. 谈谈此菜加工处理的特点。

2.51 大蒸鲩鱼

烹调方法：蒸

主题味型：咸鲜

原料：活草鱼 1 条 1 000 克，腌红椒 1 只，白胡椒 2 克，蒜仁 20 克，葱 20 克，姜 20 克，白糟卤 10 克，绍酒 10 克，盐 4 克，鸡精 2 克，鸡清汤 500 克，精炼油 75 克。

工艺流程：

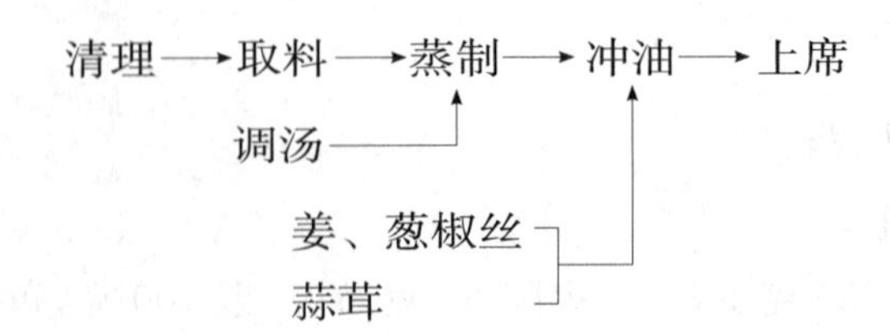

工艺要点：

(1) 清理：将草鱼活养2天使之吐尽泥物，去鳞、鳃及内脏洗净。

(2) 取料：①将鱼头切下不用，剖开鱼段至尾部不断，批去脊肋骨，在鱼肉面深剞网格花刀，刀距0.5厘米，将两片鱼肉再各分两条，冲洗干净。②将腌红椒、姜5克、葱10克皆切成细丝，蒜仁拍切成茸待用。

(3) 加热制熟：①将鱼肉用盐、黄酒、姜、葱、味精腌渍半小时，置汤盘中。将每条鱼肉花面向上顺一个方向各自盘成花形，鱼尾立于中间，用沸水浇烫1次。②将鸡清汤加入糟卤、味精、白胡椒定口味，注入盘中淹鱼花至大半。③旺火将鱼花蒸10分钟成熟取出，另起油锅，用75克清油烧热，冲入姜、葱、椒丝及蒜茸起香，匀浇在鱼花上即成。

风味特色：

鱼花朵朵洁白如莲，肉质细嫩如豆腐。

咸、鲜、香、味清新，造型别致大方。

思考题：

1. 草鱼活养的目的是什么？

2. 蒸前将鱼花腌渍浇烫的作用是什么？

2.52 龙戏珠

烹调方法：氽

主题味型：咸鲜

原料：活鲫鱼2条750克，鲜虾仁300克，干贝25克，猪肥膘肉100克，毛汤1 000克，小鲫鱼500克，鸡蛋黄2只，虾籽2克，熟冬笋片50克，水发木耳50克，姜片、葱结各15克，姜葱汁10克，绍酒10克，姜末25克，香醋125克，精盐6克，味精2克，湿淀粉10克，熟猪油50克，菜心4棵。

工艺流程：

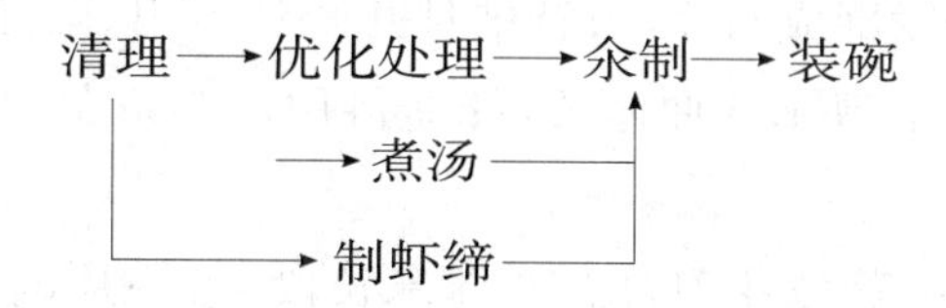

工艺要点：

(1) 清理：①将鲫鱼去鳞、下颌老皮、鳃及内脏、擦尽肚壁黑膜洗净。②将虾仁打水成洁白，挤干待用。

(2) 优化处理：①将大鲫鱼浅剞花刀，用盐3克遍擦鱼皮。②将虾仁与猪肥膘分别粉碎，加蛋黄、酒、盐、淀粉、味精、葱姜汁混合搅拌成虾缔。③将炒锅上火，用猪油将姜葱略煸出香，下1 000克毛汤，干贝、虾籽、小鲫鱼，旺火煮至汤色浓白，过

滤去小鱼等。

(3) 氽制：①将鱼汤复上旺火烧沸，下笋片、木耳、小菜心、挤下虾圆(直径 1.5 厘米)至上浮。②将大鲫鱼迅速冲洗一次，氽入汤中，煮 3 分钟至鱼肉凝结时定味装碗。

风味特色：

鱼汤浓白醇厚而不油腻，鱼肉细嫩鲜美而有弹性，虾圆淡黄，嫩中有脆。

思考题：

1. 如果鱼的黑膜未净，头里有血，氽汤会出现什么状况？
2. 为什么要用盐在鱼皮上腌一下？
3. 谈谈煮鲫鱼与氽鲫鱼的区别。
4. 氽鲫鱼如用清水，会出白汤吗？

2.53　金鼠踏雪

烹调方法：脆熘

主题味型：甜酸奶香

原料：大黄鱼 1 条 750 克，蛋糕奶油 500 克，嫩黄瓜半条，鲜草莓 20 颗，鲜橙汁 100 克，白糖 100 克，精盐 2 克，姜葱各 50 克，绍酒 10 克，柠檬 1 只，白醋 10 克，精炼油 1 000 克(实耗 100 克)。

工艺流程：

清理 → 取料 → 腌渍 → 拍粉 → 熘制 → 装盘 → 围边点缀

调滋 → 熘制；裱鲜奶 → 装盘

工艺要点：

(1) 取料：①由前鳍下切下鱼头，再取下颚部修剪成松鼠头，上部不用，从脐门切去鱼尾不用。将鱼段剖成两片，去脊椎骨并肋骨不用。②鲜奶装裱花袋冷藏待用。③将嫩黄瓜切佛手刀 1.5 厘米段，抹盐待用。⑤草莓选用同等大小的，洗净待用。

(2) 将一片鱼肉剞荔枝花刀，切 10 厘米长段，另一片剞鳞毛花刀，修剪成 15 公分段，与鱼头一道腌渍 5 分钟。

(3) 预炸：①将鱼头与两片鱼肉拍上干淀粉，入 180℃油中炸制，炸时将短片抖开，一端半卷炸至定形做松鼠身段，长片亦抖开花纹向下炸至定形，做鼠尾。②将鱼下颚的两片鳍固定炸脆捞起。

(4) 摆盘：①将鲜奶裱入长盘作起伏雪丘状。②将佛手黄瓜段在盘中鲜奶一端摆作松枝状。③将草莓均匀排围在鲜奶边沿。

(5) 熘制:①用鲜橙汁、盐1克、白糖、淀粉、白醋熬出熘鱼的黄色橙汁芡滋,盛入碗中待用。②用210℃油将鱼复炸至脆捞出,在盘中摆成松鼠状。③将碗中滋芡复入锅穿活浇在鱼上,上桌再挤下柠檬汁在鱼上即可。

风味特色:

形似松鼠,鱼金奶白,莓红,瓜绿,造型诗意,口味酸甜爽口,果香与奶香芳馨。

思考题:

1. 通过此菜论述中西原料的合璧效果。
2. 怎样做到果味在菜肴中的融合性?

2.54 将军过桥

烹调方法:滑炒、煮

主题味型:咸鲜

原料:黑鱼1条750克,熟冬笋75克,水发木耳25克,青菜心6颗,熟火腿50克,鸡蛋清1只,姜块10克,姜末15克,葱30克,葱白段15克,绵白糖1克,精盐6克,芝麻油15克,香醋2克,虾籽2克,干淀粉10克,湿淀粉15克,绍酒50克,鸡清汤50克,熟猪油350克(耗150克),嫩菠菜250克,油炸馒头片20片,鱼骨汤1 000克。

工艺流程:

清理 → 取料 → 组配 → 滑炒 → 装盘 → 上席
组配 → 煮鱼汤 → 装锅仔 → 上席
菠菜、炸馒片 → 上席

工艺要点:

(1) 清理:将鱼鳞、鳃去尽,由脊背剖开,起出鱼肉而使鱼骨、皮、肠相连不断,称为盔甲。

(2) 取料:①将鱼盔甲洗净,将鱼肉顶纹批成玉兰薄片,漂水待用。②将笋片切成笋尖片,火腿切成菱形片,葱白批成雀舌葱片。

(3) 组配:①将鱼片滤干水上蛋清浆,配笋片火腿片,雀舌葱片,组配为滑炒鱼片。②将鱼盔甲冲洗干净,配上木耳、笋片,为煮汤之用,嫩菠菜与油炸馒片各盛盘子作为最后烫食之用。

(4) 制熟:①将鱼盔甲用沸水略烫,加姜葱酒,火腿片20克,绍酒5克,鱼骨汤1 000克,猪油50克沸煮至20分钟至汤乳白,下菜心与木耳,调味定味,装入砂锅锅仔。②将鱼片入120℃油中滑油,然后炒熟,装盘,事先在盘底置2克香醋,将炒好的鱼片盛在醋上。

(5) 成菜:将炒熟的鱼片、鱼汤(带酒精炉)与菠菜一盘,炸馒片一盘,一同

上桌。

风味特色：

一菜两吃，鱼片嫩脆鲜白，鲜汤醇美。

思考题：

1. 黑鱼片与草鱼片在组织结构与刀工处理方面有何区别？

2. 本菜来自传统，但在传统上又作了哪些补充？为什么要作这种补充？

2.55 小笼原蒸鳖

烹调方法：干蒸

主题味型：咸鲜酱香

原料：甲鱼1只（750克），瘦猪肉150克，鸽蛋10只，鸡蛋1只，普宁豆酱20克，咸雪菜汁10克，绍酒5克，大红浙醋5克，白胡椒10克，绵白糖5克，芝麻油10克，蒜子5瓣，姜1块，葱50克，味精3克，鲜荷叶1张，西兰花150克，锡纸1.5平方尺。

工艺流程：

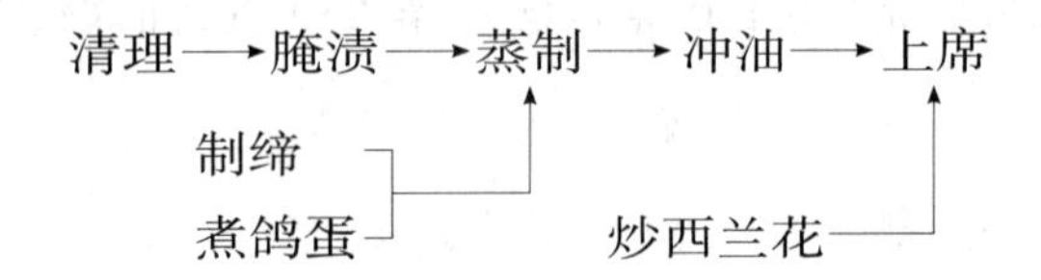

工艺要点：

（1）清理：①将甲鱼宰杀，烫刮去膜，去内脏及腹中油脂。②将鸽蛋小火煮熟，冷激去壳。③将西兰花切成小朵洗净，荷叶烫洗干净。

（2）腌渍：①将甲鱼上盖卸下，甲鱼身座分割成九块。用普宁豆酱、胡椒、咸雪菜汁、绍酒、白糖、味精、芝麻油、大红浙醋、葱段、姜片、蒜茸拌匀腌渍10分钟。②将猪瘦肉粉碎成茸，加鸡蛋、姜、葱、酒、盐、味精混合搅拌成缔。

（3）蒸制：取20厘米圆笼1只，在笼下蒙锡纸，再铺上荷叶，将甲鱼按原形摆在荷叶正中，周围挤10只肉圆，再将鸽蛋压在肉圆上面，上中火蒸30分钟至甲鱼肉软烂时取下。

（4）冲油：用清油50克烧热，将蒜茸、葱末略煸起香，即匀浇在笼中甲鱼之上。将西兰花另炒入味点缀。

（5）上席：将小笼摆在垫盘中原笼上席。

风味特色：

甲鱼软糯鲜香，蛋白菜绿，口味别致，内容丰富，原汁原味。

思考题：

1. 甲鱼中的脂肪为什么要去除？

2. 本菜在调味上对传统淮扬菜有哪些突破？在哪些方面又保持了传统？

3. 本菜最为重要的风味是表现的什么？又用了哪些方法烘托出这种效果？

4. 请用本菜方法举一反三。

2.56　塌沙鳜鱼

烹调方法：蒸、炒

主题味型：咸鲜

原料：活鳜鱼1条750克，鲜嫩蚕豆仁250克，鸡蛋清3只，姜、葱各10克，熟咸鸭蛋黄1只，精盐5克，绍酒15克，鸡精2克，水淀粉10克，熟猪油75克。

工艺流程：

清理 → 取料 → 焯洗 → 蒸 → 挂沙 → 装盘

蚕豆预煮 → 塌沙 →（挂沙）；炒蛋清 →（装盘）

工艺要点：

(1) 清理：将鳜鱼去鳞、鳃，破腹去内脏。

(2) 取料：①从前鲹下切下鱼头，由下颌剖开，拍扒。②将鱼身一分为二剖开至尾，尾相连不剖。去椎骨、肋骨，在两片鱼肉面深剞格子花刀，再漂洗，略烫。③将蚕豆去壳煮熟，刀塌城泥状，熟咸蛋黄也塌碎。

(3) 制熟：将鳜鱼装盘，装上鱼头，加盐2克、绍酒、鸡汤20克、味精、姜葱，旺火蒸5分钟取出滤出汤水，拣去姜葱。旺火热锅，下猪油50克及蒸咸蛋黄泥，鱼原汤，盐2克将豆泥炒成沙，勾薄芡，打匀出锅浇在鱼身上，再将蛋清调以清汤2匙，盐及味精各1克，用25克猪油，温火炒凝固成花出锅浇在豆沙上即成。

风味特色：

鱼肉洁白鲜嫩，豆沙香滑碧绿。

思考题：

1. 将鱼肉漂洗略烫的目的是什么？

2. 依据蛋、豆沙的风味特点，还可使用什么原料制成相近风味的菜？

2.57　荷包鲫鱼

烹调方法：煎烧

主题味型：咸甜

原料：活鲫鱼2条750克，猪瘦肉200克，鸡蛋1只，熟冬笋100克，猪板油丁50克，熟猪油50克，陈醋3克，精炼油50克，绍酒30克，老蔡酱油50克，精盐2克，绵白糖15克，姜片20克，葱段100克，姜葱末5克。

工艺流程：

清理 → 填馅 → 预煎 → 烧制 → 装盘

（制馅 → 填馅）

工艺要点：

（1）清理：将鲫鱼去鳞、鳃，由脊背两侧进刀去掉脊椎骨及内脏，漂洗干净。

（2）填馅：①猪瘦肉与冬笋 50 克切成米粒茸，加鸡蛋、盐、味精、姜葱末、绍酒 5 克、芝麻油 5 克混合搅拌成馅。②将肉馅填入鱼腹及鳃盖几处，在鱼尾前浅剞十字花刀。③将冬笋尖切成 5 厘米×2 厘米长片，葱 100 克切成 8 厘米长段待用。

（3）煎烧：①用酱油在鱼身遍抹上色，晾 10 分钟。将鱼投入煎锅用 100 克清油煎至两面金黄时捞出。②将炒锅上火，下板油丁，姜、葱 5 克，煸炒出香，投入荷包鲫鱼，加绍酒、猪油、白糖、酱油、白醋 3 克、水，淹平鱼身，大火烧开，中小火焖 25 分钟，再旺火烧至收汤稠黏。

（4）装盘：将荷包鲫鱼肚腹相对盛于盘中，将葱段 75 克平铺在鱼面，另用 50 克精炼油烧至 180℃淋在葱段上即成。

风味特色：

鲫鱼色泽金红，形似古仕女荷包，口味咸甜鲜香，葱香浓郁。

思考题：

1. 用中、小火焖烧的作用是什么？能否用旺火速成之法加热此菜？
2. 此菜内填肉馅，在风味上有什么风味增补现象？
3. 在烧鱼中加以板油丁有什么作用？

2.58 酒酿清蒸白鱼[①]

烹调方法：清蒸

主题味型：咸鲜中有酒酿香甜

原料：活养白丝鱼 1 条 1 000 克，酒酿 50 克，黄酒 10 克，网油 1 张，精盐 5 克，味精 3 克，姜葱汁 10 克，葱 3 根，姜 3 片，鲜荷叶 1 张，清油 50 克。

工艺流程：

清理 → 腌渍 → 蒸制 → 装盘

（铺网油、荷叶 → 蒸制）

① 酒酿蒸菜为东南通菜，无论浙、苏、皖、沪，乃至于鄂、闽、赣都有酒酿蒸菜，如“酒酿鸭”“酒酿鱼”“酒酿虾”乃至于“酒酿笋”之类的古典式名菜，尤其吴越之地，此菜通行古今。

工艺要点：

（1）清理：①将白鱼去鳞、鳃及内脏，修齐鳍。由一侧沿脊椎骨平批开至鳍部直刀切下。使鱼成头尾相对的扇面刀形。②将网油用黄酒、花椒水漂去异味晾干。

（2）腌渍：用黄酒、味精 2 克，盐 3 克与姜葱汁遍擦鱼身，静置 10 分钟，将葱一根切成末待用。

（3）蒸制：①将荷叶切分两片，修长方形，一片垫于盘中，上置白鱼。②将酒酿铺于鱼身，上置葱 2 根，姜 3 片，蒙网油，再将另一片荷叶盖在鱼身，用猛火蒸 15 分钟至熟。

（4）装盘：①将鱼盘取出，揭去上盖荷叶、网油与姜葱。②起小油锅用 10 克鸡油将葱末冲油浇在鱼上即成。

风味特色：

清香典雅、清爽，酒酿香甜与白鱼的鲜美细嫩形成绝佳的组合。

思考题：

1. 蒸前为什么要先将白鱼腌渍一下？
2. 如果蒸时过长，会出现什么状况？
3. 用荷叶、网油覆盖具有什么好处？

2.59 拆烩鲢鱼头

烹调方法：烩

主题味型：咸鲜

原料：花鲢鱼头 1 只 2 000 克，青菜心 10 颗，水发香菇 50 克，熟冬笋片 75 克，精盐 4 克，虾籽 3 克，绵白糖 2 克，绍酒 50 克，姜、葱各 30 克，熟火腿 4 片，味精 3 克，鸡清汤 400 克，熟猪油 500 克（耗 150 克），白胡椒粉 2 克，湿淀粉 20 克。

工艺流程：

清理 ⟶ 焯水 ⟶ 出骨 ⟶ 烩制 ⟶ 装盘
（菜心焐油 ⟶ 出骨；鱼骨熬汤 ⟶ 烩制）

工艺要点：

（1）清理：将鱼头去鳞、鳃，从二分之一处劈开，洗去血水黏液。

（2）焯水：用大锅烧水，加姜 10 克，葱 10 克，绍酒 20 克，放入鱼头，烧沸去浮沫，改用小火炆 10 分钟至能抽出骨片时捞出浸入凉水中。

（3）出骨：采用抽的方法，轻拆去鱼头骨、胸鳍骨、鳃盖骨、下颌骨、椎骨和肋骨，将无骨鱼头按原形皮向上托入细孔竹箅上。

（4）烩制：①将菜心用猪油烧至 90℃焐熟。②将鱼骨入 180℃油中拉油半分

钟捞起，用鸡汤将骨头沸煮成鱼骨奶汤。③炒锅上火，加猪油 50 克，将姜葱虾籽煸香，下奶汤、香菇、菜心、笋片及竹篓鱼头，旺火烧至汤汁稠厚，调以黄酒、胡椒、精盐、白糖、味精定味。

（5）装盘：将竹箅鱼头提出，用香菇、笋片、火腿片在鱼面摆出花形图案，扣入大碗中定型，再将鱼头覆入大汤盘中，用青菜心围边，浇上原汤即成。

风味特色：

鱼头嫩滑无骨，汤浓鲜醇肥美。

思考题：

1. 拆烩鲢鱼头的成菜方法采用的是“平中见奇”的方法，请问奇在哪里？
2. 拆鱼头骨的关键应怎样掌握？
3. 以汤提汤、原汤烩菜所表现的风味本质是什么？

2.60 八宝鳜鱼

烹调方法：蒸

主题味型：咸鲜本味

原料：鳜鱼 1 条 1 000 克，熟笋丁 25 克，熟鸡肫丁 25 克，水发香菇丁 25 克，熟火腿丁 25 克，熟鸡丁 25 克，青豆 25 克，水发干贝 25 克，虾仁 25 克，虾籽 2 克，猪网油 50 克，鸡清汤 250 克，绍酒 40 克，湿淀粉 5 克，精盐 4 克，姜片 20 克，葱 20 克。

工艺流程：

清理 → 剞花 → 填馅 → 蒸制 → 装盘
制馅 → 填馅；备姜醋 → 装盘

工艺要点：

（1）清理：①将鳜鱼去鳞、鳃，由鳃口出内脏，入沸水略烫，提出刮洗去黑膜。②将网油用黄酒、花椒水漂去异味，晾干。

（2）制坯：①将鳜鱼脊背两侧深剞十字花纹。②将笋丁、冬菇丁、鸡肫丁、火腿丁、熟鸡丁、青豆、干贝、虾仁、虾籽下炒锅煸炒，加入绍酒、精盐、鸡汤烧入味，成为馅心。③将馅心从鱼鳃口填入鱼腹，即成八宝鱼生坯。

（3）蒸制：将八宝鳜鱼生坯放入汤盘中，放姜、葱、虾籽、绍酒、鸡汤 150 克，蒙上网油，用猛火蒸 15 分钟取出，去网油及姜、葱。

（4）装盘：将蒸好的八宝鳜鱼换置新盘中，带姜丝、醋碟一同上席。

风味特色：

鱼肉细嫩，馅心鲜香，色泽纯净。

思考题：

1. 烫刮鱼身的作用是什么？

2. 蒸时在鱼身上覆盖猪网油起到了什么效果？

2.61 胡萝卜鱼

烹调方法：脆炸

主题味型：咸鲜香

原料：草鱼中段鱼肉300克，鲜河虾仁75克，鲜笋50克，熟火腿50克，水发香菇25克，鸡蛋2只，细面包糠75克，面粉50克，味精2克，葱椒浆50克，沙司50克，白醋5克，白糖15克，熟胡萝卜泥25克，精盐4克，绍酒5克，葱姜汁25克，水淀粉10克，芝麻油5克，香菜10根。

工艺流程：

鱼肉批片 ⟶ 上浆 ⟶ 包馅 ⟶ 挂糊 ⟶ 沾面包糠 ⟶ 炸制 ⟶ 装盘

（制馅 → 包馅；调糊 → 挂糊；调味碟 → 装盘）

工艺要点：

（1）下料：①将鱼肉平批修裁成10厘米长，上宽1.5厘米，下宽4.5厘米的梯形片10张。②将虾仁粉碎成茸，将香菇挤干与笋子、火腿皆切成米粒状，与虾茸一道，加绍酒、葱、姜汁、盐、味精混合搅拌成馅。

（2）制坯：将葱椒浆匀抹在鱼片一面，包入馅心成锥形卷筒。用鸡蛋面粉少量调成蛋糊，均匀裹附在鱼卷筒上，最后滚贴上面包糠。

（3）炸制：将生坯立即投入180℃油中炸至结壳定型捞起，稍醒，并用竹签在每个鱼坯上签数个小眼，再入200℃油中复炸至金黄捞起。

（4）装盘：用番茄沙司50克，熟胡萝卜泥25克，油50克略炒，加糖、盐1克，白醋，水20克，水淀粉炒成萝卜鱼蘸食沙司酱油，盛入小萝卜盅内，置于盘中，另将炸好的萝卜鱼每只大头处插上一根香菜，围上即成。

风味特色：

形似胡萝卜，脆嫩鲜香，蘸食沙司其味更佳。

思考题：

1. 以此菜为例，谈谈你对艺术性与食用性统一的认识。

2. 怎样才能做到萝卜鱼卷筒的自然性和完整性？

2.62 乌鳢荔枝

烹调方法：烧

主题味型：甜酸荔枝

原料：活黑鱼2条1 500克，鲜荔枝20颗，荔枝酱50克，白醋20克，熟猪油50

克，青蒜丝10克，精盐6克，绵白糖50克，糖色25克，红酱油30克，葱结10克，姜10克。

工艺流程：

清理⟶剞刀⟶作色⟶预炸⟶烧制⟶装盘

工艺要点：

(1) 清理：将黑鱼去鳞、内脏、鳃等，洗净，其中1条取脐门以下尾巴，批去中间脊骨，使之能直立。

(2) 剞刀：将其余黑鱼剖开去脊骨、胸骨，深剞荔枝花刀，改刀成刀长4厘米的三角形。将鱼块与糖色拌匀，晾干。

(3) 预炸：将上了糖色的鱼块入200℃油中迅速炸至卷状如荔枝，色泽金黄捞出，鱼尾拍粉亦炸黄作直立状。

(4) 烧制：将姜、葱煸香，下入荔枝鱼球，加酱油、白醋、糖、精盐、绍酒和水500克烧沸，10分钟至汤汁稠黏，加荔枝酱再调匀加热1分钟。

(5) 装盘：将鱼尾置盘中，荔枝鱼球围四周，鲜荔枝顶部剖十字，将皮半翻开，再围于鱼球外圈，点缀上青蒜细丝即成。

风味特色：

形味皆似荔枝，甜酸香鲜适口，色彩艳丽，趣味悠然。

思考题：

1. 果味做菜的基本原则是什么？
2. 在色彩、造型、口味方面对传统荔枝鱼做了哪些变化？
3. 此菜突出表现了黑鱼肉的哪一种优质特性？

2.63 芙蓉鱼片

烹调方法：软炒

主题味型：咸鲜

原料：净白鱼肉150克，鸡蛋清6只，熟火腿末10克，水发冬菇10克，豌豆苗25克，精盐4克，鸡精2克，水淀粉10克，广东米酒15克，葱姜汁10克，鸡清汤100克，精炼油1 000克(实耗70克)。

工艺流程：

鱼肉漂白⟶粉碎⟶制缔⟶组配⟶炒制⟶装盘

工艺要点：

(1) 漂白：将鱼肉拍打至松，或从整条鱼上刮出鱼茸，包入纱布用多量清水浸漂至极白。

(2) 制缔:用50克鸡清汤、盐3克、精炼油50克、葱姜汁10克、米酒5克、鸡精2克与鱼肉一同粉碎搅打至稠黏如膏脂时提出,加蛋清三只继续搅拌,另三只蛋清抽发逐渐加入拌匀即成芙蓉鱼缔。

(3) 组配:①将鱼缔放入5℃冷柜静置半小时。②将水发香菇批成大片,豌豆苗摘嫩头作为配菜。

(4) 炒制:①油温在90～95℃时用手勺将鱼缔剜成柳叶状片,逐片放入。油温一直保持在100℃以下状况待鱼片凝固见白时沥去油。②起小油锅将辅料略煸炒,下清汤50克、盐0.5克、鸡精1克、水淀粉2克,同时下鱼片轻轻翻匀即可装盘,撒上火腿末即成。

风味特色:

鱼片雪白光滑,鲜软嫩爽。

思考题:

1. 制鱼缔时传统用刀刮剁,现代用粉碎机粉碎,两者在质量上有何差异?

2. 制缔时,如水多或盐多,或用黄酒或发蛋过多,或油温过高会分别出现什么状况?

3. 传统用生(熟)猪肥膘,现代用调和油,且在量上现代也有所增加,比较一下,两者在风味上有何区别?

2.64 鞭炮鱼卷

烹调方法:滑熘

主题味型:咸甜酸微辣

原料:鲈鱼1条1 000克,酱瓜姜20克,红大椒1只,熟火腿50克,熟鸡丝50克,鸡蛋清3只,白醋15克,精盐3克,绵白糖50克,红油10克,绍酒15克,干淀粉50克,湿淀粉15克,黄蛋皮丝50克,芝麻油10克,精炼油500克(耗100克)。

工艺流程:

清理→取料→上浆→制坯→熘制→装盘

切三丝馅→制坯;鱼尾过油→装盘

工艺要点:

(1) 清理:将鲈鱼去鳞、鳍、鳃,切去鱼头,洗净。

(2) 取料:①将鱼尾从脐门以下切下,批两半,去尾椎骨,使鱼尾能够站住。②将鱼段去脊骨与肋骨成两大片肉段,用斜刀法批出20片夹刀薄片。漂去血水,吸干水分,上蛋清三粉浆。

(3) 制坯:①将酱瓜、姜、火腿均切成丝与鸡丝整理齐成为三丝。将三丝卷裹在鱼片内成直径1.5厘米、长4厘米的卷筒20只,修齐两端。②将红椒切成0.2

厘米粗、5.5 厘米长的细条，分插入鱼卷中，露出 1.5 厘米的头。将多余的蛋清浆再分别灌入鱼卷露出红椒条的一端，排入抹油的盘中。

(4) 熘制：①将鱼尾站立炸至定型，置于 14 寸长盘一端，用黄皮丝理顺沿盘中摆出绳状。②将鱼卷脱入 120～140℃ 油中汆熟捞起，沿蛋皮丝两侧呈下垂状排条，像鞭炮状。③起小油锅，下水 50 克、酒 15 克、白醋 15 克、盐 1 克、白糖 50 克、红油 10 克、芝麻油 20 克、湿淀粉 15 克打出小糖醋滋汁，浇在鞭炮鱼卷上即成。

风味特色：

细嫩鲜香，酸甜微辣，爽口有味。

形似鞭炮，意趣绵长。

思考题：

1. 此菜与传统三丝鱼卷相比具有几方面变化？
2. 灌浆的作用是什么？
3. 油温倘若过高与过低会出现什么状况？最佳过油温度是多少？

2.65　香糟黑鱼片

烹调方法：滑炒

主题味型：咸甜糟香

原料：活黑鱼 1 条 750 克，南荠 50 克，红甜椒 1 只，葱白段 2 根，香糟 50 克，精盐 4 克，绵白糖 3 克，鸡蛋清 1 只，湿淀粉 35 克，绍酒 50 克，鸡精 2 克，熟鸡油 10 克，精炼油 500 克(耗 50 克)，嫩黄瓜 1 根。

工艺流程：

黑鱼活杀 → 去骨取肉 → 批片 → 上浆 → 组配 → 炒制 → 装盘

南荠、甜椒、葱白切片 → 组配

工艺要点：

(1) 清理：将黑鱼去鳞、鳍、鳃及内脏，洗净，切下头尾。

(2) 取料：①将鱼头、尾加味蒸熟待用。②将鱼段去脊、肋骨，斜刀批夹刀片，漂白。

(3) 组配：①将鱼片上蛋清浆。②红椒切菱形片，南荠切厚片，葱白切细段构成辅料。③将黄瓜切佛手段作为围料。

(4) 炒制：①将鱼片入 140℃ 油中滑油至熟，提出沥油。②将辅料略煸炒，下鱼片同时烹下用香糟、黄酒、精盐、鸡精、白糖、湿淀粉混合而成的兑汁芡，小翻锅使之包芡，淋 10 克熟鸡油起锅装盘，摆鱼头、尾于两端，围黄瓜于两侧即成。

风味特色：

鱼片翻曲如花，色泽洁白，鲜细嫩脆。

糟香幽雅，口味咸鲜微甜。

思考题：

1. 用糟调味是淮扬一大特点，请你设计三种糟炒菜肴。
2. 要使黑鱼片炒出来洁白而嫩中有脆，关键要做到哪几点？
3. 请参阅传统名菜“糟熘鱼片”，说出两菜的异同。

2.66 生炒鲫鱼

烹调方法：滑炒

主题味型：咸鲜微糊辣

原料：活鲫鱼2条(600克)，鲜银杏仁15颗，红椒1只，鸡蛋清1只，湿淀粉50克，啤酒50克，白醋2克，白胡椒5克，西兰花150克。

工艺流程：

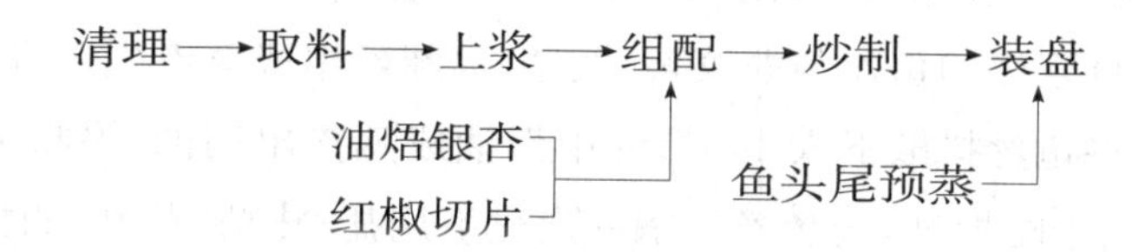

工艺要点：

(1) 清理：将鲫鱼去鳞、鳍、鳃及内脏，刮去腹膜洗净。

(2) 取料：①从一条鱼胸脐以下切下鱼头，脐门以上切下鱼尾，去椎骨使鱼尾能够站立。另一条鱼头尾不用。②将鱼脊骨去掉，两条鱼肉切成2厘米菱形块，红椒切成菱形片，西兰花切成小朵状。

(3) 组配：将鲫鱼块上蛋粉浆与15颗银杏、15片红椒组成生坯待炒。

(4) 炒制：①将头尾预蒸或烫熟置长盘两端。②将西兰花焯水炒入味围于盘周。③将鱼块、红椒、银杏同入140℃油中滑油透捞起。将鱼块等下小油锅，同时烹下用盐、白醋、胡椒、黄酒、芝麻油、湿淀粉勾兑的兑汁芡，迅速加热勾包芡起锅，盛于盘中西兰花之间即成。

风味特色：

鲫鱼肉块细嫩如腐，鲜香滑爽，造型美观。

思考题：

1. 生炒鲫鱼为什么要切成菱形块而不是批成片？
2. 在调味上为什么要加重胡椒的使用？
3. 鲫鱼肉易碎，因此在加热时要注意三个什么问题？

2.67 金腿银带

烹调方法：滑炒

主题味型：咸鲜香

原料：鲜带鱼 1 000 克(宽 6 厘米以上)，精熟火腿 50 克，嫩韭苔 50 克，大淡菜 50 克，黄酒 50 克，精盐 4 克，鸡蛋清 1 只，湿淀粉 50 克，白胡椒 10 克，嫩姜 50 克，白醋 5 克，味精 5 克，精炼油 500 克(耗 100 克)。

工艺流程：

清理 ⟶ 取料 ⟶ 上浆 ⟶ 组配 ⟶ 炒制 ⟶ 装盘

工艺要点：

(1) 清理：①将带鱼头尾剁去，破腹去肠，刮洗干净。②淡菜发透剔洗干净。③韭苔摘去老根，花头洗净。

(2) 取料：①带鱼批开去其椎骨，切成 8 厘米肉段。厚的再批一刀，薄者不批，顺丝切成 0.3 厘米直径的长丝。漂清，吸干水分，上蛋清淀粉厚浆，再拌入 10 克清油。②将韭苔切成 4 厘米段，火腿与生姜亦切成细丝。

(3) 组配：将浆好的鱼丝与韭菜苔、淡菜、火腿丝组成菜肴生坯待炒。

(4) 炒制：将鱼丝抖散下入 140℃油中滑油成熟捞出沥油，另将姜丝、淡菜、火腿丝先入小炒锅中略煸炒，与鱼丝下锅一道烹下用盐、味精、黄酒、胡椒、白醋、湿淀粉勾兑的兑汁芡汁，颠翻均匀即成。

风味特色：

带鱼丝细嫩松润，构思新颖，口味鲜醇，香味浓郁，特别是本味复杂，火腿、韭苔、淡菜、姜丝与带鱼丝风味合构成天然绝唱。

思考题：

1. 带鱼一般用于蒸、炸、煎、烧、卤，而用来作脍，实属鲜见，这里突出表现了带鱼肉质的哪种优质风味?

2. 这里淡菜、韭苔、姜丝、火腿在本味上起了什么辅佐作用?

3. 为什么切带鱼丝要比一般鱼丝要稍长稍粗一些?

2.68 酿宝鳜鱼盒

烹调方法：煎烹

主题味型：咸鲜微甜

原料：鲜鳜鱼 1 条 1 000 克，水发薏仁 25 克，熟红腰豆 25 克，桃仁 25 克，熟火腿 25 克，水发大西米 25 克，芦笋 1 棵，熟青豆 25 克，鲜河虾仁 50 克，鸡蛋清 2 只，精盐 3 克，味精 2 克，姜葱末各 10 克，绍酒 5 克，白醋 2 克，卡夫酱 100 克，干淀粉 200 克(耗 100 克)，精炼油 100 克(耗 50 克)，花椒盐 2 克，麦其林 25 克，香菜 20 克，花纸托 12 只。

工艺流程:

清理 ⟶ 取料 ⟶ 敲皮 ⟶ 制坯 ⟶ 煎制 ⟶ 烹汁 ⟶ 装盘
（制馅 ⟶ 制坯；调汁 ⟶ 烹汁；炸头尾 ⟶ 装盘）

工艺要点:

(1) 清理:鳜鱼的清理之法同"生炒鲫鱼"。

(2) 取料:切下鱼头尾之法亦同上,用花椒盐、绍酒腌渍 10 分钟,拍干淀粉预炸定型待用,去椎骨、肋骨,取鱼肉 400 克漂洗干净,匀切 24 等份块。

(3) 敲皮:将鱼肉块拌入干淀粉,用筒槌敲成 12 张直径 8 厘米薄皮,皮厚不超过 0.1 厘米。

(4) 制馅:①将虾仁、芦笋、薏仁、青豆、西米、腰豆皆焯水洗净。②将芦笋、虾仁、火腿均切成西米大小丁并与腰豆、青豆、西米、薏仁合并,加姜葱末、卡夫酱、白醋、盐、味精混合搅拌成馅心。

(5) 制坯:取 12 张鱼皮上抹蛋清淀粉浆,将馅心匀分在 12 张皮中,上复鱼皮,用点心酥盒推捏成型手法绞边成盒,上再刷蛋清,贴一支香菜叶即成鱼盒生坯。

(6) 煎制:用蛋清淀粉调浆放在盘中,使每只鱼盒底部都被沾上。将平底煎锅上火烧热,布 100 克精炼油,将鱼盒排入锅中加热煎制至底部脆黄,烹下用麦其林、胡椒、盐、味精、黄酒调的味汁,加盖旋锅,收干。

(7) 装盘:①将鱼头、尾炸脆置盘两端。②将煎烹成熟的鱼盒放在花纸托上,整齐排入盘中即成。

风味特色:

下脆上嫩,馅心别致,形式美观。此法做菜,鲜香爽口。

思考题:

1. 此菜借用了些什么方法,使整体风味具有令人耳目一新的感觉?
2. 在鱼皮与鱼盒上刷蛋清的作用是什么?
3. 通过此菜谈谈你对传统菜式的认识。

2.69 虎痴鱼双味[①]

烹调方法:滑炒、清炸

主题味型:咸鲜香

原料:虎头鲨鱼 10 厘米约 20 条,葱白段 20 克,熟火腿 10 克,水发木耳 10 克,笋片 1 克,鸡蛋清 1 只,干淀粉 25 克,花椒盐 4 克,味精 3 克,精盐 4 克,绍酒 20 克,

---

① 虎痴:又叫虎头鲨、塘里鱼,是淮扬区域名鱼之一。巨口,细鳞,身短而粗,肉质细嫩,一般以 500 克/6~8 条为好,做法多样,皆是上品风味,名菜还有"鲨鱼菜苔""糟熘塘里""藕片氽鲨鱼片"等。

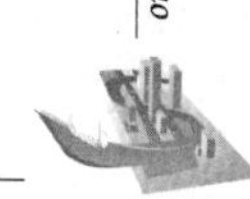

香菜 5 克，湿淀粉 5 克，芝麻油 10 克，精炼油 750 克（实耗 175 克）。

工艺流程：

① 清理 → 腌渍 → 扑粉 → 清炸 → 围边 ←
② 清理 → 批片 → 上浆 → 组配 → 滑炒 → 装盘

工艺要点：

（1）清理：虎头鲨去鳞鳃洗净，取 10 条由两侧批开去骨取片，另 10 条由脊背剖开，沿脊骨排两刀宰断脊骨，洗净。

（2）作衣：将批成的鲨鱼片漂白滤干上蛋清浆。将脊开的鲨鱼用姜、葱、酒、盐腌渍 10 分钟，滤干拍干淀粉，再由肚档割 2 厘米刀口，将鲨鱼头部由刀口穿过翻卷。

（3）制熟：将翻卷的鲨鱼投入 200℃油中炸 1 分钟至外脆里嫩捞出，撒上花椒盐，同时把浆好的鱼片配以葱白段、火腿片、木耳与笋片滑炒成熟。

（4）装盘：将滑炒鱼片装在盘中，将清炸椒盐鲨鱼围于一周，间隔点缀以香菜即成。

风味特色：

一菜双味，炒炸结合，鱼片鲜嫩细腻。

炸鱼香松脆嫩，形象生动，造型大方。

思考题：

1. 一菜双味除了上述用同一原料外，还有一些什么形式？
2. 请简述清炸与脆炸的区别。
3. 鲨鱼片的厚度能与黑鱼片的厚度相同吗？为什么？

2.70 叉烤鳜鱼

烹调方法：网烤

主题味型：咸香

原料：活鳜鱼 1 条 750 克，猪网油 300 克，猪肉丝 75 克，京冬菜 50 克，鸡蛋 2 只，姜葱丝 20 克，葱椒盐 8 克，干淀粉 40 克，绍酒 15 克，酱油 50 克，精盐 5 克，绵白糖 5 克，味精 3 克，葱白段 4 根，姜 4 片，精炼油 25 克，芝麻油 25 克。

工艺流程：

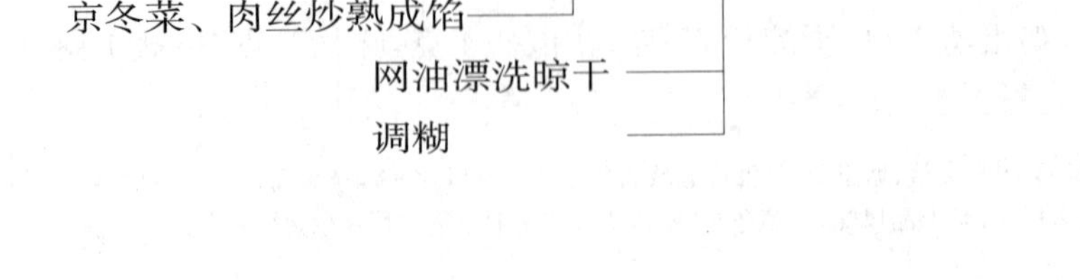

清理 → 鳜鱼剞刀 → 腌渍 → 填料 → 上网 → 烤制 → 成菜

京冬菜、肉丝炒熟成馅 → 填料

网油漂洗晾干 → 上网

调糊 → 上网

工艺要点：

(1) 清理：将鳜鱼去鳞、鳍、鳃，洗净，用 2 只竹筷从鳃口插入鱼肚卷出内脏再清洗干净，两面深剞十字花刀。将猪网油用花椒黄酒水浸洗晾干。

(2) 填料：用葱 2 根、姜数片、绍酒 10 克、精盐、酱油将鳜鱼腌渍 20 分钟，同时将肉丝、京冬菜加酱油、糖、绍酒、味精、芝麻油 10 克调味炒制成馅。再填入腌渍的鳜鱼腹中。

(3) 上网烤制：用鸡蛋加干淀粉、花椒盐 4 克调成厚浆，匀涂在网油上，再将鳜鱼包裹起来，用浆封贴接口，取铁丝网络 1 只，内垫葱数段，姜数片，将鳜鱼卷包夹在网络里，上烤盘入烤箱用 220℃烤 45 分钟至外表金黄色时取出。

(4) 成菜：将鳜鱼去网络置盘中，上桌时用刀顺长划一刀，割破肚腹，使之露肉馅，撒 2 克椒盐，淋 15 克芝麻油即可。

风味特色：

干香鲜嫩，色呈金黄，内馅丰腴。

思考题：

1. 在鱼外卷上涂上蛋湖的网油的作用是什么？

2. 此菜亦可上叉明炉烤制，与哪两道烤菜合称“淮扬三叉”？

2.71 醋熘鳜鱼

烹调方法：脆熘

主题味型：酸甜糖醋

原料：鲜鳜鱼 1 000 克(1 条)，韭黄 25 克，葱、姜、蒜末各 10 克，蛋清 1 只，精盐 3 克，酱油 10 克，绵白糖 150 克，陈醋 150 克，湿淀粉 600 克(耗 100 克)，绍酒 50 克，精炼油 2 000 克(实耗 200 克)，芝麻油 40 克，干淀粉 15 克，空心饽饽 10 只(25 克/只)。

工艺流程：

清理 → 剞刀 → 挂糊 → 初炸 → 浸炸
调糊 → 挂糊

→ 复炸 → 装盘 → 跑滋 → 上席
熬滋 → 穿滋 → 跑滋
蒸饽饽 → 上席

工艺要点：

(1) 清理与剞刀：将鳜鱼去鳞、鳍，由鳃口卷出内脏，洗净。两侧深剞牡丹花刀，再用刀板重拍鱼身，使之疏松。

(2) 挂糊：将湿淀粉抓开，加蛋清 1 只，再抓至黏滑即为淀粉脆糊，用干洁布将鱼身水分吸干，撒 25 克干淀粉于鱼身。执鱼尾，由后向前将鱼身挂满脆糊，抖开鱼

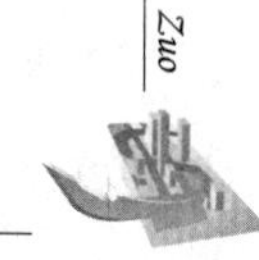

身花瓣。

(3) 预炸：抖开鱼身花瓣迅速投入200℃油中炸5秒钟再提起鱼尾抖动鱼身，如此反复2～3次使鱼身花瓣充分张开，炸起脆壳。将油锅离火浸炸鳜鱼5分钟，其间用竹签频戳鱼身，使之炸透浸透捞出。再将油锅提温至210℃左右，将鱼骨炸酥炸脆。

(4) 熘制：在浸炸鳜鱼的同时，另起小油锅熬制熘鱼糖醋滋。将姜、葱、蒜煸香，下水150克，黄酒50克，白糖，酱油，醋100克，烧沸勾糊芡。用中火边熬边穿入烈油150克，麻油40克和韭菜黄小段，使滋芡呈喧沸状即是糖醋滋汁，将复炸酥脆的鳜鱼装盘，用洁布捏松鱼身。同时将糖醋滋汁迅速穿入另一只烧至近红的炒锅，使之极度沸腾，并迅速浇在鱼身上，围上饽饽即成。

风味特色：

鱼色金黄，外酥脆而里鲜嫩。酸甜爽口，香气四溢。

思考题：

1. 由此菜可看到淮扬熘鱼的哪些显著特点？
2. 什么是"活滋"？"活滋"是通过怎样加工形成的？
3. 甜酸味型就是甜和酸味的相加，这样解释对吗？

2.72 酥㸆鲫鱼

烹调方法：㸆

主题味型：咸甜酸

原料：活鲫鱼750克(8厘米/条)，酱瓜50克，酱生姜25克，干红椒丝15克，红酱油50克，绵白糖50克，陈醋25克，芝麻油200，绍酒200克，色拉油18克(耗100克)。

工艺流程：

清理→刀工处理→炸鱼→叠鱼→加热→装盘

工艺要点：

(1) 将鱼清理后由脊部处剖开。

(2) 炸鱼油温200～210℃，炸至鱼骨起酥脆。

(3) 将鱼加热时要头外背上叠平，瓜、姜、椒、葱丝分置鱼上下各半，下垫竹箅。

(4) 调味：酱油、醋、酒、糖、麻油、水一次性调足。

(5) 中火烧沸：保持微火慢慢将汤卤收稠一般需2小时左右。

(6) 装盘：将卤汁收稠后，取去竹篓，将鱼脊朝上原形脱入盘中，浇上原汁即可。

风味特色：

色泽金红，香酥鲜浓，有悠然的酱瓜、姜之香、咸甜酸辣之味。

思考题：

1. 为什么要从鲫鱼脊部剖开？

2. 通过本菜你认识到爆法关键吗？

2.73 醉蟹

烹调方法：生醉

主题味型：咸鲜酒香

原料：活湖蟹 2 500 克，冰糖 100 克，花椒 50 克，姜块 50 克，花椒盐 75 克，精盐 250 克。

工艺流程：

选蟹→浸洗→沥水→制卤→醉蟹→腌渍→封坛

工艺要点：

(1) 选蟹以每 500 克 5 只为宜，一般 10～11 月的为上品。

(2) 浸洗：将活蟹在清水中养数小时吐净体内污物，再用软刷刷洗干净，装入蒲包，上压重物沥水。

(3) 制卤：1 500 毫升开水将精盐、花椒、姜、葱调成腌卤烧沸冷却拣去姜葱沉淀。

(4) 醉蟹：将曲酒注入小口深坛内，放入活蟹使其饮醉，再逐一取出，掰开蟹脐盖，放入花椒盐 5 克，再将蟹脐盖合起，外用小爪尖插起。

(5) 将醉蟹整齐压入小口坛中，注入腌卤，放入冰糖，坛口用荷口封口，外复酒黄泥，静置 18～20 天即成醉蟹。

风味特色：

酒香味醇，蟹黄甘鲜细腻，其肉质滑软如胶冻。

思考题：

1. 醉蟹最重要的关键工艺是什么？

2. 腌渍后醉蟹的肉质为什么如胶体？

2.74 炝虎尾

烹调方法：熟炝

主题味型：咸鲜胡辣

原料：熟划鳝鱼背尾部段 400 克，绍酒 25 克，清鸡汤 150 克，酱油 35 克，芝麻油 40 克，姜片 15 克，蒜泥 5 克，香醋 5 克，胡椒粉 2 克，熟猪油 50 克。

工艺流程：

焯水⟶扣碗⟶预蒸⟶覆盘⟶炝汁

工艺要点：

(1) 焯水：将鳝鱼背入沸水中焯水，点入盐 2 克、醋 3 克、绍酒 3 克，见沸起锅。

(2) 扣碗：将鳝鱼理齐皮向下扣入扣碗，段长 10 厘米，扣至齐碗口。

(3) 预蒸：将鸡汤、猪油、姜、葱、绍酒加入扣碗中，上笼蒸 8 分钟取下。

(4) 覆盘：将虎尾取下后，拣去姜、葱，滤去汤汁覆在盘内，上置蒜泥，浇上酱油与醋。

(5) 炝汁：将炒锅上火，加蒜油烧热，放入花椒炸香捞出，将热麻油浇在蒜泥上，撒上胡椒粉即可。

风味特色：

鳝背黑亮细嫩，鲜柔润软，蒜香与椒麻之味馨郁。

思考题：

1. 炝虎尾选用什么鳝鱼？在焯水时为什么点入盐、醋、酒？

2. 通过此菜你认为熟炝的要领是什么？熟炝与蒸菜之法相同吗？

2.75 花果黄鱼

烹调方法：脆熘

主题味型：甜酸

原料：鲜黄鱼 1 条 1 000 克，青葡萄 10 粒，姜、葱各 20 克，猕猴桃半只，火龙果 1 只，黄杏 5 只，红提子 10 粒，龙须面 250 克，玫瑰果酱 50 克，番茄酱 50 克，苹果醋 100 克，精盐 3 克，黄酒 10 克，碎冰糖 75 克，干淀粉 200 克，鸡蛋 2 只取清，精炼花生油 3 000 克(耗 300 克)。

工艺流程：

黄鱼剞刀⟶腌渍⟶拍粉⟶炸脆⟶装盘⟶浇汁

炸面条⟶装盘；撒果粒⟶浇汁

工艺要点：

(1) 黄鱼处理：①将黄鱼清理洗净，在两侧剞牡丹花刀，用黄酒、盐 2 克及姜葱腌渍 20 分钟。②将蛋清遍抹全身，再匀拍干淀粉，投入 200℃油中初炸，炸时将鱼身弯曲 90°，炸至定形捞出。

(2) 辅料处理：①将各色水果切成 1.5 厘米相等大小的丁块，待用。②将龙须面旋盘造型入 200℃油中炸至松脆。装入盘中。

(3) 熘制成熟：①将果酱、番茄酱入锅下油炒红，加适量的水、酒、冰糖、盐 1

克、苹果醋、淀粉熬成糊芡滋。②再将黄鱼入200℃油中炸至松脆，装入盘中龙须面上呈尾上翘之状。另用热锅下50克热油穿入熘鱼滋汁使之喧沸迅速浇在鱼及面条上，撒下水果丁即可。

风味特色：

鱼有腾跃状，流汁透明红亮，酸甜适口，果香浓郁，鱼肉外脆里嫩。

思考题：

1. 拍粉前抹蛋液的作用是什么？
2. 水果丁能否下锅在熘菜汁中加热？

2.76 葱油沙光鱼

烹调方法：软熘

主题味型：葱油咸鲜

原料：沙光鱼10条(200克/条)[1]，水发香菇25克，鸡汤250克，笋尖25克，鲜红椒25克，香菜心15克，姜50克，葱50克，精盐3克，味精2克，绍酒10克，葱油30克，白糖2克。

工艺流程：

清理 → 剞花刀 → 焯烫 → 蒸熟 → 浇汁 → 点缀
熬芡汁 → 浇汁

工艺要点：

(1) 清理加工：将沙光鱼去鳞、内脏、鳃，从1/3处切为两段，头部短，尾部长，洗净，将鱼尾段两侧剞十字花刀，用沸水浇烫去黏液再洗净，姜、葱、红椒各30克，切细丝待用。

(2) 蒸熟：将鱼头站立在圆盘中央，将鱼尾围放一周，上置姜片、葱段各10克，黄酒5克蒙膜，用猛火蒸8分钟出笼，滤去盘中汤水。

(3) 熘制：用鸡汤200克，姜、葱、红椒丝、盐、味精、白糖，加热至沸，勾流芡，调入葱油，浇在盘中沙光鱼上，点缀香菜心即成。

风味特色：

鱼肉细腻鲜嫩，风味清鲜，造型美观，葱香清悠。

思考题：

1. 对鱼头鱼尾浇烫时，要注意什么问题？
2. 本菜的熘汁在调制上与花果黄鱼的滋汁有什么区别，这又叫什么芡汁？

---

① 此菜主料的季节性与地域性很强，以秋天为季节，以海州湾产沙光鱼为上佳。

2.77 蝴蝶乌花

烹调方法:油爆

主题味型:咸鲜

原料:鲜乌鱼片400克,嫩黄瓜500克,橘子1只,黄蛋糕200克,白蛋糕200克,鲜红椒50克,嫩莴苣400克,青豆15粒,紫菜肉卷1条,芹菜茎2根,红樱桃2颗,精盐3克,文蛤精粉2克,黄酒5克,白糖5克,白胡椒粉5克,姜、葱蒜末10克,芝麻油10克,鸡汤100克,湿淀粉5克,熟猪油500克(耗50克)。

工艺流程:

剞刀→烫花→油爆→装盘
总汁→烫花
围边点缀→装盘

工艺要点:

(1) 围边点缀造型:①将黄瓜切梳子块,黄白蛋糕与嫩莴苣切鸡心形片,紫菜卷切片,红椒烫熟批薄亦切鸡心形片。②将上述各料摆成蝴蝶形围边,用烫药芹做须,樱桃做眼,橘瓣做月季形。

(2) 预处理:将乌鱼片剞4/5深度的麦穗花纹,改刀成2.5厘米×4.5厘米的条块迅速入沸水余烫,花卷捞起漂于清水之中。青豆亦烫熟浸水待用。

(3) 油爆:①用黄酒、姜、葱、蒜末、盐、文蛤精、白糖、白胡椒、鸡汤、湿淀粉、芝麻油调和成兑汁芡。②将猪油加热至160℃,迅速将乌鱼花及青豆投入急爆捞起,去油。将乌花入锅上火,迅速烹下兑汁芡,翻锅使之紧包时,淋包尾油出锅装入蝴蝶圈中即成。

风味特色:

乌花洁白,透明,花形蓬松好似麦穗,口味淡雅清鲜,触觉脆嫩。

思考题:

1. 怎样能使乌花色泽雪白无瑕?
2. 倘若油爆的油温较低或速度过慢则会出现什么状况?

2.78 香熏银花鱼

烹调方法:熟熏

主题味型:葱椒咸鲜

原料:海银花鱼1条600克(或海鲈鱼),白胡椒5克,葱500克,花椒粉10克,精盐3克,酱油5克,姜10克,美极鲜汁10克,蒜茸酱5克,绍酒5克,红椒油5克,茉莉花茶叶20克,锅巴100克,红糖50克,芝麻油20克,花椒5克,湿淀粉2克,香醋10克,特鲜鸡粉1克,精炼油500克(耗50克)。

工艺流程：

银花鱼清理⟶切块⟶腌渍⟶过油⟶熏制⟶装盘

工艺要点：

(1) 初加工：将银花鱼刮鳞，由鳃口卷出内脏洗净，斜刀切成10块，用盐、绍酒、花椒粉、姜及葱10克腌渍10分钟，加酱油拌匀。茶叶泡湿待用。

(2) 熏制成熟：①将鱼块投入180℃油中炸成淡金黄色捞出滤油，取竹网垫1只，上铺300克葱段，将鱼块排在葱段上。②取铁锅1只，锅底铺湿茶叶、红糖、花椒、锅巴，撒50克清水，架上竹网垫，盖上锅盖置中小火上慢慢加热，约15分钟至有较浓的黄白色烟从锅盖下冒出时出锅，在鱼块上涮上芝麻油。

(3) 调味汁：①将余下葱上机粉碎，上花椒粉5克、白胡椒粉、精盐2克、鸡粉1克拌匀，加油25克、鸡汤50克，上火加热，用湿淀粉勾成糊芡，即成葱椒酱。②用美极鲜、蒜茸酱、红椒油、香醋调匀即成美极蒜茸酸辣酱。

(4) 装盘：将熏好的鱼块按鱼形装入盘中，将葱椒酱遍涮鱼块，带美极蒜茸酸辣酱跟碟与鱼一起上席。

风味特色：

香鲜细嫩，烟熏香气与葱椒香气，相得益彰，风味别致。

思考题：

1. 本菜在调味方面有什么特点？

2. 与传统的生熏白鱼相比有哪些不同？

3. 怎样控制熏烟？倘若锅中冒出的是浓黑烟时，对菜品质量会造成哪些影响？

项目三 水产类菜例(下)

知识目标

本项目继续选用水产品食材制作实例，是强调水产品在大淮扬风味中的侧重性与重要性。要求同学广泛阅读，了解更多水产类菜品知识。

能力目标

本项目通过精选，从中挑选出 10～15 个品种加以示范与实训，让学生通过模仿学会对这些菜品举一反三地设计与操作。

3.1 双色鱼滑

烹调方法：汆

主题味型：咸甜酸、咸酸微辣

原料：鲜冰鱼净肉 300 克，鲜黄鱼净肉 300 克，熟冬笋 100 克，水发香菇 100 克，绿甜椒 1 只，西红柿 1 只，酸雪菜梗 100 克，泡红椒 50 克，泡小黄瓜 1 条，酸萝卜 50 克，姜末 20 克，葱末 20 克，蒜茸 20 克，肉汤 1 250 克，番茄酱 50 克，精盐 6 克，鸡精 3 克，白胡椒粉 2 克，白糖 150 克，白醋 50 克，绍酒 50 克，芝麻油 20 克，干淀粉 50 克，湿淀粉 15 克，鸡蛋 4 只取清，精炼调和油 100 克。

工艺流程：

冰鱼批片→拍粉→上浆→冬笋、香菇、甜椒、西红柿改刀→汆熟→装锅→上席

熬羹 ↗

黄鱼批片→腌拌→上浆→汆熟 ↗

雪菜梗、泡椒、泡黄瓜、泡萝卜改刀→制汤 ↗

工艺要点：

(1) 氽滑冰鱼：①将冰鱼肉顺纹批5厘米×2.5厘米×0.5厘米厚片，拍干淀粉，上蛋清淀粉浆待用。②炒锅上火，下50克油将姜、葱、蒜末炒香，将番茄酱炒散出红油，下肉汤500克，精盐3克，白糖、白醋与冬笋、香菇、甜椒、西红柿片烧沸，氽下鱼片，勾芡，撒芝麻油即可。

(2) 氽滑黄鱼：①将黄鱼肉批成同等大片，用盐2克、鸡精1克腌拌，上蛋清淀粉浆待用。②将雪菜梗切末，泡红椒切片，泡黄瓜与酸萝卜切成条待用。③炒锅上火，用50克油将雪菜末、姜、葱、蒜茸各10克煸香，下绍酒、肉汤500克，泡椒与泡瓜与萝卜条烧沸，下白醋10克，白胡椒粉、鸡精2克调味，再氽下黄鱼即成。

(3) 组合成菜：取双味铜隔锅1只分别装入滑冰鱼与滑黄鱼，带酒精灯炉上席，保温食用。

风味特色：

鱼滑嫩如豆腐，用匙食用。一羹一汤双色双味，对比强烈。

思考题：

1. 冰鱼片为什么要先拍粉后上浆？
2. 这两种鱼片受热极易破碎，应采用什么防护措施？
3. 本菜在选择上有什么特别之处？

3.2 萝卜大鱼头

烹调方法：焖

主题味型：咸甜微辣

原料：鲢鱼头1 500克，白萝卜1 500克，猪五花肉250克，南乳汁50克，豆瓣酱50克，酱油75克，芝麻酱50克，冰糖100克，熟猪油100克，焦蒜子25克，姜、葱各20克，红椒1只，野山椒20克，蒜叶20克，陈醋20克，盐2克，鸡精4克，熟菜油1 000克，芝麻油50克，香料包1只[①]。

工艺流程：

鱼头过油 ⟶ 烧焖 ⟶ 烩料 ⟶ 浇油 ⟶ 上席

萝卜去皮 ⟶ 切条 ⟶ 焯水（↑ 烩料）

工艺要点：

(1) 烧鱼头：①将鱼头洗净，遍抹酱油，入200℃油中炸至金黄起锅。②炒锅上火，下猪油100克，煸香豆瓣酱、芝麻酱；下姜、葱、蒜、酒、山椒、酱油、冰糖、陈醋、南

① 香料包：用各种香料包扎的纱布包。对香料的选用可有多项选择，这里所选是草果4颗、白扣4颗、花椒5克、香叶5克、大茴5克、罗汉果1颗。

乳汁、香料包、五花肉及鱼头，加清水半淹鱼头。③加热至沸20分钟，将鱼头翻身，移中火焖40分钟。

(2) 烩料：将鱼头移至砂锅，原汤过滤，去掉其他各料，五花肉提出另用。原汤放入砂锅。将萝卜去皮切成6厘米×2厘米条，焯透水，放入砂锅里鱼头周围，加鸡精、盐，红椒1只，上火煲30分钟，撒蒜叶，浇热麻油连砂锅上席即可。

风味特色：

奇香扑鼻，口味醇香，鱼头肥腴，萝卜吸味爽口，色泽红亮。

思考题：

1. 使鱼头汤达到稠厚油润的标准是通过什么方法和步骤实现的？
2. 使鱼头入味，萝卜酥烂而保持完整应注意什么问题？

3.3 纸包三鲜

烹调方法：纸包炸

主题味型：咸鲜微辣

原料：基围大虾仁250克，珍珠鲍鱼150克，鲜带子100克，精盐4克，糟辣椒30克，葱15克，姜片5克，鸡精2克，米酒5克，冬笋10克，蒜片10克，鲜辣味粉8克，芝麻油20克，西芹50克，蛋清豆粉浆50克，玻璃纸1大张，红绸带一根，精炼油750克(耗20克)。

工艺流程：

清理→腌浆→划油→拌味→包纸→焐油→上席即可

工艺要点：

(1) 清理上浆：将虾仁打水洗净，鲍鱼洗净批薄片与鲜带子一道加米酒，精盐2克拌匀，用蛋清淀粉浆拌匀上浆。

(2) 划油拌味：①将油加热至120℃，投入三鲜划油变色即起，沥油。将冬笋与西芹亦批切成菱形片，也划油成熟。②将划油各料中加糟椒粒、鲜辣味粉、西芹片、葱末、蒜片、精盐、鸡精、芝麻油拌匀。

(3) 纸包焐油：将玻璃纸裁成35厘米边长的正方形，提起四角将划油三鲜包成灯笼状，向里充气，用红绸带扎口，入160℃油中焐成气泡状提起装盘上席，即可。吃时开包。

风味特色：

形式有趣，三鲜细嫩，开包时香气四溢，透明美观。

思考题：

1. 此菜采用划油而不是直接包生料入油焐熟的意义是什么？
2. 为什么划油后再拌味？

3. 最后包纸油焐的主要目的是什么?

3.4 沙河鱼头

烹调方法:煨

主题味型:咸鲜

原料:鳙鱼头1只2 000克,鱼骨奶汤2 000克,精盐5克,葱50克,姜10克,绍酒20克,啤酒100克,白胡椒50克,高汤粉5克,干贝鲜粉2克,嫩香菜50克,清豆油500克,火腿汁10克,西红柿4片。

工艺流程:

清理──→煎鱼头──→煮──→煨──→上席

工艺要点:

(1) 清理:将鱼头黏液血渍洗净,清除咽部结血,在鳃盖下部剞2道一字刀纹,用2克盐遍抹鱼皮面,置5分钟使用。生姜切细末用纱布包起。

(2) 预煎:将大锅烧红滑2次油,放500克清豆油将鱼头慢煎至两面上淡黄色滤去油。

(3) 煮煨:锅内再放油100克将葱煸起香,加入鱼骨汤、鱼头、啤酒、姜末包沸煮20分钟至汤汁浓白,调下精盐4克与高汤粉,换装至大砂锅内煨15分钟,调入黄酒、火腿汁、干贝精、白胡椒、香菜以及西红柿片,捞去葱及姜末包,即可上席。

风味特色:

鱼头完整,肉嫩如豆腐,汤汁鲜醇之极,浓白如奶,细品尚有椒、姜之味,干贝之香,故而香醇肥腴。

思考题:

1. 为了使鱼头肉嫩活而不木死,本菜采用了什么方法?

2. 为什么先放啤酒后放黄酒?为什么要求生鱼头表面抹上食盐?

3. 多量的姜末与胡椒在调味中具有什么主要作用?能否吃出明显的姜辣之味?

4. 在上席前漂入四片西红柿片与香菜的作用是什么?在增强本味方面,本菜选用了哪三种新一代调料?

3.5 鲜虾三法

烹调方法:油爆

主题味型:咸甜酸

一、鸡汁爆虾

原料:大河虾500克,姜末10克,葱末5克,精盐2克,鸡汁酱油15克,陈醋50

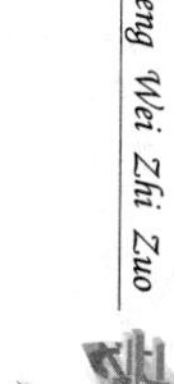

克，绵白糖 50 克，南卤 10 克，绍酒 10 克，芝麻油 20 克。

工艺流程：

剪虾芸 → 腌渍 → 油炸 → 浸卤 → 装盘
调味卤 → 浸卤

工艺要点：

(1) 腌渍预炸：将大虾剪去触须、虾螯与步足洗净，用盐 2 克，绍酒拌匀略腌，沥净，投入 220℃油中急炸至收水花壳脆捞起。

(2) 浸卤：①将姜葱末、鸡汁酱油、南卤、芝麻油、陈醋、绵白糖、绍酒 5 克一道调和成味汁。②将大虾出锅立即浸在味汁卤中拌匀，待 10 分钟左右，大虾吸味时排盘上席。

风味特色：

大虾酱红，壳脆肉嫩，甜酸醋香，爽口开味。

二、上汤浸虾[①]

烹调方法：油爆、焯水皆可

主题味型：咸鲜微甜

原料：活河虾 400 克，美极酱油 30 克，清汤 250 克，葱末 10 克，姜片 10 克，绍酒 10 克，精盐 2 克，葱段 5 克，鸡精 2 克，精炼油 25 克。

工艺流程：

焯虾 → 装盘 → 浸卤 → 浇葱油
（或油炸虾）

工艺要点：

(1) 焯虾或炸虾：大虾原只入沸水焯水，加盐、葱段、姜片与绍酒，烧沸即起，装入汤盘之中，炸虾用 200℃油温，方法如前。

(2) 浸卤浇油：将清汤、美极鲜、鸡精、绍酒 5 克一起入锅烧沸，浇于汤盘虾中。同时用 25 克清油烧热冲葱末浇于虾上即成。

风味特色：

虾细嫩入味，汤鲜香清醇。

三、椒盐脆虾

烹调方法：油炸

主题味型：椒盐咸鲜

原料：活河虾 500 克，花椒粒 5 克，干红椒节 5 克，精盐 4 克，鸡精 2 克，汾酒 5 克，姜、葱、蒜茸各 5 克，干淀粉 10 克，芝麻油 30 克，熟花生油 750 克(耗 50 克)。

---

① 上汤浸虾，可炸可焯。在口味上亦可变化多多，如椒盐浸虾、豉油浸虾、美极浸虾。

工艺流程：

虾拌粉 ⟶ 油炸 ⟶ 炝味 ⟶ 装盘

工艺要点：

(1) 炸虾：将干淀粉遍撒大虾拌匀，入 220℃油中炸至虾壳酥脆起锅。

(2) 炝味：将炒锅复上火，下芝麻油、花椒粒炸香，下姜、葱与干椒节煸起香，下油炸后的大虾，同时撒下汾酒、盐 2 克、鸡精 2 克，迅速翻锅炝味拌匀，起锅装盘即可。

风味特色：

壳脆肉嫩，椒麻麻香突出。

思考题：

1. 为什么油爆需用高温油炸？如果油炸温度不够或者再对其重油的会产什么不良后果？

2. 试述鲜虾三法所表现的成菜风味有哪些具体的区别？

3. 请根据三法的成菜原理，分别设计出"果汁爆虾""糟油浸虾"和"咖喱脆虾"的调味组合模型。

3.6 霉苋梗蒸竹蛏[1]

烹调方法：蒸

主题味型：霉"臭"咸鲜

原料：竹蛏 500 克，霉苋梗 200 克，霉卤 25 克，姜丝 10 克，干红椒丝 5 克，绍酒 10 克，精盐 2 克，味精 2 克，芝麻油 25 克，姜末 10 克，精炼油 50 克。

工艺流程：

清理 ⟶ 拌味 ⟶ 蒸熟 ⟶ 浇油 ⟶ 上席

工艺要点：

(1) 清理：①将竹蛏剖开洗去泥沙。②将霉苋梗去除腐烂部分，切成 4 厘米段，较粗者可剖开两半使用。

(2) 拌味蒸熟：用霉卤、干椒丝、绍酒、精盐、味精、芝麻油与竹蛏拌匀，排入盘中，霉苋梗在竹蛏上排齐，入笼原气蒸 3 分钟至成熟。撒上姜丝与葱末，用 50 克清油烧至 180℃浇在姜葱上即成。

---

① 霉菜，是将苋菜梗、冬瓜、西瓜皮(去外皮)、长豆、豆制品等原料，在腌渍过程中，在一定温度条件下(25～35℃)，通过一些无害喜氧菌群作用在霉变发酵过程中自然生成一种"臭"味，其中老苋菜便是该类菌群产生的主要载体，因此作为臭卤水的主要基料，可对许多如豆腐豆干、笋、冬瓜之类不易产生但具有较强吸附作用的原料进行浸润入味。这种臭味似臭还香，是江南一带较具特色的特殊风味，如臭冬瓜、臭大蒜、臭豆腐之类，其臭水也常作为一种特殊调味品，广泛运用到炒、烧、蒸、煮之中，深受江南人的喜爱。

风味特色：

竹蛏脆嫩鲜爽，霉菜臭鲜味突出，似臭还香。

思考题：

1. 霉苋梗的臭香风味是怎样形成的？

2. 选择霉菜的质量标准是什么？

3. 怎样恰当把握臭香风味在菜肴中的体现？

3.7 天香鲷鱼①

烹调方法：油浸

主题味型：咸鲜香

原料：净鲷鱼1条500克，蒜茸5克，红椒丝10克，葱丝10克，姜丝10克，鱼露10克，虾油5克，盐3克，绍酒10克，味精2克，胡椒粉2克，精炼油500克（耗50克）。

工艺流程：

姜、葱、椒丝辅面 → 装盘

鲷鱼剞花 → 腌渍 → 浇烫 → 油浸 → 装盘

调味汁 → 浇汁浇油 → 装盘

工艺要点：

（1）腌渍：将花鲷鱼两面剞牡丹花薄片，用盐3克，绍酒5克腌渍20分钟。

（2）加热制熟：将鲷鱼洗净，用沸水浇烫渐白，再将鱼浸入150℃油中至熟透提起装盘。

（3）成品造型：将红椒丝、姜丝、葱丝铺在鱼身上，浇上用虾油、鱼露油、绍酒5克、味精、胡椒粉调制的味汁，撒上蒜茸，再浇上25克烧热至180℃的清油即可。

风味特色：

鱼肉清鲜活嫩，鲜香多彩，咸鲜利爽。

思考题：

1. 腌鱼的目的是什么？

---

① 天香鲷鱼之法即是油浸之法，现代已对传统的油浸法作了广谱性拓展，使之不仅适宜对细嫩性鱼、虾加工，也扩展到对许多原来认为老韧性原料的加工，例如“油浸甲鱼”“油浸鸡”“油浸仔排”等，在形式上也不局限于在锅中油浸，提出装盘了，而是可连油一道装于砂锅或大碗中上席，例如“沸腾鱼片”“沸腾仔鸡”之类，也可将一些油浸的“老韧性”，如甲鱼、鸡、白排之类上明炉，边浸边食。在调味上具有更大的拓展性，可一次性调味在锅里，也可带蘸料补充，调味品的选择使用可随意发挥，例如“南方鳜鱼”的浇汁味料就是由蟹粉、火腿茸、鲜奶、鸡蛋清、盐、味精、姜末与水调开勾芡组成的，十分有特色，突破了传统一些糖、醋、辣之类的油浸菜调味模式。

2. 为什么在油浸之前先要将鱼浇烫一遍?

3. 本菜与油浸鳊鱼有什么区别?

3.8 醉红膏蟹[1]

烹调方法:腌醉

主题味型:咸鲜微酸

原料:红膏蟹 2 只 700 克,盐 4 克,汾酒 200 克,白醋 25 克,味精 2 克,米醋 25 克,姜末 10 克,香菜 100 克,姜丝 10 克,芥末膏 10 克。

工艺流程:

清理 ⟶ 斩件 ⟶ 酒渍 ⟶ 腌拌 ⟶ 装碟 ⟶ 姜末醋 ⟶ 上席

工艺要点:

(1) 清理:将红膏蟹摘去鳃、食囊,斩件,将螯敲裂,用汾酒浸渍 10 分钟提出。

(2) 腌拌:将盐、白醋、味精、芥末膏调匀,拌入蟹块,密封冷置于 0℃柜中 6～8 小时取出。

(3) 成品造型:将香菜垫入盘中,膏蟹的肉面向外码在香菜上,上置姜丝,带米醋、姜末上席。

风味特色:

膏蟹肉如凝脂,鲜嫩润滑,膏块红如琥珀,鲜腴诱人,酒香扑鼻。

思考题:

1. 为什么要用白酒对膏蟹浸渍,如用中低度的酒行吗?

2. 腌拌后为什么要静置在 0℃冷柜中 6～8 小时,在这期间膏蟹肉质会产生什么变化?

3.9 喼汁鱼皮扣

烹调方法:炒

主题味型:咸甜微酸辣

原料:青鱼 2 500 克取皮 500 克,酱生姜 20 克,荠头 20 克,蒜子 5 克,腌红椒 5 克,绍酒 20 克,黄瓜皮 10 克,喼汁 30 克,美极酱油 20 克,绍酒 20 克,番茄酱 20 克,浙醋 10 克,辣红油 7.5 克。

---

① 腌醉咸水蟹是江、沪、浙与闽沿海通用之法,尤以浙、闽最有特色。上述为浙派,闽派则在调味上稍有变化,如“生腌”就是用酱油、糖和胡椒粉而不用白醋、芥末、盐等,工艺过程则相同。

工艺流程：

青鱼取皮──→切条──→结扣──→焐油──→炒熟──→装盘

工艺要点：

(1) 结鱼皮扣：①将青鱼清理后剖开铲下鱼皮，皮上留约0.2厘米鱼肉。②将鱼皮切成1.5厘米宽的长条，依次结"百页结"扣，每扣间切断成6厘米的段。

(2) 组配：①将酱生姜、腌红椒洗去咸味与黄瓜皮均切成细丝，荞头与蒜子切成片。②将绍酒、美极鲜、隐汁、白糖、番茄酱、浙醋、红辣油、湿淀粉混合成兑芡汁。

(3) 炒熟：将油加热至120℃，投下鱼皮，保持油温焐5分钟再滤出，下50克清油加热，接着投下各丝略煸起香，投下鱼皮结亦略煸，烹下味汁将之翻拌包芡，溅下25克清油包尾。即可装盘上席。

风味特色：

形式新颖，鱼皮软滑松糯显得肥润，香味特殊，口味别致丰富。

思考题：

1. 本菜中酱生姜、荞头、黄瓜皮是辅料，还是调料？各有什么作用？

2. 什么类型的鱼皮适宜制作此菜？

3.10 锅贴鳝背

烹调方法：贴

主题味型：咸鲜香

原料：熟鳝鱼背300克，熟肥膘1块250克，虾茸200克，香菜10克，红椒1只，水发香菇2只，葱椒浆50克，姜、葱汁10克，味精1克，精盐2克，鸡蛋清30克，干淀粉25克，熟菜油250克，绍酒20克，芝麻油10克，醮料50克。

工艺流程：

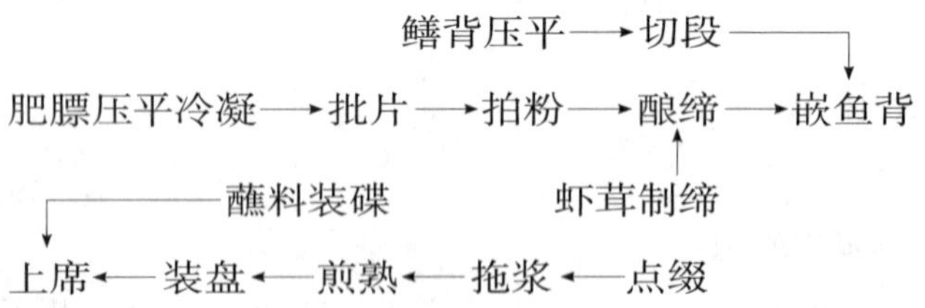

鳝背压平──→切段──→嵌鱼背

肥膘压平冷凝──→批片──→拍粉──→酿缔──→嵌鱼背

虾茸制缔──→酿缔

蘸料装碟──→上席

点缀──→拖浆──→煎熟──→装盘──→上席

工艺要点：

(1) 备料：①将肥膘压平冷凝批6片10厘米×5厘米×0.2厘米大片，两面拍干淀粉。②将虾茸与姜葱汁、精盐、鸡蛋清、淀粉5克，味精混合搅拌成缔。③将香菜摘嫩叶，红椒、香菇皆切成小菱形片待用。

(2) 生坯造型：将肥膘片平置盘中，上酿虾缔约1厘米厚抹平，再将鳝背平铺在虾缔上压平，将余下的虾缔薄薄地蒙在鳝背上。用红椒、香菇、香菜叶点缀成小花。

（3）煎熟：在平底煎锅内下250克清油，将锅贴鳝背生坯底部满拖葱椒蛋粉盐浆铺入锅中，用小火徐徐煎至肥膘底脆熟金黄色时，沥油。烹下绍酒迅速加盖焖至水气蒸发，虾茸鳝背香熟时，下芝麻油稍煎起锅改刀装盘。上席时可带蘸料碟。有如下蘸料可以选用：①甜面酱；②甜辣酱；③花椒盐；④喼汁或西汁、辣酱油等。

风味特色：

层次丰富，下脆上嫩，上银下金，干香鲜嫩。

思考题：

1. 肥膘与鳝背压平冷凝的作用是什么？
2. 上蒙虾缔薄面的作用是什么？
3. 拍粉与拖浆都起到了什么重要作用？

3.11 八珍酿鲜鱿

烹调方法：烧

主题味型：咸甜

原料：鲜鱿1条750克，糯米60克，泰国香米40克，五花肉500克，红心咸鸭蛋黄5只，鲜瘦肉50克，河虾250克，蒸发干贝10克，鹅肝30克，青豆10克，熟冬笋20克，鲜银杏仁10粒，精盐2克，白酱油40克，鱼露40克，绵白糖50克，耗油10克，老蔡酱油50克，猪五花肉500克，白胡椒粉3克，湿淀粉10克，芝麻油20克，姜20克，葱20克，葱油10克，菜心10颗，绍酒20克，熟鸽蛋2只，熟猪油20克。

工艺流程：

鱿鱼清理 → 剞刀 → 焯水 → 填馅 → 烧熟
蒸改 → 炒馅 →（填馅）
烧熟 → 装盘
菜心焐油 → 炒熟 → 装盘

工艺要点：

（1）鱿鱼处理：①将鱿鱼择洗干净，在背部剞十字花纹焯水，待用。②五花肉切成鸡冠片焯水待用。

（2）制馅：①将糯米与泰米混合浸洗干净，蒸成干饭。②将鲜猪瘦肉切成小丁，干贝捏碎，咸鸭蛋黄切成小丁，银杏、冬笋、鹅肝均切成小丁与青豆、虾仁、姜葱末各5克和芝麻油20克下锅煸炒，加白酱油、鱼露、白糖15克炒透成馅。

（3）生坯造型：将馅心填入鱿鱼筒中，用纱布一层将鱿鱼筒包裹成原形。

（4）烧熟成菜：将姜葱用猪油煸香，下五花肉继续煸起香，下绍酒、酱油、蚝油、白糖继续煸，加清水淹平肉片烧沸。将鱿鱼包与鱿鱼头须埋入肉片之中，移小火焖约2小时至鱿鱼酥烂。

(5) 成品造型：将鱿鱼卤汁收稠，取出鱿鱼包及头须，拆开在鱼筒上打9个吞刀，按原样装入大盘，装上头须，用两颗鹌鹑蛋做鱼眼，将菜心焐油炒熟围一圈。将原汤勾流芡浇在鱿鱼上，最后淋上葱油即成。

风味特色：

外红内白，鲜香咸甜，柔滑细嫩。

思考题：

1. 用纱布包裹对恢复原样形态有什么好处？
2. 为什么要用猪肉一同烧制？

3.12 之江莼鲈羹

烹调方法：烩

主题味型：咸鲜

原料：鲜鲈鱼肉200克，鲜莼菜200克，熟火腿丝10克，熟鸡丝25克，鸡蛋清20克，陈皮丝5克，熟猪油250克，清鸡汤400克，姜汁5克，葱丝5克，绍酒15克，精盐4克，味精2.5克，湿淀粉20克，熟猪油10克，白胡椒粉3克，青葱油10克。

工艺流程：

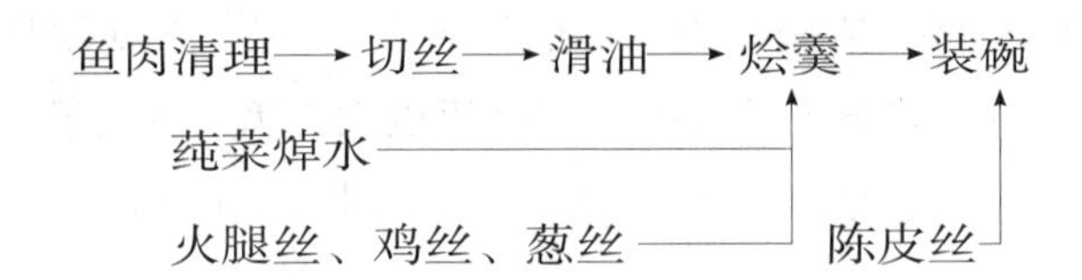

工艺要点：

(1) 切鱼片上浆：将鲈鱼肉漂洗，去皮和血筋，横批切8厘米长的细丝，加盐1克、味精0.5克，拌上劲，用湿淀粉20克、蛋清调和上浆。

(2) 组配：将莼菜焯烫捞起，与火腿丝、熟鸡丝、葱丝、陈皮丝组构成莼鲈羹生坯。

(3) 烩制：锅内放猪油加热至120℃，将鱼丝轻轻滑散捞出，将鸡汤烧沸，加葱油、姜汁、盐、味精、淀粉勾薄芡，将鱼丝、火腿丝、鸡丝、葱丝、莼菜逐一撒入。推拌匀装入玻璃汤盆中(或各客口碗中)，撒下陈皮丝与白胡椒粉即可。

风味特色：

清香爽滑、细嫩鲜美，十足江南风情。

思考题：

1. 本菜与宋嫂鱼羹的风味有什么不同之处？
2. 本菜的质感主题表现了什么？是通过什么工艺优化方法来实现的？
3. 之江在什么省份？之江鲈鱼是什么鲈鱼，与现代通用鲈鱼相同吗？

4. 怎样才能达到本菜对鱼丝的“细、长、滑、嫩、白”的质量效果要求?

3.13 臭鳜鱼[①]

烹调方法:烧

主题味型:酵香咸甜

原料:腌鲜鳜鱼1条650克,猪五花肉片50克,熟冬笋片50克,姜末25克,青蒜丝25克,酱油25克,绍酒15克,白糖10克,鸡汤350克,湿淀粉5克,熟猪油75克。

工艺流程:

清理 → 剞花晾干 → 预煎 → 烧鱼成熟 → 装盘

（烧鱼成熟 ↑ 煸肉片、笋片；装盘 ↑ 撒蒜丝）

工艺要点:

(1) 烧前处理:将鳜鱼皮面剞深至骨的花纹,放在通风处吹晾干爽,入锅煎呈两面淡黄。

(2) 烧制成熟;先将肉片、笋片入锅煸香,再放入鳜鱼,加酱油、白糖、绍酒、姜末及鸡汤,烧沸后焖20分钟,再置中火上收汤至黏稠,淋芡加包尾油30克装盘,撒上青蒜细丝即成。

风味特色:

鱼肉松软鲜香,“臭”味独具特色。

思考题:

1. 臭鳜鱼的松、鲜、香的风味是怎样形成的?

2. 臭鳜鱼与黔菜中酸鱼的区别在哪里?

3.14 网油鳜鱼[②]

烹调方法:炸

主题味型:咸鲜

原料:净鳜鱼1条750克,猪网油300克,水发香菇25克,京冬菜30克,猪瘦

---

① 臭鳜鱼:又称腌鲜鳜鱼,据称是由江浙贩鱼至安徽山区内陆,在途中经6~7天腌焐于木桶之中所形成的,故当地又称“桶鱼”。尤其在屯溪等地为特色。此鱼关键在于“鱼鳃仍是红色,鳞不脱,质不变,只是表皮在酶与酵母作用下,散发出一种似臭非臭的特殊气味”。在热油煎制情况下能转换成特殊芳香气味,肉质也显得较鲜鱼更为松软。

② 网包:用猪网油包鱼料或烤或蒸,此是扬子江流域地区广泛使用的一种方法,目的是在加热过程中,使猪脂对原料组织渗透和浸润,例如苏州的网包鳜鱼即是蒸法,扬州的叉烧鳜鱼就是烤法,还有常熟的脱壳鳜鱼等等,原因是鱼肉中通常缺乏脂肪,在炸、烤中达不到“油润”的口感和脂香味,用猪网油包则会明显地改善这一缺陷。

肉 75 克，鸡蛋液 80 克，面粉 60 克，干淀粉 25 克，葱姜汁 15 克，精盐 2.5 克，白糖 5 克，酱油 40 克，味精 2 克，绍酒 15 克，白胡椒粉 1 克，花椒粉 1 克，姜葱汁 10 克，熬制番茄酱 25 克，辣酱油 25 克，芝麻油 25 克，精炼菜籽油 1 500 克（耗 100 克）。

工艺流程：

剔骨 ──→ 剞花 ──→ 腌渍 ──→ 填馅 ──→ 包网油 ──→ 挂糊 ──→ 炸熟 ──→ 装盘 ──→ 上席

（炒馅 → 填馅；拍粉 → 包网油；制糊 → 挂糊；调味碟 → 上席）

工艺要点：

（1）剔骨腌渍：从鱼的背部剖开，剔去龙骨、肋骨，两面剞花刀，用姜、葱汁、绍酒 10 克、酱油 15 克、盐、花椒粉、白胡椒匀擦鱼身，腌渍 10 分钟。

（2）填馅包油：①将京冬菜、香菇与猪瘦肉皆切成丝用芝麻油煸香，加酱油、白糖、绍酒 5 克，味精，炒至汁将干，置凉后填入鱼腹。②将网油洗净、晾干，拍淀粉。③用蛋液与面粉适量小调成全蛋面粉糊遍抹网油一面，将鱼包裹。

（3）炸熟成菜：将鱼包外挂糊投入 180℃油中炸至定型，保持 140℃油温蕴炸 10 分钟，并用竹签在鱼身戳孔以使热油渗透，至鱼轻上浮时，复用 200℃油复炸至外壳金黄松脆时捞出，淋芝麻油 10 克在鱼身装盘，带番茄酱与辣酱油味碟上席蘸食。

风味特色：

壳脆肉嫩，内馅鲜香，色泽金黄，成形古朴。

思考题：

1. 试将本菜与脱壳鳜鱼比较，说出工艺的异同，分析风味的特色。
2. 分析一下网油对本菜风味完美性的意义。

3.15 火烘鱼[①]

烹调方法：㸆

主题味型：五香咸甜酸

原料：净青鱼 1 条 2 000 克，精盐 25 克，绍酒 50 克，硝水 15 克，葱 50 克，姜 50 克，五香粉[②] 30 克，绵白糖 200 克，生抽 50 克，香醋 150 克，芝麻油 50 克，熏料：杉榍、湿茶叶、红糖、大茴、花椒、锅巴、芝麻梗等。

---

① 火烘鱼是江淮五香熏鱼的源流。记得在作者少年学厨时，是将鱼腌后油炸，炸后再熏，熏香再㸆，工艺是十分的精细，明显已是对火烘鱼的发展，而现代则省去了熏的过程，直接是腌→炸→㸆了，但仍沿用“熏鱼”一词，此菜是普遍适用于淮扬各地的通菜。

② 五香粉：五种香料烘（或炒）香后研磨混合的粉。这五种香料各地也有小的区别，但大致是：大茴、小茴、桂皮、丁香、草果。

工艺流程：

青鱼开片⟶腌渍⟶预熏⟶㸆熟⟶斩件装盘

工艺要点：

（1）熏鱼：①将青鱼脊骨去掉，斜劈成厚1厘米瓦片状鱼块，用盐与硝水腌渍鱼块约1小时，铺在铁丝网篓上。②将铁锅上火，先燃一把芝麻梗，当燃至余烬时再下其他熏料，架锅垫加盖。缓慢加热至冒出白烟，熏5分钟，将鱼块翻身再熏2分钟取出。

（2）㸆熟成菜：另取锅将鱼块排入，下葱、姜、五香粉20克、白糖、生抽、香醋、绍酒等烧沸，用中火衡温慢烧至汤汁黏稠直到被鱼块吸附时，撒下五香粉，淋下芝麻油即可起锅斩条块装盘。

风味特色：

鱼肉酥而又嫩，色泽红亮，甜酸可口，烟香清雅。

思考题：

1. 在火烘鱼中，对鱼片腌渍的作用是什么？
2. 烟熏应把握在什么尺度上？这里的熏与香熏银花鱼的熏有什么不同？

3.16 生炒蝴蝶片①

烹调方法：油爆

主题味型：豉椒咸甜

原料：活黄鳝6条（600克），蒜子3只，鲜红椒2只，青椒2只，马蹄50克，精盐3克，甜辣酱10克，豆豉酱25克，蚝油10克，绵白糖10克，白胡椒2克，酱油5克，绍酒20克，肉汤20克，湿淀粉6克，芝麻油20克，陈醋5克，精炼油500克（耗25克）。

工艺流程：

取肉⟶批片⟶清理⟶上浆⟶油爆⟶装盘

（调味汁、配料切片 ⟶ 油爆）

工艺要点：

（1）取鱼片：将黄鳝宰杀，由腹部剖开剔去脊骨，大斜刀批鱼段成夹刀大片，用精盐抓出黏液洗净，上淀粉浆待用。

---

① 蝴蝶片：因鱼片成熟卷曲有如蝴蝶而得名，实际上是鳝片，为江、浙、皖、沪通菜，除了从腹部开片外亦可从脊部开，单片批片，称为单片，前者为双片。也有不用批刀的，直接剞刀切段，有麦穗、荔枝等形式。在调味方面亦可白汁调味，有色味汁组合亦可多样。

（2）组配：①将蒜子切成片，青、红椒刻出蝴蝶形片 10 片，马蹄批圆片待用。②将豆豉酱、蚝油、胡椒、白糖、芝麻油、肉汤、绍酒、酱油、甜辣酱、淀粉同在一碗调出混合味汁待用。

（3）油爆成熟：①将鳝片与配料同入 160℃油中迅速油爆成熟出锅滤油。②原锅上火，将菜料与味汁一同下锅迅速翻拌包芡，溅入陈醋于锅边，翻锅装盘即可。

风味特色：

鱼片如蝴蝶，薄如蝉翼，脆嫩爽滑，色泽明亮，口味咸甜微辣，较为丰富。

思考题：

1. 为什么要将配料与主料同时过油，这对油爆风格的表现有什么意义？

2. 油爆的关键是什么？为什么用油爆？

3.17 杭州皇饭儿鱼夹豆腐[①]

烹调方法：烧

主题味型：咸甜微辣

原料：青鱼头、尾 1 500 克，豆腐 700 克，水发香菇 25 克，熟冬笋 75 克，豆瓣酱 50 克，酱油 75 克，绵白糖 50 克，精盐 3 克，绍酒 50 克，小葱 50 克，姜块 25 克，熟猪油 100 克，熟菜油 250 克。

工艺流程：

取料 → 清理 → 腌渍 → 预煎 → 烧熟 → 装盘

豆腐切块 → 焯水 ─┐（入烧熟）

笋片冬菇片 ─┘（入烧熟）

工艺要点：

（1）下料：选 2 500 克青鱼 1 条，打理干净从头到尾剖成两片，从鱼颈圈斜向至鱼胸鳍下切下鱼头软片，再从脐门处切下鱼尾，取其硬片，洗净去咽齿、黑膜等，在鱼头尾遍抹豆瓣酱与酱油腌渍待用。

（2）配料组合：①将豆腐切成约 3 厘米×6 厘米×1.5 厘米的长方块入沸水浸烫，水中加盐 2 克，将豆腐烫透捞出。②将冬笋切 2.5 厘米×7 厘米柳叶大片，香菇批成相等大片。

（3）加热成熟：①将菜油入锅加热至 180℃，放入鱼头，尾煎出酱黄色，然后添水、绍酒、酱油、白糖、盐、葱结、姜块、猪油淹平鱼身，大火烧沸，移中火加盖焖 20 分钟，拈去姜、葱。②将豆腐叠入鱼周，鱼身排香菇及冬笋片，加大火力，收稠鱼汤。

---

① 鱼夹豆腐，实际上是红烧鱼头加豆腐。青鱼头尾红烧是大江南北淮扬风味区域通菜，家庭主妇亦常为之。将青鱼头、尾相配传统上要鱼腹相对，软、硬相搭。

③将鱼、头尾相对盛入大盘，圈豆腐，而排笋、菇在鱼面。用葱末 10 克冲 30 克热油浇在鱼面即成。

风味特色：

鱼肉肥润细腻，酱香醇厚，汤汁黏稠，豆腐吸味鲜香，乡土气息浑厚。

思考题：

1. 为什么要去除鱼头咽齿？

2. 用酱及酱油腌渍的意义是什么？

3.18 芝士鱼茸炖黄蛋

烹调方法：蒸

主题味型：奶香咸鲜

原料：白鱼茸 200 克，鸭蛋 4 只，熟咸鸭蛋黄 1 只，芝士粉 15 克，鲜青豆 50 克，熟胡萝卜 1.50 克，去皮去籽西红柿 50 克，熟火腿 50 克，熟干贝松 25 克，熟猪油 50 克，姜葱汁 50 克，盐 6 克，鸡精粉 3 克，葱末 5 克，鸡清汤 1 000 克，水淀粉 20 克。

工艺流程：

制鱼缔、调蛋液 → 装盅 → 蒸熟 → 盖浇（← 炒五丁） → 撒芝士粉

工艺要点：

(1) 制鱼缔：将白鱼茸下葱姜汁 20 克、盐 2 克、鸡精 1 克搅拌上劲，加淀粉 15 克，分 3 次加鸡汤 400 克，搅拌成软质缔。

(2) 调蛋液：将熟咸鸭蛋黄压细，加入 4 只鸭蛋液中，加盐 3 克、姜葱汁 30 克、鸡粉 1 克慢慢调匀。

(3) 蒸制成熟：将鱼缔分装在 10 只玻璃小碗中 1/3 处抹平，再将蛋液缓缓注入鱼缔上层占 2/3，撇去泡沫，入笼中放气蒸 15 分钟至成熟。

(4) 成品造型：将西红柿、火腿、胡萝卜均切成青豆般大小的丁，与青豆、干贝松一起，下猪油、盐 1 克、鸡粉 0.5 克、水淀粉与葱末炒熟，分浇在蒸蛋碗中。接着撒上芝士粉即可。

风味特色：

鱼茸洁白软嫩，蒸蛋金黄细嫩香鲜，五丁色彩斑斓，芝士清香，别是一番典雅风味，层次丰富。

思考题：

1. 为什么要放气蒸？

2. 为什么要慢搅慢打蛋液与鱼缔？

3. 中西结合于无痕是融合型菜品的最高境界，你能举例说明这个道理吗？

3.19 虾肉酿青椒

烹调方法：熘

主题味型：醋香甜酸、微辣

原料：嫩菜椒20只，虾茸50克，猪瘦肉茸75克，鸡蛋2只取清，姜10克，葱5克，干淀粉20克，精盐3克，甜辣酱10克，绵白糖50克，镇江陈醋15克，绍酒10克，味精1克，芝麻油20克，精炼植物油500克(耗25克)。

工艺流程：

选料 → 整理 → 灌浆 → 酿缔 → 过油 → 浇滋 → 装盘

（调浆 → 灌浆；制缔 → 酿缔）

工艺要点：

(1) 制缔：将虾茸与肉茸合并，加盐2克、味精1克、绍酒、姜末、葱末、鸡蛋1只、淀粉0.5克，搅拌成厚缔，再加芝麻油10克调匀待用。

(2) 青椒处理：①选用嫩菜椒，底部直径2.5厘米，椒长6厘米，用花刀切开底部去籽，剪去辣筋洗净，吸干椒内水分。②用鸡蛋1只取清，加淀粉10克调成蛋清淀粉浆，逐只灌入青椒又滤出，使青椒内壁沾满浆液。③将缔子塞入每只青椒，抹平椒口，呈饱满状。

(3) 熘制成熟：将酿青椒下入110℃油中，缓缓加热约5分钟至成熟取出滤油，用陈醋、糖、盐1克、甜辣酱、水淀粉5克、清水50克加热，勾流芡，酿青椒与芡汁拌匀，加芝麻油包尾起锅排入盘中即成。

风味特色：

青椒碧绿香脆饱满，内馅鲜嫩，滋汁甜酸微辣，十分爽口。

思考题：

1. 为什么要在青椒里灌浆？灌浆与拍粉在风味方面有什么差异性？
2. 油温倘若高于160℃则易出现什么状况？

3.20 虾蟹拉丝蛋[1]

烹调方法：炒

主题味型：姜醋咸甜

原料：鸡蛋6只，浆虾仁75克，蟹肉100克，葱末5克，姜末15克，精盐5克，

① 拉丝蛋又叫跑蛋，说明速度较快，拉蛋所成的丝又叫蛋松，有膨松细腻的感觉，但含油量较高是其弱点，故用绵纸吸之。

绵白糖 10 克,香醋 15 克,绍酒 10 克,味精 1 克,白胡椒 1 克,芝麻油 15 克,精炼油 500 克(耗 100 克),绵纸 2 张,香菜 10 克。

工艺流程:

调蛋液 ⟶ 沧油 ⟶ 吸油 ⟶ 烩炒 ⟶ 装盘 ⟶ 盖虾仁

炒蟹粉 → 烩炒;虾仁滑油 → 盖虾仁

工艺要点:

(1) 鸡蛋拉丝:将鸡蛋磕开加盐 3 克、味精打散,徐徐侧入 160℃油中,迅速用手勺在油中旋动使之形成淡金黄色长丝,捞出蛋丝在绵纸上吸油,并用手抖拉拆出较细的蛋松。

(2) 烩炒成熟:将姜、葱末炝锅,下蟹粉炒出水气,下绍酒、精盐、香醋、白糖、胡椒粉略炒,加蛋松炒拌均匀,淋芝麻油装盘。另将虾仁滑油成熟浇盖在蛋蟹上,撒下香菜叶即成。

风味特色:

蛋丝细长香鲜,蟹香姜醋清悠,虾仁嫩白。

思考题:

1. 在拉蛋丝时,油温过低或过高会出现什么问题?
2. 怎样做到不含过多油,风味不单调?
3. 在调制蛋液中,怎样会对拉丝造成不良影响?

3.21 鸡火蜇皮

烹调方法:烩

主题味型:咸鲜

原料:陈年海蜇皮 1 000 克,熟火腿 50 克,熟鸡脯 50 克,水发香菇 25 克,青菜心 5 颗,姜片 10 克,葱结 1 只,绍酒 50 克,精盐 7 克,鸽精粉 2 克,白胡椒粉 2 克,鸡清汤 900 克,水淀粉 25 克,熟鸡油 25 克,熟猪油 100 克。

工艺流程:

蜇皮洗净 ⟶ 涨发 ⟶ 套汤 ⟶ 烩熟 ⟶ 装盘

菜心焐油 → 烩熟;香菇、火腿切片、鸡脯撕片 → 烩熟

工艺要点:

(1) 涨发海蜇皮:将蜇皮洗净,改刀成 8 厘米边长的菱形片,在沸水中烫收缩,捞出用清水反复浸漂,至无腥涩之味,逐渐涨发时捞起,沥干。

(2) 组配:将火腿切成 8 厘米×2.5 厘米大片;鸡脯肉撕成鹅毛大片;香菇批成

大片；菜心剖开，焐油成熟待用。将上述原料与海蜇皮组合成鸡火蜇皮生坯。

（3）烩制成熟：①将500清鸡汤与50克猪油下锅烧沸，投入蜇皮浸烫见沸即出。②将锅复上火，下鸡汤400克、猪油50克、火腿片、鸡汤片、香菇片一同烩制，烧沸，调入绍酒、精盐、鸽精粉。见沸投入海蜇皮，用水淀粉勾流芡，淋入熟鸡油，撒上白胡椒，装盘即成。

风味特色：

蜇皮软松滑脆，形似鲨鱼皮，风味清鲜。

思考题：

1. 为什么熟鸡脯是撕片而不是切片？
2. 烩制时为什么海蜇皮刚下锅即勾芡？
3. 蜇皮套汤的意义是什么？

3.22 斑肝烩蟹[①]

烹调方法：烩

主题味型：蟹味咸鲜

原料：活斑子鱼1 000克，蟹肉150克，绍酒25克，精盐1克，酱油10克，香醋0,5克，葱末5克，姜末5克，白胡椒粉1克，香菜叶25克，水淀粉10克，鸡清汤250克，熟猪油500克(耗75克)。

工艺流程：

取肝→清理→焐油→烩蟹→装盘
蟹肉煸炒→加汤煮沸（↑烩蟹）

工艺要点：

（1）取肝清理：将斑子鱼活杀取肝，用刀尖挑破肝尖挤出淤血，放入清水中反复冲漂洗净，用洁布吸去水分待用。

（2）斑肝焐油：将500克猪油加热至120～150℃时投入斑肝焐油，在小火上轻轻推油熬炼，约25～30分钟至斑肝成熟，捞出滤油。

（3）烩蟹成熟：将姜、葱末在原锅底油中略煸起香。放下蟹肉轻轻炒香，加绍酒、精盐、鸡清汤下锅烧沸勾芡，即投下斑肝，烹入香醋拌匀装盘，盘边点缀香菜叶上席即成。

---

① 斑肝：雄性斑子鱼的精白(亦即河豚睾丸)，古有“西施乳”的美称。斑子鱼又叫鱼巴鱼，其精白鲜嫩柔滑，口味殊绝，清《调鼎集》称“八月斑鱼”最为当令。在秋高蟹肥之时，以斑肝配蟹黄堪称双绝。因斑鱼有毒，漂清肝中的淤血是至为重要的。

风味特色：

斑肝细滑软嫩，蟹鲜醇绵。

思考题：

1. 取斑肝清理进务必注意哪些问题？

2. 将斑肝焐油时应把握哪些关键？

3. 为什么斑肝在勾芡后下锅？

3.23 清汤秃肺①

烹调方法：煮

主题味型：咸鲜

原料：活青鱼肝 400 克，黄豆百页 150 克，熟冬笋片 50 克，熟火腿片 25 克，熟鸡脯片 25 克，水发冬菇 25 克，味精 1 克，绍酒 75 克，精盐 25 克，香醋 10 克，葱结 25 克，姜块 15 克，青蒜丝 5 克，姜汁水 25 克，白胡椒粉 0.5 克，鸡清汤 1 250 克，熟猪油 25 克。

工艺流程：

鱼肝腌渍 ⟶ 焯水 ⟶ 煮汤
百页制嫩 ⟶ 套汤 ⟶ 装碗 ⟶ 撒胡椒粉、青蒜丝

工艺要点：

（1）百页制嫩套汤：将百页丝置浓度约 0.3%热碱水中浸渍，使之发白软嫩时捞出漂清，用 500 克鸡汤、12.5 克盐烧沸时百页套汤入味，将套过汤的百页捞入大碗用 1 克味精与熟鸡油拌匀。

（2）鱼肝焯水：①将鱼肝洗净切成 4 厘米长段，放入碗中加 50 克绍酒浸渍。②清水在锅中加热烧沸，放姜块、精盐 10 克与醋，下鱼肝入锅烧沸 3 分钟捞出漂洗。

（3）煮烩成熟：用鸡清汤 750 克入锅烧沸，下鱼肝、笋片、火腿片、鸡脯片、香菇片及绍酒 25 克、精盐 2.5 克和葱结，烧沸后撇沫去葱加入姜汁水出锅装入百页碗中，撒上青蒜丝与胡椒粉即可。

风味特色：

鱼肝鲜嫩软滑，汤清味醇，滋补健身。

思考题：

1. 将鱼肝焯水前浸于黄酒中，焯水时加醋加重盐的作用是什么？

① 苏南俗称青鱼肝为秃肺。此菜八十多年前即 1920 年由常熟山景园名师朱阿三创制，最宜在农历九、十月间食用。

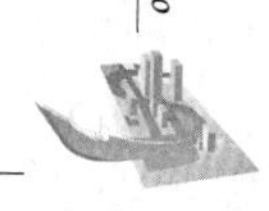

2. 在百页套汤时加重盐又是什么道理？

3.24 响铃虾球

烹调方法：炸

主题味型：咸甜

原料：净虾茸250克，油炸杏仁20只，干淀粉30克，熟冻猪油150克，葱末25克，火腿茸10克，鸡蛋2只取黄，花椒粉5克，金橘饼末5克，精盐3克，白芝麻100克，鲜橘150克，白糖10克，果醋5克，姜葱汁5克，植物油1 000克(耗50克)。

工艺流程：

虾茸制缔 → 包馅 → 沾粉 → 滚浆 → 滚沾芝麻 → 初炸 → 泄油 → 复炸 → 装盘

制馅球 → 包馅

调桔酱 → 装盘

工艺要点：

(1) 制馅球：将葱末、火腿茸、花椒粉、精盐2克、金橘饼末与冻猪油拌和，包杏仁搓成直径2厘米小球10只。

(2) 制缔包馅：将虾茸加精盐2克、姜葱汁搅拌成黏厚状，挤直径3厘米圆球，将馅球塞入，滚沾干淀粉后置盘中待用。

(3) 初炸泄油：将蛋黄加10克干淀粉调开。将虾球遍沾蛋黄浆，再滚满芝麻，入160℃油中初炸至外壳起脆，用牙签在每个虾球上戳数个小孔，使里面溶化的猪油泄出。

(4) 复炸成熟：将油温提高到210℃左右，继续炸虾球，待外壳金黄酥脆时捞出装盘，另用150克鲜橘瓣去皮用肉，加油10克、糖10克、果醋及2克湿淀粉熬成鲜橘酱装味碟与虾球一起上桌即成。

风味特色：

虾球中空，摇动有杏仁滚动之声，口感香脆鲜美，带鲜橘酱食用，风味更佳。

思考题：

1. 结合本菜请参看杭州菜“炸响铃”、泰州菜“响铃球”与淮安菜“酥橘元”，你有什么感想？

2. 要使虾球在冷却过程中不陷落，应注意什么问题？

3. 初炸泄油时应把握什么操作关键？

3.25 灌蟹鱼圆

烹调方法：烩

主题味型:蟹香咸鲜

原料:净青鱼肉 300 克,蟹粉 25 克,熟猪肥膘肉 50 克,熟火腿片 50 克,熟笋片 50 克,水发木耳 20 克,熟菜心 75 克,鸡蛋 4 只取清,本鸡清汤 1 000 克,精盐 7 克,葱姜汁水 50 克,熟猪油 75 克。

工艺流程:

鱼肉拍松 → 漂白 → 粉碎 → 制缔 → 挤圆 → 烩汤

熟肥膘切细 → 制缔

蟹粉、猪油制馅 → 挤圆

工艺要点:

(1) 制缔:将鱼肉刮茸或拍松在清水中漂白,粉碎成茸状,将猪肥膘剁极细,与鱼茸、鸡汤 300 克和匀,分两次加盐 5 克搅拌起黏,加葱姜汁、鸡蛋清继续搅拌上劲,再下 50 克猪油和匀即成鱼圆缔。

(2) 挤圆包馅:将蟹粉下锅加 50 克猪油、精盐 1 克炒香晾凉,凝结后搓成莲子般大小的丸子。将鱼缔挤成直径 2 厘米的圆子,塞入蟹馅丸子 1 粒,放入冷水锅里。完毕,将锅移小火上,缓慢加热至熟,捞出置清水中待用。

(3) 烩菜:将鸡清汤 700 克加热至沸,放入火腿片、木耳、菜心、笋片、精盐 1 克与鱼圆,待再沸即出锅装碗即成。

风味特色:

鱼圆柔绵、细嫩、鲜爽,蟹馅透出,配料鲜香,色彩绚丽。

思考题:

1. 缔子中为什么不放黄酒?
2. 本鱼圆缔与清汤鱼圆缔在质地方面的不同在哪里?
3. 火候的关键是什么?
4. 在搅拌时为防止缔中有过多的气泡孔,是怎样做的?

3.26 风鲌鱼[①]

烹调方法:腌、风、蒸

主题味型:风腊型咸香

原料:鱼鲌鱼 1 条(约 1 500 克),荷叶 2 张,绍酒 50 克,花椒盐 150 克,葱 25 克,姜 25 克,青蒜丝 25 克,香醋 100 克,甜面酱 100 克,酱油 50 克,熟猪油 75 克,

① 风鱼,古已有之,《调鼎集·风鲌鱼》:"取大者,去肠及腮,用布拭净,勿见水,脂油条拌椒盐,装入肚内,皮纸封固,细绳扎好,横挂当风处,肚皮朝上,勿令见日。油透纸外,上炉炙,看鱼口出油色,即熟透可用。"东南诸省皆有之。此鱼除蒸外,亦可烤食,烤时用花椒与葱填压实,上盖猪网油,亦可与它料合菜,如"风鱼蒸草鸡",其腊鲜之味甚美。

麻油 10 克。

工艺流程：

初步清理⟶腌酱⟶包扎⟶风干⟶清理⟶蒸熟⟶撕条⟶补充调味⟶装盘

工艺要点：

(1) 腌酱：①将鲌鱼洗净，从脊骨剖开去内脏，抹去血污。②将花椒盐炒热起香遍擦全身，腌 10 分钟，将甜酱与酱油和匀亦遍涂鱼身，用荷叶将鱼包扎好，脊背朝上挂在通风处，风干 30 天左右取下。

(2) 加热成熟：将鱼外荷叶去掉，刮鳞洗净。入开水焯烫，沥干水分，放在盘里，加入拍碎的姜、葱、绍酒与热猪油。上笼蒸 20 分钟至熟。

(3) 装盘上席：将蒸熟的风鲌鱼改刀成段码在盘中，淋麻油，撒蒜丝，带醋碟上席。

风味特色：

鲌鱼腊香酱鲜，肉质富有柔韧性。

思考题：

1. 腌风鲌鱼时为什么不去鳞？
2. 将鲌鱼初步清理时为什么不用清水洗涤？
3. 花椒盐为什么要炒热？

3.27 炸玉煌

烹调方法：软炸

主题味型：咸鲜

原料：陈年老海蜇头 250 克，净河虾仁 250 克，猪熟肥膘 25 克，鸡蛋 2 只取清，精盐 3 克，莓子酱 10 克，ok 酱 10 克，味精 2 克，干淀粉 50 克，精炼花生油 750 克（实耗 50 克）。

工艺流程：

海蜇洗净⟶略烫⟶浸发⟶调味⟶拍粉挂糊⟶炸熟⟶装盘⟶上席

虾茸、肥膘制缔⟶拍粉挂糊

OK酱、莓子酱调和味碟⟶上席

工艺要点：

(1) 浸发海蜇：将海蜇洗浸去咸涩味，用沸水浇烫至略收缩，立即浸入凉清水中浸渍至回身。

(2) 制缔作衣：①将虾仁与肥膘分别粉碎，加盐 2 克，味精 1 克与蛋清、淀粉 10 克混合搅拌上劲，成为虾缔。②将蜇头改成 12 块，吸干水分，拌盐 1 克、味精 1 克入味，拍满干淀粉，挂满虾缔糊。

(3) 炸熟成菜：①将挂满虾缔糊的蜇头依次投入 140～150℃油中浸炸固形成熟捞起装入预先点缀的盘中，②将莓子酱、OK 酱加水 15 克、油 5 克熬成透明稀酱装味碟与蜇头一同上席。

风味特色：

此菜软嫩中又有微脆，清鲜洁丽犹如雪裹珊瑚，无上佳品。

思考题：

1. 为什么要将海蜇头浸发？
2. 传统上制虾缔用鸡汤，炸好后用麻油炝锅，而这里不用，为什么？
3. 传统带花椒盐上席，而本菜则用混合 OK 酱，其中有什么道理？

3.28 春白彩烩乌鱼蛋

烹调方法：烩

主题味型：醋椒咸鲜

原料：鲜乌鱼蛋 250 克，熟鸡蛋白 150 克，西芹 1 柄，熟火腿 25 克，水发香菇 25 克，熟笋尖 25 克，上汤 750 克，精盐 5 克，文蛤精 2 克，白胡椒 4 克，白醋 10 克，葱油 25 克，姜汁 5 克，湿淀粉 20 克。

工艺流程：

清理 → 预煮 → 揭片 → 烩熟 → 装盅
西芹刨皮 → 切片 → 焯水 ↑
蛋白、笋尖、火腿、香菇批片 ↑

工艺要点：

(1) 乌鱼蛋处理：将乌鱼蛋去膜洗净，预煮熟，浸在凉水中，揭出蛋片，漂于清水待用。

(2) 辅料加工：将西芹刨外皮撕筋，切出菱形片(约 1.5 厘米×1.5 厘米×0.3 厘米)，香菇亦批成片，焯水待用。火腿亦切菱形片，蛋白批出玉兰片、笋尖切出梳形片待用。

(3) 烩熟装盅，将乌鱼蛋焯水后，与上汤一同上火烧沸，加下各种辅料、各种调料烧沸，勾下湿淀粉成羹芡，用葱油打匀起亮装入汤盅即成。

风味特色：

色彩艳丽，乌鱼蛋滑脆鲜嫩，口味咸鲜中略有醋椒之味，开味爽口。

思考题：

1. 乌鱼蛋除了揭片外，能直切成圆片吗？为什么？
2. 为什么乌鱼蛋制菜一般皆需带有酸辣味？

3. 如使用干货乌鱼蛋，你应怎样加工？

3.29 小鱼汤茶油馓

烹调方法：煮

主题味型：咸鲜微酸辣

原料：活鲹鱼[①] 500 克，茶油馓 75 克，青菜心 20 棵，熟冬笋 150 克，瘦熟咸猪肉片 75 克，水发木耳 50 克，生姜末 20 克，小葱 10 克，鸡精 3 克，绍酒 10 克，白酱油 20 克，精盐 2 克，沙姜粉 3 克，白胡椒粉 2 克，野山椒 20 粒，面粉 20 克，香醋 30 克，羊肉汤 1 000 克，茶油或熟豆油 500 克(耗 50 克)。

工艺流程：

清理 ⟶ 煎鱼 ⟶ 煮汤 ⟶ 装明炉 ⟶ 上席

工艺要点：

(1) 预加工：将鲹鱼洗净，用盐 3 克遍擦待用。菜心修成橄榄头，冬笋切片，与茶馓、木耳各装在 9 寸盘中待用。

(2) 煮鱼：平锅烧热下油，将鲹鱼煎两面金黄取出。换清油 25 克烧热，下面粉磨白，冲下羊汤，放下鲹鱼旺火煮至汤稠白，下咸肉片、姜末、葱段、沙姜粉、白胡椒、山野椒、白酱油、鸡精与绍酒再煮至汤浓白。

(3) 装明炉：将香醋 5 克置明炉锅里，再盛鱼汤于锅里，将明炉酒精点燃，加盖，同时将茶馓入 180℃油中炸酥装原碟，与青菜心、冬笋、水木耳碟、香醋碟一同随同明炉上席。

风味特色：

汤味鱼、羊，鲜醇稠白；鲹鱼肉细如丝，加煮边烫食碟中各料，茶馓尤为香酥入口，趣味悠然。

思考题：

1. 本菜汤汁稠白的主要关键是什么？
2. 沙姜、姜末、香醋、胡椒、山椒构成对小鱼汤的风味形成具有一些什么作用？
3. 羊汤与一般猪骨汤比较在本菜中形成的风味有什么不同特色？

3.30 香蕉黄鱼夹

烹调方法：熘

主题味型：茄汁甜酸微辣

---

① 鲹鱼：乡村河湖之中的一种野生小鱼，形似白鱼，故叫鲹鱼或鲹条，一般不超过 150 克，肉质特鲜细，旧时河、塘、江、湖有很多，现代为珍美的野味，很受都市消费者青睐。一般取之为炸、烧、煮等菜食用。

原料：鲜黄鱼1条750克，香蕉2根，鸡蛋2只，吉士粉10克，面粉75克，鸡蛋2只，精盐4克，白糖150克，绍酒20克，白醋40克，红椒油30克，湿淀粉30克，蒜茸10克，姜、葱汁10克，番茄酱30克，酸活梅20粒，OK汁10克，精炼植物油750克(耗100克)，草莓10只，黄瓜10片。

工艺流程：

清理→分档→批鱼片→腌渍→夹香蕉→拍粉→拖浆→炸脆→装盘挂卤→上席

(香蕉切片→夹香蕉；点缀→装盘挂卤)

工艺要点：

(1) 预加工：①将黄鱼清理洗净分切出头、尾与身段，将头剖开颚部敲平，尾部剖去椎骨使之能直立，身段剖去脊胸骨，将鱼肉先切6.5厘米段，再横批出3.5厘米宽、0.4厘米厚的夹刀片12片，与头、尾一道用盐3克与绍酒腌拌10分钟。②将香蕉剥皮，亦切出与鱼片相应的12片，待用。

(2) 夹片着衣：将香蕉片夹入鱼片。将吉士粉与面粉混合，遍拍鱼蕉夹，再拖蛋粉浆与头、尾投入160℃油中初步炸至定形。

(3) 熘制造型：将鱼头、尾与鱼蕉夹入200℃油中重油至脆，同时另起锅，下油50克，先将姜、葱、蒜茸与番茄酱炸香出红油，下150克水烧沸，接着调下白糖、1克盐，白醋，酸活梅(泡开)、OK汁，红椒油等，用湿淀粉勾沸腾的糊芡，用热油50克余入打活，同时将黄鱼捞出，鱼头、鱼尾置两端，鱼夹排在中间，浇上熘芡，两侧点缀黄瓜与草莓即成。

风味特色：

外脆里嫩，蕉味清香，咸、甜、酸、辣平衡，熘汁稠黏透明红亮。

思考题：

1. 本菜的熘汁与花果黄鱼的熘汁有何区别？

2. 本菜作衣方法是拍粉拖浆，这与拖浆拍粉具有什么差异？

3.31 能不忆江南

烹调方法：滑炒

主题味型：咸鲜、甜苦

原料：嫩苦瓜3根，熟枣泥100克，净鲈鱼肉350克，浓韭菜叶汁150克，鸡蛋2只取清，湿淀粉团25克，精盐3克，鸡精3克，600水湿粉15克，白糖2克，绍酒10克，熟香菇1只(直径5厘米)，精炼植物油500克(耗75克)。

工艺流程：

苦瓜切片 → 去籽瓤 → 焯热 → 酿枣泥 ┐
西红柿撕皮 → 切片 → 去籽 ┘ → 预造型 ↓
鲈鱼肉切丝 → 上浆 → 滑油 → 炒熟 → 装盘 → 点缀
取菜汁 → 总芡 ↑（炒熟）

工艺要点：

（1）预造型：①将苦瓜两根切成24片厚1厘米斜刀片，去籽瓤，入沸水焯熟出锅晾凉。将枣泥分别填入苦瓜孔内抹平，在大白盘中圈出一张大荷叶轮廓。②将西红柿烫皮，并撕去外皮，切八瓣，去籽瓤；在荷叶上一侧摆出一朵一蕾荷花形象，用另一根苦瓜切出一长短0.5厘米的条，摆做花、叶茎。

（2）炒鱼丝：将鲈鱼切成8厘米长的细丝，用精盐3克、鸡精2克、蛋清及湿淀粉团清油25克上浆。入140℃油中滑散，控锅滤油，将韭菜汁下锅，加精盐1克，鸡精1克，绍酒、白糖与水淀粉勾芡，下鱼丝翻炒拌匀，加色拉油25克出锅盛入盘里荷叶圈内，即成。

风味特色：

枣甜瓜苦清脆，鱼丝精细滑嫩，韭菜之香优雅，造图画意，感怀之情溢于盘中。

思考题：

1. 苦瓜、枣泥、鲈鱼脍给人以一种什么品味？
2. 热菜预造型采用的是一种什么方法？
3. 请表述热菜盘中饰物的应用性质，论述菜肴意境、命名与菜肴本身的关系。

3.32 珊瑚映白玉

烹调方法：煎熘

主题味型：蟹黄咸鲜

原料：鲜带子5只，厚虾缔100克，生蟹黄75克，牡丹花刻件1只，菜胆6根，鸡蛋清30克，虾露10克，啤酒5克，白酱油10克，文蛤精2克，味精2克，白胡椒粉2克，蟹油10克，上汤150克，干淀粉10克，湿淀粉10克，精炼植物油150克（耗50克）。

工艺流程：

鲜带子剖开 → 修剪 → 酿缔 → 煎香 → 勾芡熘熟 → 装盘 → 点缀 → 上席

工艺要点：

（1）生坯造型：将鲜带子分二剖开，洗去肠腔杂物，吸干水分，将壳修剪成蝴蝶双翼形状，拍干淀粉，酿上虾缔，用小刀沾蛋清在上刮至平滑，再嵌上蟹黄。

（2）加热成熟：①用平底煎锅，上布清油 150 克烧热，将带子酿虾缔面贴上，小火慢煎至表面熟凝，滤去油，烹入啤酒，加入上汤、白酱油、文蛤精稍㸆，至入味成熟，取出装盘。②原汤中加蟹油、虾露、味精、白胡椒粉，用湿淀粉勾流芡，下包尾油拌匀起锅浇在带子上，另将菜胆炒熟围边，点缀上刻件即成。

风味特色：

带子白如玉板，细嫩鲜滑，蟹黄如珊瑚艳红香鲜，汤卤黄亮透明味醇。

思考题：

1. 在本菜中，对酿带子的煎与蒸比较其优越性在哪里？

2. 从饮食美学的角度看，蟹黄在这里起到了哪几种作用？

3.33 章鱼炖猪舌

烹调方法：炖

主题味型：腊香咸鲜

原料：干章鱼 150 克，腌猪舌 400 克，白菜心 750 克，肉汤 750 克，特鲜抽油 10 克，五香卤水 100 克，精盐 2 克，高汤精粉 5 克，鸡精 4 克，绍酒 20 克，葱结 1 只，姜块 1 只，香叶 4 片，熟猪油 25 克，蒜叶 5 克。

工艺流程：

白菜焯水 → 切条 → 排沙锅 → 炖熟

章鱼泡软 → 焯水 → 切块 → 排沙锅

猪舌泡淡 → 预煮 → 切片 → 排沙锅

工艺要点：

（1）预加工：①将白菜心入沸水煮过，冷漂，切大条，待用。②章鱼预用凉水浸泡至软，洗净入沸水焯透，改刀成块。③将咸猪舌预先 12 小时浸入冷水，泡去大部分咸味，刮洗干净，入沸水煮透，切片待用。

（2）炖制成熟：取 2 号砂锅，下垫白菜，上用章鱼，猪舌各半排面，注入肉汤、绍酒、猪油、卤水、特鲜抽、精盐与葱、姜、香叶，上火烧沸，换置小火慢炖约 3 小时，至章鱼、猪舌皆酥烂时，调入高汤粉与鸡精，炖沸，撒蒜叶花上席。

风味特色：

腌腊干香风味浓郁，汁厚味浓，口感柔酥软烂，十足渔村风情。

思考题：

1. 用鲜汤炖腌干咸货起到了什么作用？

2. 在炖制前必须怎样加工才能使炖品成熟后没有咸涩之味？

3.34 沙律锅巴虾

烹调方法：炸

主题味型：沙律咸鲜

原料：圆糯米饭锅巴 20 片，虾茸 250 克，猪肥膘茸 20 克，熟火腿茸 5 克，熟芹菜末 5 克，细面包糠 80 克，猕猴桃 2 只，鸡蛋清 30 克，樱桃番茄 6 只，绍酒 2 克，葱末 3 克，精盐 3 克，味精 1 克，沙律酱 200 克，干淀粉 5 克，精炼植物油 1 000 克(耗 70 克)。

工艺流程：

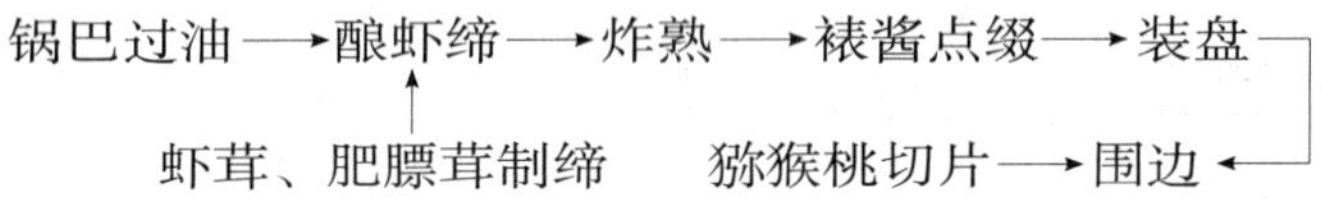

锅巴过油 ⟶ 酿虾缔 ⟶ 炸熟 ⟶ 裱酱点缀 ⟶ 装盘

虾茸、肥膘茸制缔（⟶ 酿虾缔）

装盘 ⟶ 围边 ⟵ 猕猴桃切片

工艺要点：

(1) 生坯成型：①将锅巴片投入 200℃油中炸至酥涨取出晾凉。②将虾茸、肥膘茸与绍酒、蛋清、葱末、精盐、味精、干淀粉等混合拌匀成虾缔，匀酿在锅巴片上，抹平，再沾满面包糠。

(2) 炸熟成菜：①将锅巴虾投入 180℃油中炸至金黄捞出。②将沙律酱装入裱花筒里，在每片锅巴虾上裱出花纹饰，撒火腿与芹菜末点缀后装盘。③将猕猴桃切片围边，点缀上樱桃番茄即成。

风味特色：

中西合璧，锅巴酥烂，虾茸鲜嫩，沙律香气清雅，佐以猕猴桃食用更为爽口。

思考题：

1. 将锅巴炸起的关键是什么？若以 160℃以下油温炸时会产生什么效果？
2. 两次炸锅巴，为什么采用的油温不同？

3.35 豆脑生鱼片

烹调方法：蒸、熘

主题味型：咸甜辣

原料：鲜黑鱼片 250 克，内酯豆腐 1 盒，鸡蛋 1 只取清，葱、姜末 3 克，蒜茸 5 克，泡椒丁 2 克，青蒜丁 5 克，绍酒 5 克，郫县豆瓣酱 25 克，碎豆豉 5 克，白糖 2 克，精盐 2 克，鸡精 1 克，味精 1 克，花椒粉 1 克，干淀粉 5 克，湿淀粉 10 克，鲜汤 350 克，精炼植物油 500 克(耗 5 克)，红油 10 克。

工艺流程：

豆腐批片 → 预蒸 ↘
鱼片上浆 → 滑油 → 烩鱼勾芡 → 装盘 → 挂鱼 → 上席
熬卤 ↗（烩鱼勾芡）

工艺要点：

(1) 加工豆脑：将豆腐切成薄片置汤碗中，加鲜汤 150 克，精盐 1 克，味精 1 克上笼蒸透保温待用。

(2) 鱼片加工：将鱼片用蛋清、盐 1 克、干淀粉上浆拌匀，入 120℃油中滑油后装在豆腐上面。

(3) 勾卤成菜：锅中下油 25 克上火，将姜、葱、蒜、泡椒、碎豆豉与豆瓣酱煸香，下鲜汤、白糖、花椒粉、鸡精 1 克煮沸出香，过滤去杂物，用湿淀粉勾流芡，打入红油，浇在碗中鱼片及豆花上，撒下青蒜丁即成。

风味特色：

细腻鲜嫩，香辣爽口，有淡淡的川湘韵味。

思考题：

1. 本菜来自哪两种名菜的原型？

2. 该种组织模式有什么特色？

3.36 光影片酥鱼

烹调方法：炸

主题味型：芒香咸酸辣

原料：活净草鱼肉 1 段 500 克，精盐 3 克，绍酒 10 克，干淀粉 100 克，芒果汁 100 克，白糖 50 克，果醋 50 克，红油 50 克，湿淀粉 10 克，精炼植物油 1 000 克(实耗 50 克)。

工艺流程：

批鱼片 → 腌渍 → 拍粉 → 炸制 → 拌卤 → 装盘

工艺要点：

(1) 批片腌渍：将鱼肉顶丝斜批大薄片，用 2 克盐与酒拌匀起黏。

(2) 拍粉预炸：将油上锅加热至 200℃，将鱼片遍拍干淀粉逐一投入油中炸起金黄捞出。

(3) 挂卤拌味：①将芒果汁、白糖、盐 1 克、果醋入锅上火加热至微沸，匀湿淀粉成流芡，加红油打透打匀装碗待用。②将鱼片入 160℃油中养炸，待油温升高炸至酥脆，出锅与芒果滋芡拌匀，拣出装盘即可。

风味特色：片大如云，片薄如纸，对灯见影，入口即化，香甜酸微辣，色泽金红。

思考题：

1. 为什么要用活取的鱼肉？
2. 要做到鱼片大而薄、平滑无颗粒、半透明、酥松，应分别注意哪些关键？

3.37 河蚌菜苔

烹调方法：烩

主题味型：咸鲜

原料：菜苔500克，鲜净河蚌肉400克，精盐5克，味精3克，白胡椒3克，姜末25克，葱末5克，绍酒10克，肉汤500克，熟菜油100克。

工艺流程：

清理→敲边→煸炒→预煮→烩熟→装盘

菜苔预煸→（烩熟）

工艺要点：

（1）河蚌整理：①将河蚌肉洗去泥沙，取去鳃膜，用面杖将蚌唇轻敲至柔，切梳刀片。②炒锅内放50克菜油上火烧熟，先煸姜、葱末起香，再下河蚌略煸，调以精盐3克、味精2克与肉汤烧沸约2分钟至熟，离火待用。

（2）煸烩菜苔：另用炒锅下50克菜油上火，下2克盐，先将菜苔煸绿，注入河蚌原汤烧沸至菜苔酥柔入味时，上铺蚌肉烧1分钟即可起锅装盘，撒白胡椒在河蚌上即可。

风味特色：

菜苔碧绿酥软，河蚌鲜嫩入味，汤汁奶黄，浓醇。

思考题：

1. 对河蚌边唇的敲打作用是什么？
2. 本菜中重用菜油、姜末与胡椒，有什么意义？

3.38 日月双火

烹调方法：蒸焯

主题味型：咸甜微辣

原料：日月扇贝10只（直径6.5厘米/只），北极贝250克，西瓜半只（直径15厘米），果汁辣沙司75克，绍酒10克，芥膏5克，精盐1克，油咖喱5克，豆豉酱50克，白糖2克，蒜茸10克，泡椒粒10克，芝麻油20克，姜片5克，米葱末10克，精炼植物油65克。

工艺流程：

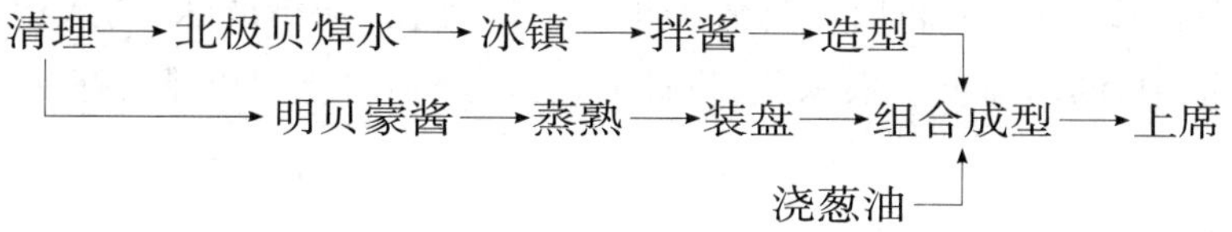

清理→北极贝焯水→冰镇→拌酱→造型→组合成型→上席
清理→明贝蒙酱→蒸熟→装盘→组合成型
浇葱油→组合成型

工艺要点：

（1）北极贝处理：①将北极贝洗理剖开入沸水烫至将熟去生味，用洁冰冷镇待用。②用果汁辣沙司 50 克与芥膏、1 克精盐、油咖喱、20 克调和油拌匀成混合酱。③将西瓜用半只雕刻成莲花底座造型，用沸水烫过，亦入冷柜冷藏待用。

（2）日月贝处理：①将日月贝洗净沙粒，去鳃膜，用绍酒浸渍 5 分钟，吸干水气待用。②用豆豉酱与蒜茸、泡椒粒、白糖、芝麻油、25 克果汁辣沙司入炒锅熬稠成果汁豆豉混合酱，将其匀蒙在日月贝上，上置姜 1 片。

（3）制熟造型：①用果汁辣沙司混合酱与北极贝拌匀，在西瓜莲托里摆成花样造型，装在大盘中。②将日月贝入沸水笼蒸 6 分钟取出围在瓜托一周，同时用清油 45 克烧热冲入葱末成葱油，分别淋在日月贝上即成。

风味特色：

一冰一热，一型双味，口味奇妙复杂，不可言传，只能意会。

思考题：

1. 为什么将北极贝烫后再冰镇？
2. 掌握两种酱的复合加工，加强基本类型的变体思维。
3. 双贝脆嫩或柔嫩的质感是怎样通过加热保持的？

3.39 茶酒吊锅虾

烹调方法：煮

主题味型：茶香咸鲜

原料：斑节虾 250 克，银雪鱼 200 克，碧螺春茶 15 克，冰糖 10 克，鸡清汤 500 克，姜 10 克，葱 10 克，精盐 5 克，味精 3 克，啤酒 150 克，调和油 5 克，湿淀粉 15 克，美极鲜 25 克，虾酱 20 克。

工艺流程：

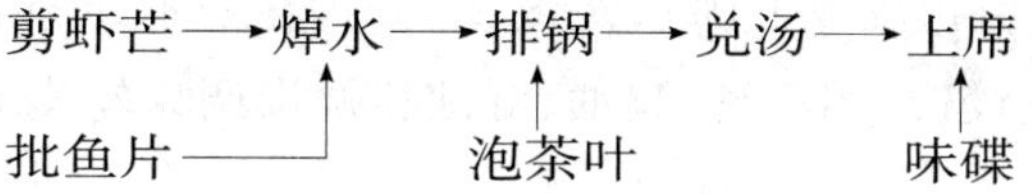

剪虾芒→焯水→排锅→兑汤→上席
批鱼片→焯水
泡茶叶→排锅
味碟→上席

工艺要点：

（1）排锅造型：①将茶叶用沸水泡过滤干放于锅底，上压网筛。②将雪鱼批大片（6 厘米×3 厘米×1 厘米），用沸水浇烫发挺铺在锅中网筛上。③将虾剪去芒、足，入姜、葱沸水中焯水至发挺迅速捞出排在银鱼上成旋式造型。

（2）兑汤成熟：将啤酒加入鸡清汤里，下盐、冰糖、味精调味，勾入湿淀粉成薄羹状倒入锅中，汤面漂上一根米葱，将虾酱、美极鲜和匀装调味碟与虾锅一同上席，边煮边食。

风味特色：

极清鲜爽利，不断有菜香茶味溢出，汤美爽滑，意韵含蓄。

思考题：

1. 在调味中，冰糖具有什么作用？
2. 本菜中勾芡的意义与关键是什么？
3. 在食用时茶叶的清香是怎样溢出的？

3.40 灌蟹鱼皮官顶饺

烹调方法：蒸

主题味型：咸鲜

原料：鱼肉350克，澄粉200克，河蟹粉100克，高汤皮冻100克，姜末20克，姜丝10克，精盐5克，味精3克，白胡椒粉3克，香菜10克，高汤150克，香醋50克，西兰花250克，湿淀粉15克，熟鸡油5克，精炼植物油500克（耗50克），熟猪油25克。

工艺流程：

制鱼面团→包馅成型→蒸熟装盘→浇卤上席

制馅→包馅成型

炒西兰花→浇卤上席

炒西兰花→围边

工艺要点：

（1）制鱼粉面团：将鱼肉拍裂漂白，粉碎加盐2克，与澄粉和匀搓揉成面团，下挤拍压成12只直径12厘米圆皮待用。

（2）制馅：①锅里下熟猪油烧热，先将姜末煸香，再将蟹粉炒香，调以1克精盐，2克味精出锅冷凝。②将皮冻切成粒与炒蟹粉拌匀，香菜剁碎亦拌入馅心。

（3）包馅成型：①将馅心分成12份包入鱼面皮内，分别捏成官顶蒸饺造型。②另将西兰花洗净用100℃油焐绿出锅。

（4）加热成熟：将鱼皮饺上沸水笼蒸10分钟至熟取出排在盘中，另将西兰花炒熟调味，围在鱼皮饺边，用鸡汤、鸡油、湿淀粉烧沸调味勾芡浇在饺上即成。

风味特色：

成型美观别致，饺皮洁白滑嫩，内馅汤满鲜美。

思考题：

1. 本菜的鱼皮制法与鱼皮锅贴的鱼皮制法有什么不同？

2. 就本菜论述什么是菜肴的点心化?

3. 在鱼肉面团中,盐的作用是什么?

3.41 金沙鱼晶冻

烹调方法:冻

主题味型:咸甜

原料:小黄鱼 1 000 克,熟咸鸭蛋黄 500 克,腌雪菜硬末 250 克,蒜子 50 克,姜 20 克,绍酒 50 克,葱 20 克,鱼露 100 克,老抽 50 克,白酱油 50 克,白糖 100 克,香醋 50 克,猪油 300 克,啫喱粉 20 克,黄油 50 克,肉汤 1 500 克,味精 5 克,精盐 3 克,熟菜油 1 000 克(约耗 50 克)。

工艺流程:

鱼清理→过油→烧鱼→拆肉→冷凝→酿酱→切块装盘→上席

(葱、蒜→过油;雪菜剁细→烧鱼;熬蛋黄酱→酿酱;醋碟→上席)

工艺要点:

(1) 烧鱼:将小黄鱼清理洗净,入 200℃菜油锅中过油至面黄,蒜子与葱也过油起焦香。另用锅上火,下猪油 150 克,先将雪菜末煸香,下黄鱼、蒜子、姜葱、老抽、鱼露、白酱油、白糖、绍酒、香醋 20 克调味,用肉汤淹干鱼身中火烧至鱼汤稠黏时离火。

(2) 凝冻:①将鱼汤过滤,取出姜、葱、蒜、雪菜及黄鱼。②将小黄鱼拆出鱼肉回入汤中,雪菜末亦回入汤中,另加入啫喱粉和匀使之充分溶化。③将鱼汤装入方形盘中使其晾凉后置 5℃左右室温中冷凝即成鱼晶冻。

(3) 熬蛋黄酱:将蛋黄加 200 克肉汤上机粉碎,炒锅上火下黄油与猪油 150 克烧溶,下蛋黄浆,用中火熬至起黏,调以精盐与味精出锅,待其稍凉,平铺在鱼晶冻上继续冷凝。

(4) 改刀装盘:待蛋黄酱也冷凝时,取出切条块装盘,带香醋碟一同上席即可。

风味特色:

清凉润泽,入口消融,鱼鲜蛋香,色相透明。

思考题:

1. 为什么在鱼汤中加啫喱粉?

2. 雪菜在鱼冻中是什么口感效果?

3. 蛋黄酱为什么要用猪油、黄油混合熬制?

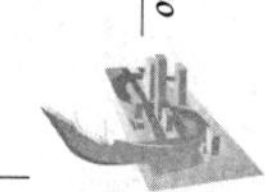

3.42 脆皮牛蛙[①]

烹调方法：熘

主题味型：咸辣微甜

原料：活牛蛙2只750克，鸡蛋2只，面粉25克，干淀粉50克，蒜茸5克，姜、葱汁10克，泡椒粒10克，姜葱末各5克，球葱粒5克，香菜20克，精盐4克，白酱油5克，白糖10克，红椒油5克，咖喱酱5克，肉汤50克，精炼植物油1 000克(约耗100克)。

工艺流程：

清理⟶腌渍⟶挂糊⟶炸熟⟶装盘⟶熘汁⟶上席

工艺要点：

(1) 清理：将牛蛙宰杀，剁去头及爪尖、剥皮，去内脏洗净。从牛蛙内侧剖开大腿肌肉待用。

(2) 腌渍挂糊：①将牛蛙置碗中，用精盐、姜葱汁腌渍20分钟。②另用鸡蛋、面粉、淀粉，适量清水调成鸡蛋镶粉糊，遍挂蛙身，入180℃油中炸至定型。

(3) 熘制成熟：①将牛蛙在140℃油中养炸至透捞起，再入200℃油中炸至外壳酥脆。同时另用炒锅下20克油煸香蒜、姜、葱泡椒，球葱粒，下肉汤、咖喱油、红油、白酱油、白糖烧沸，下淀粉勾成熘菜糊芡汁。②将牛蛙捞起改刀在盘中拼成原形，浇上熘汁，围上香菜即成。

风味特色：

牛蛙外酥脆里鲜嫩，色泽金黄，鲜香特别，口味丰富。

思考题：

1. 为什么要将牛蛙大腿肌肉剖开腌渍？
2. 分别说明牛蛙初炸、蕴炸、复炸三阶段的意义。

3.43 肉末酸辣鱼唇

烹调方法：烩

主题味型：酸辣

原料：水发鱼唇500克，猪瘦肉125克，水发香菇20克，熟冬笋50克，葱末5克，姜末10克，白胡椒粉2克，香醋30克，绍酒60克，白糖1克，酱油25克，红辣油20克，味精2克，白汤500克，芝麻油5克，湿淀粉35克，精炼花生油25克。

---

① 脆皮牛蛙亦可不剥皮腌渍炸熟，但有些消费者不太适应此种做法，对牛蛙的皮有心理反应，然而就风味而言，连皮做显得更好。而剥皮做则为了适应大多数人的饮食心理。牛蛙皮剥下可氽汤，可椒盐，也可炒食。

工艺流程：

鱼唇切条→焯水→烩熟→装盘

瘦肉切末→煸炒（→烩熟）

工艺要点：

（1）刀工处理：将鱼唇切成5厘米×3厘米条块，焯水待用。将香菇、冬笋皆切成片，瘦肉切成米粒状待用。

（2）烩菜：将肉末与姜、葱下锅，用25克油煸香，下500克肉汤与香菇、冬笋、鱼唇条烧沸，下绍酒、糖、醋、白胡椒、酱油、味精、红油等调味，用湿淀粉勾羹芡。淋芝麻油起锅装碗即成。

风味特色：

稠黏爽滑，酸辣开味，鱼唇软糯。

思考题：

1. 鱼唇是怎样涨发的？

2. 肉末在本菜中是“调料”还是“辅料”？肉末是通过怎样的加工达到其作用的？

3.44 白蜜黄螺

烹调方法：拌

主题味型：芥味咸鲜

原料：活黄螺2～3只，取肉约400克，鲜菜瓜150克，葱白2根，生抽酱油40克，蒜茸15克，蜂蜜5克，味精3克，芝麻油20克，芥末5克。

工艺流程：

青螺取肉→批片→焯水→拌味→装盘

菜瓜切片（→拌味）

葱切丝（→装盘）

工艺要点：

（1）黄螺取肉：将黄螺刷洗，预煮10分钟，揭开螺盖，顺黄螺螺旋旋出螺肉，再烫洗去黏液待用。

（2）拌味：将螺肉批成大薄片入沸水焯过，用生抽、蜂蜜、味精、芥末、蒜茸拌匀入味，静置半小时。

（3）装盘造型：①将菜瓜去籽切成象眼片平铺在盘中。②将拌腌入味的螺片装在菜瓜片上，撒上葱丝即成。

风味特点：

菜色金黄，脆嫩鲜爽。

思考题：

1. 怎样做才能保证黄螺肉达到脆嫩鲜爽的质量标准？

2. 除了炒、拌外，还有哪些烹调方法适宜对黄螺菜肴的制作？

3.45 八宝鸳鸯螺[①]

烹调方法：蒸

主题味型：咸鲜

原料：活红螺2只约750克，鲜虾肉200克，鲜鱼肉100克，鸡蛋3只，水发干贝25克，鸭肝25克，熟猪肚25克，猪肥肉100克，水发香菇25克，熟火腿25克，净冬笋25克，姜、葱末各10克，味精5克，精盐3.5克，干淀粉30克，湿淀粉25克，绍酒20克，鸡清汤500克，白胡椒2克，熟猪油25克，绿叶茶200克。

工艺流程：

清洗→预蒸→分解拆肉→填馅→封面→蒸熟↓→装盘

馅料切丁→正味→制馅　点缀→装盘

勾芡→装盘

工艺要点：

（1）分档拆肉：将红螺洗净，蒸10分钟至熟，取出晾凉，摘下螺脚、螺盖，剔去螺肉、螺膏。

（2）制八宝馅：将猪肚、虾肉25克，鸭肝、干贝、香菇、火腿、冬笋等馅料切成小丁，螺肉与膏亦切碎。用中火加热，锅中下25克猪油将馅料与姜、葱末略煸至香，加入鸡汤50克，胡椒粉、味精2克，精盐1克，绍酒烧焖至收干汤汁起锅与螺肉、螺膏拌匀成八宝馅。

（3）填酿螺壳：①将虾肉、鱼肉、肥肉分别粉碎，加盐3克、鸡汤50克、味精2克、鸡蛋3只的清液与干淀粉调和成混合缔。②将混合缔分为两份，取其中1份用鸡蛋黄拌和成黄缔。③将双色缔分别在两只螺盖内薄抹一层，填入馅子，再分别用双色缔封口抹平，即成螺斗生坯。

（4）加热成熟：将鸳鸯螺斗入沸水笼蒸3分钟至熟。取出置盘中装上螺腿成红螺原形。鸡汤上火烧沸，下精盐1克、味精1克、湿淀粉勾芡淋浇在红螺上用绿叶菜炒熟点缀即成。

---

① 螺系福建名贵海产原料，有梅螺、彪螺、红螺之分，尤以多年生团脐红螺为上品，福建沿海咸水域交汇处所产者最佳。厦门鼓浪屿与晋江石湖等地产量最盛。红螺营养价值高，其肉雪白如脂，质嫩味鲜，汁甘醇厚，螺黄膏色凝滑，柔糯香甜，是滋补珍品。螺类菜肴在福建地区是一大系列，如“干炸螺盖”“干煸螺腿”“螺肉老豆腐”“螺肉豆苗”“螺肉萝卜味”“螺肉锅巴”“螺肉鸳鸯菜”“螺肉冬瓜茸”等都是著名的传统特色风味。

风味特色：

造型美观，内馅鲜香细嫩，口味鲜醇。

思考题：

1. 保持螺肉的鲜嫩，关键在哪里？

2. 加强双色的对比度，在原色基础上可以采用一些什么强化手法？

3.46 干炸蟳盖

烹调方法：炸

主题味型：咸鲜香

原料：活蟳10只100克/只，去皮猪五花肉300克，熟冬笋50克，净马蹄50克，番茄75克，萝卜酸15克，香菜5克，鸭蛋4只，葱末25克，面包糠75克，面粉15克，干淀粉10克，绍酒10克，绵白糖5克，白胡椒粉5克，精盐10克，味精3克，精炼植物油1 500克（约耗150克）。

工艺流程：

清洗→预蒸→取盖→拆肉→填馅→抹浆

馅料切丁→制馅→填馅；蛋黄浆→抹浆

→拍粉→炸熟→装盘→上席

面包糠→拍粉；香菜、番茄片、萝卜酸→上席

工艺要点：

（1）蒸熟取料：将活蟳洗净蒸熟晾凉取肉去壳，取蟳盖吸干水分，遍敷干淀粉待用。

（2）制馅：猪五花肉、冬笋、荸荠均切成细丁，与蟳肉、葱末、精盐、味精，2只鸭蛋液，绍酒、胡椒粉、白糖、面粉一同搅拌成馅。

（3）酿馅成型：将馅子分别装入蟳盖填实，用蛋黄液抹于表面，遍拍细面包粉即成蟳斗生坯。

（4）炸熟上席：将植物油烧热至150℃时，逐投下蟳斗，慢慢炸至表面金黄外壳皮酥香脆时取出装入盘中造型，带西红柿片、萝卜酸、香菜一同上席。

风味特色：

蟳盖红艳，馅皮酥脆金黄，肉馅香鲜柔嫩。

思考题：

1. 试比较与酥皮蟹斗的工艺区别。

2. 蟳斗外酥脆里柔嫩的风味特色是怎样形成的？

3.47 萝球烩蟳肉[①]

烹调方法：烩

主题味型：咸鲜

原料：熟蟳肉 100 克，白萝卜 2 000 克（挖球得 750 克），精白面粉 15 克，绍酒 25 克，精盐 3 克，味精 5 克，清汤 250 克，白汤 250 克，熟花生油 500 克（约耗 100 克）。

工艺流程：

萝卜去皮 ⟶ 挖球 ⟶ 焐油 ⟶ 煨熟 ⟶ 烩菜 ⟶ 装盘

蟳肉预蒸 ⟶ 松散 ⟶ 装盘

工艺要点：

（1）制萝卜球：将萝卜去皮，用模具挖出直径约 1.8 厘米的萝卜球 100 粒，将萝卜球投入 120℃油中焐油 5 分钟至松柔捞出。在中火上用清汤将萝卜球煨 5 分钟滤去汤汁，再用白汤煨 5 分钟，调以味精盛入碗中。

（2）烩菜成熟：将蟳肉上笼蒸烫，同时用油 25 克烧热，下面粉在油中研磨至乳白色时，倒入萝卜球并原汤煮沸，加入精盐、绍酒拌匀起锅装入汤盘，将蟳肉出笼，抖松匀撒在萝卜球上即成。

风味特色：

萝卜球软糯松柔，蟳肉洁白鲜嫩，汤汁稠白鲜醇入味，淡爽利味。

思考题：

1. 将萝卜球焐油、套汤的作用和意义是什么？
2. 为什么在二次汤煨煮时先加味精后加盐？
3. 用精面粉在热油中研磨至乳白时再烩汤菜的风味特色作用是什么？

3.48 滑蛋鲎尾肉[②]

烹调方法：软炒

主题味型：咸鲜

---

① 熟蟳肉的作用有如河蟹粉，普遍用在东南沿海烩菜之中，家常而普及，但在具体使用时又有别于蟹粉，蟹粉重味在鲜香，蟳肉重质在鲜嫩，因此在加热过程中亦有区别，蟹粉亦煸，熬在出味香，蟳肉要蒸热在保质。这些区别是应注意的。

② 鲎：又叫马蹄蟹，是因为其头、胸、腹背覆盖着凸起的莹滑而坚固的褐色甲壳，甲形似马蹄，盖住身躯像甲鱼，属海洋中的节肢动物，其腹甲略呈六角形，两侧有六个短棘，口在腹面，尾粗且长，长相丑陋，因此又有“丑八怪”的绰号，肉质鲜美香嫩，营养丰富。主要产在闽、浙、台、粤沿海，而以福建为最丰，所产个大量多，现在江、沪、浙、闽各省市广为食用。

原料:鲜鲎尾肉 250 克,鸡蛋 4 只取清,葱 1 根,去皮去籽西红柿 30 克,净丝瓜 25 克,湿淀粉 15 克,水发香菇 1 只,鸡汤 50 克,精盐 3 克,鸡精 3 克,精炼植物油 250 克(约耗 50 克)。

工艺流程:

鲎肉滑油 → 拌浆液 → 炒熟 → 装盘
葱、西红柿、丝瓜、香菇切片 ↗(→ 拌浆液)

工艺要点:

(1) 混合蛋液:①将鲎肉入 120℃ 油中滑油于熟捞出沥干。②将葱、丝瓜、香菇、西红柿等匀切成 0.8 厘米边长小菱形片,加鲎肉、蛋清、鸡汤、盐、鸡精、湿淀粉与配料片一同调搅匀成混合蛋浆。

(2) 炒熟装盘:炒锅上火烧热滑油,下 50 克清油,用中火加热,徐徐注入蛋浆,轻炒至蛋白凝结即可装盘。

风味特色:

洁白如雪,间有红绿映衬,色彩绚丽,蛋鲎细嫩柔润,鲜香淡雅,美不胜收。

思考题:

1. 这是江南著名的芙蓉炒法之一,你能列举淮扬菜系中 6 种以上这种著名菜式吗?

2. 用同样的原料可以做第二种芙蓉炒法,你知道这第二种炒法是怎样加工的吗? 举例说明。

3.49 桂花梭子蟹肉[①]

烹调方法:软炒

主题味型:咸鲜

原料:活梭子蟹(团脐)3 只约 1 000 克,鸡蛋 500 克,猪肥膘 50 克,熟冬笋 100 克,净荸荠 50 克,葱白 100 克,姜末 5 克,绍酒 25 克,精盐 3 克,味精 1.5 克熟猪油 150 克,香菜 15 克,香醋 15 克,辣椒酱 20 克。

工艺流程:

清洗 → 预煮 → 拆肉 → 调浆 → 炒熟 → 装盘 → 上席
冬笋、肥膘、荸荠、葱白切丝 ↗(→ 调浆)
鸡蛋磕开 ↗(→ 调浆)
醋、辣酱碟 → 上席

① 梭子蟹即蝤蛑,色淡紫,杂以浅白云纹。

工艺要点：

(1) 煮熟拆肉：将青蟹洗净煮熟，晾凉去壳剔出肉块与蟹黄待用。

(2) 调蛋浆：将肥膘、葱白、冬笋与荸荠皆切成细丝，磕入蛋液，加盐、味精与蟹肉和黄调和均匀成混合蛋浆。

(3) 炒熟装盘：将不沾炒勺刷洗干净，置中火上烧熟膛油使锅壁光滑，下猪油50克将姜末煸香，再徐徐倒下蛋浆，分数次倒入，均摊成片，煎两面金黄，分别提出，待最后1片摊成汇总下锅，分数次注入100克猪油，翻炒起香，泼入绍酒，翻锅装盘，盘边饰香菜，带香醋与辣椒酱味碟一同上席即可。

风味特色：

形似桂花，白间夹黄，蟹嫩蛋香，入口润泽。

思考题：

1. 比较一下与涨蛋的加工区别，各有什么特点？
2. 烹酒煸姜比直接将酒、姜调入蛋浆好处在哪里？
3. 本菜与"滑蛋鲎尾肉"之法有何区别？

又一法：将多量油烧热，冲下纯蛋液，使之分散成桂花状起锅，再汇合配料与蟹肉炒熟，撒葱、姜末起锅装盘，蛋的丝粒又像碎桂花之形。如桂花虾仁、桂花鱼翅即此法。

3.50 酥包蛎

烹调方法：炸

主题味型：鲜香

原料：鲜海蛎肉500克(大而均匀)，干紫菜15克，香菜30克，鸭蛋2只，细面包糠250克(约耗100克)，面粉250克(约耗100克)，葱末2克，姜末1克，味精2克，精炼植物油750克(约耗100克)。

工艺流程：

去壳取肉→腌拌→滚面粉→挂浆→拍面包粉→炸熟→装盘

工艺要点：

(1) 取肉腌拌：将海蛎去壳取肉，用干洁布吸去水分，下葱末、姜末、味精拌匀腌10分钟。

(2) 拖浆拍粉：将海蛎再用洁布吸去水分，遍沾面粉，接着拖蛋浆，滚沾面包粉。

(3) 炸熟成菜：将沾满面包粉的蛎肉立即投入200℃油中炸至金黄时捞出沥尽油装盘。

(4) 成品造型：将紫菜撕碎入油炸脆捞起，撒在蛎肉上，盘边用香菜装饰即成。

风味特色:

皮香、肉甜,外脆里嫩,鲜美。

思考题:

1. 为什么要用洁布反复吸干蛎肉水分?

2. 本菜不带盐、酒、胡椒及蘸料的用意是什么?

3.51 炉焗生蚝

烹调方法:烤

主题味型:咸香

原料:鲜海蛎肉 350 克,熟火腿肉 10 克,水发香菇 25 克,净洋葱 25 克,熟鸡蛋 2 只,细面包糠 50 克,精白面粉 100 克,葡萄酒 20 克,白胡椒粉 1 克,精盐 5 克,味精 5 克,上汤 250 克,黄油 80 克。

工艺流程:

洗涤 ⟶ 焯水 ⟶ 炒酱 ⟶ 装模 ⟶ 烤熟 ⟶ 装盘 ⟶ 补充调味(撒胡椒)

工艺要点:

(1) 生坯造型:将海蛎肉洗净焯水,香菇、火腿、蛋白、洋葱均切成小丁,锅中下 90 克油上火,先将球葱末略煸起香,下面粉炒香,加入上汤、精盐、味精、绍酒、海蛎肉、香菇、火腿、蛋白丁等拌匀煮沸盛起,装入 10 只花形模具中。

(2) 烤熟:将蛋黄压塌成粉,匀撒在模具面上,再撒一层面包糠,最上铺一层黄油,入烤箱 300℃烤至金黄色装盘,撒上胡椒粉即成。

风味特色:

色泽金黄,上松酥,下软润,香气扑鼻。

思考题:

1. 能否将蛎肉不焯水,直接与面粉等装模烤熟?

2. 指出本菜加工中来源于西菜工艺的因素。

3.52 仙姑懒睡白云床[①]

烹调方法:蒸

主题味型:咸鲜

原料:蛏子 20 只(每只 7 厘米),虾茸 200 克,熟火茸 20 克,鸡蛋清 30 克,姜、

---

① 本菜主要原料蛏子又叫缢蛏或青子,是四大经济贝类之一,在东南沿海从连云港到福建厦门都盛产,而又以福建产居全国首位,蛏子做菜被全区广泛使用,被称为“第一鲜”。鲜食可炒、可氽、可蒸、可拌,独不宜炖、焖等久制加热。干制称为蛏干,可炖、烩、烧、煎、焖,风味尤佳。

葱汁 5 克，白酱油 5 克，精盐 2 克，干淀粉 15 克，鸡精 2 克，清鸡汤 100 克，芥菜心 10 棵，蚝油 10 克。

工艺流程：

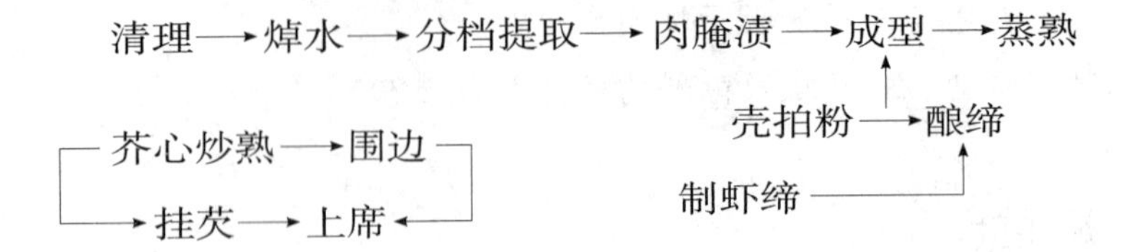

工艺要点：

（1）蛏子处理：将蛏子洗净用清水养至吐出沙粒，入沸水速烫开壳即起。将壳与肉分别洗净，蛏壳内沾上干淀粉，蛏肉用姜葱汁浸拌待用。

（2）生坯成型：将虾茸内加蛋清、淀粉 5 克、盐、味精拌匀起黏，匀酿在蛏壳内抹平，再将蛏肉吸去水分，嵌在虾缔上，然后遍撒火腿茸，将蛏壳微夹。

（3）加热成熟：将蛏夹排入盘中，封起，蒸 5 分钟至虾缔凝结即起，同时将芥心炒熟，围在蛏尖周围，用鸡汤、白酱油、蚝油与 5 克湿淀粉匀流芡浇在蛏夹上即成。

风味特色：

设形趣雅，虾嫩蛏脆，口味鲜美独绝。

思考题：

1. 蛏肉易老，在焯水与蒸熟过程中应把握什么关键？

2. 白酱油与蚝油在勾芡汁中的调味特点较之盐和鸡油有什么独特的效果？

3.53 香糟醉封鳗[1]

烹调方法：腌蒸

主题味型：咸鲜酒香

原料：净海鳗肉 5 克，红糟 750 克，生姜 200 克，精盐 100 克，味精 25 克，高粱酒 250 克，五香粉 10 克，绍酒 100 克，白糖 100 克。

工艺流程：

海鳗切块⟶初腌⟶复腌⟶封坛⟶蒸熟⟶改刀装盘

工艺要点：

（1）初腌：将海鳗剖开去内脏及脊骨，改刀成大块，用 100 克姜丝，80 克精盐，高粱酒、五香粉腌渍 5 小时。

（2）将红糟碾碎加 100 克姜末、20 克精盐、味精、白糖、绍酒调成味卤，将初腌后的鳗鱼块再腌渍，上压 25 公斤重物 24 小时。

---

① 本菜宜批量生产，封坛可保存较长时间，随用随取。

(3) 封坛:将腌渍好的海鳗封入坛中,食用时取出相应量海鳗上笼蒸 25 分钟至熟,冷却后再改刀厚片装盘即成。

风味特色:

形如骨排,外红里白,肉质细嫩凝结,糟、曲香鲜,美味可口。

思考题:

1. 封鱼与风鱼的不同风味体现在什么方面?
2. 为什么在腌渍时要上压重物?

3.54 注油鳗鱼

烹调方法:炸

主题味型:糟香咸甜

原料:鲜海鳗 1 000 克,面粉 75 克,干淀粉 75 克,香糟 15 克,五香粉 0.5 克,咖喱粉 0.5 克,高粱酒 10 克,白糖 75 克,精盐 2 克,味精 5 克,芝麻油 5 克,精炼植物油 750 克(约耗 125 克),熟猪油 25 克,泡打粉 2 克。

工艺流程:

清理⟶切块⟶腌渍⟶拌浆⟶初炸⟶油浸⟶装盘⟶淋芝麻油

工艺要点:

(1) 清理切块:将海鳗剁去头尾,摘去内脏,剔除大骨洗净,切成 10 厘米×5 厘米×0.7 厘米的长方形块 12 块。

(2) 腌渍拌浆:用精盐、味精、白糖、咖喱粉、五香粉、高粱酒、香糟拌匀腌渍 15 分钟,再将泡打粉、干淀粉、面粉、熟猪油混合与鱼块拌匀挂浆。

(3) 油炸:将 500 克精炼植物油加热至 180℃,逐一投下鱼块炸 5 分钟至外壳酥脆,再移至小火浸炸 3 分钟,待鱼块呈淡红色时捞起,用凉油迅速拌匀过滤,装盘,淋上芝麻油即成。

风味特色:

外酥脆,内软嫩,味鲜美,馨香扑鼻。

思考题:

1. 本菜在油炸过程中与油浸之法有什么异同之处?
2. 炸后用凉油拌过具有什么作用和意义?

3.55 瓜樱梅鱼[①]

烹调方法:烧

① 梅鱼产于福建闽江,无鳞,头扁,口在颔下,有细齿。色白而有花点,味极鲜美,用左口鱼、龙利鱼等制作亦佳。

主题味型:咸甜微酸

原料:净梅鱼肉750克,水发香菇10克,净冬笋50克,蜜饯洋桃10克,青梅10只,罐头荠头10克,绍酒30克,香醋10克,白糖15克,酱油40克,上汤100克,湿淀粉10克,熟猪油500克(耗100克)。

工艺流程:

切块→腌渍→预炸→烧熟→装盘
辅料切片→烧熟

工艺要点:

(1) 切块腌渍:将梅鱼肉切成7厘米×3厘米的块,用酱油10克与绍酒腌渍5分钟。冬笋切成3厘米×2厘米×0.3厘米的片,香菇、荠头、青梅及洋桃皆切成片待用。

(2) 预炸:将鱼块投入180℃油中反复炸两次至色呈牙黄捞出。

(3) 烧熟成菜:将炒锅上火,下熟猪油20克,将香菇、冬笋煸香,加酱油、白糖、香醋、上汤与洋桃、荠头、青梅片与鱼块一同焖约10分钟,勾流芡收稠卤汁装盘即成。

风味特色:

鱼块香酥肥润,色泽红亮,咸甜适中,而有蜜饯之味,香醋之香,风味独特。

思考题:

1. 试述本菜的调味特色。
2. 从本菜的哪些方面看出福建风味与大淮扬风味的相近因素?

3.56 洋烧扇面鲳鱼[①]

烹调方法:烧

主题味型:咸甜香

原料:鲳鱼1条750克,蒜瓣10克,精盐3克,干淀粉30克,绍酒20克,白糖15克,油咖喱2克,胡椒粉1克,台湾醋20克,姜、葱各5克,酱油15克,味精2克,肉汤100克,芝麻油1克,精炼花生油500克(约耗75克),番茄片150克或萝卜丝150克。

工艺流程:

清理→批鱼→腌渍→拍粉→过油→烧熟→装盘

---

① 洋烧即闽菜中所谓"汉洋派"的一种烧法,因在烧中结合了西洋的某些因素,故称为洋烧。在沪菜、浙菜、苏菜中广泛具有"洋烧"因素,这是时代融合性的必然。

工艺要点：

（1）加热前处理：将鲳鱼的鳃及内脏去净，运用斜刀法从头至尾斜批 10 片连刀片（肚档相连），用绍酒 10 克，姜、葱与精盐遍擦鱼身，腌渍 10 分钟，再匀拍上干淀粉待用。

（2）烧熟成菜：①将油上火烧热至 200℃，投入鲳鱼炸至金黄色捞起。②将锅复上火，下 25 克清油煸香蒜子，下肉汤、酱油、白糖、油咖喱、胡椒粉、醋、绍酒 10 克烧沸，放入鲳鱼，用中火边烧边收稠卤汁装盘，淋上芝麻油，将番茄片围边（或用萝卜丝）跟鱼上席佐食。

风味特色：

鱼肉酥香鲜嫩，清甜可口，鱼形别致美观。

思考题：

1. 怎样做才能把握自来芡汁达到稠黏而明亮润滑的效果？

2. 做此菜时，如果采用煎烧的方法，则会产生什么与炸烧不同的质量效果？

3.57 百宝虾包

烹调方法：软炸

主题味型：咸鲜

原料：净明虾肉 200 克，虾尾 12 条，鸡蛋 6 只取清，净火腿肉 30 克，水发香菇 10 克，绍酒 5 克，香菜 20 克，面粉 50 克，精盐 3 克，味精 2 克，调制虾酱 50 克，精炼植物油 500 克（耗 50 克）。

工艺流程：

虾肉、香菇、火腿切碎 → 炒馅 → 包馅 → 预蒸 → 炸熟

虾酱碟　　　　制芙蓉糊（→ 包馅）

→ 装盘 → 上席

工艺要点：

（1）制馅：将虾肉与火腿、香菇分别切成米粒状，加油 10 克，绍酒，盐、味精下锅煸散出香成熟，分成 12 份待用。

（2）包馅：①将蛋清打发加面粉调和成芙蓉糊。②取 12 只味碟，下抹熟猪油，铺一层糊，将虾肉馅放入糊中，再盖一层糊，抹光滑后，贴 2 片香菜叶，即成虾包生坯。

（3）炸熟成菜：将虾包生坯入笼放气蒸 2 分钟至凝结时取出，另用锅将清油加热至 120℃左右，脱下虾包略炸至淡金黄色时取出，装盘，带调虾酱味碟同时上席。

风味特色：

虾包松软细嫩，蘸虾酱吃时风味优佳。

思考题：

1. 本菜为什么不直接使用生虾馅？

2. 本菜为什么要先将糊蒸熟再炸，而不是直接将生坯脱入油中炸熟？

3.58 龙虾过桥

烹调方法：滑炒、烩

主题味型：咸鲜

原料：福建东山龙虾1只2 000克，内酯豆腐1盖，熟火腿茸10克，香菜50克，鸡蛋清80克，葱白10克，姜末5克，绍酒20克，精盐10克，味精5克，白糖5克，干淀粉10克，湿淀粉40克，白胡椒2克，高汤1 000克，熟猪油800克(约耗100克)，甜橙2只，芝麻油15克。

工艺流程：

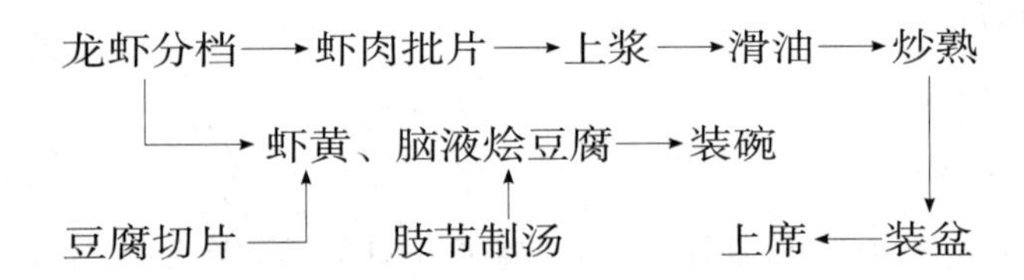

工艺要点：

(1) 龙虾分档：用竹筷戳入虾胸致死，取下头时将虾液尽存碗中，取出虾黄。从尾第二节切下虾尾，剪开腹壳，取出虾肉，将虾背壳与节肢剁短待用。

(2) 浆虾片：将虾肉入冰水漂清，批成大片，用盐2克、蛋清40克、干淀粉10克拌匀上浆，再用清油20克略拌静置待用。

(3) 烩羹：①将豆腐切成1.5厘米菱形片。②将虾背壳与肢节炸香，用高汤750克熬至乳白时，捞出虾壳，余下豆腐与虾黄等，加盐5克、味精3克、绍酒10克、胡椒、姜末、葱末5克烧沸，勾芡装碗，撒香菜5克、芝麻油2克即可。

(4) 炒虾片：①将虾头与尾调味预蒸熟，置于大盘两端，两边围甜橙片。②将葱白与虾片一道入140℃油中滑熟，用高汤150克、绍酒5克、盐2克、白糖、味精2克、湿淀粉10克调成兑汁芡，将虾片翻炒包芡，装入盘中，上撒香菜段即成。

风味特色：

虾片洁白莹玉，鲜脆细嫩，虾脑豆腐入口，爽滑柔润，鲜美异常。

思考题：

1. 分析淮扬风味中龙虾过桥与粤菜中龙虾刺身的不同美学风格。

2. 龙虾片的上浆要注意什么关键？

3.59 陵岛生蒸龙虾

烹调方法:蒸

主题味型:咸鲜微酸辣

原料:活龙虾 1 条 1 500 克,香菜 15 克,萝卜酸 30 克,蒜泥 5 克,香醋 5 克,精盐 3 克,沙茶酱 20 克,芥末酱 15 克,酱油 10 克,上汤 10 克,芝麻油 5 克。

工艺流程:

蒸虾 → 剥壳取肉 → 改刀装盘 → 浇卤上席

(蒸虾)→ 取原汁 → 调味卤 →(浇卤上席)

工艺要点:

(1) 蒸虾:用竹筷 1 支削尖,由头至尾戳入虾身装入长盘上笼蒸 30 分钟至熟。

(2) 调卤:将虾取出,滤出蒸汁入炒锅,加上汤烧沸,调入盐、味精、香醋、蒜泥、芝麻油成为味卤。

(3) 成品造型:由虾腹取出虾肉,切成 0.25 厚片装盘,边饰香菜、萝卜酸,浇上味卤,罩上虾背壳,带沙茶酱、芥末酱、酱油各 1 碟一同上席即成。

风味特色:

虾肉鲜嫩又富有弹性,虾形完整,色泽大红,鲜味醇正,佐食之味别致。

思考题:

1. 用竹筷插入虾身蒸熟有什么作用?
2. 将虾蒸熟取下头尾、身段连壳切片装盘浇汁,这样制作可以吗?

3.60 上汤海蚌尖①

烹调方法:汤爆

主题味型:咸鲜

原料:鲜海蚌尖 400 克,老母鸡 1 500 克/只,姜葱汁 15 克,猪里脊 250 克,鲜瘦牛肉 500 克,绍酒 25 克,白酱油 25 克,精盐 1.5 克,味精 2 克。

工艺流程:

批蚌片 → 略烫 → 套汤 → 装器上席 → 氽汤 → 食用

炖汤 → 吊汤 →(套汤、氽汤)

---

① 海蚌以福建长乐县漳港所产为佳,四季皆产,夏秋为多,每月又以大潮水期为盛,2 年生的海蚌,每粒重约 250 克,最为肥嫩,是海产中的珍品。海蚌肉分尖、裙、纽部分,而以尖为最美,多以汤爆、生炒和熘、焯等加热法制作,鲜嫩爽脆兼具。

工艺要点：

(1) 制上汤：①将鸡宰杀去毛及内脏，取血水与鸡胸肉待用。其他鸡肉则剁成数块与里脊肉、牛肉一道加水 1 500 克炖 3～4 小时，过滤，去浮油及杂质成为高汤。②将鸡胸肉剁细加血水与盐和匀起黏，抓成几只小圆球投入净汤中炖 20 分钟捞出，过滤得纯净的上汤。

(2) 氽汤：将海蚌尖每只剖开成两片，浸入 250 克上汤里 10 分钟即滤去汤水，装入明炉锅中，另将 750 克上汤中调以白酱油、味精与姜、葱汁烧沸装入大碗，一同与锅上席，在客人面前徐徐将汤冲氽入蚌尖锅里即食。

风味特色：

蚌肉爽嫩，汤醇而清澈，原汁原味。

思考题：

1. 本菜的上汤中含有几种原料风味？为什么这样组合？与通常用老鸡、肉骨、火腿、干贝吊制的上汤有何区别？

2. 本菜的吊汤与扬州的三吊之法不同在何处？相似在何处？

3. 蚌尖为什么要"套汤"(或称"回汤")，有什么现实意义？

3.61 出水玉芙蓉

烹调方法：焯

主题味型：咸鲜

原料：海蚌肉 400 克，水发香菇 5 克，熟火腿片 3 克，芥蓝菜心 5 克，鸭蛋 4 只取清，啤酒 20 克，绍酒 5 克，白酱油 10 克，精盐 1 克，味精 3 克，上汤 500 克。

工艺流程：

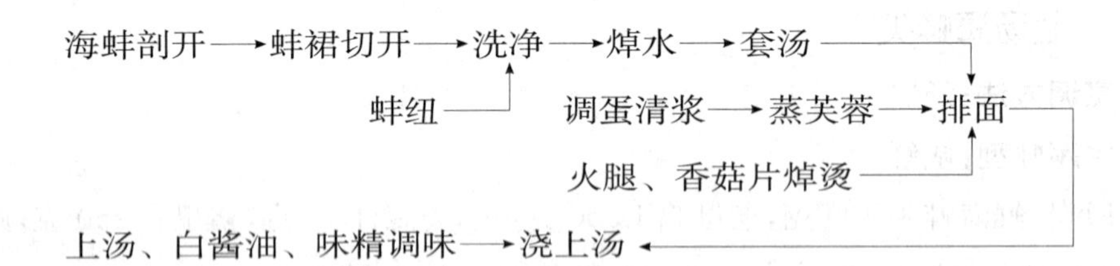

工艺要点：

(1) 海蚌处理：将海蚌剖为两半，蚌裙切开连同蚌纽洗净，入沸水锅焯水至半熟捞出，去净蚌膜，入碗加绍酒拌匀稍渍，再用上汤 50 克浸味套汤。

(2) 蒸芙蓉：将鸭蛋清置汤碗中，加精盐、味精、上汤 200 克与啤酒搅匀，上笼放气蒸 10 分钟至凝结时取出即成芙蓉蛋。

(3) 造型浇汤：①将海蚌滤去汤汁，整齐排在芙蓉蛋上，用香菇、芥菜心、火腿片烫熟后点缀其上。②将上汤 250 克加白酱油与味精调味烧沸，轻轻浇淋入海蚌芙蓉之上即食。

风味特色：

色泽纯净洁白，造型如花，口感细腻爽滑，鲜味天成。

思考题：

1. 为什么要用啤酒调入蛋清制芙蓉？

2. 将海蚌焯烫至半熟的意义何在？

3. 将芙蓉蒸得平滑细腻无气孔的关键是什么？

3.62 淡糟香螺馄饨①

烹调方法：炒、炸

主题味型：糟香咸甜

原料：香螺净肉 600 克，猪肉茸 100 克，姜末 20 克，葱末 10 克，葱 2 根，蒜茸 2 克，水发香菇 10 克，熟冬笋 75 克，香糟 20 克，绍酒 15 克，白糖 10 克，白酱油 15 克，精盐 2 克，味精 3 克，上汤 100 克，白胡椒 2 克，芝麻油 15 克，湿淀粉 10 克，精炼花生油 250 克(约耗 25 克)，鸡蛋 1 只，小馄饨皮 30 张。

工艺流程：

清理 → 2/3香螺批片 → 焯水 → 炒熟 → 装盘 ←

└→ 香螺切粒 → 制馅 → 包馄饨 → 炸熟 ─┘

工艺要点：

(1) 香螺预加工：将香螺肉刷洗去污，2/3 切成薄片，1/3 切成粒待用。

(2) 包馄饨：将肉茸内加入螺肉粒与姜、葱末、绍酒 5 克、鸡蛋 1 只、白胡椒 2 克、芝麻油 5 克、味精 1 克、精盐 2 克、湿淀粉 5 克混合搅拌，包成 30 只馄饨。

(3) 炒香螺：①将香螺片焯水至半熟用绍酒拌匀，香菇、冬笋切片过油即起。②将葱段、蒜茸与香糟用 20 克油煸起香，将螺片等用上汤、白糖、白酱油、芝麻油、白胡椒、味精、湿淀粉勾兑的味汁一同下锅迅速翻炒包芡即成。

(4) 成品造型：将馄饨炸脆垫入盘底，将炒螺片铺在其上。

风味特色：

糟香清雅，馄饨酥脆鲜美，螺片滑爽脆嫩，风味独绝。

思考题：

1. 本菜为架接组合菜，请问内含那两道原自福建的风味名菜？

2. 为什么将螺片焯水至半熟？为什么还要用绍酒拌匀？

3. 本菜中炒螺片能否采用油爆之法？

---

① 一些大的海螺干也在广泛使用，同时可将其焖发或用高压锅煮发至软嫩时使用，风味亦佳。

3.63 黄鱼烧芽白

烹调方法：烩

主题味型：咸鲜

原料：净黄鱼肉200克，去叶嫩白菜750克，鲜红椒细丝5克，绿葱丝2克，细姜丝2克，鸡蛋清25克，面粉30克，干淀粉10克，精盐5克，绍酒15克，味精5克，奶汤750克，熟鸡油25克，熟猪油500克(耗150克)。

工艺流程：

芽菜切条 ⟶ 焐油 ⟶ 烧熟 ⟶ 装盘 ⟶ 盖帽

鱼肉切片 ⟶ 上浆 ⟶ 滑油 ⟶ 烩熟 ⟶（盖帽）

工艺要点：

(1) 鱼片上浆：将黄鱼肉顺丝切成5厘米×2厘米×0.3厘米长方片，用盐2克，绍酒2克拌起黏上劲，用蛋清干淀粉拌匀上浆待用。

(2) 芽菜加工：将黄芽菜柄切成13厘米×2厘米的长条，入熟猪油加热至100～110℃左右焐油至熟提出，待用。

(3) 烩菜成熟：①用奶汤将白菜条煮烂盛起。②另将鱼片入140℃油中滑油至熟捞出待用。③再将锅置火上，下熟鸡油烧热，放入面粉炒至乳白色，将白菜连汤一起倒入锅中烧稠，加盐、味精调味，将白菜捞出放置大汤盘中理齐。同时将鱼片放锅中汤内稍烩入味，连汤盛在白菜上，撒上鲜红椒、姜、葱细丝即成。

风味特色：

鱼片鲜嫩，芽菜酥烂，洁白稠厚，口味鲜香醇美。

思考题：

1. 用鸡油炒面粉的作用是什么？
2. 黄鱼片易碎，在切片、上浆、烧烩时应注意什么问题？

3.64 江鳗烧大乌[①]

烹调方法：烧

主题味型：咸鲜甜微辣

原料：江鳗1条750克，水发乌参300克，葱段25克，姜片10克，水发金钱香菇5只，熟冬笋尖5片，海鲜酱25克，剁椒红油50克，虾黄10克，酱油50克，白糖30克，香醋5克，绍酒20克，熟猪油50克，芝麻油30克。

---

① 本菜实际上是海参烧鱼，是湖北的乡土风味。尤以海参的烧青鱼与海参烧武昌鱼为著名，本菜则是在传统原则上的一个变体，在调味上稍有增减，以适应更广泛的需求。

工艺流程：

鳗鱼清理→切段→烧→焖→收卤→装盘

海参切条→焯水→（焖）

（装盘）→浇葱油

工艺要点：

(1) 清理：将鳗鱼宰杀去头、尾与内脏。烫洗去黏液，剞一字花刀，切成均等10段。将海参洗净漂清，亦成相等10根条块，焯透水待用。

(2) 烧焖：将炒锅中放红油、猪油，上火将姜片、海鲜酱煸香，鳗鱼段下清水500克，下酱油、白糖、绍酒、香醋淹平鱼段，缓慢加热至汤沸，煮10分钟，下海参、笋、香菇等移至小火焖约30分钟至鱼段熟烂，下虾黄收汤至稠。

(3) 成品造型：将鱼段排入大盘，海参排在鱼段上，香菇与笋片围在四周，中间辅上葱段，将芝麻油烧热浇上即成。

风味特色：

鳗鱼软滑肥糯，脱骨而不碎，海参滑软鲜嫩入味，葱香四溢，色泽红亮，咸鲜甜适口，微辣起香。

思考题：

1. 鳗鱼段为什么要冷水下锅缓慢加热至沸？
2. 本菜没有勾芡，采用的是什么芡法？什么原料需要勾芡？
3. 这里醋的加入具有什么意义？

3.65 金鱿戏珠莲

烹调方法：蒸熘、油爆

主题味型：咸鲜甜辣

原料：鲜鱿鱼2条，鸽蛋5只，精盐4克，白鱼茸200克，熟火腿茸25克，熟猪油80克，葱姜汁水50克，鸡蛋1只取清，鸡清汤200克，绿菜汁50克，美极鲜15克，甜辣酱25克，蒜茸10克，绍酒50克，鸡粉2克，香醋5克，白胡椒2克，芝麻油25克，湿淀粉25克，精炼油500克(耗50克)。

工艺流程：

鱿鱼整理→剞花→焯水→油爆→装盘

鱼茸制缔→塑形→预蒸→装盘→挂芡

（两路）→上席

工艺要点：

(1) 金鱿成形：将鱿鱼切10条黄片8厘米×3厘米，在3.5厘米处剞卷筒花刀。4.5厘米长度切成丝条状，入沸水焯烫卷曲即成金鱼状花形。

(2) 珠莲成形：①将鱼茸与清鸡汤50克、葱姜汁水25克、鸡蛋清1只、精盐2

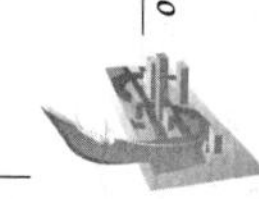

克、鸡粉1克、熟猪油、湿淀粉10克一同混合成缔子。②汤匙抹油，将鱼缔分装在10只汤匙里抹平。③鸽蛋蒸熟剥壳切末，每只汤匙的缔子上镶嵌上半只熟鸽蛋，在尖的一端匀撒上火腿茸上笼蒸熟于盘中叠成荷花状。

（3）制熟装盘：①用100克鸡汤、绿菜汁、精盐1克、鸡粉1克、湿淀粉5克匀流利芡浇在盘中莲花上。②将金鱿入180℃油中过油捞出，迅速烹入用绍酒、甜辣酱、美极鲜、胡椒、鸡粉1克、鸡汤50克、香醋、芝麻油、湿淀粉10克勾兑的兑汁芡，下鱿鱼卷翻拌包芡即出锅，围在莲花一周即可。

风味特色：

莲花细嫩，鸽蛋晶莹，鱿鱼脆嫩丰富。

双味组合，造型口感有趣味，色彩丰富淡雅。

思考题：

1. 此菜优化组合了那两款名菜？
2. 将鱿鱼剞成金鱼的关键是什么？
3. 应怎样控制蒸制瓢儿鸽蛋的蒸气？

3.66 珊瑚映明月

烹调方法：烩

主题味型：咸鲜

原料：水发紫海蜇600克10块[①]，白鱼茸200克，鲜奶75克，提白熟猪油50克，熟红心咸鸭蛋黄3只，烤海苔1大片，熟鹌鸽蛋1只，鸡蛋2只取清，精盐6克，三吊清汤1 200克[②]，鸡精分2克，绍酒10克，干贝精粉1克，火腿汁5克，鸡汤500克，姜、葱汁20克。

工艺流程：

海蜇套汤→烩制→装碗
↑
鱼茸制缔→预蒸

工艺要点：

（1）套汤：将水发海蜇用500克鸡汤，绍酒10克，姜葱汁加热至沸套汤待用。

---

① 水发海蜇：选用紫蜇、焯水→洗净→70～80℃热水泡发10小时即成，形似珊瑚，质地软嫩。

② 三吊汤：经过三次吊制的上汤。具体加工工艺是：取童鸡1只约500克，分鸡脯为白吊料、鸡腿为红吊料、鸡骨呆为恶吊料。三料忌洗去血水，皆需剁碎，各加酱油1克，精盐1克，姜、葱各5克拍碎，和鸡蛋清30克，清水100克和匀。三吊时，用毛汤1 500克烧沸，先下恶料，次下红料，再下白料，每料下后见沸捞起撇准，用纱布包起吊料，压扁下锅用火炖制15分钟，共45分钟，如汤中尚有少许悬浮物，可再用鸡蛋2只取清下锅连结捞出，最后将汤用120目筛过滤得汤1 200克左右。成汤色呈淡黄色，有黏稠感，鲜味醇正绵长深厚。汤质透明无悬浮物，是汤中极品。

(2) 制缔:将白鱼茸加鲜奶、熟咸鸭蛋黄、熟猪油,盐 2 克,鸡粉 1 克,葱姜汁 10 克,打茸搅拌上劲,再加两只打发的鸡蛋清搅拌均匀,成淡黄色混合缔。鹌蛋刻成白兔待用。

(3) 加热成熟:①将鱼缔装入特制的 15 厘米×2.5 厘米圆饼状模具中上笼温火蒸 5 分钟成熟。②将三吊清汤加热至微沸,加火腿汁、干贝粉、精盐 1 克,撇沫。盛入大品锅中,放入套汤后的海蜇,蒸熟的明月形鱼饼,在饼面上点缀上用烤苔菜剪成的老树与用鹌鹑蛋刻成的白兔即成。

风味特色:

意韵生动,色味双佳,风味极其醇真,鲜味连绵,久咂不散,形式高雅。

思考题:

1. 此菜是以什么传统名菜为基础的再创造?
2. 你怎样认识饮食之中名菜的雅文化?
3. 名菜制作能以商品化快速生产为唯一准则吗?
4. 在本菜制缔中有几处具有创新思维?

3.67 五子登甲[①]

烹调方法:原烧

主题味型:咸甜

原料:雌甲鱼 1 只 1 000 克,熟腰豆 25 克,鲜嫩玉米粒 25 克,鲜豌豆 25 克,水发薏仁米 25 克,水发黑珍珠 25 克,葱 10 克,姜 10 克,蒜子 20 克,肉汤 500 克,绍酒 50 克,精盐 4 克,冰糖 100 克,橘瓣 10 只,熟猪油 100 克,色拉油 50 克。

工艺流程:

甲鱼宰杀 ⟶ 分档 ⟶ 焯水 ⟶ 烧焖 ⟶ 收汁 ⟶ 装盘

（五子 ⟶ 收汁）

工艺要点:

(1) 甲鱼处理:将甲鱼宰杀,开盖,去内脏及黄油,卵留用,底座剁成八块,用甲鱼胆汁遍抹鱼身,焯水洗去外膜。将五子焯水,甲鱼卵用鸡汤黄酒蒸熟待用。

(2) 烧焖:用 100 克猪油将姜、葱、蒜煸香下甲鱼、肉汤、黄酒、盐、冰糖加热至沸,移小火焖 1 小时至烂。

(3) 收汁装盘:火加旺,将甲鱼汁收稠,取出甲鱼按原形装在大玻璃盘中,去掉姜、葱、蒜,下五子在锅中原汁中继续加热至五子入味,汤汁黏稠时遍浇甲鱼身。将

---

① 甲寓指甲第,即古时科举考试的第一等,五子寓指儿孙满堂,成语有“五子登科”。此菜亦可用白酱油白烧,鲜美爽口。

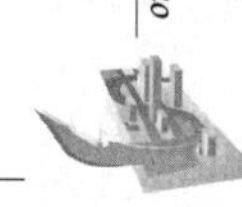

鱼卵装在甲背上，另用50克色拉油烧热约150℃，将橘瓣去皮取肉剁碎拌入油中，浇淋在甲鱼上即成。

风味特色：

甲鱼肥润，晶莹纯净，五子斑斓，滑糯爽黏。

咸鲜甜美，淡淡的橘香犹如金橘，韵味飘逸。

思考题：

1. 此菜是由哪种传统名菜升华而来？
2. 为什么五子不与甲鱼同烧，而是在收汁中加热？
3. 用甲鱼胆液遍抹甲鱼的作用是什么？

3.68 鲜奶鱼馄饨

烹调方法：烩

主题味型：奶香咸鲜

原料：鲜鳜鱼肉600克，鲜河虾仁100克，鲜牛奶200克，猪板油100克，鸡粉2克，鸡蛋2只取清，熟火腿末10克，香蕉4根，红樱桃6只，清鸡汤250克，绍酒15克，精盐5克，湿淀粉5克，干淀粉150克，熟鸡油10克。

工艺流程：

鳜鱼肉切块→敲皮→包馅→汆熟→烩制→装盘

（包馅←虾仁、火腿末制馅）

工艺要点：

（1）敲皮：将鱼肉匀切成20只2.5厘米方块，拌干淀粉敲成直径7厘米圆薄皮。

（2）制馅：将虾仁洗净晾干，板油去膜，分别剁茸，用置一碗，加绍酒10克、盐3克、鸡粉1克、蛋清、干淀粉5克、火腿末5克混合搅拌成馅心。

（3）生坯成形：将虾缔匀分在鱼皮上，逐一对折卷扣提成馄饨状，入沸水汆熟即起。

（4）烩制成菜：将鸡汤烧沸，加精盐2克、鸡粉1克将馄饨滑入，将鲜奶内加湿淀粉5克和匀倒入锅中，边倒边推手勺使之均匀收汁，起锅加10克鸡油，装入碗中，撒上另5克火腿茸。樱桃与香菜点缀即成。

风味特色：

馄饨洁白，鲜香细嫩，奶汁醇浓。

思考题：

1. 鱼皮的质量要达到什么标准？与鱼皮锅贴有什么区别？
2. 馅心中加猪板油的作用是什么？

3.69 菊花青鱼

烹调方法：脆熘

主题味型：甜酸

原料：带皮青鱼段350克，绍酒15克，精盐5克，番茄酱30克，绵白糖150克，镇江香醋75克，葱50克，姜20克，蒜末10克，干淀粉100克，湿淀粉40克，芝麻油10克，熟菜油1 000克(耗80克)。

工艺流程：

鱼肉整理⟶剞刀⟶腌渍⟶拍粉⟶熘制成熟⟶装盘

工艺要点：

(1) 生坯取料：将鱼肉修裁为宽4厘米，厚3厘米的宽条，斜40°角批刀剞片，去皮，每4刀切断鱼皮成10块，刀距0.25厘米。再用同等刀距直剞出菊花条纹。用绍酒15克、精盐2克、姜片、葱段40克将鱼块腌渍10分钟。

(2) 生坯成形：将鱼块吸干水分，理清刀纹，遍拍干淀粉抖松投入200℃油中迅速炸至定形。

(3) 熘制成熟：①炒锅上火，下50克清油将番茄酱、蒜茸煸香，下清水、香醋、白糖、精盐2克烧沸，勾糊芡，待用。②将菊花鱼入210℃油中复炸至脆捞出，在盘中摆出造型，炒锅再上火，烧至冒烟，将熘汁迅速氽下，加麻油与100克热油打匀，匀浇在菊花鱼朵上即成。

风味特色：

鱼块形似菊花，脆嫩香鲜，色泽枣红明亮。

思考题：

1. 鱼块剞刀要注意什么问题？

2. 拍粉炸制的关键是什么？

3. 旧法用肉汤，这里改成清水，你认为合理吗？

3.70 蟹酿橙

烹调方法：蒸

主题味型：橙菊香，咸酸微甜

原料：秋河雌蟹1200克，甜橙10只1 500克，精盐2克，姜末5克，绵白糖15克，米醋75克，香雪酒200克，白菊花10朵，精炼油50克。

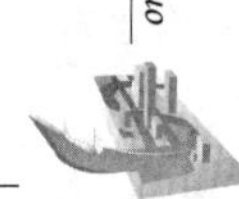

工艺流程：

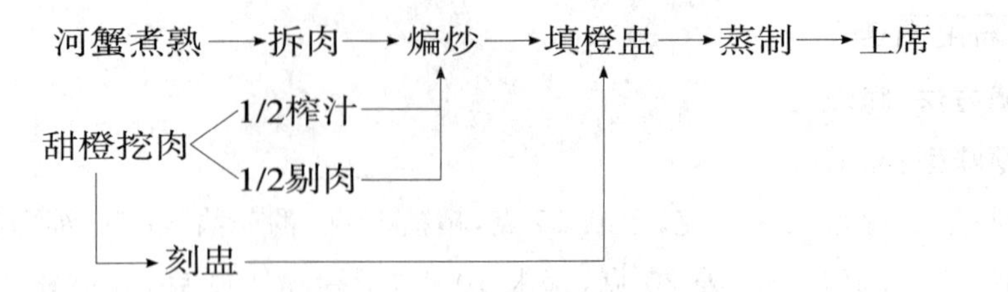

工艺要点：

(1) 制橙盅：用槽口刀从橙子 1/4 处蒂子下沿刻一周取下蒂盖，挖出橙肉。取 1/2 挤橙汁，1/2 剔去籽及筋渣取净肉。

(2) 炒蟹肉：将螃蟹蒸熟剥壳取肉，用 50 克清油与姜末将蟹肉煸香，下精盐、白糖、米醋 50 克煸炒入味，再下香雪酒 15 克与橙子肉拌匀装盘晾凉。

(3) 装盅蒸熟：将蟹肉分填入 10 只橙盅里，盖上甜橙盖，排置在大深盘中，加入香雪酒、米醋 25 克和白菊花，上沸水笼蒸 10 分钟即可。

风味特色：

橙香、菊香、酒香，蟹肉肥润醋香，风味醇厚而别致。

思考题：

1. 在深秋之季，用 500 克雌蟹煮熟后能出多少净肉？

2. 请评析本菜的调味具有哪些特征。

项目四　畜产品菜例

知识目标

本项目重点对畜肉产品典型菜品进行剖析示范，展示了丰富多彩的工艺形式。尤其是对猪、牛、羊肉的精细加工，反映了大淮扬风味畜肉类菜肴的主流特点。

能力目标

本项目通过精选，从中挑选出10～15个品种供学生模拟实训，让学生学会举一反三地设计方法，基本掌握名菜的制作工艺。

4.1　十香小烤兔[1]

烹调方法：香炸

主题味型：咸香微辣

原料：家兔腿750克，孜然粉5克，红椒粉5克，咖喱粉5克，花椒粉5克，干葱粉5克，蒜粉2克，丁香粉1克，月桂粉2克，白扣粉1克，沙姜粉3克，精盐8克，味精粉末4克，花椒油10克，芝麻油20克，干红椒节20克，白糖5克，松肉粉3克，糟卤10克，干淀粉15克，花生油1 000克(耗100克)，绍酒10克，香菜50克，玻璃纸1大张，姜、葱各50克，酱油2克。

工艺流程：

兔肉剁块→漂嫩→腌渍→炝粉→炸制→炝味→扎包→上席

工艺要点：

(1) 生坯加工：①将兔肉剁成2.5厘米边长方块，用流动水浸漂4～5小时至

① 此菜也可用同样调料，用锡纸包裹烤制，风味别开生面。

兔肉白嫩肥胖时提出吸干表水。②将十香盐、味粉拌匀，取 1/2 加松肉粉，白糖，绍酒，酱油，糟卤与敲松的姜、葱块腌渍兔肉，拌至起黏，拈去姜葱，炝入干淀粉，用清油 40 克拌匀成生坯。

（2）炸制：将兔肉逐块投入 180℃油中急炸起壳，再保持 140℃蕴炸 15 分钟至兔肉成熟，捞起。再用 210℃热油急炸 2 分钟起脆起香捞出滤油。

（3）炝味成菜：干椒节浸水回软，用花椒油、芝麻油入锅煸炒起香，将兔肉投锅中翻拌，迅速撒下另 1/2 十香盐、味粉拌匀即起，置玻璃纸中，上铺香菜，提四角扎呈石榴状，上席。

风味特色：

兔肉干爽褐红，外脆里嫩，香味复杂而清悠怡人。口味含蓄丰富，鲜香微辣，十分下酒开味。

思考题：

1. 请熟练识别上述香料的性味特征。
2. 兔肉较老，本菜使用了什么制嫩方法？
3. 对腌渍的兔肉进行炝粉与拌油的作用是什么？

4.2 锡包玫瑰骨

烹调方法：烤

主题味型：咸香微甜

原料：猪排骨 1 000 克，五香粉 5 克，南乳汁 7 克，花生酱 10 克，精盐 2 克，松肉粉 3 克，京葱 50 克，姜 20 克，蒜子 10 克，味精 3 克，酱油 4 克，白糖 10 克，白醋 10 克，绍酒 20 克，黄油 50 克，白胡椒 3 克，锡纸若干，香菜 100 克。

工艺流程：

排骨斩段→浸漂→腌渍→包卷→烤制→装盘

工艺要点：

（1）浸漂：将排骨斩 8 厘米段 10 段，置盆中加清水与 6 克白醋，浸约 4 小时，至排骨肥嫩色淡提出。

（2）腌渍：将排骨表面水吸干，先用盐、松肉粉、绍酒初腌，甩拌至起黏，南乳汁、花生酱、味精、葱姜蒜茸、酱油、白糖、白醋、白胡椒、五香粉拌匀作二次腌渍。

（3）烤制：将锡纸裁成 12 厘米×12 厘米的 10 张将排骨整齐卷包起来，在每根排骨里放 5 克黄油，置炉盘中烤制，先 150℃25 分钟，再 250℃15 分钟，至出香成熟出炉。

（4）装盘：取小竹篓 10 只，用香菜垫底上放锡纸烤骨上席。

风味特色：

排骨开包香味四溢，肉色红润鲜美诱人，突出南乳风味，口感肥嫩。

思考题：

1. 与小烤兔肉相比，在香型与味型上有些什么微妙变化？

2. 为什么在腌渍时先用盐与松肉粉腌，并且要甩拌起黏？

3. 在这里为什么要放1小块黄油在纸包里？对风味的表现具有什么特别的烘托作用？

4.3 马鞍桥扣肉

烹调方法：红扒

主题味型：咸甜

原料：活鳝鱼750克4条，猪小膘五花肉（带皮）500克，蒜子50克，葱段50克，姜片15克，绍酒100克，红曲粉10克，酱油120克，台湾辣酱10克，味精2克，绵白糖50克，白胡椒粉5克，芝麻油20克，香醋2克，湿淀粉10克，精炼油1 000克（耗100克），菜心10根。

工艺流程：

葱段、蒜子炸焦 ↓

鳝鱼活杀去脏 ⟶ 剞刀清理 ⟶ 预熟过油 ⟶ 烧制

五花肉清理 ⟶ 剞刀处理 ⟶ 预熟焯水 ⟶（烧制）

⟶ 扣碗 ⟶ 蒸扒 ⟶ 装盘

工艺要点：

（1）清理：①将鳝鱼剁去头尾，腹开去脏，用盐洗净，等距离在鱼背剞0.2厘米距条纹，切8厘米段待用。②将五花肉洗刮干净，焯水至透，改刀成8厘米×8厘米方块，在皮面剞深度1/3，0.2厘米刀距条纹待用。

（2）预炸：①将鳝段入180℃油中过油起香。②另将蒜子与葱段也炸成金黄色。

（3）熟制：①将鳝段、五花肉下入有竹箅的烧锅，加入黄酒、酱油、绵白糖、金蒜、葱与姜、红曲粉、清水淹平鱼段及肉块，加盖盘封口烧焖40分钟至七成烂出锅。②将鳝段提出，肉块提出晾凉改刀成0.2厘米厚的鸡冠片。将鳝段与肉片相夹扣入大碗中。③将台湾辣酱与香醋味精调入原汤过滤，提出金蒜子待用，将原汤注入扣碗，扣碗封口，上笼蒸20分钟至鳝鱼与肉片达到入口即化的烂度出笼，滤出原汤。

（4）装盘：①将扣碗覆入大盘，菜心焐油入味与金蒜子围在一周。②将原汤上

火收浓勾芡，淋芝麻油浇在菜上，撒上白胡椒粉即成。

风味特色：

鱼与肉互补，酥烂醇浓，入口即化，色泽红亮，金香之味幽郁，口味醇绵丰富，收口微甜辣。

思考题：

1. 本菜出自传统的“马鞍桥烧肉”但又有微妙的变化，谈谈这些变化的特点是什么？

2. 以此菜为例谈谈笼扒菜的特点。

4.4 瓜方塔肉①

烹调方法：蒸扒、蒸

主题味型：咸甜酸、咸鲜

原料：连皮猪肋肉 750 克 1 方块，冬瓜 1 只 1 000 克，鲜虾仁 200 克，枸杞 30 粒，香菜 10 根，鸡蛋清 2 只，嫩黄瓜 50 克，梅干菜 100 克，南卤 100 克，老抽 20 克，冰糖 150 克，白醋 50 克，黄酒 500 克，盐 3 克，味精 4 克，姜、葱各 50 克，湿淀粉 50 克，大茴 10 克，桂皮 10 克，精炼油 500 克(耗 50 克)。

工艺流程：

选料⟶修料⟶制毛坯⟶预熟⟶制精坯⟶蒸扒⟶组合装盘

工艺要点：

(1) 选料：①肋条选用小膘肉，肥肉层不超过 1.5 厘米，刮洗干净，焯水焯透。②冬瓜，选用肉层厚实最好超过 4.5 厘米的深色冬瓜，刮去表皮，去瓜瓤洗净。③鲜虾仁：用 1%浓度食矾水打白，漂洗干净。④将梅干菜泡透洗净切成寸段。⑤枸杞子泡软。

(2) 修料：①将肋条焯水后修切成 10 厘米×10 厘米正方形块。②将冬瓜修切成 4 厘米×4 厘米菱形块，底部批平厚度 4 厘米。

(3) 制坯：①a. 将肋条肉下锅，加绍酒、南卤、红曲、酱油、冰糖、姜葱、白醋、烧焖至 6 成烂时捞出，压平、晾凉(5℃)。b. 将凉冻的肋肉取出，用薄刀片刻回纹薄片，刀距 0.1 厘米，由外向内旋转，刀纹刻好后面向下，装压进四角椎形模具。将锅中梅干菜捞出，拣去姜葱及香料，填进模中肉凹处使之平，将原料注入模内。② a. 沿每块冬瓜边沿 0.3 厘米刻菱形凹塘，深 2.5 厘米，入 100℃油中焐熟，但不能软烂，捞起晾凉。b. 将虾仁粉碎极细，用蛋清、盐、味精、淀粉混合搅拌成厚缔，嵌入冬瓜凹处，抹平齐面。c. 选嫩小香菜叶在每块冬瓜的虾缔面上点缀，再各点缀三

---

① 本菜在“南乳扣肉”与“芙蓉瓜方”的基础上组合。

颗枸杞子。

（4）蒸扒：①将塔模封口上笼蒸1小时至肉酥烂。②同时将冬瓜方上笼蒸5分钟使虾缔成熟即可。③黄瓜切成半圆片待用。

（5）装盘：①将塔肉复于盘中，用原汁勾流芡浇上。②用黄瓜片紧贴塔肉四周使红汁不能过多四溢。③将瓜方围于一周，用鸡汤150克，盐、鸡油、鸡精、湿淀粉勾流芡淋在瓜方上即成。

风味特色：

双色双味，荤素融合，塔内酥烂醇浓红艳，瓜方清鲜鲜美青翠，造型美观，吃看皆佳。

思考题：

1. 此菜与一菜双味又有不同，而是双菜合璧，这种做法在气势上具有什么特点？在食用上具有什么特色？

2. 时间差在此菜制作过程中具有什么重要意义？

3. 用什么方法可尽可能减少双味互串？

4.5 京葱爆羊脊

烹调方法：煸炒

主题味型：京酱咸甜

原料：羊脊精肉250克，京葱白75克，熟冬笋片25克，松肉粉2克，红油25克，姜丝15克，甜面酱30克，老抽5克，绵白糖10克，精盐1克，鸡精2克，鸡蛋清1只，白胡椒5克，芝麻油100克，湿淀粉10克，蝴蝶夹饼10只/170克，鲜荷叶1张。

工艺流程：

羊脊批片 → 上浆 → 组配 → 煸炒 → 装盘

雀舌葱、冬笋片 → 组配

烫荷叶、蒸夹饼 → 装盘

工艺要点：

（1）羊脊批片：去筋膜，批下柳叶片，漂清水。

（2）上浆：将漂清水的羊肉片捞起挤干水分，下松肉粉、盐、鸡精、老抽、蛋清、甜面酱、红油、白胡椒、湿淀粉快速搅拌起黏入味。

（3）组配：将葱白斜刀切大片，笋切长方片，与浆好的羊脊及其荷叶、姜丝、蝴蝶夹组合成菜肴生坯待炒。

（4）煸炒：将炒锅烧至近红，下芝麻油并快速下羊肉片煸炒分散，再下葱片与笋片，再煸至羊肉变色即可，沥去油装盘。

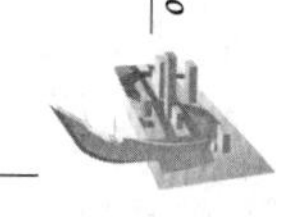

(5) 装盘:①将荷叶叠剪成齿轮状烫绿置盘上。②将蒸好的蝴蝶夹饼围在四周,将煸熟的羊肉片盛于盘中,再将姜丝点缀其上。

风味特色:

羊肉鲜嫩入味,酱香、葱香、荷叶香、咸甜适中而微辣,用饼夹吃味更佳。

思考题:

1. 说说本菜的调味特点与加热特点。

2. 用同样的方法能否对牛、猪、鸡、鸭等原料加工?用鱼肉可以做这种菜吗?为什么?

4.6 扬州烤方

烹调方法:叉烤

主题味型:咸甜鲜香

原料:猪肋条肉(连皮)3 500 克,甜酱 150 克,开洋 10 克,陈皮 5 克,盐 4 克,红醋 5 克,白糖 35 克,绍酒 5 克,花椒盐 100 克,空心饽饽 24 只,京葱白段 100 克,芝麻油 50 克,味精 5 克。

工艺流程:

选料 → 上叉 → 预烤四次 → 复烤 → 装盘

(预烤四次 → 刮洗 → 复烤;调酱 → 装盘)

工艺要点:

(1) 选料:选皮厚的猪肋条肉,将其修裁呈 30 厘米×24 厘米长方形块,重约 2 300 克,洗净。

(2) 上叉:将肋骨在 1/2 处斩断但不能断及肉与皮,再用铁丝在皮面插数十小孔,便于烤时排气,用双股叉横插入肉方,再用两根竹筷从另一方向平插入肉方。

(3) 预烤:用小火烘烤 20 分钟,先烤四角再烤中间,至肉皮均匀起焦时取出,入水浸软刮去焦痕,如此再烤一次,取出用湿布敷湿刮去焦黄,第三次仍如此,至肉皮呈黑色时取出,轻轻刮净,第四次烤将肉面朝小火焐约半小时至肉七成烂,露出肋骨。

(4) 复烤:第五次烤,将火加旺,对着皮烤 5 分钟,至皮油吱吱作响取出,将其刮去焦屑,使皮呈金黄色,先片下肉皮上席,再将上脊肉取下连带少量肥膘亦切成大片上席。

(5) 调酱:将开洋泡开,陈皮也泡开,分别切成细粒,入小油锅略煸出香,下甜面酱略炒,再下白糖、绍酒、盐、味精、红醋等调匀,用少量淀粉勾薄芡,淋麻油打亮,装碟随烤方上席。

(6) 装盘:将烤方皮与肉分别批片装盘,四周围空心饽饽。葱白段、花椒盐与甜酱碟亦同时上席。

风味特色：

皮质金黄香脆，肉质香酥而烂，用饽饽夹以葱段肉片蘸酱或花椒盐佐食，滋味香腴。

思考题：

1. 为什么选择要用厚皮肉？

2. 四次预烤的特点是什么？

3. 试分析烤方与烤乳猪的异同。

4.7 炖金银蹄

烹调方法：扒

主题味型：咸鲜腊香

原料：火肘 1 只，猪鲜后蹄 1 只，姜块 10 克，葱结 1 只，绍酒 10 克，虾籽 2 克，味精 5 克，菜心 10 只。

工艺流程：

清理⟶分解⟶焖制⟶扣碗⟶蒸扒⟶定味⟶装碗

工艺要点：

（1）清理：将火肘与猪蹄洗刷镊毛干净，火肘可用热淡碱水洗刷以去油污。

（2）分解：将火肘与猪蹄分别剖开去骨，连骨入沸水锅焯透水，冲洗干净。

（3）焖制：取大砂锅 1 只，下垫竹箅，将火肘与蹄骨砍断，放锅底，将蹄皮朝下放入骨上，注满清水，下姜、葱、虾籽、绍酒，加盖用小火焖制 30 分钟，再将火肘放入焖约 40 分钟取出。

（4）扣碗：将二蹄正反两面剞相反一字刀，扣入大碗，蒸扒 60 分钟，至酥烂。

（5）定味装碗：将二蹄覆入大汤碗中揭去扣碗，炒锅上火，放入原汤与菜心，烧沸去沫，加盐与味精定味，盛入蹄碗中，菜心围于一周即可。

风味特色：

汤汁醇厚，鲜浓香腴。金白二蹄，双色双味。

思考题：

1. 为什么说此菜成熟法是蒸扒而不是炖？

2. 依照此法，可用其他相似原料吗？

3. 金银蹄运用了什么调味法则成菜？

4.8 淮扬清炖蟹粉狮子头

烹调方法：清炖

主题味型：咸鲜

原料：猪肋肉18克，蟹肉100克，蟹黄100克，鲜马蹄200克，小菜心1 000克，白菜叶10张，姜、葱末各5克，虾籽5克，胡椒2克，绍酒50克，精盐10克，湿淀粉10克，鸡蛋清2只。

工艺流程：

选料⟶切割⟶制缔⟶炖制⟶定味成菜

工艺要点：

(1) 选料：猪肋条肉现代用肥瘦5∶5，传统用6∶4比例，蟹肉与蟹黄用重阳新拆蟹。

(2) 切割：将猪肉按肥瘦分别切成0.5厘米见方小丁，马蹄亦切成小丁，青菜心修成火箭形，姜、葱末切至极细。

(3) 制缔：将盐5克，姜葱末、酒40克，虾籽加入肉丁中用力揉擦至起黏上劲，再用蛋清、清水50克与湿淀粉调成浆加入肉丁中，顺方向迅速混合起黏上劲。最后加入马蹄丁、蟹肉、胡椒、味精搅拌甩打上劲，即成狮子头硬质缔。

(4) 炖制：取砂锅1只下垫竹箅，先将猪肉附带皮骨放入，注清水、黄酒10克烧沸，换小火，将肉缔分抓成12只肉圆，每只上嵌蟹黄一朵，氽入微沸水中，上盖菜叶，见沸打沫，换微火炖制3～4小时，揭去菜叶。

(5) 定味成菜：用原汤少许将菜心稍煨入味。换砂锅下垫菜心，将狮子头汤定味，原汤一起换入新砂锅内，再上火见沸上桌。

风味特色：

狮子头颗粒饱满，鲜香嫩柔。

汤清见底，蟹油黄亮，肉质洁白，马蹄生脆。

思考题：

1. 此菜为什么叫狮子头？
2. 加进马蹄对风味起到什么作用？
3. 狮子头的软嫩关键主要在哪里？
4. 狮子头缔要具有良好的凝结性，但又不至于老硬化，要做些什么？

4.9 鸡粥蹄筋

烹调方法：软炒

主题味型：咸鲜

原料：油发猪蹄筋60克，猪肥膘70克，生鸡脯125克，鸡蛋清4只，火腿末10克，味精2克，绍酒5克，熟鸡油15克，精盐5克，精炼油70克，湿淀粉50克，清鸡汤800克。

工艺流程：

选料→粉碎→混和→炒鸡粥→混和炒→装盘
　　　└→水发蹄筋　└→蹄筋正味→（混和炒）

工艺要点：

（1）选料：选鸡牙肉为最好，选肋膘、蹄筋选发透无实心者。

（2）粉碎：将鸡脯肉拍松漂白，与肥膘分别粉碎至细茸。

（3）混合：将鸡茸、肥膘茸混合，加姜、葱汁、绍酒、鸡汤、盐 3 克充分搅打混合至产生黏性。用蛋清、湿淀粉 40 克调成浆，加入鸡茸中亦充分混合成薄糊状缔子，下味精定味。

（4）蹄筋正味：将油发蹄筋用温水浸软，洗净，剔去杂质，批大片。炒锅上火，将蹄筋焯水沥干，用鸡汤 200 克、姜葱各 5 克将蹄筋烧透捞起沥干。

（5）炒鸡粥：炒锅上火，放入鸡汤 200 克烧沸，换中小火，徐徐倒下鸡粥，推勺至凝结时勾 10 克粉芡，加入精炼油炒至黏稠。

（6）混炒成菜：将蹄筋放入鸡粥，再放下鸡油推炒均匀，装盘撒上火腿末即成。

风味特色：

鸡糊似粥，白滑嫩鲜。蹄筋松软，清鲜爽口。

4.10 冰糖扒烧整猪头

烹调方法：整扒

主题味型：咸甜酸醋香

原料：猪头 1 只约 6 800 克，绍酒 28 克，蜂蜜 100 克，镇江香醋 500 克，红酱油 150 克，大红浙醋 200 克，冰糖 600 克，盐 5 克，姜块 100 克，葱结 100 克，桂皮 25 克，大茴 20 克，丁香 10 颗，小茴 10 克，香叶 5 克，菜心 500 克。

工艺流程：

清理→焯水→上色→扒制→装盘
　　　　　　　　└→菜心正味→（装盘）

工艺要点：

（1）清理：将猪头刮洗去毛，下颌剖开向两侧出骨，敲开下巴关节，取出口条，挖出猪眼需连接在眼窝之下。割去脖根多余肉，将猪脸修剪呈弧度微笑状，重约 1 750克。

（2）焯水：将猪头肉浸漂两小时去尽血污，刮白肉皮，入沸水锅焯透水冲洗干净，挖洗净耳、鼻孔，刮去口条皮膜。

（3）上色：将冲洗净猪头肉擦干水分，均匀涂上蜂蜜晾凉 5 分钟，再用热油

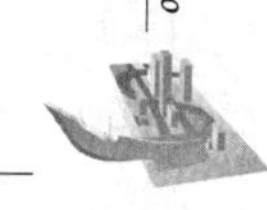

(160～180℃)浇淋至淡金红色。

(4) 扒制：用大铁锅1只，下垫竹箅，放入包有丁香、大茴、小茴、桂皮、香叶的料袋和姜、葱、酒、冰糖、酱油、醋等调料，加热待糖溶化，将猪头皮向下放在锅垫之上，徐徐加热。加盖焖烧4小时左右至猪头肉烂如腐即止。

(5) 装盘：将锅垫提起，去料包等杂物，用菜心一半填于猪鼻上部内皮肉较薄处，翻转覆入大盘中呈笑状，另一半菜心围边，再将原卤勾流芡浇上，在猪头上席同时跟上10只蝴蝶夹。

风味特色：

肉烂如腐，可用匙食，皮色如琥珀，色彩悦目，甜酸酒醋香浑厚，肥而不腻。

思考题：

1. 如同时多只猪头扒制该如何处理？
2. 为什么说此菜肥而不腻？
3. 略述此菜用酒、醋以及香料的风味效果特色。

4.11 熘象牙里脊

烹调方法：滑熘

主题味型：咸甜酸

原料：猪上脊肉(扁担肉)200克，熟冬笋150克，鸡蛋1只，盐3克，绵白糖30克，镇江陈醋20克，绍酒15克，芝麻油10克，淀粉20克，姜、葱末各5克，鸡汤50克，色拉油500克(耗50克)。

工艺流程：

猪肉批片 ⟶ 上浆 ↓
笋肉切条 ⟶ 拍粉 ⟶ 卷裹 ⟶ 滑油 ⟶ 打芡 ⟶ 拌滋 ⟶ 装盘

工艺要点：

(1) 刀工处理：将猪肉顺丝批长10厘米，宽4厘米，厚0.2毫米的长条薄片，上蛋清浆，另将笋改刀成长5厘米，宽0.4厘米长条，用1克盐拌匀拍粉。

(2) 卷裹：取盘抹一层清油，将肉片整齐卷裹在笋条中段，置盘中。

(3) 滑油：炒锅烧热加油，待温度升到120℃左右，将脊卷脱入锅中轻轻滑油，待肉发白捞出沥油。

(4) 打芡：炒锅加热，下姜、葱末略煸，下鸡汤、绍酒、盐1克，糖、醋、麻油、淀粉打芡至渲沸，将玉骨脊卷轻滑入锅中略翻拌匀即可。

风味特色：

形式别致，脆嫩酸甜。

思考题：

1. 此菜中上浆拍粉是为了什么？

2. 请查看“玉簪鸡”，其工艺与本菜有何区别？

3. 在芡汁口味与原料上，此菜可作什么变数？

4.12 淮扬水晶肴蹄

烹调方法：卤冻

主题味型：咸鲜

原料：猪蹄(去爪)100 只，食盐 11 000 克，食硝 50 克，花椒 200 克，大茴小茴各 200 克，绍酒 1 000 克，姜 1 000 克，葱 250 克，明矾 15 克。

工艺流程：

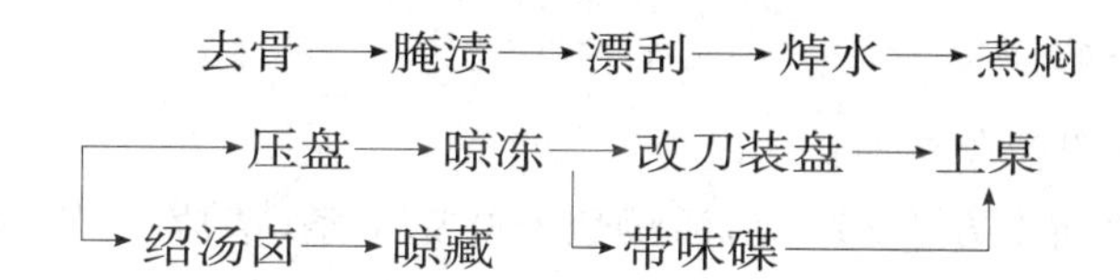

工艺要点：

(1) 由蹄的一侧进刀平剖去骨，去骨的两侧要均等平整。

(2) 腌渍：食硝与水的比例是 50 克∶3 000 克，每只蹄用 75 克盐均匀擦到，皮向下叠缸洒硝水腌渍。夏日(气温 30℃以上)3～4 小时，春秋日(气温 15～20℃)3～4 天需翻缸一次。冬日(气温 5℃以下)5～6 天需翻缸 2～3 次。

(3) 漂刮：用前在流动水漂洗去尽卤腥，用小刀将蹄皮刮至白，约 2～8 小时，视腌时长短崦定。

(4) 焯水：将蹄入水锅焯透水，冲洗净，无碎物浮沫。

(5) 煮焖：将蹄膀焯水后皮向上平叠入有竹箅的大锅内，加水漫蹄，加酒。煮沸去沫。将姜、葱与大小茴、花椒分别装入两只布袋，投入锅中，加盖，加压盖，小火煮 90 分钟(沸面微见小泡)，将蹄膀上下翻锅一次，尝汤定味，再加盖用小火焖煮 90 分钟，至蹄膀酥烂。

(6) 压盘：将蹄膀轻提出，皮向下相对平排入大白瓷盘内(约 20 只)排紧铺平，每五盘相叠压紧，20 分钟后撤下用清汤浇去蹄上浮油，再压紧。

(7) 绍汤：用明矾溶解入 3 升清水，舀入锅里汤卤中煮沸去沫，将卤过滤晾凉，添入瓷盘中蹄肉之间空隙处。

(8) 凉冻：待蹄膀完全凉透，可置 0～5℃冰柜中收藏，6～10 小时等肉质收紧，卤汤呈透明状凝冻即可取出，改刀装盘。

(9) 装盘：改刀应分别按质装盘，要认识肴肉的不同部位品质等级，不得破坏肴肉的不同部位结构，如“眼镜脊”“玉带钩”“添灯棒”等，吃时需带姜丝与镇江陈

醋碟。

风味特色：

香酥红润，入口即化。凝冻爽滑，肥而不腻。

思考题：

1. 水晶肴蹄的水晶是指什么？怎样做到水晶无杂质？
2. 为什么要用食硝，需注意什么问题？姜与食硝的相互影响是什么？
3. 火候的关键是什么？怎样煮肴？
4. 在腌渍中要注意什么问题？容易产生什么问题？
5. 为什么在食用时，需佐以姜、醋？

4.13 彭城羊方藏鱼

烹调方法：原焖

主题味型：咸鲜

原料：鲜羊肋脯1方1 250克，活鲫鱼400克1条，精盐10克，味精2克，绍酒50克，葱段50克，姜块50克，花椒2克，麻油15克，菜心20根。

工艺流程：

羊方清理→腌渍→焯水→预煮→藏鱼→焖熟→装盘

鲫鱼清理→浇烫→洗净→藏鱼

菜心焐油→入味→装盘

工艺要点：

(1) 羊方处理：将羊方洗净用盐5克擦匀，下花椒（炒熟）与葱结、姜片拌匀腌渍6小时取出焯水洗净，入砂锅加清水1 000克及姜、葱、酒预煨至羊肉半成烂熟时取出。

(2) 藏鱼：将羊方修齐四边，由侧面割开一个可容鲫鱼“藏”入的剖口。将鲫鱼清理后浇烫去腥，填入羊方剖口。

(3) 焖熟装盘：①将羊方藏好鱼后，入原砂锅加盐4克采用中小火焖制，至汤汁浓白，调入特鲜粉装羊方入大盘汤。②将菜心焐油用羊原汤烩制入味，垫入羊方下，原汤亦浇入盘中即成。

风味特色：

羊肉香酥肥烂，鲫鱼鲜嫩可口，汤浓味醇，香气扑鼻。

思考题：

1. 这什么要将羊方预先腌渍？
2. 为什么要先将羊方预加热至半成熟烂？
3. 原焖与清炖的区别是什么？

4.14 花盏鱼羊

烹调方法:滑炒

主题味型:咸鲜微甜辣

原料:羊里脊肉 200 克,青鱼净肉 200 克,青椒 1 只,胡萝卜 20 克,蒜黄 30 克,花盏[1] 10 只,鸡蛋 2 只取清,松肉粉 2 克,湿淀粉 40 克,精盐 2 克,鸽精 2 克,绍酒 50 克,鲜辣味粉 5 克,磨豉酱 5 克,熟芝麻 5 克,白胡椒 2 克。

工艺流程:

羊肉切丝 ⟶ 制嫩上浆 ┐
鱼肉切丝 ⟶ 上浆 ┘ ⟶ 滑油 ⟶ 炒熟 ⟶ 装盏
↑
青椒、蒜黄、胡萝卜切丝(段)
↑
兑汁勾芡 ┘

工艺要点:

(1) 切配处理:①将羊肉切 7 厘米细丝加松肉粉上蛋清浆,鱼肉亦切丝上浆。②将青椒、胡萝卜与蒜黄切 6 厘米长细丝(段)与鱼、羊肉丝组配成菜品生坯。

(2) 炒制成熟:①炒锅上火,将油加热至 120℃,分别将鱼、羊肉丝滑油。②留少量油在锅中煸炒辅料,用磨豉酱、绍酒、白胡椒、湿淀粉、鲜辣粉、鸽精粉、白糖勾兑成芡汤,并将芡汤拨入锅中,迅速投在鱼、羊肉上,加热翻拌均匀。撒下熟芝麻与包尾油起锅装入花盏即成。

风味特色:

双丝鲜滑嫩,口味咸鲜香,色泽金黄。

思考题:

1. 在羊肉丝里加入松肉粉的目的是什么?
2. 羊肉丝需怎样切才能使肉丝长而不缩?
3. 兑汁芡的下芡要注意什么关键?
4. 本菜对传统口味的设计作了哪些变动?彼此的差异性在哪里?

4.15 贡淡脊枚炖酥腰

烹调方法:炖

主题味型:咸鲜

原料:大淡菜 100 克,猪里脊肉 500 克,猪腰 500 克(约 4 只),白萝卜 400 克,精盐 4 克,姜 25 克,葱 10 克,花椒 10 粒,白醋 25 克,火腿汁 5 克,鸡精 2 克,鸡汤

---

① 花盏:用春卷皮或酥面皮或土豆皮,或魔芋大片压入花盏模中炸脆或烤脆的可食性盛器。

1 000 克，绍酒 150 克，香菜叶 5 克。

工艺流程：

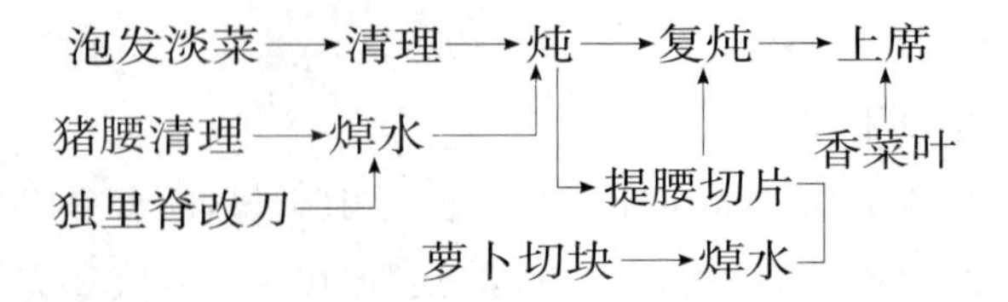

工艺要点：

（1）泡发淡菜：将淡菜洗清，加鸡汤 200 克，黄酒 5 克，姜、葱 5 克，蒸发 30 分钟，取出剔出鳃毛及杂物，入砂锅，原汤沉淀取清亦用。

（2）腰子处理：将猪腰外膜剥去，每面竖剞三道深 1/3 的刀纹，洗净，挤出血水，入沸水锅焯水，水内加白醋、花椒、黄酒 10 克、姜葱各 10 克煮 20 分钟，至透捞出，洗净，入砂锅。

（3）猪里脊肉处理：猪里脊改刀成梳子大片，焯水洗净，亦入砂锅。萝卜切成 1.5 厘米×5 厘米粗条，焯透水待用。

（4）炖制成菜：将上述三样主料同置砂锅，加清鸡汤及蒸淡菜原汤，姜、葱、酒，炖约 30 分钟，提出猪腰切成 0.5 厘米厚片与萝卜条再入砂锅复炖 30 分钟，加火腿精、鸡精与精盐调味即成。

风味特色：

猪腰酥香，淡菜、萝卜、里脊皆酥烂，汤汁鲜醇，风味浓郁。

思考题：

1. 腰子焯水时为什么要调以花椒与白醋？
2. 在腰子表面为什么要剞刀纹？
3. 四种原料的组合在风味上有什么特点之处？

4.16 金陵芙蓉猪排

烹调方法：香炸

主题味型：咸鲜

原料：猪上脊瘦肉 300 克，鲜虾茸 50 克，青鱼茸 50 克，生肥膘茸 25 克，鸡蛋 2 只，面包糠 150 克，面粉 50 克，黑芝麻 5 克，火腿茸 5 克，香菜梗末 5 克，黄蛋皮末 5 克，葱椒盐 2 克，精盐 1 克，绍酒 5 克，味精 1 克，葱、姜片各 5 克，白胡椒 1 克，干淀粉 2 克，海苔酱 50 克，精炼油 750 克（耗 100 克）。

工艺流程：

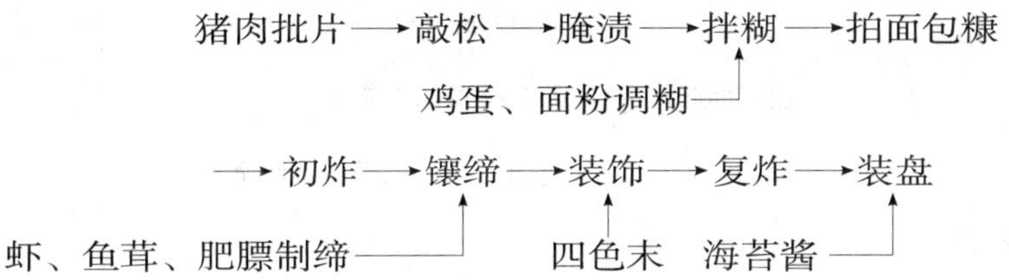

猪肉批片 → 敲松 → 腌渍 → 拌糊 → 拍面包糠
鸡蛋、面粉调糊 ↑(拌糊)

→ 初炸 → 镶缔 → 装饰 → 复炸 → 装盘
虾、鱼茸、肥膘制缔 ↑(镶缔)　四色末 ↑(装饰)　海苔酱 ↑(装盘)

工艺要点：

(1) 粗坯处理：将猪肉平批成0.6厘米×8厘米×12厘米大片4片，两面用刀背敲松。用绍酒、椒盐、胡椒粉、葱、姜片腌渍肉片5分钟。

(2) 生坯成型：①将面粉、鸡蛋、水调成面糊与腌渍的肉片拌匀，拍满面包糠，投入180℃油中炸至结壳捞起冷却。②将虾、鱼、肥膘茸加蛋清1只，盐1克，味精1克，干淀粉2克混合成厚缔，酿在炸后猪排一面抹平，用火腿末、香菜梗末、黑芝麻与黄蛋皮末在缔子上点缀图案，即成芙蓉猪排生坯。

(3) 复炸成熟：将猪排生坯投140℃油中浸炸至缔子发白成熟捞起，迅速提高油温至200℃，将猪排缔面向上排在漏勺里浸炸，底面至脆提出，改条块装盘，带海苔酱味碟一同上席。

风味特色：

色彩华丽，下香脆上细嫩，两种口感冲突在一个层面上，上白下金有金玉之气。

思考题：

1. 猪排粗坯在初炸后要达到什么标准？
2. 酿缔子为什么要待猪排冷却后？
3. 要使缔熟而绿末不黄，猪排还必须香脆，这对油温的控制有什么要求？

4.17 蝶骨寸金蹄

烹调方法：烧、炸

主题味型：卤香咸甜

原料：猪蝴蝶骨10只[①]，猪爪5只，精盐2克，广化白腐乳汁50克，白胡椒10克，冰糖150克，南乳汁50克。老蔡酱油20克，泡红椒2只，丁香粉1克，大茴粉1克，草头250克，芝麻油50克，鸡粉1克，姜50克，葱50克，曲酒2克，绍酒150克，精炼油500克(耗20克)，糊葱油50克。

---

① 蝶骨，即蝴蝶骨，是猪后蹄间的膝盖骨，形似蝴蝶，取料时连同骨周结缔组织一同取下。制菜肥而不腻，别有风味。

工艺流程：

草头煸炒 →（装盘）

碟骨焯水 → 白烧 → 装盘 ←（炸制）

猪爪改刀 → 过油 → 卤制 → 炸制

工艺要点：

(1) 烧味骨：将猪蝶骨焯水洗净，入锅。下糊葱油、姜片 25 克将蝶骨煸炒起香，加白腐乳汁、冰糖 50 克、白胡椒、绍酒 25 克、加清水 500 克、淹平蝶骨，烧焖 1.5 小时，至蝶骨肉质糯软。

(2) 卤猪爪：①将猪爪刮毛洗净，劈开为两片，取瓜尖 8 厘米段，焯水晾干，遍抹酱油，投入 180℃油中炸起色。②用南乳、酱油、冰糖 100 克、盐 2 克、绍酒 100 克、姜片、葱段、泡椒茸、丁香粉、大茴粉、清水 750 克烧沸再焖至烂。③将过油猪爪浸入卤水煮焖至烂，提出晾凉（卤水也反复使用，同时对调料适量增添）。

(3) 成菜造型：将草头生煸喷曲酒起香出锅铺在大盘中间，将蝶骨收稠汤汁盛叠在草头上，再用 50 克芝麻油冲葱末浇在蝶骨上，同时将猪爪入 180℃油中炸至皮表起泡略脆，起油围在蝶骨周围即成。

风味特色：

猪爪色红皮略脆，蝶骨腴美香鲜，双色双味。同出一类，干湿相适，风味奇异。

思考题：

1. 分析本菜的调味特点有什么强化风味的手法？

2. 猪爪过油到什么程度？怎样把握？

4.18 吉力灌汤丸子

烹调方法：炸

主题味型：咸鲜微甜

原料：猪夹心肉 300 克，皮冻 200 克[①]，鸡蛋 2 只，咸面包 100 克，绍酒 25 克，精盐 3 克，味精 1 克，干淀粉 25 克，姜、葱末各 5 克，精炼油 750 克（耗 50 克），美极鲜 20 克，紫菜酱 30 克，鸡蛋面粉浆 100 克。

工艺流程：

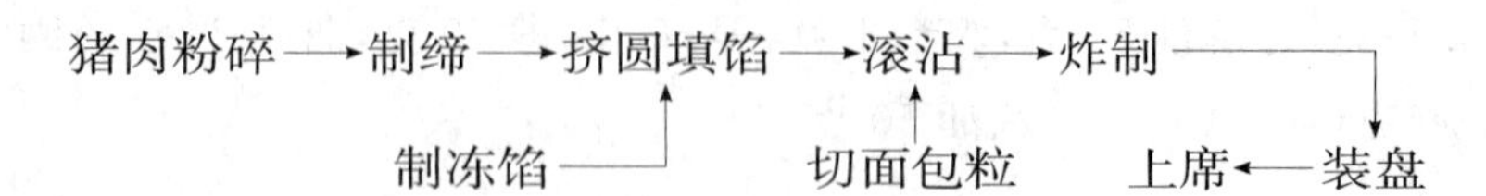

① 皮冻是用鲜猪肉皮煨烂，粉碎，加白汤熬制凝练而成的凝胶冻复合原料。一般用于点心、包、饺馅心的添加，以增加馅心成熟时的汤卤性。其熬制原料与调味视具体菜肴或点心的需要而定，本菜的原料配比是：鲜猪皮 1 500 克，加 3 500 克水煮烂，切成米粒状，放回原汤中，加绍酒 75 克，精盐 50 克，鲜味王 5 克，姜、葱各 50 克，绵白糖 50 克，生抽酱油 125 克，熬至稠浓时出锅，捞出姜葱，冷却凝冻即成皮冻。

工艺要点：

(1) 刀工处理：将猪肉切剁成米粒状。将皮冻切成1厘米方丁，面包切成0.2厘米方粒。

(2) 制缔：将肉粒茸中加绍酒、精盐、味精、姜、葱末、干淀粉混合搅拌成硬质缔。

(3) 生坯造型：将肉缔抓挤出直径2厘米肉圆30粒，将皮冻丁逐一塞于每一粒内，满滚沾上浆，再滚沾上面包粒便成吉力球生坯。

(4) 炸制成熟：将吉力肉圆投入180℃油中炸制，待成金黄色时捞出，整理装盘，带上用美极鲜与紫菜酱调匀的蘸料碟上席。

风味特色：

色泽金黄，外脆里嫩，咬开有卤，鲜香微甜。

思考题：

1. 炸吉力球时，需怎样控制油温？

2. 怎样鉴定吉力炸成品的合格标准？

4.19 松子熏肉

烹调方法：熟菜

主题味型：烟香咸甜

原料：去骨猪肋条1块500克，松子仁15克，豌豆苗125克，绍酒60克，精盐9克，酱油45克，白糖30克，冰糖30克，味精1克，葱白段6段，葱叶50克，姜片7.5克，陈皮7.5克，肉桂末5克，花椒粉5克，茶叶15克，芝麻油6克，熟猪油30克。

工艺流程：

猪肉修理→腌渍→清理→烘烤→刮洗

→焖制→烟熏→装盘 ┐
编炒蔬菜→围边 ┘→上席

工艺要点：

(1) 修理预烤：①将肉方修理成18厘米×14厘米×2.5厘米长方块，用精盐6克与花椒粉拌匀炒香，腌擦肉方置10℃冷柜温度下3小时。②将肉方洗净，吸干体表水分，上叉皮朝下置旺火上烧烤至皮面焦黄发硬时，抽去烤叉，置于凉水中浸泡。待皮质稍软，用刀刮洗去皮上焦痕，刮至皮厚约0.3厘米。

(2) 熏焖：竹篓垫底，肉皮朝下放于砂锅中，加姜、葱、绍酒、冰糖、陈皮、松仁。清水淹平肉方，焖制2小时至酥烂时提出。

(3) 熏制：在铁锅内放湿茶叶、白糖25克、肉桂末。架上铁丝网络，铺50克葱叶，将肉方皮朝上放在网络上，加盖，置旺火上加热2～3分钟，视锅内冒出浓烟离

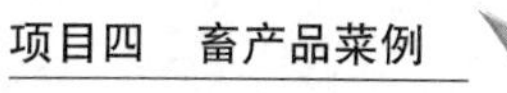

火再焖 2～3 分钟，待肉色呈金黄色时，用芝麻油遍涮肉方。

（4）装盘：在肉方肉面横切 8 片，竖分两段但不能割破肉皮，皮朝上保持厚状，将松子铺在皮面装盘。带葱白段与甜面酱上席即可。

风味特色：

烟香馨人，肉质腴美。

思考题：

1. 熏法制熟成菜的本质是什么？
2. 怎样控制既使肉方有熏烟之味，又防止烟中有害物质的过多沉降？

4.20 松子肉

烹调方法：焖

主题味型：松香咸甜

原料：猪肋条肉 1 分 1 500 克，鲜河虾仁 100 克，熟松子仁 50 克，豌豆苗 150 克，鸡蛋 4 只，虾籽 1 克，绍酒 250 克，精盐 3 克，黄豆抽 100 克，绵白糖 50 克，葱结 10 克，葱末 5 克，姜末 5 克，姜片 15 克，湿淀粉 50 克，精炼花生油 85 克，芝麻油 25 克。

工艺流程：

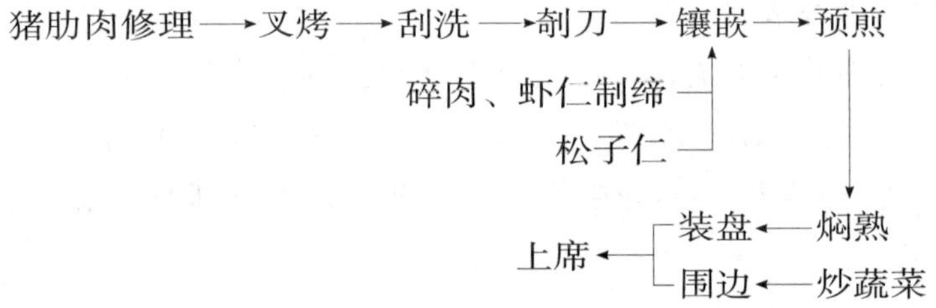

猪肋肉修理 → 叉烤 → 刮洗 → 剞刀 → 镶嵌 → 预煎
碎肉、虾仁制缔、松子仁 → 镶嵌
预煎 → 焖熟 → 装盘 → 上席
炒蔬菜 → 围边 → 上席

工艺要点：

（1）修理叉烤：将猪肋条修平切齐得约 300 克碎肉另用。用铁钎由一侧平插进肉方，烤叉由另一侧平插进肉方，送进烤炉烤至肉皮表面焦黑时取出。

（2）肉方整理：将肉方浸于淘米水里刮洗至皮色金黄，在肉面剞正方格花刀，深度 2/3，刀距 0.5 厘米；在皮面剞斜格花刀深度 1/3，刀距 3 厘米，但留边柜 1 厘米不能割破肉皮。

（3）镶嵌：①将上述碎肉与虾仁分别粉碎，加 2 只鸡蛋液，姜、葱末、虾籽、盐 2 克、特鲜王 1 克、湿淀粉 30 克混合搅拌成厚质虾肉混合缔。②另将 2 只鸡蛋液加 10 克淀粉调成蛋粉浆遍抹在肉面上，将虾肉缔镶黏在肉面，轻排刀刮平，再将松子匀散在缔面上拍实嵌紧，用蛋浆抹平，即成松子肉方生坯。

（4）加热成熟：将肉面置煎锅中缓煎至金黄色取出，皮面向下放在竹箅上，入砂锅加酱油、绍酒、白糖、葱结、姜片，注清水淹平肉面，烧沸去沫，移小火封盖，焖 2

小时至肉质酥烂。

(5) 装盘:将竹箅连肉方提出,皮朝上覆入大盘中,煸炒豆苗围边,原汤收浓加芝麻油勾流芡淋在松子肉方上即成。

风味特色:

肉整而酥烂,虾肉鲜香,松香清雅,层次赋予变化,口味咸甜适中,肥而不腻,形式美观。

思考题:

1. 烤皮对松子肉的风味具有什么影响?
2. 刮皮留有边框的用意是什么?
3. 本菜有几种是强化香味增香形式的手法?

4.21 丁香排骨

烹调方法:煒

主题味型:丁香咸甜

原料:仔排 1 000 克,丁香 5 克,丁香粉 2 克,精盐 2 克,黄酱 50 克,老蔡酱油 20 克,白糖 25 克,鲜橙皮 15 克,红葡萄酒 50 克,姜 50 克,葱 20 克,香醋 5 克,鸡精 2 克,精炼油 1 000 克(耗 75 克),生菜叶 10 片,红樱桃 1 粒。

工艺流程:

排骨剁段 ⟶ 腌渍 ⟶ 预炸 ⟶ 烧煒 ⟶ 装盘 ⟶ 上席

工艺要点:

(1) 备料:将仔排批去肥肉,剁 10 厘米段 12 根,用姜片 20 克,葱 10 克,盐 2 克,酱油 10 克,酒 20 克,糖 5 克腌渍 10 分钟。

(2) 加热成熟:用 50 克清油下锅将丁香、黄酱、姜、葱、葱煸香。将排骨两端肉刮离骨面至 1 厘米处,入 200℃ 油中炸起黄色。排入锅中,加水淹骨,加酱油、白糖、香醋、葡萄酒,烧沸后用中小火慢慢煨煒 40 分钟至汤汁稠黏,加鸡精,清油 30 克收汁。

(3) 装盘:当排骨卤汁收至还剩 1/4 时,将鲜橙皮剁得极细与丁香粉一道用热油 30 克冲出香味拌入排骨,下垫生菜叶,排骨在盘中排齐,一侧放切得极细的姜丝,点缀一颗红樱桃即成。

风味特色:

排骨黄亮饱满,口味纯正鲜香,丁香味突出,但有橙香相衬饰,显得柔和诱人。

思考题:

1. 丁香排骨的黄亮色光是怎样形成的?
2. 为什么要在排骨两端刮肉?

3. 鲜橙茸油对突出丁香郁雅的香味有什么作用？

4.22 明珠蜜火方

烹调方法：扒

主题味型：甜香微咸

原料：金华火腿中方750克，熟鸽蛋10只，哈密瓜1大块，白糖100，红绿丝20克，金橘20克，糖桂花10克，蜂蜜50克，冰糖100克，猕猴桃2只，绍酒50克，鲜柠汁10克，湿淀粉5克，姜葱各10克，红提子10颗。

工艺流程：

金华火腿洗刮→剞刀→浸泡→套蒸→扣碗→蜜蒸→覆盘→浇滋（围边）→上席

工艺要点：

（1）整理：将金华火腿用碱水刮洗干净，批去外层，修理成8～9厘米宽的长方块，在肉面竖剞1/2深度刀纹5条，在清水中浸6～8小时，至火腿内咸味淡化至1/2。

（2）蒸制：将火腿置大碗里，加绍酒、姜、葱、白糖蒸1小时至五成烂出笼压平晾凉。将火方批薄片叠扣在长形汤碗里，加冰糖、金橘、红绿丝、蜂蜜25克，封口蒸至软烂。

（3）装盘成菜：①将火腿滤出原汁，覆入汤盘。②将熟鸽蛋放在刻好的哈密瓜与猕猴桃花边圆环上组成装饰摆件围在火腿两侧，中间夹放红提子。③将原汁加25克蜂蜜、桂花、鲜柠汁勾流利芡汁，过滤浇在火方与摆件上，撒上松仁即成。

风味特色：

甜香复杂，口味鲜甜微酸咸，火腿皮明肉红质酥烂，卤液明亮光滑。

思考题：

1. 为什么浸泡火腿只能去除1/2咸味？
2. 加绍酒套蒸会产生何种嗅觉风味？
3. 鲜柠汁在调味中起到什么调节作用？

4.23 红焖鱼羊大斩肉

烹调方法：红焖

主题味型：咸甜五香

原料：羊肋条肉400克，鲜鲤鱼肉400克，姜末50克，葱末20克，五香粉5克，老蔡酱油100克，绵白糖100克，芝麻油150克，大茴5颗，陈皮20克，精盐3克，特鲜王3克，干贝精粉2克，水发香菇10只，鸡蛋2只，湿淀粉30克，豆豉酱20克，香醋20克，菜心10棵，精炼油1 000克（耗100克），X. O. 酒20克，白胡椒10

克，大白菜 500 克，咖喱酱 20 克，淡白汤 1 000 克。

工艺流程：

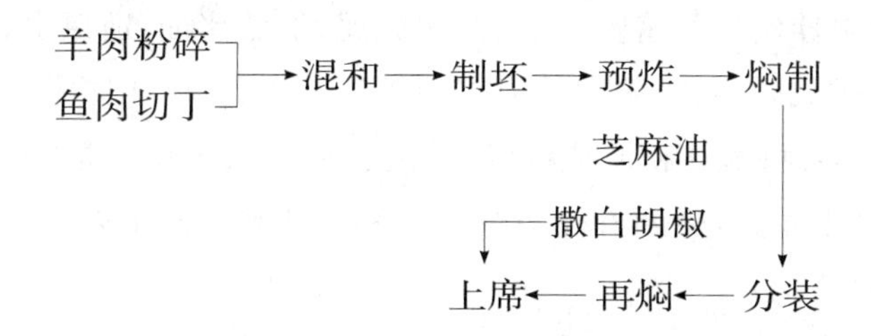

工艺要点：

（1）制缔：将羊肉粉碎成米粒状，鱼肉切成黄豆丁，加 10 克 X. O. 酒，盐 2 克，酱油 30 克，干贝精粉，特鲜王 2 克，鸡蛋，湿淀粉，白糖 30 克，胡椒 5 克，五香粉，姜末、葱末，混合搅拌起黏，拌 25 克芝麻油成羊、鱼混合缔。

（2）焖制：①将混合缔摔出 10 只肉球状生坯，入 200℃ 油中炸或煎至起壳，色泽呈淡金黄色。②将大白菜留几片大叶，其余皆切成条，垫入大砂锅内，上铺 10 只大斩肉，③另起炒锅烧汤，加咖喱酱、香醋、大茴、陈皮、豆豉酱、白糖、盐、酱油、特鲜王、X. O. 酒烧沸，定味倒入砂锅中，烧沸去沫，盖菜叶，封盖，用小火焖 3 小时至肉圆发松。

（3）成菜：将大砂锅中大斩肉分装在 10 只小砂锅内，舀入原汤，放 1 根菜心 1 片香菇继续焖半小时，上席前撒下白胡椒粉与芝麻油即可。

风味特色：

狮子头松嫩入口，鲜香浓郁，色泽金红。

思考题：

1. 本菜调味较复杂，分别指出较具特色性的调味品 5 种，并说明其工艺作用。
2. 鱼与羊肉结合的优势互补是通过什么方法实现的？
3. 本菜中用 X. O. 酒与黄酒相比较有什么特色？

4.24 枣泥羊肉

烹调方法：炸

主题味型：咸甜香

原料：羊脊肉 400 克，无核蜜枣 300 克，咸桂花 10 克，精盐 4 克，鸡蛋 2 只，姜葱汁 10 克，白糖 20 克，脆炸粉 250 克，干淀粉 20 克，西柠汁 20 克，练乳 5 克，香菜 15 克，精炼油 750 克（耗 50 克），熟猪油 50 克。

工艺流程：

羊脊肉批片 → 腌渍 → 卷馅 → 挂糊 → 炸熟 → 上席

制枣泥 →（卷馅）

工艺要点：

（1）卷坯：①用卷刀法将羊脊批成大片，加盐、绍酒、姜葱汁、味精腌渍10分钟，用鸡蛋淀粉浆拌匀。②将蜜枣蒸烂，塌成泥，加熟猪油，适量水、桂花、白糖熬成干枣泥，冷却后搓成条，卷入羊肉片成直径1.5厘米，长度4厘米的羊肉卷生坯。

（2）炸熟成菜：将脆炸粉调成糊状，羊肉卷挂糊入200℃油中炸至金黄起脆，出锅，排入盘中，撒上香菜，带西柠汁与练乳调和的味碟一同上席。

风味特色：

羊肉外脆里嫩，枣泥咸甜清香，带柠乳蘸食，更觉爽口适人。

思考题：

1. 菜如小吃，咸肉甜心，本菜运用的是什么组配原理？
2. 什么是卷批刀法，卷批刀法的运用特点在哪里？

4.25 扁大枯酥

烹调方法：熘

主题味型：咸香略甜酸

原料：猪肉500克（肥瘦2∶3），生荸荠250克，10只鸡蛋取黄，面粉30克，菊叶菜200克，葱姜末各8克，绍酒10克，精盐3克，酱油20克，白糖20克，陈醋20克，味精2克，湿淀粉30克，鸡清汤250克，芝麻油30克，熟猪油200克。

工艺流程：

猪肉切粒 → 制缔 → 煎烙 → 装盘 → 挂芡
荸荠 ↑（入制缔）　调溜汁 ↑（入挂芡）

工艺要点：

（1）制缔：将猪肉与荸荠分别切成米粒状，同置盆中，加鸡蛋黄液、面粉、姜、葱末、绍酒、精盐、味精混合搅拌起黏，加芝麻油10克均匀。

（2）煎熟：将炒锅内加200克猪油上火烧至160℃，将肉缔做成5只圆饼，逐一放入，边煎边将肉饼压扁，煎至两面金黄；滤去油，再煎至老黄色，起焦香时装入漏勺滤油。

（3）熘制成菜：将菊叶菜用油50克，加入盐0.5克，味精0.5克和白糖5克炒熟装盘。将肉饼放在菊叶菜上，再用鸡汤、酱油、5克白糖、绍酒、醋、湿淀粉勾流芡，下芝麻油25克打匀浇在肉饼上即成。

风味特色：

色泽棕红，焦香醋香浓郁，质感酥。

嫩而略脆，酸甜入口。

思考题：

1. 请将此菜风味与煎牛饼与狮子头比较，分析其不同点。

2. 本菜制缔时，为什么用面粉而不像常规那样用淀粉？面粉对本菜焦香风味的形成具有什么意义？

3. 把握本菜在煎制时达到有焦香风味但不焦过头的关键，应注意哪些问题？

4.26 红枣羊方

烹调方法：蒸扒

主题味型：甜香

原料：带皮羊肉 750 克 1 块，无核红枣 250 克，绍酒 50 克，金橘 50 克，去芯湘莲 30 克，白糖 150 克，蜂蜜 10 克，精炼植物油 1 000 克(耗 50 克)，萝卜 500 克，精盐 1 克，红绿樱桃碎粒各 5 克。

工艺流程：

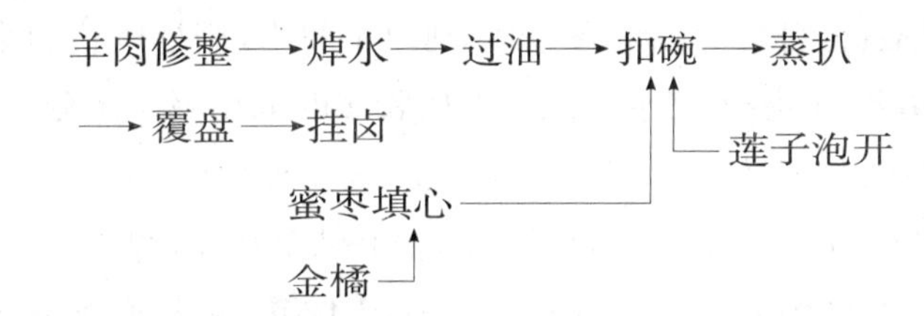

工艺要点：

(1) 羊肉整理：将羊肉块刮洗干净，与萝卜块一道焯水，煮透至五成烂。捞起羊肉吸干水气，投入 220℃高温油中炸至表皮起虎纹斑待用。

(2) 辅料整理：①用热水将红枣温软，金橘切成枣核块填入枣肉充当枣核。②将莲心也泡软，掰为两半待用。

(3) 扣碗蒸熟：取梅花模型大碗，将羊肉切成薄片皮朝下叠入碗中，红枣填入碗周，加白糖、精盐、绍酒与适量清水于碗中，封口，蒸 2 小时至羊肉酥烂。莲子另置容器蒸烂待用。

(4) ①成品造型：将蒸碗覆入大盘，滤出原汤。中心是羊肉方，花瓣是红枣。②将蜂蜜加热，下莲子略熬出香，浇在羊肉上撒下红绿樱桃粒即成。

风味特色：

羊肉酥烂松软，甜香适口。

思考题：

1. 本菜与蜜汁火腿、蜜枣羊肉卷在风味上有何异同性？

2. 去除羊肉膻味可采用一些什么方法处理？

4.27 金酱蒜香骨

烹调方法:炸

主题味型:蒜香咸鲜

原料:猪肋骨 12 根(1 厘米/根),松肉粉 5 克,绍酒 20 克,西芹 25 克,球葱 50 克,胡萝卜 1.50 克,蒜茸 5 克,焦蒜末 10 克,姜、葱各 10 克,生抽酱油 5 克,花生酱 10 克,精盐 3 克,味精 2 克,白糖 5 克,金酱 10 克,干淀粉 10 克,芝麻油 20 克,熟菜油 750 克(耗 50 克),香菜 10 克。

工艺流程:

修整→制嫩→泡制→腌渍→拍粉→初炸→涮酱→复炸→炝香→装盘

工艺要点:

(1) 修整制嫩:将排骨两端切齐,向内刮肉 1 厘米,用松肉粉加绍酒 10 克和匀拌匀排骨置 15 分钟,再浸入清水中漂至发白膨胀时取出吸干水分。

(2) 腌渍预炸:将西芹、胡萝卜、球葱与姜、葱压榨出汁,加酱油、精盐、白糖、味精、蒜茸、花生酱和匀,对排骨腌渍翻拌至起黏上劲至味汁被吸入肉内时取出,撒干淀粉炝粉,入 180℃油中初炸,至表面结壳,改用 120℃油温蕴炸 10 分钟至肉熟捞出沥油。

(3) 复炸成熟:将金酱薄薄地涮一层在排骨上,再入 200℃油中复炸至表面略脆出锅沥油。空锅上火,下芝麻油重蒜末,排骨迅速翻拌均匀装盘即成。

风味特色:

色泽金红,蒜香浓郁,肉嫩脱骨。

思考题:

1. 请说明运用松肉粉、苏打粉、食碱粉和臭粉的不同制嫩特点。

2. 为什么要先制嫩再浸泡? 浸泡的作用是什么? 腌渍时的用力翻拌有什么意义?

3. 制作金酱蒜香骨,腌渍时蒜茸过多会产生什么后果? 炸时面粉浆糊过厚会出现什么问题?

4. 涮浆的作用是什么? 刮肉的作用是什么?

4.28 肠儿扎肝

烹调方法:烧

主题味型:咸鲜甜

原料:猪肝250克,鸭肠10根,熟冬笋200克,鲜腌五花肉250克,蒜子10粒,姜、葱各10克,绍酒50克,酱油75克,蚝油25克,鸡酱25克,绵白糖75克,嫩芦笋10根,菜心10颗,肉汤250克,熟猪油50克,芝麻油20克,精炼植物油500克(耗25克)。

工艺流程:

焯水⟶切条⟶捆扎⟶过油⟶烧熟⟶装盘

工艺要点:

(1) 生坯造型:①将猪肝、腌肉焯透水,切成8厘米长、1.5厘米宽的长条,将冬笋也切成同样长条。②将鸭肠剖开盐洗净,将上述三条集束扎成柴把形,修齐两端。

(2) 烧熟:将扎肝入160℃油中略炸捞出,将蒜子炸焦,姜、葱略煸,下蚝油、鸡酱炒散,加酱油、白糖、绍酒、肉汤调好卤汁,下扎肝烧焖1小时,收稠卤汁。

(3) 成品造型:将芦笋与菜心焐油,排在盘中,将扎肝收卤淋麻油排在芦笋上即成。

风味特色:

口感层次丰富,酥香油润,咸甜适口,造型别致。

思考题:

1. 以扎肝形式做出肚扎、肠扎、腰扎可否?
2. 请比较本菜与柴把鸭、紫把鱼有什么区别?

4.29 香辣羊腿膀[①]

烹调方法:㸆

主题味型:京酱咸甜微辣

原料:带皮羊后臀1只约2 000克,白萝卜块500克,南乳100克,番茄酱100克,黄酱50克,辣红油100克,酱油100克,绵白糖150克,腌红椒100克,蒜片10克,姜、葱各10克,大红浙醋50克,芝麻油100克,香蓼草10克,精炼油1 000克(耗100克),绍酒100克。

工艺流程:

整修⟶焯水⟶过油⟶焖㸆⟶装盘⟶冲油

工艺要点:

(1) 整修与焯水:将羊后臀修裁得象火腿的棒槌形,在皮面剞一字刀纹,与白

---

① 香辣乃借用川湘菜味韵,但调味具有不同侧重点,川湘辣是重味,而淮扬辣是重香,取椒香稍辣。

萝卜块一同入沸水焯透水捞出。

(2) 过油：在羊肉皮上刷两次大红浙醋，吹干，入200℃油中炸至上色。

(3) 焖㸆：①在砂锅里垫竹箅，将羊腿膀皮向下放入砂锅。②将姜葱、红油下锅煸香，下番茄酱、黄酱再加50克清油继续煸香，下南乳汁、糖、酱油、香蓼草、绍酒及适量清水浇沸，调准口味倒入砂锅，淹平羊肉烧沸，移小火焖2小时至羊肉酥烂提出。③将炒锅再上火，将羊腿皮朝上放入，原汤过滤后加入锅中，用大火收稠卤汁至黏附在腿上装盘。

(4) 成品造型：将羊腿皮朝上放盘中，将腌红椒切菱形片与蒜片一同用160℃热芝麻油略煸浇上羊腿即成。

风味特色：

羊腿红亮肥润，酥烂脱骨，卤汁紧浓，奇香扑鼻，辣椒虽红但香而微辣，咸甜适口。

思考题：

1. 用萝卜出水，涮浙醋过油的意义是什么？

2. 为什么先在砂锅焖烂，后在炒锅中收卤？

4.30 生烤羊肩[①]

烹调方法：烤

主题味型：咸甜香辣鲜

原料：去皮羊前夹(带前腿)2 000克，甜面酱100克，精盐6克，绍酒100克，干草粉、孜然粉、陈皮粉、沙姜粉、豆冠粉、玉果粉、花椒粉、月桂粉等和谐香料粉各2克，干红椒粉4克，味精6克，京葱1 000克，红椒油100克，白糖50克，芝麻油100克，生抽25克，大红浙醋25克，荷叶2张，大竹箅2只，竹签数根，蒜茸酱100克。

工艺流程：

腌渍→预烤→涮酱→中烤→涮酱→强烤→涮酱→装网→复烤→上席

工艺要点：

(1) 腌渍：在羊肩肉面剞十字刀纹，用盐、味精4克、绍酒遍擦羊肩肉外，将各香料粉与红椒粉混合遍擦羊肩静置20分钟。

(2) 烤制：①将炉温提升预热至150℃。②将京葱辅在烤盘中，上置羊肩，预烤

---

① 生烤羊肩是酱烤之法，曾流行于江、浙一带，与北方烤肉风格迥别，是江东烤肉的一大特色，与脆皮烤鸭、网烤鳜鱼、化皮乳猪、烤方等构成烤“肉”烤“皮”烤“壳”的江南烤菜的层次性传统特征，笔者少时曾观师用吊烤演绎此法。后自制作，广飨众客。现稍加改进，以飨同道学人。

30分钟。③将芝麻油50克，绵白糖、浙醋、甜面酱、红椒油、生抽混合成混合酱料遍涮羊肩上下再入炉用180℃烤20分钟，取出再涮一遍酱料，再入炉用250℃烤20分钟取出，涮芝麻油上席，片肉蘸蒜茸酱食用。

(3) 贮藏复烤：如果批量生产，一次可烤羊肩若干，烤到此时，涮油后用荷叶上下垫起，再上下夹两张竹箅，收藏，待临用时，入炉用200℃复烤20分钟即可。

风味特色：

酱香浓郁，香味复杂但绵醇，口味丰富，干爽肥润，色泽淡酱油红。

思考题：

1. 本菜的烤法与其他烤羊之法有什么特异处？
2. 生烤羊肩的风味设计有什么特色？

4.31 酿炸酥肚

烹调方法：炸

主题味型：咸鲜香

原料：猪肚1只约1 000克，糯米100克，鲜虾仁50克，鸡胸肉50克，南肉50克，豌豆25克，水发香菇25克，熟冬笋25克，嫩玉米50克，姜末5克，葱末5克，精盐5克，鸡精粉2克，胡椒粉2克，绍酒10克，芝麻油50克，蜂蜜25克，熟菜油500克(耗25克)，蒜茸辣酱25克。

工艺流程：

清理 → 填馅 → 预蒸 → 酥炸 → 切片装盘 → 上席

制馅 → 填馅；着色 → 酥炸；调酱碟 → 上席

工艺要点：

(1) 清理、填馅：①将猪肚焯水割去肥油，刮净苦膜，内外用盐醋水洗刮干净。②将糯米酥泡2小时，南肉、冬笋、香菇、鸡肉匀切成小丁，与粟米、虾仁、豌豆一道加盐、鸡精、姜、葱末、绍酒、胡椒粉、芝麻油拌匀成馅，填入猪肚内，刀口用棉线缝合。

(2) 蒸炸：将缝好的肚子装碗上笼蒸5个小时，至肚子软烂取出，压平冷凝，刷蜂蜜，用200℃油炸至皮略脆，色红时拆线，切片装入点缀的盘中，带蒜茸甜辣酱上席即可。

风味特色：

肚香馅鲜，肚红而馅有五色，外略脆里酥烂，滋味丰富。

思考题：

1. 怎样刮洗才能使猪肚去除不良气味？
2. 本菜与五彩酿猪肚的不同处在哪里？

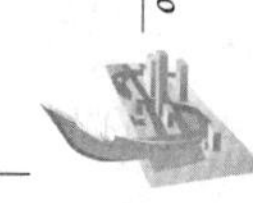

3. 用烤的方法可以吗？怎样烤？

4.32 南炝腰花

烹调方法：熟炝

主题味型：咸甜酸辣

原料：猪腰500克，绿豆芽100克，莴苣丝100克，姜丝25克，红椒丝5克，白醋5克，南乳汁20克，辣酱油8克，芝麻辣酱5克，生抽5克，白糖10克，味精2克，米醋5克，胡椒粉2克，曲酒2克，绍酒10克，蚝油8克，姜、葱、蒜茸各5克，芝麻油30克。

工艺流程：

去腰髓→批腰片→浸发→焯水→排盘→浇卤汁→上席

工艺要点：

(1) 腰片预处理：将猪腰批去腰髓，批梳子大片，浸入和有白醋的清水里半小时，至腰片肥大时捞出，入沸水（加绍酒）飞烫去血水，捞出冰镇待用。

(2) 调味汁：将南乳汁、蚝油、生抽、白糖、胡椒粉、曲酒、芝麻辣酱、米醋、芝麻油、辣酱油与葱、姜、蒜茸等调成味汁。

(3) 排盘炝味：①将绿豆芽与莴苣丝入沸水飞烫即起，沥去水分，堆码在盘子中间垫底。②将腰花旋叠在底料四周成高桩形。③将味汁浇在腰花上，顶上堆姜丝与熟红椒丝即可。

风味特色：

腰片肥润脆嫩，底料脆爽。口味多样，南乳鲜香。

思考题：

1. 在清水里放白醋浸泡腰片的意义是什么？
2. 什么是炝法？与拌、腌的区别在哪里？
3. 腰花焯水后为什么要冰镇？

4.33 碧绿蹄筋[①]

烹调方法：软炒

主题味型：荠火咸鲜

原料：混合涨发猪蹄筋750克[②]，山荠菜500克，熟冬笋100克，水木耳50克，

---

① 碧绿蹄筋，又叫荠冬蹄筋，是江南传统菜式，因色特美故叫碧绿。其实凡有特出香鲜风味的绿叶蔬菜皆可为之，如豌豆苗、紫角叶等，但又有别于传统扬州“翡翠蹄筋”，碧绿是一种广谱性菜式。

② 混合涨发，干货涨发方法之特别的一种，即油蕴→煮发→碱发→油发→泡发→浸发结合的综合涨发方法，详见陈苏华著《中国烹饪工艺学教程》中干料涨发一章。

熟火腿 40 克，水发开洋 20 克，葱末 20 克，姜末 10 克，绍酒 20 克，精盐 4 克，鸡精 3 克，湿淀粉 15 克，清鸡汤 1 000 克，熟猪油 100 克，芝麻油 5 克。

工艺流程：

荠菜洗净焯水 → 剁茸
火腿、木耳、冬笋、虾米剁茸
→ 蹄筋套汤 → 煸炒 → 勾芡 → 装盘 → 撒火茸

工艺要点：

（1）预加工：①将蹄筋浸入 750 克鸡汤中加热至微沸，养几分钟至蹄筋软糯捞出。②将荠菜洗净烫熟挤干剁成末状，另将火腿、冬茸、虾米、木耳皆剁成末。

（2）炒熟：炒锅上火，下猪油与姜葱末煸香，接着下蹄筋与各种末（火腿末留 1/2 待用）炒香，下绍酒与余下鸡清汤、精盐、鸡精烧沸，勾芡，使菜末包裹在蹄筋上，溅下芝麻油 5 克，大翻锅分装各客盘中，撒上 1/2 火腿茸即顾。

风味特色：

蹄筋松软而滑糯，菜末紧附，色泽碧绿，口味鲜香透人。

思考题：

1. 本菜勾的是什么芡？为什么要勾这种芡？
2. 套汤后炒，对本菜的风味有什么重要作用？

4.34 京酱㸆牛方

烹调方法：扒

主题味型：京酱豆香咸甜

原料：小牛腩 750 克，京葱 500 克，精盐 10 克，甜面酱 50 克，花生酱 20 克，豆豉辣酱 30 克，酱油 25 克，丁香 3 克，绵白糖 50 克，绍酒 50 克，味精 5 克，芝麻油 50 克，姜片 10 克，花生油 750 克（200 克）。

工艺流程：

牛腩整形 → 剞刀 → 预煎 → 烧焖 → 装盘
京葱150克炸黄、炒酱兑卤 → 烧焖
京葱炸酱 → 垫盘 → 装盘

工艺要点：

（1）预煎：将牛腩修齐成 15 厘米×20 厘米的长方专用，亦可改刀成相等 5 厘米×5 厘米小方块 12 块，两面剞十字花刀，用酱油拌匀，入煎锅用 250 克油煎至两面金黄取出。

（2）扒焖：取 150 克京葱入 200℃油中炸至金黄成糊葱取出，留油 150 克，将三

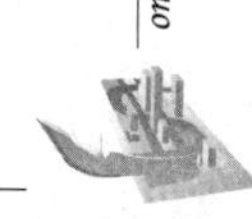

酱炒香，加糊葱、绍酒、白糖、丁香、姜片、精盐、味精排入牛方，加适量水淹平肉面，盖锅烧沸移小火焖约4小时至肉方酥烂，汤汁黏和稠时离火。

（3）成品造型：将300克京葱修齐两端成15厘米长段，入200℃油中炸香捞出，排入大盘中，再将牛肉取出排在京葱上，原汁过滤勾流芡下芝麻油包尾起亮，浇在牛方上即成。

风味特色：

牛方酥烂香鲜，咸甜适中入味，丁香与葱酱最特色，色泽金黄。

思考题：

1. 为什么要在牛方两面剞出花刀？
2. 为什么扒牛肉需预煎而不是像烧那样炸呢？
3. 在调味中三酱各具有什么不同的作用？

4.35 苏酒烤羊排

烹调方法：烤

主题味型：咸香微甜

原料：羊通脊肉3 000克，白萝卜250克，生菜300克，京葱150克，生姜50克，精盐15克，醋精20克，味精7克，苏酒(52°)50克，白糖100克，酱油20克，白胡椒粉10克，芝麻油50克，辣酱油40克。

工艺流程：

西红柿切片、生菜 ↓

清理 → 腌渍 → 烤熟 → 切片装盘 → 上席

萝卜切丝 → 洗漂 → 腌拌 ↑（至切片装盘）

工艺要点：

（1）清理腌渍：①将羊通脊剔净筋膜，顺长划两刀，放入盒内加葱20克、姜片10克、精盐、苏酒、酱油、白糖、胡椒粉、味精拌匀腌渍2小时。②将白萝卜去皮，切成细丝，漂洗干净，用醋精、白糖50克、盐1克腌渍拌匀待用。③将生菜削毒洗净铺在大盘里待用。

（2）烤熟：将烤盘内垫姜、葱，上放羊通脊，入烤箱200℃烤30分钟，翻面再烤250℃30分钟，视羊肉内血水已断即可取出，刷芝麻油。

（3）成品造型：将羊肉顶丝切薄片排入盘中生菜上，将西红柿切片围于一周，将萝卜丝镶在羊肉两侧，带辣酱油碟上席即可。

风味特色：

羊通脊金黄、鲜香、细嫩，本质本味。用萝卜丝佐食韵味更佳。

思考题：

1. 与京菜的烤羊肉、内蒙古的烤羊排作一比较，谈谈其间的差异性。

2. 苏酒在本菜烤制过程中起到了什么重要作用？

4.36 果仁仔排

烹调方法：扒

主题味型：果香咸甜微酸辣

原料：猪肋排1条块1 500克，蚝油50克，鲜柠汁20克，红曲水20克，排骨酱1/2听，绵白糖100克，果醋25克，绍酒100克，精盐3克，干红椒段15克，香叶5克，草果4颗，松仁、腰果仁、瓜子仁各15克，葱10克，姜10克，茸10克，精炼植物油1 500克(耗80克)。

工艺流程：

整形 ⟶ 过油 ⟶ 烧焖 ⟶ 收卤装盘 ⟶ 浇卤冲油（淋鲜柠汁、散果仁）⟶ 上席

工艺要点：

(1) 整形过油：将肋排剁去脊骨与胸骨，形成长方形块，遍抹红曲水，入180℃油中炸至起色。

(2) 烧焖：将排骨置锅里加清水淹平，加绍酒、排骨酱、白糖、精盐、果醋、干红椒段、香叶、草果及姜、葱等旺火烧沸，直至焖到酥烂。

(3) 装盘造型：将卤汁收至稠黏，仔排装盘，浇上原汁，再用清油50克烧热，用蒜茸冲油浇在仔排上，再撒瓜仁、松仁与腰果仁，淋鲜柠汁，在排骨面上即可。

风味特色：

排骨酥烂脱骨，果香清幽圆润，色泽红亮，口味复杂鲜醇，咸甜适口。

思考题：

1. 本菜调味使人耳目鼻无不都具有新感，请问新在什么地方？

2. 请查询并设计另外一些烧、扒仔排的调味模型，如南乳味、酱汁味、冰糖味、糟香味、玫瑰味、霉菜味、沉香味、豆瓣味、孜然味、茄酱味、咖辣味等等。

4.37 三色虾肉糕

烹调方法：蒸

主题味型：咸鲜

原料：鲜河虾仁400克，皮蛋心4只，瘦猪肉350克，广东米酒10克，南乳浓汁50克，熟鸡蛋黄1只，鱼子酱50克，姜、葱汁25克，鸡蛋清2只，精盐7克，鲜奶50克，味精4克，嫩菠菜200克，湿淀粉15克，精炼油25克，熟猪油40克。

工艺流程：

清理⟶制三色缔⟶塑形⟶蒸熟⟶改刀造型⟶复蒸⟶挂芡⟶浇鱼子酱油

工艺要点：

(1) 制三色缔：①将虾仁打水洗净滤干粉碎，匀分成两份250∶150。②用250克虾茸加蛋清1只，切碎的皮蛋黄茸，盐2克，味精1克，姜葱汁5克，米酒3克，湿淀粉5克搅拌上劲成皮蛋虾缔。③用150克虾茸、100克肉茸加除了皮蛋黄茸外相同调料搅拌成白虾肉混合缔。④将250克肉茸中加南乳汁与上述调料搅拌成红色肉缔。

(2) 塑形蒸熟：用20厘米方形模盒1只，遍抹猪油，将三色缔按皮蛋虾肉缔、白虾肉缔、绿虾肉缔逐一铺入盒内刮平成三色层，约3厘米厚度，封玻璃纸，用中火蒸10分钟至熟。

(3) 成品造型：将虾肉糕轻脱出改刀成菱形块，在大盘中造型上笼复蒸至烫，同时菠菜炒熟围在虾肉糕一周，用鲜奶、熟鸡蛋黄粉、盐1克、味精1克、湿淀粉、清水适量勾流芡浇在虾肉糕上，将鱼子酱用25克清油稍煸亦浇在虾糕上即成。

风味特色：

虾肉糕层次分明，色彩悦目，口感细嫩，口味鲜醇柔和而多样。

思考题：

1. 鲜奶、鸡蛋黄粉、鱼子酱与虾糕构成了什么特异风味？
2. 蒸虾肉糕时，为避免起孔应采用什么方法控制？
3. 本菜设计灵感来自传统的哪些菜品？

4.38 茄汁煎牛肉饼

烹调方法：煎烧

主题味型：茄汁咸甜微酸辣

原料：净牛肉500克，鸡蛋液80克，洋葱50克，新鲜西红柿300克，甜辣酱30克，绵白糖20克，白醋10克，葱姜汁15克，清鸡汤250克，精盐4克，苏打4克，味精3克，红虾油20克，白兰地10克，黑胡椒2克，芝麻油15克，淀粉100克，花生油500克(耗80克)，生菜200克。

工艺流程：

牛肉切片⟶制嫩⟶粉碎⟶制缔⟶塑饼⟶煎饼⟶烧熟⟶装盘

工艺要点：

(1) 制牛肉缔：将牛肉切成大薄片，用苏打拌匀静置2小时，捣成肉糜，加葱姜汁、白兰地、精盐2克、味精1克、黑胡椒、鸡蛋液、干淀粉10克，混合搅打10分钟至起黏上劲，加芝麻油拌匀。

(2) 预煎：将干淀粉撒在盘中，上放直径 7 厘米、高 0.8 厘米圆模 10 只，将牛肉缔套入圆模成 10 只圆饼，下沾淀粉，入平底煎锅，煎至两面金黄。另将西红柿去皮、籽，上机粉碎成酱待用。

(3) 烧熟成菜：炒锅内置 50 克清油，将球葱切成片下锅煸香，下番茄酱炒出红油。加清汤、甜辣酱、白糖、盐 1 克、白醋、味精 1 克烧沸，下牛肉饼用小火焖熟，用湿淀粉勾流芡，下虾红油包尾起锅，装在铺有生菜叶的盘中即成。

风味特色：

牛肉饼绵软嫩滑，色泽红亮，滋味咸鲜，酸甜微辣，爽口开味。

思考题：

1. 将苏打与牛肉片拌和静置的作用是什么？
2. 将牛肉捣成糜或敲成糜或剁成茸，其牛肉饼成品质量有区别吗？
3. 要使牛肉饼成熟时没有碱味应怎样控制？

4.39 香糟扣肉[①]

烹调方法：扒

主题味型：糟香咸甜

原料：带皮猪五花肉 1 方 500 克，香糟 125 克，酱油 105 克，绵白糖 75 克，绍酒 100 克，葱结 15 克，姜片 15 克，猪肉汤 200 克，豌豆苗 300 克，芝麻油 20 克，湿淀粉 5 克。

工艺流程：

刮洗 → 焯水 → 预焖 → 扣碗 → 下糟 → 蒸扒
→ 装盘 → 挂芡 → 围边
炒豆苗 ↗（至围边）

工艺要点：

(1) 预焖扣碗：①将肉方洗净焯透水，皮朝下放，入垫竹箅的砂锅里加酱油 100 克，白糖、绍酒、姜、葱和猪肉汤，加盖盘。烧沸后焖约 30 分钟，将肉取出晾凉。②将酱油 5 克抹在扣碗里，肉块切成长 9 厘米、厚 0.3 厘米长方形薄片，紧密排齐在碗内。用 100 克焖肉原汤调匀香糟铺在肉上。

(2) 蒸扒成菜：用玻璃纸封住碗口，蒸 1 小时，至肉片酥烂时取出，滤出汤卤，

① 香糟不同于糟油、糟卤之类，而直接是酒糟的粉碎物，酒糟味是鄂、皖、苏、浙、沪一带沿江南地区的擅长之味，有红、白糟之分，普遍用于对肉、禽、鱼、虾以及部分蔬菜的调味。扣肉是淮扬风味区域各地的通菜，是将肉方改刀成片或小方块扣在碗里加热蒸至极酥烂。

覆入大盘。原汁加芝麻油，湿淀粉勾流芡浇在肉上，另将豌豆苗炒熟围在肉周即可。

风味特色：

肉方酥烂，糟香浓郁，咸甜可口，肥而不腻。

思考题：

1. 为什么在扣碗时，要先将酱油抹在碗底？
2. 香糟为什么不在焖肉时放下而是放在扣碗里？

4.40 雪淡虎皮肉[①]

烹调方法：扒

主题味型：咸鲜微甜

原料：带皮五花肉 600 克，大淡菜 10 颗，酱油 70 克，雪菜梗 250 克，绍酒 50 克，精盐 5 克，白糖 30 克，味精 3 克，姜块 15 克，葱段 15 克，肉骨汤 400 克，水淀粉 5 克，花生油 1 500 克(耗 50 克)，芝麻油 30 克。

工艺流程：

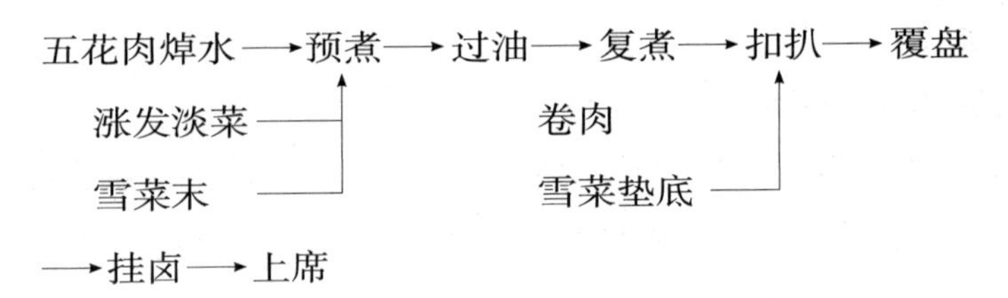

工艺要点：

(1) 预煮、过油：①将五花肉焯透水，置砂锅里，加汤、绍酒、酱油、白糖走红。②将淡菜蒸软，摄去杂质，连原汤待用。③待猪肉皮呈淡酱红时捞出迅速投 200℃油中急炸，炸时盖好锅盖，待锅中油爆之声渐小，肉皮面起小泡时捞出。

(2) 复煮扣碗：①将炸起小泡的肉块投入原汤中再煮，待肉皮酥烂起，皱纹时捞出压紧晾凉。②用旋刀法将肉块批成长条片，圈成牡丹花形，将淡菜夹入其中扣入大碗。③另将雪菜漂去咸味，切成末用煮肉原汤烩入味，辅入碗中垫在肉底加原汤，用玻璃纸封碗口，上笼蒸 20 分钟取出。

(3) 成品造型：将扣碗覆盘滤出原汤脱出牡丹虎皮肉，用原汤勾流芡在肉上即成。

风味特色：

肉片酥烂入味，雪淡鲜浓，风味独特。

---

① 虎皮肉：因肉皮经油炸后有金黄色老虎斑纹所致，又叫皱纹肉，是指酥烂时皮面有皱纹。传统上将虎皮肉配雪菜，俗称雪烩，是淮扬各地通菜，尤以江南为特出，凡冬令大年，虎皮肉为家常所用。

思考题：

1. 炸虎皮肉时为什么要呈热炸？

2. 旋批时为什么先将肉块压紧冷冻？

3. 两次走红的意义有什么区别？

4.41 寸金肉卷[①]

烹调方法：香炸

主题味型：五仁咸香微甜

原料：猪扁担肉400克，熟咸鸭蛋黄2只，干蜜枣泥150克，熟松仁10克，熟葵花仁10克，花生仁10克，油炸榄红10克，油炸胡桃仁10克，干淀粉50克，鸡蛋液80克，面粉50克，金橘1粒，脱壳芝麻50克，精盐2克，白糖5克，精桂花生油750克(耗30克)。

工艺流程：

猪肉批片⟶敲皮⟶卷馅⟶切段⟶挂浆蘸芝麻⟶炸熟⟶装盘

枣泥、咸蛋黄、五仁制馅 → 卷馅

蛋液、面粉调浆 → 挂浆蘸芝麻

工艺要点：

(1) 批片敲皮：将扁担肉平批成0.2厘米厚的大薄片，撒干淀粉，用小木槌敲平，裁成整齐长方片。

(2) 制馅卷馅：①将榄仁、花生仁、胡桃桃与金橘饼皆切碎与枣泥、蛋黄、松子、葵花仁以及盐、糖拌和搓成长条。②将肉片卷馅条成1.5厘米卷筒长条，再切成6.5厘米段。

(3) 着衣炸熟：①用鸡蛋液与面粉调成薄糊，遍抹肉卷，再遍蘸芝麻。②将油加热至160℃投入芝麻肉卷炸至金黄出锅，装盘即可。

风味特色：

干果枣泥，清香诱人，外脆里嫩，似点似菜，食趣悠然。

思考题：

1. 挂浆除了方便芝麻的附着外还有什么作用？

2. 这里的敲皮与敲鱼皮有什么不同？

---

① 寸金肉因形似江南糖点“寸金糖”而得名，内馅可变，形式不变。具有糖点的一种趣味，是淮扬菜中较有特色的类型。例如“交切虾”也是仿糖点“交切糖”的形式制作，用虾茸贴在豆皮两面，蘸芝麻炸制，形似而味不同，以菜当点，别有趣意。

4.42 腐乳爆筋片[①]

烹调方法：滑炒

主题味型：乳香咸甜

原料：猪里脊肉500克，小糟红方4块，鸡蛋2只取清，绍酒5克，肉汤100克，白糖10克，精盐2克，熟冬笋片20克，蒜白丝25克，湿淀粉50克，味精1克，熟菜籽油500克（耗60克），芝麻油50克，荷叶夹10只（50克/3只）。

工艺流程：

批筋片 ⟶ 上浆 ⟶ 滑油 ⟶ 勾芡 ⟶ 装盘

工艺要点：

（1）上浆：将猪里脊肉批去筋膜，切成柳叶片，加盐、冷汤50克，味精拌至起黏，用蛋清、湿淀粉40克调成蛋清浆，下筋片拌匀，再加芝麻油30克拌匀。

（2）滑炒成熟：①将筋片与笋片同入140℃油中滑中，变色即起。②将糟方塌碎成泥，加肉汤50克，绍酒、白糖与湿淀粉调成汁芡，与筋片一同入锅中翻炒至芡汁糊化包裹在筋片上，溅入芝麻油20克包尾，即起锅装盘。

（3）成品造型：将蒸烫的荷叶夹围在筋片一周，将蒜白细丝堆在筋片上即成。

风味特色：

色泽红亮，糟香幽郁，肉片滑嫩饱满，夹饼食用，风味独特。

思考题：

1. 筋片上浆与牛肉片上浆的区别在哪？与鱼片上浆的区别又在哪里？
2. 在什么情况下，需在肉片上浆时添加适量的致嫩剂？

4.43 荠菜脆丸

烹调方法：炸

主题味型：咸鲜

原料：猪五花肉350克，净荠菜500克，荸荠150克，马蹄粉25克，熟火腿150克，水发开洋50克，熟冬笋50克，冬菇100克，鸡蛋液80克，姜葱末各5克，炒糯米花粉100克，芝麻油250克，精盐15克，味精5克，熟菜子油1 000克（耗100克）。

---

① 筋片：江北沿江一带鄂、皖、苏对猪的瘦肉传统的通称。意即纯净的瘦肉，较流行的一些菜有“锅巴筋片”“蛋白筋片”“韭黄筋片”“蟹粉炒筋片”等等。

工艺流程：

猪肉切茸 ⟶ 1/5炒成肉末 ⟶ 拌馅 ↑ 荠菜焯水 ⟶ 挤干切末

荸荠去皮 ⟶ 捣烂 ⟶ 混和制缔 ⟶ 包馅 ⟶ 沾粉成形 ⟶ 炸熟 ⟶ 装盘

（拌馅 ⟶ 包馅；4/5肉茸、蛋液 ⟶ 混和制缔）

工艺要点：

(1) 制馅：将猪肉茸取 100 克炒成肉末，熟火腿、开洋、冬笋、冬菇皆切成末与肉末混合成馅。

(2) 制缔：将荠菜焯烫切成细末挤干，加蛋液、盐、味精、马蹄粉与 250 克肉茸混合成菜肉缔。

(3) 生坯成形：将菜肉缔包肉末馅成 20 只圆球，分别滚沾上炒糯米粉，即成荠菜丸子生坯。

(4) 炸熟成菜：将菜籽油加热至 150℃时，投下荠菜圆炸至外壳金黄捞出，再用 25 克芝麻油炝锅将荠菜圆子下锅翻拌均匀即可。

风味特色：

清香四溢，外脆里松嫩，鲜香可口，风味独特。

思考题：

1. 在缔子中，将荸荠捣烂的作用是什么？

2. 在荠菜脆圆成形时，滚沾炒糯米花粉的作用是什么？

4.44 脆浆裹肉

烹调方法：炸

主题味型：甜酱咸香

原料：猪五花肉 500 克，芝麻油 10 克，豆腐泥 60 克，面粉 80 克，清水 80 克，葱 25 克，绍酒 15 克，精盐 6 克，味精 2 克，精炼菜籽油 750 克，熬制甜面酱 50 克，京葱白丝 50 克。

工艺流程：

五花肉批片 ⟶ 腌渍 ⟶ 挂糊 ⟶ 炸熟 ⟶ 装盘 ⟶ 上席

（调脆浆 ⟶ 挂糊；葱丝、甜酱装碟 ⟶ 上席）

工艺要点：

(1) 批片腌渍：将猪五花肉去皮，批成 6 厘米×3 厘米×0.6 厘米长方片，用葱、姜、绍酒、精盐、味精拌匀腌渍 30 分钟。

(2) 挂糊炸熟：①将脆浆所用各料，按芝麻油 1，豆腐泥 6，面粉 8，清水 8 比例

调成脆浆糊。②将肉片遍挂脆浆糊，入160℃油中炸3分钟定形捞出，待油温升至200℃时复炸成酥脆至金黄色捞起装盘。

(3) 成品造型：将肉片旋叠在竹编盘周，中间放置盛葱白丝与甜酱的格碟上席即可。

风味特色：

肉片酥脆而不失松润，干爽香醇，色泽金黄。

思考题：

1. 豆腐在浆糊中的功能特点是什么？
2. 比较本菜与"酥糊里脊"的工艺与风味区别。

4.45 卷筒粉蒸肉

烹调方法：蒸扒

主题味型：咸甜

原料：猪前夹500克，五香粉蒸料400克，豆腐衣4张，芝麻酱50克，酱油50克，绵白糖20克，绍酒30克，味精2克，水发绿笋50克，荷叶2张，芝麻油35克，葱末15克。

工艺流程：

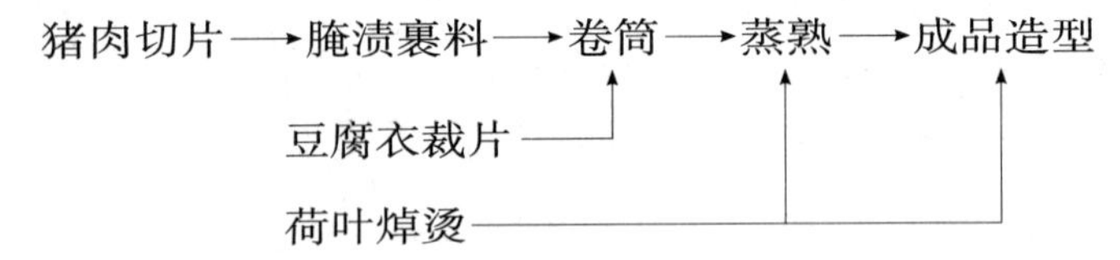

工艺要点：

(1) 卷筒：①将猪肉带皮切10厘米×5厘米×0.2厘米长薄片，共10片，用酱油、绍酒、芝麻酱、味精、白糖腌渍，加粉料拌匀。②将豆腐皮裁成相同大小的片，上置肉片卷起，用绿笋丝扎成卷筒。

(2) 蒸熟：①将荷叶烫绿一张垫在小笼中，另一张待用。②将卷筒内排入笼中荷叶上，上沸水锅蒸40分钟至肉烂取下。

(3) 成品造型：换荷叶于笼中，排入肉卷上火蒸烫，用芝麻油烧热冲葱末浇在肉卷上即可。

风味特色：

肉卷美观，鲜香肥糯，富于层次，耐人嚼味。

思考题：

1. 为什么取用前夹而不是肋条肉，前夹肉有什么风味特点？
2. 为什么选用绿笋作为卷筒捆扎的原料？如用药芹、蜇皮丝等行吗？绿笋有什么长处？

4.46 百花酒焖肉①

烹调方法: 焖

主题味型: 酒香咸甜

原料: 带皮去骨猪肋条肉1方1 000克,葱段15克,姜片5克,百花酒600克,精盐15克,老抽酱油50克,冰糖50克,豌豆苗250克,芝麻油20克。

工艺流程:

清理⟶预烤⟶刮洗⟶修理⟶剞花⟶焖熟⟶收卤⟶装器

工艺要点:

(1) 预烤:将肋肉刮洗干净,用洁布吸去水分,上叉,肉皮朝下在中火上烤燎至皮黑,入温水中浸泡回软,刮去黑斑。

(2) 料形处理:将刮洗干净的肋肉切成10块相同大小的方块,每块肉皮上剞万字花刀,深1/2。

(3) 焖制成熟:将锅内垫上竹箅,肉皮朝上排在竹箅上,加百花酒、绵白糖、精盐,置火上烧沸,加酱油、焖盖,焖约1.5小时至酥烂收稠卤汁。

(4) 成品造型:用10只小砂锅,炒熟豌豆苗垫底,皮朝上,放肉块在每只砂锅,浇原卤于肉上,略煲上席即成。

风味特色:

肉皮莹红,刀纹别致,肉酥烂而不失方正,酒香浓浓,咸甜适口。

思考题:

1. 在肉面上剞花刀的作用是什么?
2. 为什么要预烤肉方?
3. 像这种肉方能勾芡吗?勾芡与卤汁自然稠浓有什么质感方面的区别?

4.47 苔菜小方烤②

烹调方法: 㸆

主题味型: 糊葱咸甜

原料: 带皮猪五花肉1 500克,白糖100克,饴糖50克,红酱油150克,绍酒50克,红腐乳卤25克,精盐2克,干苔菜150克,熟菜籽油500克,葡萄糖15克,芝麻

---

① 百花酒是镇江的特色酒,酒性温和,具有香、甜、苦、辣、醇五大特点,百花酒焖肉较其他酒焖更有特色。当然黄酒与葡萄酒以及白兰地、啤酒亦可仿此法。与此菜同类的有"东坡肉",酒用绍酒;"南乳肉方"则酱油不用多,而多用南卤汁,还有樱桃肉,则南卤、酱油皆不用,只用红曲水等等,在香料方面,一般为大茴、桂皮之类清香型香料,口味大同小异,此皆为淮扬各省市通菜,望同学们求同辨异进行学习。

② 烤:在本菜中即是㸆,烤是浙江地方方言的称谓,㸆是其风味成型的加热方法。

油 25 克，京葱段 100 克，青葱末 10 克，姜块 1 块。

工艺流程：

选料 → 清理 → 预煮 → 切块 → 上色 → 焖 → 㸆 → 装盘
苔菜撕松 → 炸熟 → 装盘

工艺要点：

（1）五花肉预处理：选用小膘五花肉洗净，煮至五成烂，取出晾凉，切成 3 厘米方块，用饴糖 10 克和黄酒 25 克拌匀，用 180℃热油浇皮起色。

（2）焖制：用油先将京葱炸香成糊葱，滤出，留油 50 克与糊葱在锅里，排入肉块、姜块与盐、糖、腐乳汁、绍酒、酱油与原汤淹平肉身，加盖，煮沸后改小火焖制约 20 分钟至酥烂，移中火慢慢收汤。㸆制下饴糖 40 克，至卤汁稠浓明亮。

（3）成品造型：将干苔菜拣去杂质，拉松切成 3 厘米段，投入 180℃菜籽油中速炸至熟捞出，堆在盘子中央，撒上葡萄糖粉，再将肉块码排在苔菜堆周围，浇上原汁，用芝麻油烧热冲葱末淋在肉块上即成。

风味特色：

肉块红亮酥烂干香，苔菜清脆香嫩。

思考题：

1. 在本菜中采用了哪些优化方法？
2. 本菜精细调味，在不影响传统风味的前提下，有哪些细节方面的改良？

4.48 沛公狗肉[1]

烹调方法：焖

主题味型：咸甜微辣

原料：净狗肉（带皮）1 250 克，甲鱼 1 只 650 克，绍酒 75 克，郫县豆瓣 15 克，精盐 12 克，酱油 50 克，阳江豆豉 15 克，海鲜酱 10 克，野山椒 20 克，花生酱 10 克，绵白糖 15 克，鸡精 2 克，葱白 50 克，姜块 30 克，草果 2 粒，大茴 10 克，13 香粉 5 克，花椒 15 克，硝水 25 克，精炼油 100 克，水芹 400 克，蒜茸 15 克，红油 10 克，芝麻油 20 克。

工艺流程：

腌渍狗 → 漂洗 → 焯水 → 焖熟 → 装器 → 浇蒜红油
宰杀甲鱼 → 烫洗 → 焖熟

① 沛公即刘邦，徐州一带以善食狗肉为风俗，刘邦又称沛公，故名之。

工艺要点：

(1) 腌渍狗肉：将狗肉洗净，切成3.5厘米方块，用盐10克与花椒炒烫，将狗肉腌拌，加黄酒25克、姜片10克、葱15克与硝水拌匀腌渍2小时后，漂洗干净，焯水待用。

(2) 宰杀甲鱼：将甲鱼宰杀，入90℃热水烫至背壳可取下时，刮洗去黑膜，拆下甲背，去内脏洗净切成3厘米方块待用。

(3) 焖熟：①将锅内加精炼油100克加热至出烟，下葱白炸黄，下姜块与花椒、草果、大茴、香叶略煸出香，再下郫县豆瓣，豆豉煸出红油，捞起包成药料包。②下狗肉块入锅煸出水气，下黄酒50克，酱油、白糖、海鲜酱、花生酱、盐2克略煸。接着下清水超出狗肉3～4厘米下料包，烧沸后加盖移小火焖至八成烂装入砂锅，下甲鱼块、甲鱼盖，继续加热焖制，至甲鱼肉软糯。

(4) 成品造型：用红油与芝麻油烧至出烟，下蒜茸煸散立即浇淋在甲鱼盖上，砂锅带明炉上席，边煮边食，将水芹切成8厘米段装盘与砂锅一同上席，烫食。

风味特色：

奇香特别，口味丰富，狗肉酥香，甲鱼软糯，带芹菜烫食风味尤佳。

思考题：

1. 本菜在传统基础上作了哪些重要的调整？
2. 狗肉为什么要腌渍？
3. 甲鱼为什么要在狗肉八成烂时下锅？

4.49 枣方肉

烹调方法：扒

主题味型：咸甜

原料：小膘猪肋条肉750克1方块，红枣250克，黄豆酱油100克，冰糖75克，绍酒100克，精盐2克，绵白糖50克，葱结25克，豆苗500克，姜片15克，猪肉汤150克，熟猪油100克。

工艺流程：

肋肉整理 → 焯水 → 剞花刀 → 煮焖 → 镶枣泥（红枣煮烂 → 去核 → 熬泥 → 镶枣泥）

→ 蒸扒 → 扣盘 → 挂卤 → 上席

工艺要点：

(1) 整理：将猪肋条肉中肋骨抽出，将肉皮刮洗至白，焯水至透，在肉皮面剞米字花刀，刀深2/3。

(2) 制枣泥；将红枣洗净泡软，入锅煮至软烂取出，去掉枣皮与枣核，将枣肉塌

细，下锅加猪油与绵白糖，用小火炒熬至黏稠状，晾凉待用。

（3）焖肉方：取砂锅下垫竹篓，将肉方皮朝下，加绍酒水平肉面，加酱油、冰糖、精盐、葱结、姜片，用盖盘压住肉方，再加锅盖，加热至沸，移小火焖约1小时至肉方入指烂时取出。

（4）蒸扒至熟：将肉方面朝下扒入大碗肉，将枣泥镶黏在肉面，注入原汤，封碗口，蒸小时至肉方酥烂时取出扣入盘中，将豆苗炒熟围在肉方四周，用原汤勾芡淋于肉方上即成。

风味特色：

肉方酱红，肉质软烂，枣香馨郁。

思考题：

1. 熬枣泥要注意哪几个问题？
2. 将枣泥镶上后改用扣碗蒸扒的意义是什么？

4.50 元宝牛如意

烹调方法：扒

主题味型：茅五香咸甜

原料：牛鼻唇1 000克，西兰花300克，香菜5克，香蓼菜5克，五香卤水（见南瓜泰米牛肉）1 000克，姜10克，葱结1只，绍酒20克，冰糖15克，红酱油75克，芝麻油25克，精制植物油25克，香醋10克，红曲粉5克，味精2克，猪油100克，湿淀粉15克，熟元宝酥点10只。

工艺流程：

清理 → 焯水 → 煮焖 → 扣扒 → 装盘 → 挂卤 → 围边点缀

工艺要点：

（1）清理：将牛鼻子唇舌刮洗干净，入沸水焯透待用。将西兰花摘朵洗净亦焯熟待用。

（2）预煮焖：①将竹箅垫在锅里，铺下牛如意与姜、葱，下五香卤淹平其身，再添加酱油、香醋、冰糖、红曲、绍酒。②将香茅与香蓼洗净，包1小香包埋在牛鼻下，下猪油，加盖盘与锅盖，旺火烧沸，移小火焖4～5小时至牛唇鼻软烂。

（3）蒸扒成型：将牛如意提出，皮朝下扣入大碗，将牛舌切片填平碗口，注原汤平碗，封口，入旺火沸水笼中蒸30分钟取出覆盘。滤出原汤，用150克原汤加香醋、味精。芝麻油烧沸勾湿淀粉成流芡浇在牛如意上。另将西兰花炒熟入味围边，元宝酥点复炸后点缀即可。

风味特色：

牛鼻形似如意，皮色枣红。芳香引人，五香浮动，酥烂入口即化，配上元宝酥点，切题紧密。

思考题：

1. 与蝴蝶卷子配冰糖扒蹄的菜点组合不同，这里的菜点组合主要目的是什么？

2. 在五香卤中增添酱油、香醋、冰糖、香茅草等的作用分别是什么？

4.51　红花四宝全羊烩

烹调方法：烩

主题味型：药料咸甜微辣

原料：熟羊脚掌10只，熟羊眼10只，熟羊睾丸10只，熟羊肚200克，菜心12棵，藏红花2克，甘草片2克，姜黄粉2克，百里香2克，精盐2克，特鲜味粉3克，姜、葱、蒜茸各5克、白酱油15克，白糖10克，白胡椒2克，老抽3克，油辣椒5克，绍酒10克，羊汤250克，羊油75克，湿淀粉10克，心里美牡丹雕刻1只。

工艺流程：

刀工处理→焯水→预煸→烩熟→成品造型

工艺要点：

（1）刀工处理：羊脚选尖掌6厘米，羊肚批3厘米×3厘米菱形片，羊睾丸与羊眼切除外层脂肪。焯水待用，菜心修理待用。

（2）烩熟：炒锅上火，下羊油50克，将姜、葱、蒜茸、油辣椒略煸出香，下羊汤与羊四宝、白酱油、白糖、绍酒、精盐、味精、甘草片、百里香、姜黄粉、老抽烧沸，收稠卤汁再下羊油25克与湿淀粉沟薄芡拌匀。

（3）成品造型：①将羊肚片叠在盘中成花形。②将菜心炒熟在盘中排隔三等份。③将羊眼、羊掌、羊睾丸分别排在三档里，浇上原汁，撒上红花与胡椒粉即成。

风味特色：

奇香扑鼻，四宝滋润滑糯，色泽黄亮，鲜咸甜辣，口味柔和，意象新奇。

思考题：

1. 本菜为什么称为全羊烩？四宝具有什么双重含义？

2. 本菜的调味有什么与众不同的特点？

4.52　南瓜泰米牛肉

烹调方法：扒

主题味型：五香咸甜

原料：牛肉瓜肉500克，老南瓜250克，泰米100克，硝水10克，精盐10克，红酱油50克，冰糖25克，绍酒10克，红曲粉5克，油干红椒5枚，桂皮5克，大茴3

克，花椒1克，丁香1克，砂仁0.5克，白汤1 000克，南乳汁5克，芝麻油20克，姜片5克，葱花5克，姜丝5克，湿淀粉10克，鸡精4克，熟猪油25克。

工艺流程：

牛肉腌渍→焯水→煮焖→扣碗→覆盘挂卤

南瓜刨皮→切片→扣碗

泰米蒸饭→预炒→扣碗

工艺要点：

(1) 牛肉预熟加工：①将牛肉用硝水与8克盐腌渍1天，洗净，焯水。②用上述香料加绍酒、红曲、冰糖、南乳汁、红酱油、油干红椒、姜片、水适量与牛肉一同煮焖3～4小时至牛肉基本酥烂入味上色时取出晾凉，再压平冷冻收身。

(2) 扣碗成形：①泰米泡开水淘洗两次，上笼蒸成饭团。取牛原汤100克，鸡精2克，猪油，将饭团炒入味。②老南瓜刨去皮，切成2.5厘米×5厘米×0.25厘米大片，牛肉取出亦切成相等大小的0.2厘米薄片，两片相夹扣入大碗中，成桥梁式造型，中间填上江米饭抹平，封口。

(3) 蒸扒成菜：将扣碗放入沸水笼中旺火蒸30分钟至南瓜酥烂时取出，覆入深汤盘中，取200克、原汤加鸡精2克，勾流芡，批芝麻油上光，浇在菜上，撒上葱花，与姜丝即成。

风味特色：

五香醇和，牛肉酥烂入味，南瓜泰米清香宜人，老卤可以反复使用，越陈越香。

思考题：

1. 用猪油炒饭对整体风味具有什么意义？
2. 用硝水腌渍对成品风味具有什么优化作用？

4.53 三蛋炖羊脑[①]

烹调方法：蒸

主题味型：咸鲜

原料：鸡蛋5只，鲜羊脑150克，皮蛋1只，生咸鸭蛋黄4只，鸡汤500克，精盐4克，味精3克，绍酒10克，美极鲜15克，菌油20克，葱末15克，白胡椒粉2克，精炼油25克。

---

① 炖蛋是大江南北家喻户晓的传统家常菜，细腻爽滑鲜嫩无与伦比。以炖蛋为基料，添加其他主料已成为一个系列菜类别。常见的除了上述，还有如“肉末炖蛋”“文蛤炖蛋”“鲫鱼炖蛋”“咸鱼炖蛋”等等，凡鲜活嫩的原料皆可为之。其实要将炖蛋做好并不简单，应注意蛋与汤的比例、搅蛋问题、火候问题。

工艺流程:

调浆 ⟶ 预蒸 ⟶ 填料 ⟶ 蒸熟 ⟶ 补味浇油

工艺要点:

(1) 预加工:①将鸡汤加热到 50℃,磕入鸡蛋,调入精盐、鸡精、绍酒、胡椒粉、菌油和匀成混合蛋浆。②将羊脑漂洗,入沸水焯熟捞出,切成 1 厘米见方小丁待用,将皮蛋剥去壳,与咸鸭蛋黄同时切成小丁待用。

(2) 加热成熟:将蛋浆上笼,用中火蒸至半凝,将皮蛋、蛋黄丁与羊脑小块均匀布散在蛋上,继续蒸至凝结成熟。

(3) 补味上席:将蒸蛋上分散滴上美极鲜,再浇上葱花油即可。

风味特色:

炖蛋光滑细嫩,填料鲜香互补。

思考题:

1. 炖蛋以光滑、细腻、无孔眼、无夹心为标准,请问应怎样做能达到上述标准?

2. 为什么填料需在炖蛋半凝时投下,而不是直接调入蛋浆中蒸熟?

4.54 火焰灯笼猪肉

烹调方法:烧

主题味型:楂酱咸甜微酸

原料:猪带皮前夹肉 750 克,蜂蜜 25 克,姜汁酒 25 克,山楂 20 粒,山楂片 25 克,白酱油 50 克,精盐 2 克,白糖 50 克,红醋 20 克,千岛汁 100 克,葱 10 克,高温玻璃纸 1 张,红丝带 1 根,高度曲酒 50 克,精炼油 50 克,味精 2 克。

工艺流程:

猪肉切块 ⟶ 煸炒 ⟶ 烧焖 ⟶ 造型 ⟶ 装盘

工艺要点:

(1) 预加工:将猪肉切成骨牌块,洗净下锅,加油 50 克,葱段、蜂蜜用中火煸至出油上色,烹入姜汁酒与大红浙醋稍煸,加水。白酱油、精盐、白糖、山楂片烧沸,焖 1 小时至猪肉酥烂时离火,山楂果拉油待用。

(2) 烧熟造型:加入山楂果,千岛汁、味精于肉中,用旺火收稠卤汁,出锅用玻璃纸四角控起,注气扎口,呈灯笼形状。高度曲酒倒入盘中,点燃,放下肉包,熄灯上席即成。

风味特色:

形似饱满的灯笼,火光闪烁,猪肉红亮,酥烂入味,果香清爽,酸甜醒味,味趣皆美。

思考题：

1. 用蜂蜜煸肉上色的机理是什么？

2. 千岛汁、山楂果与山楂片的作用分别是哪些？

3. 为什么不用酱油，本菜与红烧肉的风味不同在哪里？

4.55 石榴孜然兔

烹调方法：蒸

主题味型：咸鲜香

原料：兔腿 500 克，鸡蛋 4 只，药芹 10 枝，熟芝麻 25 克，孜然粉 3 克，姜、葱、蒜茸各 5 克，绍酒 10 克，红油 10 克，油咖喱 5 克，芝麻油 10 克，精盐 10 克，味精 5 克，白绵糖 3 克，花椒 3 克，生菜叶 10 片，湿淀粉 15 克，鸡汤 100 克。

工艺流程：

腌兔腿⟶蒸熟⟶拆肉⟶拌味⟶成型装盘⟶复蒸⟶挂卤⟶上席

工艺要点：

（1）预制急丝：①将花椒与盐 8 克炒烫起香，遍擦兔腿，撒绍酒腌渍约 4 小时，稍洗，入蒸笼约八成烂时取出，拆下兔肉，撕成细丝。②炒锅烧热下红油、芝麻油、芝麻与孜然粉炒香，下盐 1 克、味精 3 克、白糖、葱、姜、蒜茸与兔丝拌匀入味，待用。

（2）生坯成型：将鸡蛋磕开，加淀粉 10 克调匀烙出 10 张直径 15 厘米蛋皮，分别将肉丝如烧卖般包起，用药芹烫熟扎口，修整扎口即成石榴形。

（3）复蒸上席：将生坯复蒸 5 分钟至烫出笼装盘，下衬生菜，用 100 克鸡汤、油咖喱、盐 1 克、味精 1 克、湿淀粉 5 克勾流芡浇在石榴上即成。

风味特色：

石榴金黄，内藏兔丝，兔丝香鲜润泽。

思考题：

1. 如果将兔肉改成滑炒可否？

2. 本菜中，红油、芝麻油、油咖喱的配置有什么妙处？

3. 烙蛋皮的标准是薄而有韧性、平滑无孔、色度一致，你应怎样把握？

4.56 糟红节尾

烹调方法：烧

主题味型：糟香咸甜辣

原料：猪尾 5 条，红糟 100 克，红曲粉 15 克，虾酱油 20 克，冰糖 10 克，泡椒 15 克，红椒油 20 克，精盐 20 克，绍酒 50 克，姜、葱各 10 克，大茴 4 颗，花椒 2 克，豌豆苗 20 克，芝麻油 20 克，味精 2 克，精炼植物油 1 000 克(耗 125 克)。

工艺流程：

清理 → 剞刀 → 焯水 → 过油 → 焖制 → 装盘

工艺要点：

(1) 猪尾预加工：将猪尾刮洗尽毛根杂物，剞一字刀纹，刀距 0.3 厘米，剁去尾根，焯透水，改刀成 10 厘米段，将植物油烧热至 200℃，投入猪尾炸成淡金黄色。

(2) 焖制：用油 50 克下锅将姜、葱、大茴、花椒煸香 3，下红糟、红曲、绍酒、红油、泡椒与猪尾再煸，加适量水平淹猪尾烧沸，下冰糖、虾酱油，转用小火，加锅盖焖约 2 小时，至猪尾八成酥烂时出锅。

(3) 成品造型：将豆苗用 75 克油、2 克盐、2 克味精炒熟滤去汤汁铺在盘中。另将猪尾汤过滤去杂物，下猪尾用旺火收稠卤汁，排在豆苗上，浇上原卤，淋上芝麻油即成。

风味特色：

猪尾节节盘香，酥糯，色泽彤红明亮，糟香诱人，口味复杂但咸甜辣鲜和谐入口。

思考题：

1. 将猪尾过油对上色与口感特色的形成有什么作用？

2. 香糟、虾酱油、泡椒、冰糖、红油的口味合成奇妙表现在什么地方？

3. 对这种胶原蛋白丰富的原料，如在收汁中加以淀粉，其缺点表现在什么方面？

4.57 脆皮牛排

烹调方法：熘

主题味型：奶酱咸甜

原料：牛里脊 400 克，鸡蛋 2 只，脆粉 100 克，白胡椒 4 克，精盐 3 克，青瓜 200 克，球葱粒 5 克，美极鲜 5 克，姜葱汁 10 克，白糖 4 克，鲜奶 50 克，番茄酱 25 克，红椒油 10 克，葡萄酒 20 克，油咖喱 5 克，湿淀粉 5 克，熟菜油 500 克(约耗 100 克)。

工艺流程：

牛肉批片 → 致嫩 → 腌拌 → 挂糊 → 炸脆 → 改刀装盘

打芡 → 挂卤；调糊 → 挂糊；青瓜切条 → 改刀装盘

工艺要点：

(1) 致嫩腌拌：将牛脊批 0.5 厘米厚片，用 10 克食粉拌匀致嫩 20 分钟，洗漂尽碱味，吸干水分，两面排刀拍松，用美极鲜、精盐 2 克、姜葱汁、胡椒粉腌拌入味

待用。

（2）挂糊炸熟：用鸡蛋与脆粉调制脆浆糊，将牛排逐一挂糊拖入200℃油中炸至金黄，反复一次，另起净锅下50克油先将球葱粒煸香，再将番茄酱炒出红油，下葡萄酒、鲜奶、白糖、精盐、油咖喱烧沸，用湿淀粉勾流芡，打入红油搅匀，待用。

（4）成品造型：①将青瓜切成厚片围在盘边。②将牛排出锅改条块排在盘中，再将芡汁浇淋其上即成。

风味特色：

外脆里嫩，色彩艳丽，香气复杂，口味丰富独特。

思考题：

1. 就本菜调味谈谈什么是调味的灵感与个性化？

2. 本菜的基本风味是清淡的，但实际上对工艺流程的组合是一种印象组合，这种印象组合与传统组合的区别是什么？

4.58 煎熘脊柳

烹调方法：煎熘

主题味型：微咸甜酸

原料：猪扁担肉400克，鸡蛋2只取清，球葱末20克，白酱油15克，绵白糖15克，香醋10克，绍酒10克，番茄酱50克，精盐2克，肉汤25克，干淀粉100克，白胡椒粉2克，精炼菜油250克(耗100克)。

工艺流程：

猪肉切片→机械制嫩→挂浆→煎熟→装盘→浇芡汁
　　　　　　　　　　　　　　　　　　　↑
　　　　　　　　　　　　　　　　炒蕃茄酱

工艺要点：

（1）脊柳加工：将扁担肉顶刀切0.2厘米厚的大片，在肉片上两面轻剞十字花刀再轻拍至薄，入碗加鸡蛋清、淀粉、精盐2克、球葱末拌匀上浆。

（2）煎熟：取不粘锅烧热，下250克油，逐一铺下脊柳用小火煎至两面金黄，外脆里嫩时提出排入盘中，另用50克油将番茄酱炒散，出红油时下清汤、白糖、香醋、勾流芡，撒下胡椒粉，盛浇在肉片上即成。

风味特色：

肉片薄嫩外脆，色泽金黄，芡汁红亮，酸甜适度。

思考题：

1. 本菜采用煎熘而不用炸熘之法，其成菜风味特点与脆皮牛排有什么不同？

2. 为什么要顶刀切片？剞刀与拍薄肉片又具有什么作用？

3. 由本菜中可从什么地方看到闽菜与苏浙菜的细微区别？

4.59 荔枝肉

烹调方法:滑熘

主题味型:姜汁酸甜

原料:猪或牛枚子肉(里脊)500克,鲜荔枝500克,红鲜椒1只,精盐3克,姜末30克,葱末5克,绵白糖30克,白醋10克,红油10克,鸡蛋2只取清,干淀粉20克,绍酒5克,精炼植物油500克(耗50克)。

工艺流程:

里脊肉剞花→切块→上浆→滑油→溜汁成熟
制嫩→(上浆)
荔枝取肉→(装盘)
→装盘→盖帽→上席

工艺要点:

(1) 剞花切块:将里脊肉先切成3厘米长的段,再竖剞荔枝花刀,切成3厘米×3厘米菱形方块,用盐2克、绍酒、蛋清、淀粉10克上浆,红椒切成菱形片,待用。

(2) 加热成熟:①将肉块入140℃油中滑油至熟,肉块出花时捞出滤油。②将姜、葱、红椒片用50克油煸香,下绍酒50克、水、盐1克、绵白糖、白醋、红油烧沸勾流芡,下肉块拌匀。

(3) 成品造型:将肉块入芡汁拌匀即装盘,将荔枝壳去核,取肉,撒在熘荔枝肉块上即成。

风味特色:

荔枝鲜香之味浓郁,肉块如花翻卷。肉质滑嫩,口味酸甜仿真,芡汁透明。

思考题:

1. 比较一下与粤海咕噜肉的区别?

2. 为什么鲜荔枝只是撒在肉块上而不是下锅拌匀翻炒?

3. 肉块滑油效果是使花段清晰、朵儿均匀,要做到这一点应注意哪些关键问题?

4.60 炝糟五花肉

烹调方法:煮

主题味型:糟五香咸甜

原料:猪五花肉500克,香糟40克,姜末5克,五香粉1克,绍酒10克,白糖50克,虾油100克,味精5克,上汤250克,花生油15克。

工艺流程：

切片⟶焯水⟶煸香⟶煮⟶装盘

工艺要点：

(1) 预加工：将猪五花肉洗净，剞鸡冠刀纹切成 3 厘米×5 厘米薄片，入锅焯透水。

(2) 加热制熟：下花生油入锅将肉片、香糟、姜末煸炒至香，加入虾油、白糖、绍酒、五香粉略煸，然后加上汤，盖锅煮约 30 分钟，调味精，起锅装盘即成。

风味特色：

红糟香浓，口味咸鲜甜香，质地软嫩。

思考题：

1. 本菜名为炝糟实为糟煮之法，请问炝与煮是怎样界定的？
2. 江南以糟味著名，而闽浙在糟的使用上又有什么细微不同之处？

4.61 十三香排骨串

烹调方法：炸

主题味型：咸微辣香

原料：去骨猪里脊肉 500 克，葱、蒜子、球葱 1 只，鲜椒 100 克，西芹 50 克，干红椒 20 克，熟炸花生 30 克，面包糠 500 克，鸡蛋 2 只，面粉 100 克，沙司酱 30 克，味精 20 克，绍酒 20 克，芝麻油 20 克，精盐 3 克，胡椒粉 1 克，十三香粉 3 克，咖喱粉 1 克，精炼花生油 1 000 克(耗 50 克)，竹签 10 枝。

工艺流程：

批片⟶剞花⟶切块⟶腌渍⟶着衣⟶串签⟶炸熟⟶蘸料装盘

工艺要点：

(1) 腌渍：将脊肉批成 1.5 厘米厚片，两面浅剞十字花纹，再切成 2.5 厘米菱形块，用味精、绍酒、精盐 2 克腌渍 20 分钟。

(2) 着衣上签：将肉块与蛋液面粉拌匀挂糊，再遍沾面包糠，每 5 块肉串在 1 根竹签上，每块肉之间夹 1 片红椒片、球葱片与西芹片。

(3) 调味汁：将干红椒、花生、葱、蒜、球葱等打碎，与精盐 1 克、味精 2 克、沙司酱、十三香粉、芝麻油、咖喱粉炒拌均匀成味料汁，待用。

(4) 炸熟成菜：将排骨串下 180℃油中炸至金黄色起锅，每串遍抹味汁芡装盘即可。

风味特色：

外脆里嫩，清香丰富，味感复杂。

思考题：

1. 运用同样方法请设计牛肉串、鸡肫串、羊肉串、鲜贝串、牛蛙串等。

2. 如果不挂糊，串式菜肴应怎样对原料进行处理？

4.62 闽江肝肚[①]

烹调方法：炒、炸

主题味型：咸甜、咸香

原料：鲜猪肝 250 克，肚岭 500 克，鸡蛋 3 只取清，姜、葱、蒜茸各 10 克，绵白糖 20 克，酱油 20 克，绍酒 60 克，精盐 3 克，胡椒粉 2 克，苏打粉 15 克，花椒盐 13 克，味精 5 克，干淀粉 150 克，芝麻油 20 克，精炼植物油 1 500 克(耗 100 克)，香菜 50 克，黄瓜 1 条。

工艺流程：

猪肝切片 ⟶ 上浆 ⟶ 滑油 ⟶ 炒熟 ⟶ 装盘
肚岭去皮 ⟶ 剞花 ⟶ 腌渍 ⟶ 拍粉 ⟶ 炸熟 ⟶ 装盘

工艺要点：

(1) 猪肝加工：将猪肝顶刀批成鹅毛片，漂洗干净，吸干水分，用精盐 2 克，蛋清 1 只，绍酒 5 克与干淀粉 15 克将猪肝片拌匀上浆待用。

(2) 肚岭加工：将猪肚岭剔去外皮，切成 2.5 厘米×5 厘米肚条，篮格花刀，用苏打粉拌匀致嫩 30 分钟，漂清，吸干水，用花椒盐 3 克、鸡蛋清 1 只、绍酒 10 克、白糖 1 克、味精 2 克、干淀粉 25 克与之拌匀上浆，再拍满干淀粉待用。

(3) 调味：①将酱油、白糖、绍酒 30 克、味精 1 克、胡椒粉、干淀粉 5 克和匀成味汁。②用 10 克花椒盐与 2 克味精和匀成蘸料粉待用。

(4) 加热成熟：①将猪肝入 150℃ 油中滑油至变色起锅，立即用姜、葱、蒜各 5 克炝锅，将猪肝与味汁同时下锅翻炒匀汁，淋麻油，即起装叠在长盘一侧，中间用黄瓜花块隔断。②另起油锅将肚岭入 200℃ 油中急炸至外脆即起滤油，用姜、葱、蒜茸各 5 克炝锅，下肚岭下锅一个翻锅即起装在盘中另 1 侧，撒下花椒盐粉，两侧用香菜点缀即成。

风味特色：

猪肝红亮软嫩，肚岑洁白，脆嫩，干湿相宜，口味鲜醇清爽。

---

① 本菜将南煎猪肝与椒盐猪肚尖两个简易菜融合为一个菜，在工艺上作了一些改动，特别在肚子方面，原菜是将其先煨烂，再挂糊炸，这里则采用了生炸的方法，既省时又使之保持新鲜脆嫩的特点，在形式上更为美观与时尚。

思考题：

1. 如果对切下的猪肝片不漂洗不上浆，那么炒时会出现什么状况？

2. 为什么要对肚岭制嫩，制嫩的溶剂有食碱、明矾、松肉粉、苏打、泡打粉等，你认为哪种制嫩效果最好？为什么？

4.63 五味炸肝卷

烹调方法：炸

主题味型：咸香

原料：猪肝 300 克，猪肥膘肉 50 克，熟冬笋 50 克，净荸荠 50 克，葱白 50 克，猪网油 200 克，绍酒 11 克，鸡蛋 2 只，面粉 100 克，干淀粉 30 克，姜末 5 克，胡椒粉 3 克，花椒盐 10 克，味精 5 克，紫色菜叶 10 片，精炼花生油 1 000 克（耗 80 克），辣酱油 50 克。

工艺流程：

切丝→拌馅→包卷→炸熟→装盘
网油→挂糊↗（至包卷）

工艺要点：

（1）拌馅：将猪肝、肥膘、笋、葱白、荸荠分别切成 3 厘米×0.5 厘米的细丝，加椒盐、味精、淀粉、绍酒、胡椒、姜末拌匀成馅。

（2）包卷：①将网油洗净晾干，裁剪成 10 片 10 厘米×10 厘米大小。②将鸡蛋、面粉与适量水调成糊，遍抹网油一面，将馅平分 10 份包成长条包。

（3）炸熟：将油下锅，加热至 200℃时投下条包炸成金黄色捞出，每条用紫包菜叶托起，排入大盘，带辣酱油上席即成。

风味特色：

外香脆里鲜嫩，干爽而不失油润。

思考题：

1. 此菜与扬州的网油鸡塌在工艺上有何区别？

2. 请分析肥膘、荸荠在本菜的风味中起到了什么调节作用？

4.64 咖喱羊肘

烹调方法：烧

主题味型：咖喱咸鲜微甜辣

原料：羊肘 750 克，土豆 250 克，绍酒 25 克，萝卜块 500 克，球葱 1 只约 40 克，白酱油 35 克，白糖 8 克，油咖喱 10 克，泡红椒 30 克，蒜子 20 克，姜 10 克，葱 20 克，味精 1 克，精炼花生油 250 克(耗 150 克)，芝麻油 10 克。

工艺流程：

羊肘剁块 → 焯水 → 煸香 → 烧熟 → 装盘

土豆切块 → 过油 → (烧熟)

工艺要点：

(1) 预处理：将羊肘剁成 3.5 厘米的块状，与萝卜、姜、葱一道入锅焯水洗净。土豆去皮切成相当大小的滚刀块洗漂待用。

(2) 烧熟：①将蒜子、泡椒、球葱块入锅，用 100 克油煸香，下咖喱再煸出香，将羊肘放入锅中，加绍酒继续煸起香，加入白酱油、白糖与清水淹平羊肘，大火烧沸，小火焖 2 小时至烂，拣去球葱。②将土豆块投入 200℃油中炸起虎皮色，放入羊肘锅中，用大火收稠卤汁成为"自来芡"状，撒入芝麻油与味精拌匀起锅，装盘。

风味特色：

羊肘软烂，色泽黄亮，口味鲜香醇厚。

思考题：

1. 土豆过油有什么作用？

2. 在调味上，运用油咖喱时再运用什么调料与之形成最佳组合？

4.65 灯糟羊腩

烹调方法：煮

主题味型：糟香咸甜

原料：熟羊腩肉 500 克，熟冬笋 100 克，香糟 75 克，葱、姜末各 10 克，香菜 25 克，蒜茸 5 克，绍酒 125 克，绵白糖 15 克，虾油 25 克，羊清汤 500 克，芝麻油 5 克，精炼花生油 100 克。

工艺流程：

切片 → 煸炒 → 煮熟 → 装碗 → 冲油 → 上席

工艺要点：

(1) 切片：将羊腩切成鸡冠大片，笋亦切片。

(2) 煮制：将姜、葱末各 5 克与香糟 50 克入锅用 50 克油煸至浓香溢出，下羊汤与羊肉片一同煮沸，调以绍酒、白糖、虾油，煮 20 分钟，另将笋片焯水盛入汤碗垫底，再将羊肉片连汤装在碗中。

(3) 成品上席：将 50 克花生油烧热，冲入姜、葱、蒜茸各 5 克，香糟 25 克煸香，浇在羊肉片上，将香菜点缀在上面即可。

风味特色：

糟香浓郁，羊肉软绵入味，别具一格。

思考题：

1. 与水煮牛肉、大煮干丝比较，分析异同。
2. 试分析本菜的调味工艺特色。
3. 参看福建名菜谱，指出本菜的工艺演进特征。

4.66 米熏兔

烹调方法：熟熏

主题味型：烟香咸甜

原料：嫩兔1只约1 750克，晚米150克，绍酒100克，白糖25克，酱油50克，味精10克，蒜茸10克，香醋50克，白糖10克。

工艺流程：

清理→焯水→预煮→腌渍→薰熟→斩件装盘→上席

蘸料→上席

工艺要点：

（1）清理：将光兔剁去头、尾、爪，摘除内脏刮洗干净，入水锅焯水后再煮至八成烂。

（2）腌渍：将煮至八成烂的兔子提出晾干，用绍酒、酱油、白糖、味精调成味汁，反复涂抹兔子内外，腌渍30分钟。

（3）熏熟：将晚米铺在锅中，上架竹网，将兔子摆在竹网上，密盖锅盖，置旺火上烧5分钟至有香烟逸出时，改用微火熏烧5分钟，开盖取兔。

（4）装盘上席：将兔子斩件排盘，带蒜茸、香醋与白糖调和的味料上席即可。

风味特色：

兔肉皮红肉嫩，香米烟香优雅。十足的乡土风味，给人回味。

思考题：

1. 本菜不同一般的特色在什么地方？怎样分析？
2. 蘸料可以变化吗？请设计几款作助熏菜的复合型调味蘸料。

4.67 菜胆扒羊宝

烹调方法：炒

主题味型：咸鲜微辣

原料：羊睾丸6只，青菜心100克，鲜红椒1只，姜、葱、蒜茸各5克，绍酒20克，蚝油5克，海鲜酱10克，精盐3克，鸡精粉3克，鸡汤150克，白胡椒粉3克，湿淀粉 10 克,熟猪油 500 克(耗 100 克),葱油 10 克。

工艺流程:

菜心整形 ⟶ 焐油 ⟶ 炒熟 ⟶ 装盘 ⟵┐
羊睾丸清理 ⟶ 焯水 ⟶ 切片 ⟶ 炒熟 ─┘
(└⟶ 批片 ⟶ 上浆 ⟶ 滑油 ⟶ 炒熟)

工艺要点:

(1) 菜心整形:将菜心根部削圆,剖十字,插入菱形红椒片,使成菜胆。

(2) 羊睾丸处理:方法一,将羊睾丸剥去外皮,批厚片,用干淀粉拌匀,再用清油拌匀;方法二,将水烧沸,加绍酒、姜、葱,投入羊睾丸焯水至透,出锅冷凝剥去外皮,批稍薄的片。

(3) 炒熟:①将菜胆焐油成熟,再加鸡汤 100 克、精盐 2 克、鸡精 1 克烧沸,勾芡盛起旋排入盘中,②将生羊睾丸滑油变色即起滤油,锅内下油 50 克、姜、葱、蒜茸、海鲜酱、胡椒粉、蚝油煸散,下鸡汤 50 克、绍酒、鸡精勾流芡,再下滑油后的睾丸片拌匀上芡,盛起在菜心上,若用焯水后睾片则除了滑油外其他过程相同。盛盘后淋葱油上席。

风味特点:

菜胆碧绿,羊睾丸滑嫩细腻,鲜爽入口。

思考题:

1. 对羊睾丸的炒制过程关键在哪些方面?
2. 羊睾丸在中医食疗理论上有什么食用价值?

4.68 无锡酱骨①

烹调方法:烧

主题味型:酱香咸甜

原料:猪肋排 50 000 克,绍酒 1 250 克,精盐 1 000 克,酱油 5 500 克,白糖 2 500 克,葱结 200 克,姜块 200 克,大茴 250 克,桂皮 250 克。

工艺流程:

排骨斩块 ⟶ 腌制 ⟶ 焯水 ⟶ 烧焖 ⟶ 装盘 ⟶ 浇原卤

工艺要点:

(1) 斩块腌制:将猪排斩成约 6.5 厘米长的双连排块,用精盐拌匀入缸,腌 12

---

① 此为传统的无锡三凤桥酱骨做法,现也有在排骨烧焖时加入适量的炒黄酱,在临食成菜加热时,加入适量紫苏红油爊制;在香料上增加适量香料使之香型更具复杂性。这些都会使无锡酱骨更具魅力。但也有在排骨中加过多红曲或甜大于咸的,则被认为是有损原味而不可取。

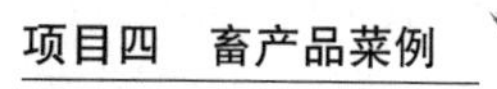

小时。

（2）烤焖：将腌排焯水洗净，整齐装入有竹篓垫底的大锅里，加绍酒、葱结、姜块（拍松）、大茴、桂皮、清水 25 000 克用旺火烧沸，加入酱油、白糖，封锅口，用中火烧煎至汤汁稠黏，肉质酥烂时，即可离火冷晾。

（3）成品造型：食用时，可将所用酱排改刀连冻卤包荷叶蒸烫上席。亦可改刀排盘，用微波炉加热，勾原卤、浇葱油上席。同样也可用炒锅将所用排骨连原汤再烧熥后装盘上席。

风味特色：

色泽酱红，肉酥烂，香四溢，入味至骨，咸中带甜，油而不腻，老卤长期滚沸保存反复使用，愈陈愈醇。

思考题：

1. 酱排骨的“酱”字有什么意义？
2. 排骨为什么要先腌制？

4.69 棋形蹄圈

烹调方法：烧

主题味型：咸甜

原料：猪爪 4 只约 1 500 克，净鸡腿肉 200 克，熟松子仁 25 克，白鱼茸 150 克，熟火腿茸 25 克，嫩草头 200 克，精盐 6 克，白酱油 25 克，红酱油 25 克，红曲粉 5 克，绍酒 100 克，绵白糖 50 克，味精 3 克，葱 15 克，姜 15 克，葱姜水 50 克，八角粉 5 克，猪肉汤 500 克，湿淀粉 25 克，芝麻油 15 克，精炼植物油 200 克。

工艺流程：

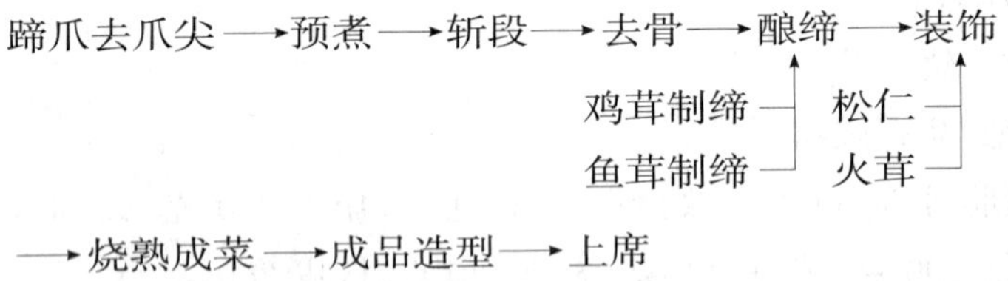

蹄爪去爪尖 → 预煮 → 斩段 → 去骨 → 酿缔 → 装饰
（鸡茸制缔、鱼茸制缔 → 酿缔；松仁、火茸 → 装饰）
→ 烧熟成菜 → 成品造型 → 上席

工艺要点：

（1）蹄圈处理：将猪爪尖斩去，刮白，焯水，洗清，加清水预煮至基本酥烂提出，冰镇冷凝，斩出 3 厘米的段 12 段，拆出骨头便成蹄圈。

（2）生坯造型：①将鸡肉粉碎制缔，酿入 6 只蹄圈抹平，将松子仁压沾在上面。②将鱼茸制缔也酿进另 6 只蹄圈抹平，一面满沾火腿茸。

（3）烧制成熟：将松子鸡茸的蹄圈煎两面金黄，下酱油、红曲、白糖 30 克，肉汤 250 克，烧焖 20 分钟，另用净锅略煎鱼茸蹄圈无火茸一面，下肉汤 250 克，白酱油、白糖、绍酒、姜、葱、味精烧焖 15 分钟。

(4) 成品造型:将草头先煸热铺在盘中,将双味蹄圈同时加芝麻油 5 克收浓卤汁,勾流芡,排入盘中,浇上卤汁即可。

风味特色:

蹄圈形似棋子,双色双味,皮糯馅香嫩,鲜醇。做工精巧,韵味雅趣。

思考题:

1. 本菜可称之为玩菜,但玩而不失丰富的风味品尝效果。通过此菜,你怎样评价可看可食的关系?

2. 在经营中,怎样理解实用与附加值之间的关系?

4.70 雪里藏火①

烹调方法:炸

主题味型:甜香微咸

原料:熟火腿 1 块约 200 克,赤豆沙 100 克,金橘 1 只,鸡蛋 5 只取清,干淀粉 20 克,精白面粉 35 克,方糖粉 50 克,玫瑰食用色素适量,薄荷香精 1 滴,精炼植物油 500 克(耗 30 克)。

工艺流程:

火腿切末刀片 ⟶ 夹豆沙 ⟶ 挂糊 ⟶ 炸熟 ⟶ 装盘 ⟶ 撒糖粉

工艺要点:

(1) 火腿夹沙:①将火腿切成 4 厘米×2 厘米夹刀薄片。②将金橘切成细末与赤豆沙拌匀,分别夹填入火腿夹刀片里。③将蛋清打发,加面粉、干淀粉和匀成高丽发糊待用。

(2) 炸熟:将夹沙火腿逐片挂满高糊投入 140℃油中炸至结壳起脆捞出装盘。

(3) 成品造型:①将炸熟的夹沙火腿排入盘中。②用玫瑰色素、香精与方糖粉拌匀,满撒在夹沙火腿上即成。

风味特色:

壳白饱满如蚕茧,外略脆,里松软。

火腿香,豆沙甜,糖粉色艳香甜。

思考题:

1. 本菜在命名上有什么特色?

2. 如不用高丽糊可改用什么糊,仍能保持现有品质?

---

① 高丽糊又叫雪衣糊、芙蓉糊等名,内用火腿夹赤豆沙,故叫藏火。这是沿扬子江两岸各地传统的通菜,昔用肥膘肉夹豆沙则叫"夹沙肉",若用猪板油压薄卷豆沙则叫"夹沙高丽油"等等,相当流行。馅心除了赤豆沙外,绿豆沙、白豆沙、枣泥、莲茸等皆可通用。"雪里藏火"是此类菜中最讲究的一种做法。

4.71 苏肝同肠[①]

烹调方法：炸、扒

主题味型：咸鲜、咸甜

原料：猪小肠 1 500 克，猪肝 250 克，嫩黄瓜 2 条，酱油 70 克，精盐 3 克，味精 2 克，花椒盐 1 克，胡椒粉 1 克，紫苏粉 4 克，紫苏油 50 克，白糖 70 克，绍酒 20 克，红曲粉 2 克，鸡蛋 1 只取清，面粉 30 克，芝麻油 10 克，葵花仁 50 克，精炼植物油 500 克(耗 50 克)，葱 20 克，姜 10 克，湿淀粉 20 克。

工艺流程：

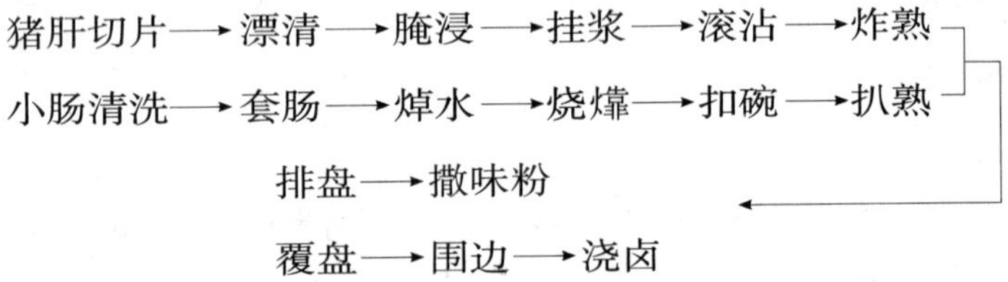

猪肝切片→漂清→腌浸→挂浆→滚沾→炸熟

小肠清洗→套肠→焯水→烧㸆→扣碗→扒熟

（炸熟、扒熟）→排盘→撒味粉

覆盘→围边→浇卤

工艺要点：

(1) 苏肝加工：①将猪肝切成 6.5 厘米×3 厘米×0.3 厘米的大片洗清，吸干水分，加精盐 2 克，味精 1 克，花椒粉 1 克，紫苏粉 2 克，绍酒 5 克，胡椒粉 1 克，葱末、姜片各 5 克腌渍 20 分钟。②腌卤加鸡蛋清、面粉调成蛋清糊与猪肝拌匀，再压沾满葵花籽仁即成苏肝生坯。

(2) 同肠加工：①将猪小肠洗净，浸在 60℃温水中，把 1 条肠套叠为两层，塞进另 1 条肠内成为“三套肠”。②将姜片 5 克与葱结 15 克，上锅用 30 克清油煸香，下套肠、红曲、酱油、白糖、紫苏油、绍酒与适量清水淹平肠身烧沸，煮约 90 分钟，至套肠酥烂，收浓汤汁。

(3) 组合成菜：①将套肠提出，切成 3 厘米段扣碗加原汤，上笼蒸扒 20 分钟，提出滤汤覆盘，用黄瓜(切佛手块)围边，将原汤加芝麻油、湿淀粉、味精 1 克勾流芡浇上。②同时另用 180℃油将猪肝炸至壳脆提出围在一周；用花椒粉、味精、精盐、紫苏粉混合成味粉，装味碟跟上即成。

风味特色：

肝肠相配，双色双味，套肠奇异，红亮鲜香而不辣，酥烂肥润而不腻口，苏肝外脆里嫩，紫苏香味清幽恬人。

---

① 苏肝是取紫苏调味之意，紫苏也称白苏，属唇形科一年生草本植物，多见于江南各地。其叶、茎中含挥发油——“香紫苏油”有独特的香味，可作为香料与染色剂使用。用紫苏熬植物油成为“苏式红油”，色泽艳红，香而不辣。同肠，因三层相套，也叫套肠，是 1833 年后见之于无锡的名食。因其成形呈长圆筒形，故也叫筒肠，同亦即筒，同肠之称是无锡乡间同筒不分之故也。

思考题：

1. 同肠与鲁菜九转大肠在风味上有什么异曲同工之处?

2. 本菜对传统的芝麻肝与同肠在调味方面做了哪些精妙的调整和变化?

4.72 沙姜羊蹄鳖

烹调方法：煨

主题味型：沙姜咸鲜

原料：羊蹄20只，小甲鱼10只(125克/只)，熟火腿片10片，枸杞子10克，姜黄粉1克，沙姜粉20克，白豆蔻粉5克，甘草10片，白萝卜500克，姜葱各20克，白胡椒粉3克，精盐8克，味精4克，菜心10根，绍酒50克，白羊汤1 500克，芥末油5克。

工艺流程：

羊蹄清理 ⟶ 焯水 ⟶ 煨汤 ⟶ 烩汤 ⟶ 装碗

甲鱼清理 ⟶ 焯水 ⟶（煨汤）

工艺要点：

(1) 羊蹄煨汤：将羊蹄剁8厘米长，以上腿骨不用。用萝卜块焯水至透洗净，去杂毛，入锅加白羊汤、姜、葱、绍酒置中火上煮至沸腾，煨1小时至汤如奶，白羊蹄软糯时捞出姜、葱。

(2) 烩汤成熟：将甲鱼清理、焯水后下入羊蹄锅中，加精盐、味精、沙姜粉、姜黄粉、甘草片，用旺火继续煨至汤汁稠厚，小甲鱼熟烂时，调入白豆蔻粉、胡椒粉、芥末油。

(3) 成品造型：取10只小汤煲，将每只汤煲中盛入2只羊蹄，1只小甲鱼，1片甘草，数粒枸杞子和1片火腿，并将菜心烫熟漂入汤中，加盖上火煲5分钟上席。

风味特色：

汤汁稠厚，乳白中带微黄，香鲜微辣，羊蹄烂糯，甲鱼鲜嫩，沙姜香味突出。

思考题：

1. 就煨菜而言本菜有什么调味特征?

2. 分别分析本菜中沙姜粉、姜黄粉、白豆蔻粉、甘草、芥末油的调味作用。

3. 以本菜为例分析煨与炖的异同。

4.73 珍珠圆子[①]

烹调方法：蒸

① 以糯米的晶莹圆润象征珍珠，亦有滚沾西米者，也称之为珍珠圆子，现武汉一带在珍珠圆子里加入一些绿菜茸，有碧绿翠生之色，叫翡翠珍珠圆，这是目前的一种变数。

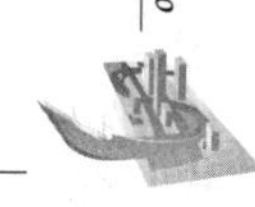

主题味型：咸鲜

原料：猪肉500克(瘦8肥2)，荸荠50克，火腿茸50克，香菇末20克，干贝茸50克，鸡蛋2只取清，淀粉15克，熟冬笋20克，糯米300克，荷叶2张，绵白糖5克，盐5克，高汤粉3克，鸡精2克，西兰花200克，姜、葱末各5克，绍酒5克，高汤100克。

工艺流程：

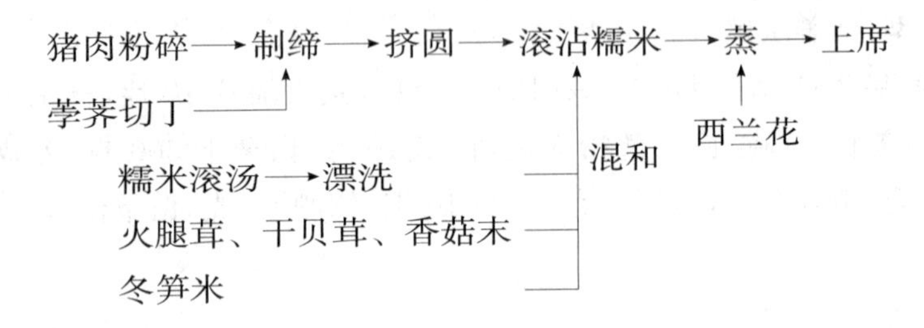

工艺要点：

(1) 制缔：①将猪肉缔粉碎加盐、高汤粉、绍酒、姜、葱末、白糖、鸡蛋清、淀粉10克混合搅拌成缔。②将荸荠切成小丁与肉缔拌和。

(2) 生坯造型：①将糯米淘洗干净，在沸水中滚烫两次，淘洗后酥透。将熟冬笋切成米状丁与糯米、火腿末、香菇丁、干贝茸加盐2克、鸡精1克拌和。②将肉缔挤直径2厘米圆子20只，均匀滚沾上五彩糯米，即成生坯。

(3) 蒸熟成菜：将1张荷叶垫入小笼(无漏洞)排入珍珠圆子，另1张荷叶盖面，上火沸蒸15分钟，至糯米膨胀成熟即可离火。高汤100克调味勾芡浇在圆上，连笼上席即可。

风味特色：

糯米晶亮洁白如珍珠，肉圆鲜嫩清香。

思考题：

1. 糯米酥烫的目的是什么？
2. 肉圆的香味表现采用的是什么手法？

4.74 清水羊肉

烹调方法：冻

主题味型：咸鲜清香

原料：带皮鲜羊肉50 000克，白萝卜5斤，精盐100克，小茴、砂仁、香蓼、良姜、草果各25克，生姜200克，葱100克，黄酒1 000克，明矾适量，甜面辣酱适量，蒜白丝适量，味精50克。

工艺流程：

羊肉去骨 → 漂洗 → 焯水 → 煮烂 → 压盘 → 冷冻 → 切片装盘

萝卜切块 →（焯水）；（煮烂）→ 拆肉 →（压盘）

工艺要点：

(1) 漂洗：①将羊肉剔骨，置清水浸漂至皮白，刮洗干净。②将萝卜切块与羊肉、羊骨一同下锅用冷水烧沸焯水至透，捞出漂洗干净，萝卜不用。

(2) 煮羊肉：将香料洗净扎袋，置锅底，上压羊肉及骨，下姜、葱、黄酒、盐等，加水腌过，中、小火加热 2～3 小时至羊肉酥烂。

(3) 拆肉压盘：取方瓷盘 2 只，将羊肉提出，拆开，皮置盘底，上铺羊肉，填平压实，羊骨不用。

(4) 凝冻：将羊肉汤过滤，加适量明矾吊清，加味精定味，舀起浇入瓷盘中至平，压重物冷却，再入冷柜在 0℃ 中冷凝。羊汤与药袋留下次再用。

(5) 装盘成菜：将羊肉切长条厚片装盘，带甜面酱与蒜白丝一同上席，即可。

风味特色：

羊肉本色，香酥润泽，味鲜香清，沾酱尤美。

思考题：

1. 清水羊肉与羊羔、白切羊肉、肴蹄的加工有何不同之处？清在何处？

2. 该羊肉装盘能像牛肉那样切成薄片吗？为什么？

3. 对香料的选用虽然因地区而不同，但一般应遵循什么规律？能像炸烧样用得浓烈吗？

项目五　禽蛋类菜例

知识目标

本项目精选禽类典型菜品，通过演示，要求学生从点到面，广泛了解淮扬风味的禽类菜肴制作方法。

能力目标

学生通过对典型菜品制作的实训，学会举一反三的方法，提高对更多菜品的设计能力。

5.1　掌上明珠

烹调方法：蒸

主题味型：咸鲜

原料：鸽蛋 10 只，熟鹅掌 10 只，虾茸 100 克，鸡蛋 1 只取清，干淀粉 10 克，菠菜头 10 根，绍酒 2 克，精盐 3 克，上清汤 1 000 克，姜葱汁 10 克，熟火腿 20 克。

工艺流程：

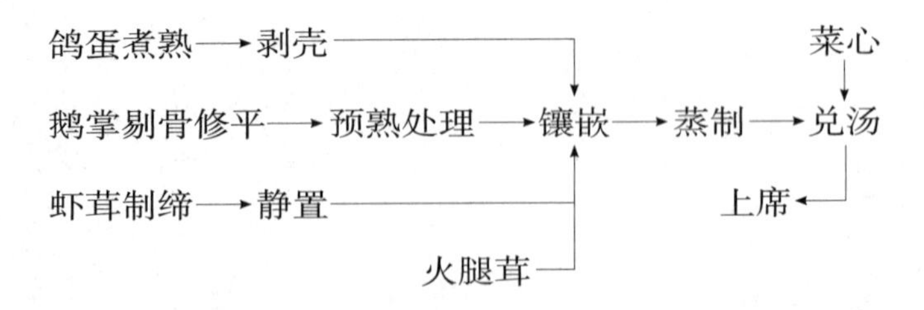

工艺要点：

（1）备料：①将鸽蛋用文火煮熟，置凉水中剥壳。②由背部剔去鹅掌骨，修齐掌根与掌背，入 95℃热水浸烫至软出锅压平，晾凉待用。③在虾茸中加蛋清、绍酒、姜葱汁，干淀粉，5 克盐及味精混合成缔。④火腿切成茸、菜心烫熟待用。

（2）镶嵌生坯：将干淀粉少许撒在鹅掌面上，将虾缔挤虾球与之黏结，再将鸽蛋大头按入虾球上，最后将火腿茸黏在虾茸之边，即成掌上明珠生坯。

（3）蒸制成熟：将掌上明珠生坯分别置10只玻璃汤盅，上盖蒸5分钟成熟离火，放菜心与调味的上清汤于盅中，即可上席。

风味特色：

形式高雅而华贵，寓意贴切，汤醇菜美。

思考题：

1. 谈谈此菜的形、意统一处。
2. 使蛋、缔、掌相黏结的关键是哪几个步骤？

5.2 炸山鸡塌

烹调方法：脆炸

主题味型：咸鲜香

原料：养殖山鸡脯肉250克，鲜虾仁100克，猪网油400克，鸡蛋4只，粳米粉150克，腌雪菜叶6张，绍酒50克，葱姜汁10克，葱椒盐浆25克，精盐3克，味精2克，干淀粉10克，芝麻油50克，花椒盐1克，精炼油1 000克（耗100克）。

工艺流程：

调糊→挂糊

山鸡脯、虾仁粉碎→制缔→包馅→挂糊

清理网油→晾凉→抹浆→包馅

挂糊→炸制→改刀装盘→上席

工艺要点：

（1）制缔：鸡脯与虾仁分别粉碎，加蛋清1只，葱姜汁、干淀粉5克，精盐、味精、芝麻油混合拌匀成缔子。

（2）生坯成形：①将网油漂洗去异味，晾干，裁成6方块，抹满葱椒盐浆。②将鸡虾缔匀分6份在网油上铺刮成8厘米×6厘米×1厘米方形，上盖咸雪菜叶，包成同等大小的方包，即成生坯。

（3）制熟加工：①用两只鸡蛋，50克水，粳米粉与10克清油调和成脆糊。②将鸡塔生坯匀挂上糊，投入180℃油中初炸至定型结壳，再蕴炸（油温140℃）5分钟至内外成熟，最后用210℃油温快炸上色，脆化起香，滤油。

（4）装盘：将鸡塔炸脆出锅，切成1.5厘米宽条整齐码于盘中，带椒盐上席。

风味特色：

外香脆里鲜嫩，色呈金黄，香气四溢。

思考题：

1. 本菜对传统的“山鸡塔”工艺有哪些改动，这些细微处改动有什么好处？

2. 对猪肉、鸭肉、牛肉、鱼肉等是否也可采用相同方式制作？请简述其中牛肉为馅料的菜肴。

5.3 瓜姜炒鸽松

烹调方法：滑炒

主题味型：咸甜微辣

原料：肉鸽胸脯肉 300 克，酱瓜 20 克，酱生姜 20 克，小葱 20 克，鲜红椒半只，松子仁 50 克，酱油 15 克，绵白糖 5 克，台湾辣酱 3 克，鸡蛋 2 只取清，绍酒 10 克，湿淀粉 10 克，干淀粉 15 克，鸡清汤 50 克，香醋 2 克，芝麻油 25 克，味精 3 克，精炼油 500 克（耗 100 克）。

工艺流程：

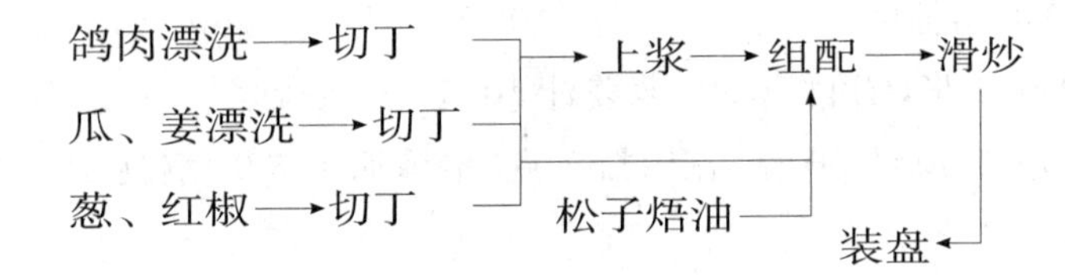

工艺要点：

（1）料型加工：①将鸽肉漂洗去血水；瓜、姜漂洗去 2/3 咸味与葱白段、红椒一并切成 0.3 厘米小丁。②将松子仁焐油待用。

（2）生坯组配：将鸽丁加精盐 2 克，鸡蛋清、干淀粉 15 克、绍酒 5 克上浆，加 15 克麻油拌匀，即成鸽松，与葱、红椒、松子、酱瓜姜丁组合成鸽松生坯。

（3）滑炒：用 500 克精炼油加热至 120℃，下鸽松用筷子拨散滑油至变色即起，将姜瓜、椒葱丁略煸，兜绍酒、鸡汤、酱油、糖、辣酱、醋、麻油、淀粉构成的兑汁芡与鸽松一同下锅，快速翻锅搅拌至芡汁匀裹食料之上，撒下松子拌匀即成。

风味特色：

鸽丁细嫩鲜香，粒粒分明饱满，色泽红亮光滑，酱瓜、姜味特出，口腔触感丰富。

思考题：

1. 本菜在刀工、上浆、滑油、兑汁四方面皆体现较高的基本功，你应怎样把握关键？

2. 滑油时如果时机不准一般会产生什么状况？

3. 通过本菜调味，请问你怎样理解“调味的艺术”含义，并说明酱瓜、姜的作用。

5.4 花菇干蒸仔鸽

烹调方法:干蒸

主题味型:咸鲜

原料:活白鸽 2 只 700 克,熟金腿 50 克,水发花菇 10 枚,绍酒 100 克,生姜 50 克,葱 20 克,精盐 4 克,鸡精 3 克,精炼油 50 克,金葱油 5 克。

工艺流程:

清理⟶腌渍⟶蒸制⟶装盘

工艺要点:

(1) 清理:将鸽子宰杀洗净,肫、肝、心留用。

(2) 腌渍:将鸽子背开,排刀,洗净滤干,用盐、鸡精、黄酒、姜、葱汁遍擦鸽身。

(3) 成熟:①将鸽子胸腹朝上置蒸盘中。②将火腿修切成秋叶状旋排在鸽子上面。③将花菇用清鸡汤过味提起,堆叠在正中,两侧放姜片葱段,封口,上旺火蒸 40 分钟,脱出换盘,浇上原汁与 50 克葱油即成。

风味特色:

百分百原汁原味,口味极鲜香,鸽肉细嫩,腴口,爽味。

思考题:

1. 工艺学中有"最简单的工艺,达到最佳效果者,是最佳工艺"这一原理,通过此菜,你是怎样理解的?

2. 本菜的调香特点是什么?

3. 此菜的原汁原味体现在哪几个方面?

5.5 藏红花油淋鸽

烹调方法:油淋

主题味型:咸鲜香

原料:光肉鸽 2 只 350 克/只,藏红花 15 克,姜、葱 50 克,丁香 4 颗,白扣 5 克,凉姜 5 克,红曲粉 5 克,老抽 10 克,黄酒 50 克,精盐 8 克,白糖 10 克,味精 5 克,稀糖浆 20 克,生菜 4 张,南乳 25 克,柠檬半只,白醋 3 克,精炼油 1 000 克(耗 50 克)。

工艺流程:

清理⟶腌渍⟶卤制⟶上糖浆⟶油淋⟶改刀装盘

(制卤水 ⟶ 卤制;调南乳酱 ⟶ 改刀装盘)

工艺要点:

(1) 清理:将光鸽由肚档开口去内脏,用黄酒 10 克,盐 5 克,味精 2 克,姜、葱

20 克腌渍 1 小时。

(2) 卤制：①先制卤水：将所用药料洗清用纱布包起，加清水 1 000 克烧沸，用小火熬 2 小时出香，加姜、葱、盐 3 克、黄酒、红曲、酱油、白糖、味精 3 克继续熬制。②将腌渍入味的鸽子冲洗干净，入卤锅卤制至鸽肉断红，皮色淡酱红时捞出(卤水可以反复使用)。红花浸油待用。

(3) 油淋：①将鸽子表面卤水吹干，用 20%浓度饴糖浆浇遍鸽身，晾凉 2 小时。②将锅中油温升至 200℃遍浇鸽身至皮色大红而又脆时可以改刀装盘。

(4) 改刀装盘：①用生菜垫盘底。②将鸽头、颈、翅依次切下，将每只鸽子改刀成六块，置盘中拼成整鸽状。③用南卤、芝麻油、糖、白醋调成南乳酱味碟置两鸽之间。④将半只柠檬挤汁在鸽身，洒红花于鸽身即成。

风味特色：

色泽红亮，皮脆肉嫩，红花之香浓郁，口味丰富复杂。

思考题：

1. 本菜在卤水上有何特色？
2. 为什么不浸入油中炸而是强调油淋？

5.6 馄饨鸭子

烹调方法：焖

主题味型：咸鲜微甜

原料：光鸭 1 只 2 000 克，净猪肉 250 克(肥二瘦三)，精白面粉 50 克，笋片 75 克，芝麻油 25 克，绍酒 50 克，酱油 25 克，精盐 5 克，绵白糖 10 克，虾籽 1 克，姜片 15 克，葱结 20 克。

工艺流程：

光鸭清理 → 焯水 → 焖制 → 烩制成菜
猪瘦肉粉碎 → 制馅 → 包馄饨 → 氽熟 → (烩制成菜)
和面 → 制皮 → (包馄饨)

工艺要点：

(1) 清理：由脊背将光鸭剖开，去内脏及尾臊将肫肝洗净待用。洗净后入沸水锅焯透。

(2) 馄饨：将酱油、糖、虾籽、芝麻油与猪肉茸混合搅拌成馅心，另用面粉和面制成 24 张直径 5 厘米的馄饨皮，上馅包成抄手式馄饨 24 只氽熟。

(3) 焖制：砂锅内垫竹箅，将鸭子腹朝下放入砂锅，再加下肫肝，姜片、葱结、酒，加清水淹下鸭身，旺火烧沸，去沫，加盖密封，小火加热 3 小时至鸭肉酥烂为止。

(4) 烩制成菜：将鸭子翻身腹朝上，肫肝笋切片铺在鸭面，加盐与味精定味，将余熟的馄饨下入鸭锅内，将鸭锅上火见沸上席即成。

风味特色：

风味醇浓，鸭肥汤鲜，馄饨可食可看，点菜结合，食用性强。

思考题：

1. 以此菜为例，说说点菜结合的基本特征。

2. 以此菜为例，谈谈清炖菜与原焖菜加热的微小区别。

5.7 锅烧鸭

烹调方法：酥塌

主题味型：咸香微甜

原料：光鸭1只2 000克，干淀粉100克，鸡蛋2只，酱油50克，精盐2克，绵白糖5克，姜片10克，葱结15克，大茴5克，面粉30克，绍酒25克，味精2克，花椒盐1克，芝麻油15克，精炼油1 500克（实耗150克），甜面酱50克，泡打粉1克。

工艺流程：

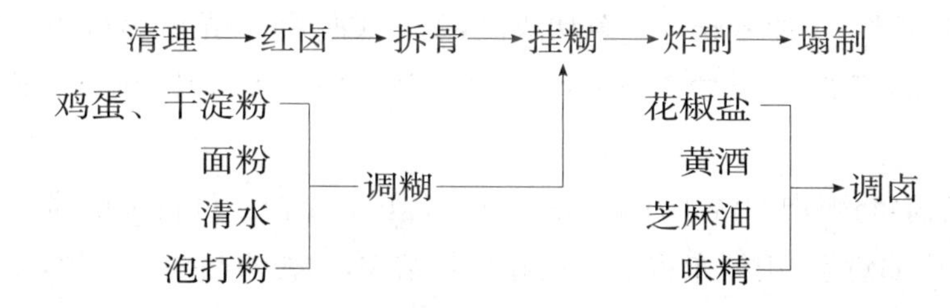

工艺要点：

（1）清理：由脊背剖开去内脏、鸭臊、焯水洗净。

（2）红卤：用绍酒、大茴、葱、姜、酱油、糖、盐、清水，将鸭子卤熟为八成酥烂，口味咸甜，色泽红亮。

（3）拆骨：将红卤酥烂的鸭子整个儿剔去骨头，置盘中，另用鸡蛋、干淀粉、面粉泡打粉水，与25克油调成酥糊，均匀挂在鸭肉上，鸭头、翅皆需挂糊。

（4）塌制：将盘中挂糊的鸭子脱入160℃油中炸，随着油温上升至220℃左右，鸭坯被炸至金黄色，外壳酥脆时捞出，复入空油锅中烹入事先用黄酒10克，椒盐与15克芝麻油调制的味汁，将鸭体翻锅旋转，塌至味汁全部被吸附时出锅，改刀装盘，带甜面酱一碟上席。

风味特色：

酥脆松香，鸭肉鲜香。

思考题：

1. 此菜与鸭方的制熟方法有哪些不同？又与卷筒鸭有哪些区别？

2. 鸭肉红卤在风味上具有什么特点？

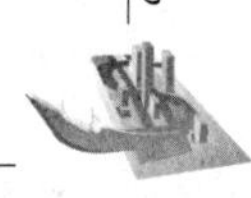

5.8 云腿卷筒鸭

烹调方法：蒸扒

主题味型：咸鲜、火腿浓香

原料：光鸭 1 只 2 000 克，云腿 250 克，香菜 100 克，绍酒 25 克，精盐 10 克，花椒 10 克，姜 20 克，葱 10 克，熟鸡油 20 克，纱布 1 平方米。

工艺流程：

光鸭出骨 ⟶ 腌渍 ⟶ 清理 ⟶ 卷筒 ⟶ 蒸烂 ⟶ 凝冻
火腿切条 ⟶（卷筒）
⟶ 切片扣碗 ⟶ 蒸扒 ⟶ 装盘
勾芡 ⟶（装盘）

工艺要点：

(1) 出骨，由脊部剖开出骨，去内脏及鸭臊，剁下鸭头和翅膀留用。同时将熟火腿切成 1 厘米×1 厘米长条。葱切成段，姜切成厚片，香菜洗净待用。

(2) 腌渍：用盐 8 克、炒熟花椒粒 8 克、黄酒 10 克、姜 2 片、葱 5 克将鸭肉腌渍 4 小时。

(3) 卷筒：将鸭肉漂洗干净，干铺案上，撒上干淀粉。再将火腿条分置鸭肉两端，相对卷成如意卷，用纱布将如意鸭卷裹扎结实，与鸭头与翅膀一道，上笼蒸 2 小时至酥烂。

(4) 蒸扒：将蒸烂的鸭卷冷凝（5℃～1℃），切 1 厘米厚片，整齐扣入汤碗中，将葱、鸭头、翅膀置其上，再用一厚姜片拍压花椒放在上面，猛蒸半小时。

(5) 装盘：将鸭卷复入大盘，头、翅置盘边，香菜点缀四周，滤原汤加鸡油勾流芡浇上即成。

风味特色：

鸭酥肉香，形式美观，椒盐火腿之香幽郁，尤宜夏令。

思考题：

1. 此菜腌渍的作用是什么？

2. 切片扣碗前为什么要冷凝？

5.9 双色鸡茸

烹调方法：软炒

主题味型：咸鲜

原料：生鸡脯 150 克，生肥膘 50 克，鸡蛋清 5 只，火腿末 3 克，菠菜叶 200 克，姜葱汁 10 克，绍酒 5 克，精盐 3 克，精炼油 120 克，水淀粉 60 克，鸡清汤 700 克。

工艺流程：

清理 ⟶ 粉碎 ⟶ 混和 ⟶ 炒制 ⟶ 装盘

工艺要点：

(1) 清理：鸡脯剔去肌膜及筋膜漂白，菠菜叶洗净晾干，猪肥膘批去筋膜。

(2) 粉碎：漂白后鸡脯加 200 克清汤上粉碎机粉碎成肌浆，过筛去筋，菠菜叶加盐 2 克、清汤 100 克上机粉碎过筛去屑，猪肥膘用刀刮出茸。

(3) 混合：将鸡茸放碗中，加鸡蛋清、湿淀粉、绍酒、味精、精盐、姜、葱汁调开，再徐徐加入鸡汤 200 克，边加边搅稠，至起黏成羹状缔。取 1/3 与菜汁混合成绿色缔。

(4) 炒制与装盘：将炒锅旺火烧熟，下凉油 10 克、冷鸡汤 150 克烧沸，徐徐倒入白鸡粥缔，边倒边炒，至沸腾起泡，勾 2 克水淀粉，下 100 克清油打匀起锅，盛于汤盘中。锅刷干净，用同样方法炒绿茸缔，在白鸡茸上浇出太极图形，撒上火腿茸即成。

风味特色：

双色分明，鸡茸滑嫩鲜爽，肥润丰腴。

思考题：

1. 双色鸡茸与双色鸡粥的区别在哪里？
2. 简述鸡茸颗粒的粗细与吸水的关系。
3. 炒鸡茸的火候关键有几点？

5.10 三套禽[①]

烹调方法：炖

主题味型：咸鲜香

原料：老麻鸭 1 只 2 000 克，土鸡 1 只 1 000 克，肉鸽 1 只 350 克，熟火腿 150 克，熟冬笋片 100 克，水发冬菇 50 克，绍酒 100 克，精盐 8 克，虾籽 1 克，姜块 20 克，葱结 20 克，小菜心 6 棵。

工艺流程：

整禽脱骨 ⟶ 清理 ⟶ 套禽 ⟶ 焯水 ⟶ 炖制 ⟶ 成菜

工艺要点：

(1) 整禽脱骨：三禽皆由翅上侧颈根部斜开口出骨，先出颈骨，再翅骨，再胸背

① 此菜来源于扬州三套鸭，目前禁捕野鸭，故改用放养的土鸡，肉鸡则不用。

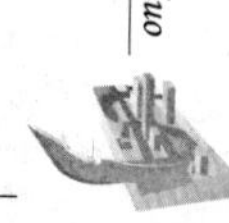

骨，最后腿骨。肫、肝洗净待用。

(2) 清理：将出骨后的禽检查是否有漏洞，翻出肉面用沸水浇烫到肉面发白而皮不收缩的程度，再清洗干净。

(3) 套禽：将香菇、火腿、笋片的一半分别填入三禽腹中，再将鸽子与土鸡、老麻鸭逐一由刀口处填入大套禽腹之中，露出三头，由最外层鸭颈圈结定型再将鸭及肫肝焯水 10 分钟，冲洗干净。

(4) 炖制：将竹箅垫入大砂锅内，禽腹朝下，及肫肝一道放入，加姜、葱、酒、水大火烧开，撇沫，封口，小火炖 4～6 小时至酥烂。

(5) 成菜：将鸭面翻上，汤定味过滤至再注入，小菜心烫熟置两则，去葱、姜、肫、肝及另一半火腿、笋片、冬菇切成刀面铺在鸭脯上，复上火见微沸即成，原锅上席。

风味特点：

三禽相套，汤滑鲜香，余鲜深远，酥烂肥润，趣味与风味统一。

思考题：

1. 此菜是趣味制菜的典范，看和吃的高度统一主要表现在哪里？

2. 为什么要将脱骨后的三禽翻出肉来浇烫？

5.11 水晶舌掌

烹调方法：凝冻

主题味型：咸鲜

原料：鸭舌 20 根，鸭掌 10 只，青豆 10 粒，熟火腿 10 克，琼脂 20 克，精盐 3 克，上清汤 750 克，姜 15 克，精盐 3 克，绍酒 5 克，味精 1 克，陈醋 10 克。

工艺流程：

舌、掌去骨 ⟶ 化琼脂 ⟶ 造型 ⟶ 凝冻成菜

工艺要点：

(1) 去骨：鸭舌掌焯水，再用微火煮 5 分钟，取鸭舌修齐舌根，抽去舌骨，30 分钟取出鸭掌，由掌背取出掌骨，修齐。

(2) 化琼脂：将干琼脂用凉水发透，切小段，投入 750 克清高汤里，加盐、味精及姜片、葱段，用小火加热使之慢慢溶化充分，滤去姜、葱，即成琼脂汁液。

(3) 造型：将姜、火腿各切出菱形小片 10 片，在二号口碗底叠成花形，再将鸭舌尖朝上排入花形四周上，注满琼脂汁液。另将青豆分别放置汤匙中，上复鸭掌、鸭掌面向匙底掌尖朝前，再注满琼脂汁液。

(4) 凝冻成菜：将注满琼脂汁液的舌掌碗、匙，平稳放入 5℃冷柜冷凝 20 分钟取出，取 12 英寸圆盘下垫饰物，再将鸭舌冻覆于盘中，鸭掌冻围于四周。上席带姜

丝陈醋味碟跟上。

风味特色：

透明美观，口感凉清鲜嫩，带以姜醋风味更爽。

思考题：

1. 此菜凝胶成冻能放置零下温度之中吗？为什么？

2. 此菜的变数极大，在形态上、原料上、色彩方面你能否设计出与之不同的品种？

5.12 葫芦鸡腿

烹调方法：红焖

主题味型：咸甜香

原料：嫩生鸡腿10只，松子仁40克，熟笋丁50克，豌豆苗100克，绵白糖5克，鸡蛋1只，酱油25克，葱末、姜末各3克，葱结1只，姜片10克，精盐5克，芝麻油25克，饴糖浆20克，绍酒20克，精炼油1 000克(耗50克)。

工艺流程：

鸡腿出骨 ⟶ 制坯 ⟶ 作色 ⟶ 过油 ⟶ 焖制

鸡肉制茸、松子过油 ⟶ 制馅

设计成菜 ← 煸炒豆苗

工艺要点：

(1) 鸡腿出骨：选肥壮的鸡腿，皮不能破损。抽鸡骨至底部敲断取骨，留0.5厘米骨节不取。出骨后，取1/2鸡肉剁茸。松子过油。

(2) 制馅：将鸡茸与松子、笋丁、姜、葱末、黄酒、鸡蛋、酱油10克、精盐2克、麻油10克混合搅拌成馅。

(3) 制坯：将馅填入鸡腿，用棉线扎口，再扎在中间像葫芦形状。

(4) 着色过油：将葫芦鸡腿生坯入沸水焯透捞出晾干，抹一层饴糖浆，入180℃热油中炸上色捞出。

(5) 焖制：砂锅下垫竹箅，铺上鸡腿，加姜、葱、水、酱油、糖、黄酒，烧沸后封口，用小火焖45分钟，启封，拆去鸡腿扎线，同时将豆苗炒熟垫于盘中，上排鸡腿，另将原汤收浓浇上即成。

风味特色：

趣味生动，葫芦鸡腿肉酥馅香，色泽红亮，咸甜适中。

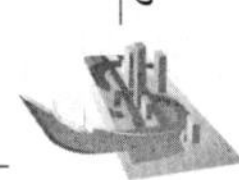

思考题：

1. 葫芦鸡腿可焖可炖，亦可蒸，馅子多样，你可设计5种馅心吗？
2. 作色的关键是焯水，为什么？

5.13 火腿糯米鸡卷

烹调方法：熟煎

主题味型：咸鲜微甜

原料：光嫩鸡1只1 500克，熟火腿100克，净荸荠25克，水发香菇25克，糯米75克，鸡蛋清3只，芥菜叶250克，绍酒25克，味精4克，葱姜汁50克。白糖5克，干淀粉20克，精炼油150克，纱布0.1平方米。

工艺流程：

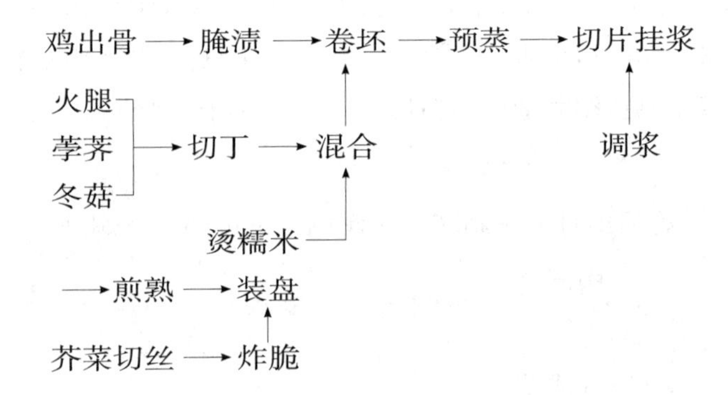

工艺要点：

(1) 鸡出骨：由脊背剖开，顺两侧剔除鸡骨，使之成为一整片状。

(2) 腌渍：用刀背在鸡肉面排敲两个来回，用绍酒、精盐、糖、味精拌匀腌渍20分钟。

(3) 卷坯：将糯米烫透无白心；火腿、香菇、荸荠皆切成0.3厘米小丁，将4料加绍酒、盐、味精拌匀成馅。将馅平铺在鸡肉面，卷成直径5厘米卷筒，再用纱布包卷紧，用棉线扎紧，蒸1小时，取出晾凉凝结。

(4) 煎制：用蛋清与干淀粉调成脆浆，将鸡卷切成1.5厘米厚片，一面拖浆，逐片入煎锅煎至黄脆，另将芥菜叶切成细丝，炸脆捞起调味点缀盘中，围上鸡卷即成。

风味特色：

下脆上酥中糯，鲜香爽口。

思考题：

1. 此菜与粤菜中的糯米鸡在工艺方面有何差异？
2. 为什么要用纱布包扎紧？
3. 为什么要下抹脆浆煎制？

5.14 荷叶焗鸭

烹调方法：焗

主题味型：咸鲜香

原料：光肥鸭1只2 500克，荷叶4张，肥膘肉500克，桂皮5克，大茴5克，丁香1克，大曲酒150克，味精5克，味精5克，精盐20克，京葱150克，姜25克，芝麻油100克，精盐5 000克，绵白纸1大张，白饼20张，甜辣酱100克，玻璃纸1大张，棉绳2米。

工艺流程：

清理 ⟶ 腌渍 ⟶ 包鸭 ⟶ 烤焗 ⟶ 装盘
烙白饼、调酱、切葱丝 ⟶ 装盘

工艺要点：

（1）清理：将光鸭肋开去内脏洗净。

（2）腌渍：用桂皮1/2、大茴1/2、葱50克、姜5克、大曲酒50克，腌鸭1小时，再将余下桂皮、大茴、葱50克、姜及丁香，全部填入鸭腔中，肥膘批成两大片。

（3）包鸭：荷叶面抹上芝麻油，肥膘肉两片贴在鸭面。鸭腹向上撒上大曲酒5克，味精2克用荷叶包起，荷叶外再分别包上玻璃纸与白纸，用棉绳捆扎结实。

（4）烤焗：将粗盐加热至230℃左右，上烤盘，将鸭包埋入盐里，上烤箱，用200℃烤约2.5小时取出。

（5）装盘：将鸭包置大盘中上席，食时用小刀划开鸭包，去除肥膘肉，另用小盘分别盛白饼，京葱丝，甜辣酱跟上。

风味特色：

清香肥润，色泽淡雅，肉质酥烂。

思考题：

1. 此菜与粤菜盐焗鸡的做法有些什么区别？
2. 将这种做法移植对鱼、肉类加工，可行性怎么样？

5.15 金葱扒鸭

烹调方法：红扒

主题味型：葱香咸甜

原料：光鸭1只2 000克，葱150克，笋片25克，老蔡酱油35克，绵白糖40克，姜块15克，黄酒150克，湿淀粉25克，芝麻油25克，精炼油1 250克（耗100克），

菜心 10 棵，荷叶夹饼 10 只。

工艺流程：

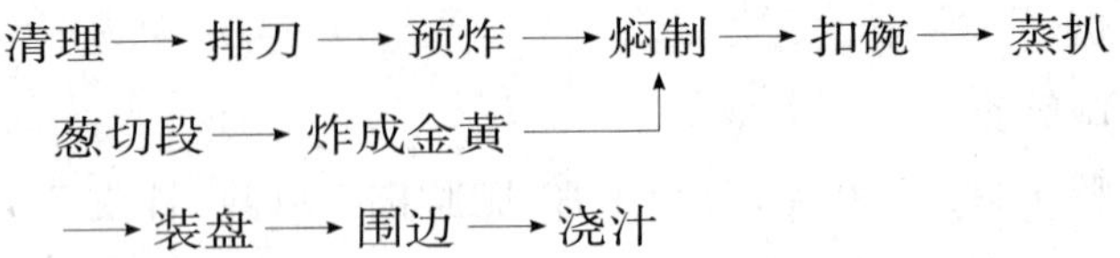

清理 → 排刀 → 预炸 → 焖制 → 扣碗 → 蒸扒
葱切段 → 炸成金黄 →（焖制）
→ 装盘 → 围边 → 浇汁

工艺要点：

(1) 清理：光鸭脊开去脏，洗净，沿脊骨、肋骨、龙骨、腿骨排斩一遍，使之骨断而肉连。洗净晾干。

(2) 预炸：将葱切成 7 厘米段，入 200℃油中炸至金黄捞出，即成金葱，又叫糊葱。用酱油抹遍鸭全身，也入 200℃油中炸上金黄色。

(3) 焖制：砂锅下垫竹箅，将鸭子胸腹向下放入，加黄酒与水淹没鸭身，下酱油、糖、姜块、葱结，加盖盘，封口，烧开后焖 2 小时离火。

(4) 扣碗蒸扒：笋片在大碗底摆齐，将鸭腹向下扣入碗中，上盖金葱，封口，蒸扒半小时，复入大盘中，将菜心焐油炒熟入味，围于鸭周。原汤收稠勾芡淋在鸭上，带荷叶夹子上席。

风味特色：

酥烂脱骨不失其形，咸甜适中鲜香肥嫩，葱香浓郁，口味醇厚。

思考题：

1. 通过此菜说明淮扬风味的一个重要口味特色。
2. 金葱在此菜中起到了什么关键的风味作用？

5.16 桃仁鸭方

烹调方法：酥炸

主题味型：咸鲜香

原料：嫩光鸭 1 只 1 750 克，桃仁 125 克，鲜河虾 350 克，熟猪膘肉 75 克，葱椒浆 25 克，绍酒 25 克，精盐 8 克，花椒盐 3 克，姜、葱各 15 克，姜葱汁 5 克，鸡蛋清 3 只，水淀粉 15 克，干淀粉 15 克，芝麻油 10 克，精炼油 1 000 克(实耗 125 克)。

工艺流程：

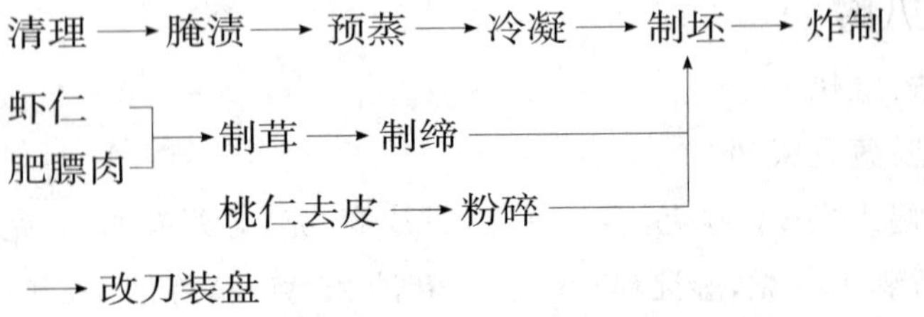

清理 → 腌渍 → 预蒸 → 冷凝 → 制坯 → 炸制
虾仁、肥膘肉 → 制茸 → 制缔 →（制坯）
桃仁去皮 → 粉碎 →（制坯）
→ 改刀装盘

工艺要点：

(1) 清理：将光鸭由脊背剖开，取出内脏另用，鸭身遍擦精盐、花椒、姜葱、绍酒腌渍 2 小时。

(2) 预蒸：将鸭预蒸至烂取出，整个儿剔去骨头，鸭头、翅留用。另将虾仁、肥膘粉碎成茸，加鸡蛋清 2 只，绍酒、干淀粉、姜葱汁、精盐混合搅拌成缔。

(3) 制坯：将葱椒浆抹在鸭肉一面，再平酿上虾缔，最后均匀撒上桃仁屑抹平。厚度在 2.5 厘米左右。

(4) 炸制：将鸭坯皮朝下投入 180℃油中炸至皮呈金黄色捞出，再将鸭头、翅炸透捞出。

(5) 装盘：将炸酥的鸭头、翅摆在盘边。再将炸好的桃仁鸭方切成条块整齐地码放在盘中即成。上桌时带椒盐味碟。

风味特色：

鸭肉香酥虾肉嫩，色泽金黄，味鲜香。

思考题：

1. 这里葱椒浆的重要作用是什么？
2. 请与香酥鸭的制作工艺作一个比较。
3. 试一下，鸭肉先不要预蒸，直接酿上虾缔炸熟行吗？

5.17 茉莉花炒山鸡片

烹调方法：滑炒

主题味型：花香咸鲜

原料：家养山鸡脯肉 300 克，鲜茉莉花 30 朵，清鸡汤 10 克，鸡蛋清 2 只，精盐 2.5 克，鸡精 2 克，葵花油 500 克(耗 70 克)，湿淀粉 20 克。

工艺流程：

鸡肉批片 ⟶ 漂水 ⟶ 上浆 ⟶ 组配 ⟶ 滑油 ⟶ 调味炒制 ⟶ 装盘

茉莉花洗净 ⟶ 组配

工艺要点：

(1) 鸡肉批柳叶片(0.2 厘米×6 厘米×2 厘米)，茉莉花用时再摘，摘后用淡矾水略浸泡。

(2) 漂水是指将批好的鸡片泡浸入清水中去除不良气味与血色，使之颜色洁白。

(3) 上浆：用洁布将鸡片上水分吸去，加盐、鸡蛋清，湿淀粉 10 克，拌匀上劲，拌清油待用。

(4) 滑油炒制：将鸡片滑油(120℃左右油温)捞起，用鸡汤、盐 1 克，湿淀粉 10

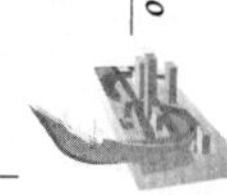

克兑匀勾芡。

（5）装盘：将鸡片炒制勾芡后，撒入茉莉花拌匀，即可装盘。

风味特色：

茉莉花香沁肺腑，鸡片白嫩、滑亮。

思考题：

1. 花卉制菜调味的特点是什么？
2. 为什么要用淡矾水浸泡一下茉莉花？
3. 除了茉莉花，还有些什么花可以用，通常用在什么菜肴之中？

5.18 松子红酥鸡

烹调方法：红焖

主题味型：咸甜有松子香

原料：嫩光鸡 1 000 克（整只），五花猪肉 300 克，松子仁 60 克，鲜虾仁 50 克，鸡蛋 3 只，南乳 15 克，绍酒 200 克，黄豆抽 20 克，白糖 20 克，葱、姜末 10 克，干淀粉 20 克，精盐 5 克，植物油 125 克，芝麻油 25 克，豆苗 250 克。

工艺流程：

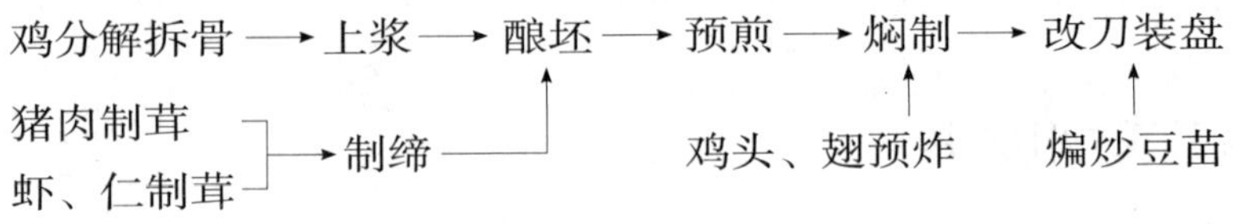

鸡分解拆骨 → 上浆 → 酿坯 → 预煎 → 焖制 → 改刀装盘

猪肉制茸、虾、仁制茸 → 制缔 → 酿坯

鸡头、翅预炸 → 焖制

煸炒豆苗 → 改刀装盘

工艺要点：

（1）分档去骨：将鸡按步骤分档取下鸡脯、鸡腿、鸡翅、鸡头，再分别去除鸡脯与鸡腿骨，鸡翅取齐，鸡头去。

（2）制缔：将猪肉与虾仁分别粉碎，松子预炸成熟，加姜、葱末 10 克，鸡蛋 1 只，盐、淀粉、黄酒 5 克、味精混合成硬质缔。

（3）抹浆：用一只鸡蛋加干淀粉调成浆，均匀涂抹在去骨的鸡脯与鸡腿肉面，再均匀在肉面排刀。

（4）制坯：将虾、肉缔均匀地镶嵌在鸡脯、腿肉面，再轻排刀使之黏贴紧密，表面再抹上蛋浆，刮得平滑成酥鸡生坯。

（5）预煎：将酥鸡生坯肉面向下入煎锅煎黄，另将鸡头、翅预炸呈金黄。

（6）焖制：取砂锅 1 只，下垫竹箅，下姜、葱、酥鸡坯及头翅，加黄酒、酱油、糖及适量水，加盖烧沸，小火焖约 1 小时后取出改刀呈一字条。

（7）装盘：将豆苗炒熟垫盘底，再将酥鸡按鸡形装盘，摆上鸡头、鸡翅。

（8）将原汤收稠浇在酥鸡上即成。

风味特色:

色泽金红,鸡香松酥烂,咸甜适中,松香悠然。

思考题:

1. 简述鸡分档去骨的步骤。

2. 为什么要在鸡肉上排刀?

3. 请了解白酥鸡与鸭方的制作方法。

5.19 金钱鸡

烹调方法:脆炸

主题味型:咸鲜香

原料:鲜鸡脯肉 100 克,鲜河虾仁 100 克,咸雪菜叶 20 张,熟猪肥膘 250 克,葱椒盐 50 克,鸡蛋清 3 只,米粉 100 克,面粉 25 克,精盐 2 克,干淀粉 10 克,味精 2 克,绍酒 10 克,葱姜汁 10 克,花生油 1 000 克(耗 100 克),花椒盐 1 克。

工艺流程:

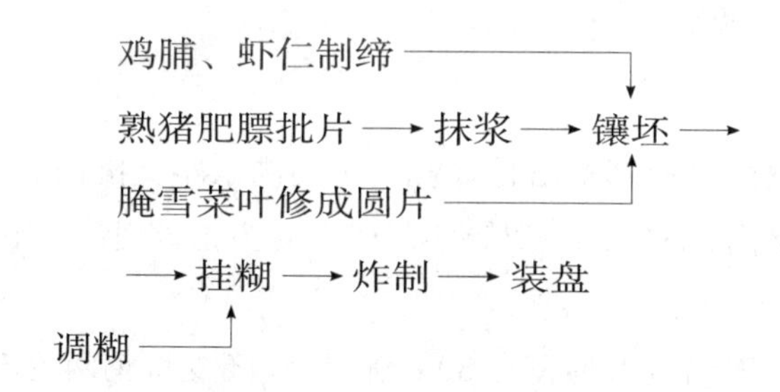

工艺要点:

(1) 制缔:将鸡脯与虾仁分别剁茸,加鸡蛋清 6 只、葱姜汁、鸡蛋清、黄酒 10 克、味精、麻油等制成硬质缔。

(2) 下料:熟猪肥膘与雪菜叶皆加工成圆形薄片,直径 3.5 厘米,肥膘厚度 2 毫米。在肥膘上抹上葱椒浆。

(3) 制坯:将鸡虾缔黏贴在肥膘抹有葱椒浆的一面,厚度在 0.6 厘米,再贴上雪菜叶圆片成生坯。另用米粉与面粉加水与鸡蛋 2 只调成脆糊,待用。

(4) 油锅上火,加热至 180℃,用细签串上金钱鸡坯,匀挂上脆糊入油中炸至外壳脆化,抽出竹签,于 160℃油中养炸,复入 200℃油中炸至金黄,装盘,撒上花椒盐即成。

风味特色:

色泽金黄,形如金钱,外脆里嫩,鲜香。

思考题:

1. 金钱鸡的成型方法主要是什么方法?

2. 什么是葱椒浆，有什么作用？

3. 在炸的过程中有三种不同油温，其意义何在？

5.20 三丁蛤蟆鸡

烹调方法：红焖

主题味型：咸鲜微甜，微辣

原料：光嫩母鸡1只（1 000克以上），净熟冬笋200克，瘦猪肉300克，鲜虾仁100克，干贝松50克，姜葱各50克，油咖喱10克，老蔡酱油20克，白糖20克，红椒油50克，球葱末50克，植物油1 000克（耗100克），水淀粉1克，丁香4颗，香菇2只，菜心20棵，蛋糕2片。

工艺流程：

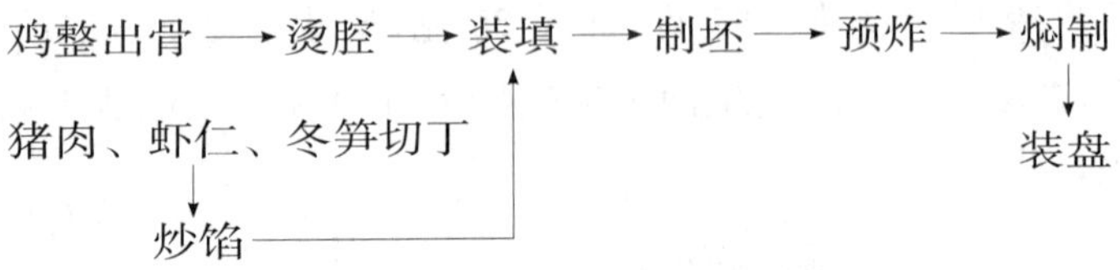

鸡整出骨 ⟶ 烫腔 ⟶ 装填 ⟶ 制坯 ⟶ 预炸 ⟶ 焖制 ⟶ 装盘

猪肉、虾仁、冬笋切丁 ⟶ 炒馅 ⟶ 装填

工艺要点：

（1）出骨：将鸡由胫根部整出骨，洗清，再用沸水略烫肉面。

（2）制馅：将猪肉、虾仁、冬笋皆切成0.1立方厘米小丁，下黄酒、姜葱末、酱油、糖少量，混合炒制成馅。

（3）制坯：将三丁馅填入鸡腹约80%满，用鸡胫皮将鸡两翅圈扎起，抹酱油，入200℃油中预炸至金黄色。

（4）焖制：将球葱与油咖喱略煸后，下入砂锅，砂锅下垫竹箅，将鸡腹朝上放入砂锅，加酱油、白糖、红椒油、绍酒及少量水，浸平鸡身，烧沸后小火焖1.5小时。

（5）装盘：将熟制菜心入味围于汤盘中，将鸡腹朝上托入盘中菜心中，两腿向前，鸡翅向后，摘去鸡头，同时用两片圆黄蛋糕与香菇装饰成眼睛状放在鸡腹尾两侧，如蛤蟆眼，再将原汁收稠勾芡淋上鸡身即成。

风味特点：

酥香软烂，形整而无骨，色泽金红，咸甜香鲜中微有辣意。

思考题：

1. 考量一下此菜在传统上有些什么变化，为什么要变？

2. 为什么填馅只能80%满？

5.21 西瓜鸡

烹调方法：蒸炖

主题味型：咸鲜清香

原料：童子鸡1只750克，西瓜1只3 000克，水发香菇50克，熟火腿50克，葱姜各10克，绍酒20克，虾籽2克，精盐4克。

工艺流程：

宰杀 ⟶ 焯水 ⟶ 预炖 ⟶ 装盅 ⟶ 炖制 ⟶ 装碗

西瓜浅刻成盅 ⟶ 装盅

工艺要点：

(1) 宰杀：童鸡活杀去毛。鸡血可用碗加绍酒5克，精盐1克，水10克调和凝结，蒸熟待用。

(2) 清理：由脊部将鸡剖开，取内脏洗净，将鸡肝、肫等清理干净，待用。

(3) 炖制：将鸡及肫肝等入水锅焯透，洗净，放入品锅内，加花菇、火腿、姜、葱结、绍酒及水，用薄膜封口，蒸至酥烂。

(4) 运用浅刻刀法将西瓜表面刻出图案，在蒂下端开盖，挖去瓜瓤成瓜盅。用沸水将瓜盅里外浇烫一次。

(5) 装盘：将炖得酥烂的童鸡连汤装入瓜盅，下垫肫肝、鸡血，鸡脯朝上，头上扬，火腿花菇排缀其上，复入笼蒸5分钟即可。

风味特色：

童鸡酥烂不失原形，汤清见底，西瓜清香，瓜盅雅意，是夏令时菜。

思考题：

1. 此菜与茉莉花鸡片的异曲同工之处在哪里？

2. 瓜盅在菜里充当了几种角色？

5.22 蛋美鸡

烹调方法：蒸扒

主题味型：咸鲜本味

原料：光母鸡1 300克，鸡蛋清6只，干贝25克，鲜虾仁250克，水发香菇50克，熟火腿100克，嫩笋100克，熟鸡脯20克，青菜心10根，绍酒50克，酱油5克，精盐5克，绵白糖5克，虾籽2克，姜、葱各15克，湿淀粉15克，干淀粉5克，熟鸡油20克。

工艺流程：

清理 ⟶ 焯水 ⟶ 蒸扒 ⟶ 装盘

制馅、制虾缔、烙蛋皮 ⟶ 包烧卖 ⟶ 蒸 ⟶ 装盘

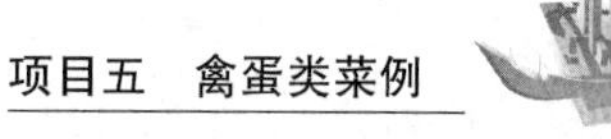

工艺要点：

(1) 清理：由脊背剖开，去内脏，留肫肝，焯水洗净。

(2) 蒸扒：将鸡背朝下置大碗中，加花菇4片，火腿50克，干贝25克及肫、肝、姜、葱、酒、盐、味精等密封碗口，蒸3小时至鸡肉酥烂取出肫、肝，去除姜、葱。

(3) 制蛋烧卖：①将取出的肫、肝与虾仁50克，嫩笋、香菇、熟脯肉、熟火腿25克合切成小丁，加姜葱末、虾籽、酱油、盐2克、绵白糖、酒5克，炒熟勾芡成馅。②用鸡蛋5只调以湿淀粉10克搅匀，烙出蛋白皮10张，每张直径12厘米。③200克虾仁塌茸，加盐、蛋清1只，味精、姜葱汁水，混合串制成硬缔。

将蛋白皮每只摊开，四周薄薄抹上虾缔，再将馅心分装，抓捏成烧卖状，将剩余虾缔再分别封入烧卖口，沾上火腿末，上笼蒸约3分钟即成蛋烧卖。

(4) 装盘：将鸡复笼5分钟，滤出原汤复盘，将蛋烧卖围于鸡周，再在每个烧卖间点缀熟菜心1根，用原汤加鸡油勾流芡淋上鸡与烧卖即成。

风味特色：

鸡黄蛋白，菜香，咸鲜醇厚香醇，形式美观，色彩雅丽。

思考题：

1. 本蛋美鸡的做法对传统蛋美鸡的做法，有些什么改动？
2. 本菜在观赏性与食用性的统一方面有什么特点？

5.23 醉蟹炖鸡

烹调方法：清炖

主题味型：咸鲜醉香

原料：光母鸡1只1 000克，醉蟹2只300克，姜块20克，葱段10克，精盐4克。

工艺流程：

清理 ⟶ 焯水 ⟶ 炖制 ⟶ 定味 ⟶ 成菜

工艺要点：

(1) 清理：将鸡从脊背剖开，去内脏，将肫、肝清理留用，漂去血水。

(2) 焯水：入沸水锅焯透后冲洗干净。

(3) 炖制：将鸡腹向上放入砂锅，下醉蟹与姜葱，封口，炖3小时。

(4) 定味：适量添加2～4克精盐定味成菜。

(5) 成菜：原锅上席，剔去姜葱，也可分割成块各客上席。

风味特点：

鸡肉酥烂而滋润，汤清见底，醉蟹酒香悠扬。

思考题:

1. 醉螃蟹在该菜中的作用是什么?

2. 醉蟹除了炖鸡外还能与哪些原料组配?

5.24 网入凤雏

烹调方法:蒸炖

主题味型:咸鲜

原料:草鸡1只1 000克,竹荪50克,冬笋50克,火腿100克,香菇10只,鸽蛋10只,瑶柱10粒,姜20克,葱10克,黄酒50克,精盐5克。

工艺流程:

清理 ⟶ 分解 ⟶ 组配 ⟶ 炖制 ⟶ 成菜
(清理 ⟶ 焯水 ⟶ 分解;蒸鸽蛋 ⟶ 成菜)

工艺要点:

(1) 清理:将鸡去内脏洗净,焯透水。将瑶柱洗净,香菇发开漂去色水。将竹荪发开漂尽色水。

(2) 分解:将焯透的鸡取下腿与胸,均匀剁成10大块,火腿切成10厚片,竹荪切成8厘米长段再剖开成片,将笋切成10片。

(3) 组配:取10厘米炖盅10只,将鸡、瑶柱、笋片、火腿片、香菇分别码入盅内,上置竹荪,注入调好口味的汤基至汤盅口。

(4) 炖制:将组配好的汤盅封口,入笼,蒸3小时,同时另取10只小碟抹以猪油,磕入鸽蛋,在鸽蛋上再点缀香菜叶一片,放笼蒸3分钟待鸽蛋凝结取出。

(5) 成菜:将蒸好的鸡盅取出,去封口,再将蒸熟的鸽蛋脱入盅口,加盖,复蒸2分钟即可。

风味特色:

鸡肉酥烂,汤清而鲜香,鸽蛋细嫩,余味三咂。

思考题:

1. 这种组配,在本味的优化上具有什么特出的效果?

2. 汤清的关键是哪几点?

3. 请对本菜设计思路进行分析。

4. 鸽蛋的火候怎样掌握?

5.25 桂花香糟鸡

烹调方法:熟糟

主题味型:咸甜糟香

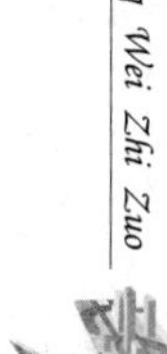

原料：鲜光鸡 1.25 克，绍酒 250 克，香糟 250 克，姜葱 50 克，精盐 7 克，白糖 30 克，味精 5 克，咸桂花 5 克。

工艺流程：

清理 ⟶ 焯水 ⟶ 冰镇 ⟶ 焯水
⟶ 冰镇 ⟶ 焯水 ⟶ 冰镇 ⟶ 糟制
（焯水 ⟶ 调糟卤 ⟶ 糟制）
⟶ 改刀装盘

工艺要点：

（1）清理：将鸡漂洗去细毛，至腹腔无血，鸡皮发白。

（2）焯水：锅中放水、姜、葱、酒烧沸，将鸡焯水 3 分钟捞出，用冰块或冰水或冷水冰镇 1 分钟，反复三次至鸡刚成熟。

（3）糟制：将原鸡汤加香糟拌匀过滤澄清，加入盐、味精、绍酒、桂花、白糖调匀成卤液，将鸡分成四档浸入卤中，加盖密封，置 5℃冷柜中糟制 4～8 小时即可。

（4）装盘：将鸡切成长条块，码于小汤盘中或小糟坛中，浸下原卤即成。

风味特色：

鸡肉嫩而皮脆，肥润骨香，色泽纯净淡黄，桂花香糟馥馨。

思考题：

1. 谈谈糟与醉的区别。
2. 将鸡焯水后为什么要冰镇？
3. 什么是刚成熟？在质感上怎样鉴定？
4. 漂洗对糟鸡的质量起到了什么重要作用？

5.26 彭公雉羹

烹调方法：熬

主题味型：咸鲜微嫩

原料：野鸡 1 只（1 500 克，人工饲养），薏仁 200 克，水发香菇 50 克，熟冬笋尖 50 克，熟蛋皮 30 克，熟火腿 30 克，青菜心 30 克，精盐 4 克，鸡精 2 克，黄酒 30 克，花椒 10 粒，姜块 10 克，葱结 25 克，姜丝 20 克，白胡椒粉 2 克，酸梅 20 克。

工艺流程：

野鸡清理 ⟶ 焯水 ⟶ 煨烂 ⟶ 拆丝 ⟶ 熬浓 ⟶ 装碗

工艺要点：

（1）鸡处理：将鸡宰杀，洗净，入沸水锅焯水洗净，加薏仁、绍酒、花椒、姜片、葱结、清水 2 000 克入汤锅煨至鸡肉酥烂，薏仁软糯时取出，将鸡撕成细丝，从薏仁中拣去花椒与姜葱，原汤过滤。

（2）熬汤成菜：将熟火腿、冬菇、青菜心、蛋皮、冬笋皆切成细丝与鸡丝、薏仁、姜丝一道下原汤锅中大火煮熬至汤浓稠时调味。

（3）调味：将酸梅泡软去核，切茸，与盐 4 克，胡椒粉、鸡精调入羹中即可。

风味特色：

雉羹爽利入口，鸡丝酥烂，话梅香鲜。

思考题：

1. 本菜的熬制主要特点在哪几点？与煨、炖、煮、烩的区别是怎样鉴别的？
2. 本菜风味的特别处表现在什么地方？

5.27 八卦文武鸭

烹调方法：扒

主题味型：咸鲜腊香

原料：板鸭脯 400 克，盐水鸭脯 400 克，熟胡萝卜 1 根，绿芦笋 16 根，熟鹌鹑蛋 1 只，鹌鹑皮蛋 1 只，葱 10 克，姜 10 克，精盐 2 克，鸡粉 2 克，花椒 2 克，鸡汤 300 克，绍酒 5 克，熟猪油 50 克。

工艺流程：

（1）扣碗：取直径 15 厘米扣碗 1 只，碗内遍抹熟猪油，将板鸭脯与盐水鸭脯分别切片在碗中排扣成太极图型。

（2）制熟成菜：将花椒粒拍进姜片，放置碗口，再摆葱结 1 只、加盐 1 克、鸡粉 1 克、鸡汤 100 克于碗内，封碗口，上笼蒸 40 分钟至烂出笼。

（3）造型：将鸭碗复在八角盘中提起，用胡萝卜切两个圆薄片点缀在双色鸭上，再各放上熟鹌鹑蛋与鹌鹑皮蛋，胡萝卜与芦笋焐油入味在鸭周摆成八角形边，将原汁勾流芡浇在鸭上即成。

风味特色：

腊香与新鲜互补，造型整齐，鸭肉酥烂，本味醇厚。

思考题：

1. 本菜对传统的炖文武鸭子作了哪些修改？
2. 通过本菜的启示你可以将一些菜品改造出多种表现形式吗？

5.28 柴杷冬笋鸭

烹调方法：蒸熘

主题味型：虾籽咸鲜

原料：熟冬笋 250 克，净盐水鸭脯 100 克，鸡蛋 1 只取清，熟火腿 200 克，鲜虾

茸 100 克，烫熟嫩药芹 20 根，湖虾籽 2 克，绍酒 5 克，精盐 3 克，蘑菇精 2 克，干淀粉 10 克，湿淀粉 2 克，清鸡汤 150 克，熟猪油 50 克。

工艺流程：

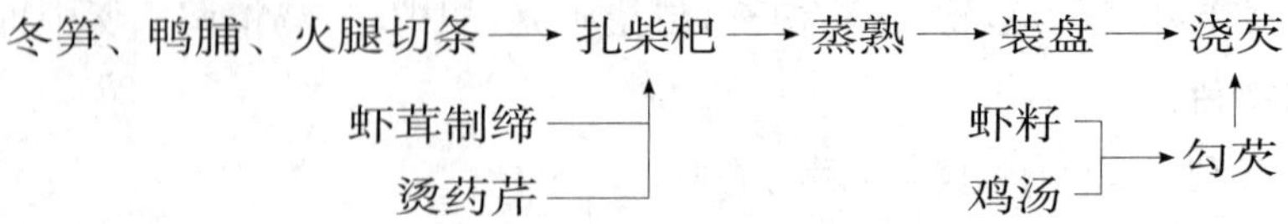

冬笋、鸭脯、火腿切条 ⟶ 扎柴杷 ⟶ 蒸熟 ⟶ 装盘 ⟶ 浇芡

虾茸制缔、烫药芹 ⟶ 扎柴杷

虾籽、鸡汤 ⟶ 勾芡 ⟶ 浇芡

工艺要点：

(1) 扎柴杷：①将冬笋、鸭脯与火腿均切成 0.4 厘米×5 厘米长条、冬笋 40 条，鸭脯与火腿各 20 条、酒 10 克、干淀粉拌匀。②将虾茸加盐 1 克、鸡蛋清与蘑菇精 1 克搅拌成缔。③药芹铺在案上，每 4 根笋铺在一根药芹上，抹上虾缔，按下火腿与鸭脯条各 2 根。提起药芹两头将上述各条捆成柴杷状。

(2) 蒸制成熟：①将柴杷鸭笋生坯置汤碗中，加 75 克鸡汤蒸 2 分钟至成熟捞出，在盘中造型。②另用炒锅，下猪油 50 克，鸡汤 75 克，盐 1 克，蘑菇精粉 1 克，勾流芡浇在鸭笋杷上即成。

风味特色：

形似柴杷，鸭香笋脆虾肉鲜，色彩清雅，营养多样，原汁原味。

思考题：

1. “柴杷”是一种传统的样式，你可列举 5 种柴杷菜品的制作方法吗？
2. 本菜集中了哪两款传统的柴杷菜肴因素？
3. 柴杷的作用和意义是什么？

5.29 清炖鸡孚[①]

烹调方法：炖

主题味型：咸鲜

原料：去骨仔鸡腿肉 200 克（2 条），肥 3 瘦 7 净猪肉 200 克，水发冬菇 60 克，火腿片 30 克，鸡蛋 4 只取清，啤酒 25 克，精盐 5 克，干贝精粉 2 克，鸡粉 1 克，姜末 5 克，葱末 2.5 克，干淀粉 30 克，面粉 30 克，清鸡汤 600 克，精炼油 1 000 克（耗 100 克）。

工艺流程：

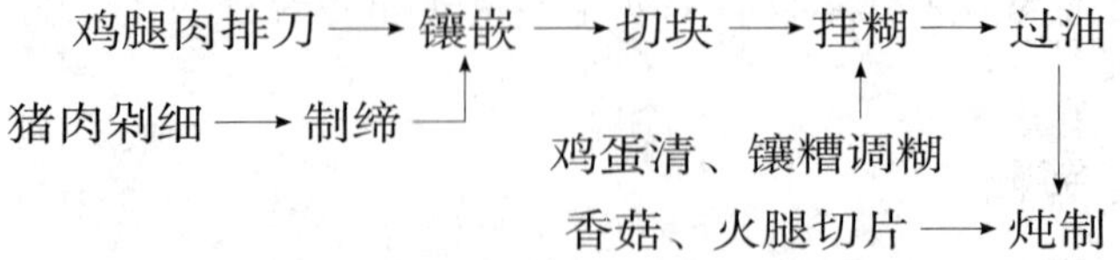

鸡腿肉排刀 ⟶ 镶嵌 ⟶ 切块 ⟶ 挂糊 ⟶ 过油 ⟶ 炖制

猪肉剁细 ⟶ 制缔 ⟶ 镶嵌

鸡蛋清、镶糟调糊 ⟶ 挂糊

香菇、火腿切片 ⟶ 炖制

---

① 鸡孚：孚即浮，指蛋泡糊使鸡块上浮汤面。鸡孚也可做成黄焖，淋香葱油上席，风味又具特色。据载此菜为南京前辈大师胡长龄先生所创。

工艺要点：

(1) 生坯制作：将鸡肉交叉排刀，撒干淀粉 10 克，将猪肉切成米粒状加葱、姜末与盐 1 克、鸡粉 1 克、干贝精 1 克拌匀，平镶在鸡腿肉上，用刀轻排至实，分切成边长 2.5 厘米菱形片。

(2) 过油：将鸡蛋清打成发蛋，加面粉与 20 克干淀粉调成发蛋糊，将糊匀挂鸡孚块，投入 160℃油中炸至结壳时捞出。

(3) 炖制：将 600 克鸡汤、25 克啤酒、精盐 1 克、鸡粉 1 克、干贝精 1 克置砂锅中，将鸡孚整齐排入砂锅，面上用火腿片与洗净香菇摆出花形图案，封盖，烧沸，换小火炖 30 分钟至鸡孚熟透酥烂离火上席即成。

风味特色：

鸡孚松嫩酥软，汤汁清醇入味。

思考题：

1. 怎样做到鸡孚在成熟后仍然保持洁白如雪的色泽？
2. 怎样做到鸡孚在成熟后仍然具有完好光滑的形态？

5.30 金陵叉烤鸭[①]

烹调方法：叉烤

主题味型：咸甜香

原料：仔光鸭 1 只 2 500 克，青菜叶 1 500 克，饴糖 5 克，葱段 50 克，大红浙醋 10 克，薄饼 20 张[②]，甜面酱 50 克[③]，香葱叶 250 克，花椒 0.5 克，芝麻油 50 克，嫩黄瓜条 200 克。

工艺流程：

光鸭清理 ⟶ 填料 ⟶ 上叉 ⟶ 着色 ⟶ 烤制 ⟶ 片鸭 ⟶ 上席

薄饼、葱段、甜酱 ⟶ 上席

工艺要点：

(1) 光鸭清理：从鸭右翅下肋间割开 3.5 厘米刀口，掏出鸭内脏及气、食管，卸去鸭爪与前 2 节鸭翅，疏通肛门，漂洗干净。将青菜叶与葱叶清净待用。

---

① 叉烤鸭与北京挂烤鸭并称中国烤鸭双法。另有"叉烤鸭方"一法，行于扬州。即先将鸭子红焖预熟，再拆肉片与火腿片相夹包入网油，挂糊，用铁丝网络夹住上叉烤制，烤脆批大片带甜面酱与薄饼上席，其风味亦是一绝。

② 薄饼：又叫烤鸭饼，即用面粉调制擀压烙熟的专用薄饼，一般直径 8～10 厘米，厚度小于 0.1 厘米，有单层与双层之别，吃烤鸭时，用薄饼包裹鸭皮、鸭肉、葱段黄瓜条等物，蘸甜酱食之。

③ 甜酱：用于蘸食烤鸭的专用酱，有多种调法，本书的做法是甜面酱、开洋末、陈皮末、白糖、味精，几滴红醋，芝麻油，少许西柠汁熬制而成。

(2) 填料：①将鸭胸向上，下垫湿布，双手压断胸肋骨。②将鸭刀口向上，崩开刀口，用葱叶塞进鸭腹向肛门处挤压，再将青菜叶、花椒填入鸭胸向前挤压使之饱满丰实。

(3) 上叉：将鸭头向前，鸭胸腹向上置于湿布上，烤叉由两档下插入，从皮下穿过胸肋两侧，肩骨和鸭颈两侧，在离宰口 3 厘米处伸出叉尖，将鸭头弯转向右侧穿过鸭眼卡住叉尖。

(4) 着色：大锅烧水至沸，倒提鸭叉将鸭头伸入水中，舀沸水遍浇鸭身，使鸭皮收缩，露出毛孔，将饴糖与浙醋热溶遍抹鸭身，置通风处晾干 4～6 小时。

(5) 烤鸭：砌简易 1.7 尺×1.2 尺烤池 1 只(前 3 砖，后 2 砖，左右两砖)，放木炭 5 斤烧燃，待火势渐红时，先烤两侧，再烤脊背，最后烤胸腹，见鸭肉成熟时，离火在鸭皮上遍涮芝麻油。将火拨旺，不断地转动烤叉将鸭燎烤提色，待鸭油吱吱作响，鸭皮色呈枣红，具有脆感时离火退叉(用时约 40～45 分钟)。

(6) 装盘：将烤鸭胸、背、腿、颈皮片下装大盘，再将鸭胸脯肉与腿肉片装一碟，带薄饼、甜酱与葱段、黄瓜条各碟一同上席。

风味特色：

皮脆肉烂，香鲜味美，色呈枣红，肉可加冬笋。香菇、葱段炒熟与皮一同上席称为双吃，如用鸭骨架烧汤则为三吃。

思考题：

1. 在鸭腹中填以葱、菜叶及花椒的作用是什么？
2. 在鸭皮上涮饴糖的作用是什么？为什么要调以浙醋？
3. 除了饴糖外还可用其他什么原料涮色？

5.31 珍珠鸭子

烹调方法：扒

主题味型：咸鲜微甜

原料：光仔鸭 1 只 1 750 克，净猪肋肉 150 克，熟松子仁 25 克，熟芡实 25 克，鸡蛋 1 只，精盐 2 克，鸡汁酱油 15 克，味精 2 克，方糖 15 克，鱼露 10 克，红葡萄酒 20 克，干淀粉 15 克，湿淀粉 5 克，葱 2 根，生姜 10 克，鸡汤 1 000 克，熟猪油 25 克，精炼花生油 500 克(耗 80 克)，草头 250 克。

工艺流程：

光鸭出骨 → 铺肉茸 → 拖浆 → 过油 → 焖制 → 装盘

(上色 → 过油；草头生煸 → 装盘)

工艺要点：

(1) 生坯制作：①将鸭脊背剖开去内脏及颈、脊、胸、腿、大翅诸骨洗净，排刀，拍淀粉待用。②将猪肉剁细，加鸡蛋、盐1克、味精1克、葡萄酒10克与松仁搅拌起黏，平铺鸭肉一面，排刀至实，即成生坯。

(2) 过油：1只鸡蛋取清与干淀粉5克调浆，遍抹肉面，另用酱油5克遍抹鸭皮着色，入180℃油中炸至定型，上金黄色时取出滤油。

(3) 焖制：取砂锅1只用竹箅垫底，将鸭皮向下放入，放姜葱、葡萄酒、味精、酱油、鱼露、方糖及精盐，注入鸡汤平鸭面焖制1.5小时，至鸭肉酥烂时离火。

(4) 装盘：将草头生煸铺在盘中，将鸭子提出放于草头上，原汤下熟芡实，勾流芡，淋芝麻油，均匀浇在鸭肉上即成。

风味特色：

鲜香异常，芡实似粒粒珍珠，鸭形完美饱满。

思考题：

1. 此菜与红松鸡的制作有什么区别性？
2. 此菜在调味上具有什么特色？
3. 参考传统的珍珠鸭子一菜制作，谈谈现代人的口味特点。

5.32 金陵桂花盐水鸭①

烹调方法：卤

主题味型：咸鲜香

原料：活仔鸭1 500克/只，精盐125克，葱结5克，生姜2克，花椒1克，大茴1克。

工艺流程：

宰杀 → 清理 → 去内脏 → 漂洗 → 腌渍 → 煮焖 → 浸卤 → 晾凉 → 装盘造型

工艺要点：

(1) 鸭坯处理：卸下鸭小翅与鸭脚，从翅下肋间开6厘米刀口，掏出气管、食管及内脏，在清水中漂洗净血渍，使鸭皮亮白。

(2) 腌渍：将精盐、花椒炒出香味，用75克装入鸭腹晃匀，用25克遍擦鸭身，再用25克腌擦鸭颈宰口及鸭口腔，接着再将其浸入陈卤②缸中腌渍，一般恒温在

① 桂花盐水鸭，系指桂花时节的肥鸭，四季通用，此菜一般作为冷菜，但也可作为热菜，即斩件装盘扣碗蒸热，用鲜(腌)桂花兑原卤勾流芡浇鸭即成，风味别具。

② 陈卤：系指前期鸭子腌渍遗留的腌卤，初腌鸭子的遗卤称为"血卤"，一般需通过再处理成为"陈卤"，以25只腌鸭为例，其方法是：清水50克，精盐40克，姜、葱各500克，大茴100克，加热至沸换小火，倒下血卤吊清，去浮末及姜、葱、大茴等过滤澄清冷却后即为陈卤，每缸可同时腌鸭25只，使用8～10次，如卤水发红，则使用前法使之清澈，调味品按需增添。

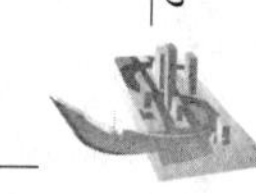

15℃腌3小时取出。

(3) 熟卤：①将鸭子取出，在翅下刀口处放姜片1克、葱结2.5克、大茴0.5克。②将2 500克清水烧沸，用生姜1克、葱结2.5克、大茴0.5克装入小纱布袋投入水中。③用12厘米长芦管（或竹管）插入鸭子肛门，将鸭头下尾上倒置锅内，煮沸去沫，焖约20分钟，将鸭提起沥去腹中卤水，再将其反复浸入卤水3～4次，再焖约20分钟，待鸭两腿发松即可取出，抽管沥汤，晾凉后斩件装盘即可，卤鸭原汤需去油过滤，沉淀后冷藏作为老卤[①]。

风味特色：

鸭皮肥脆，鸭肉松嫩，鸭皮色泽亮而淡黄，香味清幽。

思考题：

1. 为什么要将鸭子在腌渍前漂洗至肥白？
2. 将盐及香料炒熟的用意是什么？
3. 除了将鸭子焖卤外，还要将其提出反复浸卤的作用是什么？
4. 将鸭子干腌后再将其湿腌的作用是什么？
5. 在本菜中需对哪几种类型卤水进行运用？

5.33 荷花白嫩鸡

烹调方法：扒

主题味型：咸鲜

原料：光母鸡1只1 250克，鲜河虾仁100克，净猪肉200克，熟火腿末5克，鲜白荷花瓣10片[②]，鸡蛋清50克，精盐5克，鸡粉3克，干淀粉15克，湿淀粉10克，鸡清汤200克，葱5克，姜5克，绍酒10克，色拉油750克（耗100克）。

工艺流程：

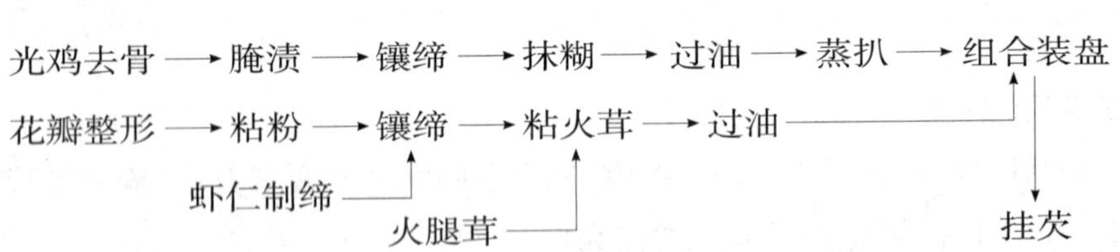

光鸡去骨 → 腌渍 → 镶缔 → 抹糊 → 过油 → 蒸扒 → 组合装盘 → 挂芡

花瓣整形 → 粘粉 → 镶缔（← 虾仁制缔） → 粘火茸（← 火腿茸） → 过油 → 组合装盘

工艺要点：

(1) 鸡坯加工：①将鸡由脊背剖开，去内脏、脊骨、颈骨、胸骨、腿骨，敲断翅骨第1节，剁去鸡爪，洗净，用精盐2克、鸡粉1克遍擦鸡身。②将猪肉粉碎成茸，用精盐1克、鸡粉0.5克拌匀，平铺在鸡肉上，轻排刀使之黏结紧密，用1只鸡蛋取清

---

① 老卤：即前期卤煮鸭子遗留之卤水，其处理方法与煮肴肉老卤同。鸭肉与煮肴肉卤水都是专用卤水，与多用卤水不同，潮州卤水与常熟爊锅卤水都属于多用卤水。前者清纯，后者香浓。

② 不在荷花季节，荷花瓣亦可用卷心菜叶或蛋皮代替。

与 2.5 克干淀粉调成蛋清糊，匀抹在肉茸面上，即成鸡生坯。

(2) 花瓣生坯加工：②将花瓣修剪成同等大小的底宽 5 厘米、长 6 厘米弧形花瓣，遍沾干淀粉。②将虾仁粉碎加盐 0.5 克、鸡粉 0.5 克、鸡蛋清 15 克搅拌成缔，分别镶挂在 10 片花瓣 1 面，在花瓣尖端上匀沾上火腿茸，即成荷花瓣生坯。

(3) 加热制熟：将鸡坯入 180℃油中炸至定形，置汤碗中，加鸡汤、绍酒、精盐 1 克、鸡粉 1 克及姜葱，蒸约 1.5 小时，至鸡烂时取出装盘，另用 120℃油温将花瓣炸熟取出围在鸡周围，将原汤勾流芡浇于鸡及花瓣上即成。

风味特色：

鸡香酥烂，花瓣香嫩，造型美观，原汁原味。

思考题：

1. 荷花白嫩鸡的命名原理是什么？
2. 简述荷花白嫩鸡的味型与香型关系。

5.34 叫花鸡

烹调方法：泥烤

主题味型：咸鲜香

原料：三黄鸡母鸡 1 只 1 500 克，虾仁 50 克，鸡肫丁 100 克，瘦猪肉丁 100 克，熟火腿丁 25 克，水发香菇丁 25 克，大虾米 15 克，猪网油 200 克，绍酒 50 克，精盐 5 克，酱油 500 克(耗 100 克)，葱段 25 克，姜末 10 克，丁香 6 颗，八角 2 颗，玉果末 0.5 克，山柰末 1.5 克，芝麻油 50 克，熟猪油 50 克。

特殊用料：鲜荷叶 4 张，玻璃纸 1 张，包装纸 1 张，酒坛泥 3 千克[①]，小麻绳 2 米。

工艺流程：

鸡去内脏 ⟶ 腌渍 ⟶ 填馅 ⟶ 包裹 ⟶ 烤制 ⟶ 装盘

制馅 → 填馅；网油、荷叶、泥巴 → 包裹

工艺要点：

(1) 鸡处理：从肋下掏出鸡内脏及气管、食管，将鸡洗净，敲断翅、腿、颈骨拍松，入盆中加 500 克酱油腌渍 1 小时取出，将八角与丁香 4 颗碾成末与玉果末，山柰末拌和遍涂鸡身。

(2) 制馅：用猪油 50 克将葱段炸香捞出，下姜末、虾仁、火腿丁、鸡肫丁、香菇

---

① 叫花鸡：又叫泥煨鸡、花子鸡，流行于常熟与杭州一带。泥烤是古法“炮”法遗存，现已有系列制品除了鸡外，还有“泥煨金腿”“泥烤鳜鱼”与“泥煨鸡蹄”等，风味十分特别，风格古朴。

丁和虾米煸香，加绍酒 25 克、酱油 25 克和绵白糖炒至断生，盛出晾凉。

(3) 包鸡：①将馅心连卤汁从鸡肋下刀口处填入鸡腹。②将鸡头塞入刀口，两腋各夹丁香 1 颗，用网油包紧鸡身。③将荷叶烫绿，用两张荷叶包紧鸡身，外包一层玻璃纸，再包一张荷叶，用细麻绳捆扎成圆形包。

(4) 烤鸡：①将酒坛泥泡化甩搅成黏土块，取湿棉布 1.5 米×2 米 1 块，平摊案上，洒一层干灰，上平铺一层酒坛土，厚约 1.6 厘米。②将鸡包放置于酒坛黏土中间，提起四角，将湿泥均匀包附在鸡包上，将泥拍实揭去湿布，上戳一小眼，上烤炉(箱)旺火(约 200℃)烤 40 分钟，用湿泥封口再烤 30 分钟，改用 120℃烤 80 分钟，每 20 分钟翻一下，再用 90℃烤 1 小时，取出。

(5) 装盘：将烤鸡取出，敲去泥块，剖开包裹，换新烫荷叶装盘，淋芝麻油，带葱白段，甜面酱上席。

风味特色：

干香酥烂，原汁原味，鸡皮金黄肥润，内馅香鲜异常。

思考题：

1. 烤时在泥包上为什么要戳一小孔，后再封上？
2. 烤鸡时不同的温度段各具有什么作用？
3. 为什么要用酒坛泥包鸡？
4. 用湿布涂泥包鸡，用玻璃纸包裹的作用是什么？

5.35 鸡火黄鱼鲞

烹调方法：黄焖

主题味型：咸甜

原料：光鸡 1 000 克，黄鱼干 400 克，北腿 200 克，绍酒 150 克，精盐 1 克，酱油 100 克，白糖 50 克，葱结 50 克，姜块 100 克，花生油 2 000 克(耗 125 克)，葱末 10 克，芝麻油 50 克，大茴 5 只，五香粉 5 克，猪油 100 克，豆豉 10 克。

工艺流程：

光鸡斩块 → 预炸 → 烧制 → 焖制 → 上席
火腿预蒸 → 切块 → 焖制
黄鱼干浸泡 → 切块 → 焖制

工艺要点：

(1) 原料预处理：用绍酒浸渍火腿蒸熟，切长方块待用，将黄鱼干浸泡回软切成马耳块，用姜、葱、酒浸渍待用，将鸡切 6 厘米长条一块待用。

(2) 烧鸡：将鸡块遍抹酱油，入 200℃油锅中炸至上色成金黄捞出，炒锅上火，先将葱、姜及大茴、豆豉煸香，再下鸡块，加酱油、糖、盐、酒、猪油水淹平鸡块，加热至沸，改文火焖 40 分钟到鸡七成烂时，换装砂锅，拣出大茴、姜、葱，将鸡块、火腿、黄鱼干在砂锅中码齐成刀面，撒下五香粉注入原汤，封盖，在中火上焖约 30 分钟，至汤汁稠黏时，开盖，撒葱花，冲入热芝麻油，即可上席。

风味特色：

鱼鲞腊香沁人肺腑，三料组合，鲜腊互补，充满渔乡风情。

思考题：

1. 本菜三料组合具有哪些风味的互补特点？
2. 猪油在这里起到了什么重要作用？
3. 小香料的使用对鲜腊制品组合菜肴的风味具有什么作用？

5.36 荷叶粉蒸鸡镶肉

烹调方法：蒸

主题味型：荷香咸甜

原料：嫩鸡腿 2 条 400 克，带皮小膘猪肉 400 克，粉蒸料粉 150 克[①]，鲜荷叶 4 张，绍酒 50 克，抽油 70 克，加工黄酱 25 克[②]，绵白糖 40 克，葱 15 克，姜片 15 克，芝麻油 50 克。

工艺流程：

鸡腿 ⟶ 切条块 ⟶ 洗涤 ⟶ 腌渍 ⟶ 拌粉
猪肋 ↗
⟶ 包荷叶 ⟶ 蒸熟 ⟶ 换叶蒸 ⟶ 装盘

工艺要点：

(1) 切块腌渍：将鸡腿与猪肋条匀切成各 10 块，洗净，滤水，拌入酱油、黄酱、白糖、姜、葱等腌渍约 1 小时。

(2) 拌粉包叶：①将荷叶蒂裁成 13 厘米见方 20 片。②将鸡、肉拌沾满粉蒸料粉，各 1 块合拼用荷叶包成 10 包。

(3) 加热成熟：将粉蒸荷叶包排入笼中，上沸水笼蒸 1 小时左右，至肉质酥烂离笼，拆包淋芝麻油，换新鲜荷叶再蒸 3 分钟即可连笼上席。

风味特色：

荷叶清香碧绿，鸡、肉风味互补，肥润鲜香，米粉香糯，风味优佳。

---

① 粉蒸料粉：专用于粉蒸类菜肴的香料米粉。具体加工各地虽有区别，但总体相似，兹以一种为例：粳米 1 000 克，糯米 500 克，淘洗晾干，碾压成粗粒，加丁香粉 20 克，大茴粉 25 克，桂皮粉 25 克炒香，成品色呈淡黄褐色。

② 加工黄酱：经炒香加工的黄豆酱，具体加工方法是 500 克黄豆酱，50 克豆豉磨细，用芝麻油 50 克，熟菜油 100 克炒熟起香。

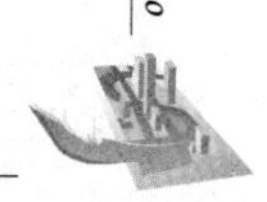

思考题：

1. 鸡与肉合包的风味互补是指的什么方面？
2. 为什么要换荷叶蒸3分钟？

5.37 莲荷焗鸡①

烹调方法：扒

主题味型：茄汁咸甜微酸

原料：光嫩母鸡1只1 500克，净鲜莲籽150克，鲜荷叶3张，鸡汤250克，绍酒25克，精盐10克，酱油25克，绵白糖25克，番茄酱125克，葱白段30克，姜末15克，蒜茸15克，花椒1克，大茴6颗，白胡椒粉1克，芝麻油50克，熟猪油100克，精炼豆油1 000克（耗25克）。

工艺流程：

光鸡整理 → 过油 → 焖制 → 蒸扒 → 响油 → 装盘

荷叶焯烫 → 焖制

蒜茸、花椒 → 蒸扒

蒜茸、花椒、鲜莲子焐油 → 响油

工艺要点：

（1）光鸡整理：①将光鸡背开去内脏、脊骨、排刀、拍松，抹淡酱油色，入200℃油中炸至淡金黄色，捞起滤油。②将茄酱炒红，鲜莲焐油待用。

（2）焖制：①将荷叶去蒂焯烫，1张垫于砂锅底。②将鸡腹朝下放于锅中，下茄酱、酱油、白糖、姜葱、精盐、大茴、白胡椒、熟猪油、鸡汤。加热至沸，加盖1张荷叶，加锅盖移至微火焖约1小时，至鸡酥烂时取出。

（3）蒸扒：用第3张荷叶将鸡腹朝上包起，入沸水笼蒸2分钟，放开荷叶，将焐过油的鲜莲子撒满鸡身，再用芝麻油50克加热出烟，将蒜茸葱白段爆浇在鸡上，再包起荷叶，连笼上席即成。

风味特色：

莲荷清香，鸡色红润，茄酱酸甜，肉质酥烂脱骨。

思考题：

1. 简述本菜应季制作的审美意义。
2. 为什么将鸡焖后要再蒸2分钟？

---

① 此菜如清蒸，风味也是上佳，鲜莲若无，也可用干莲蒸发使用，忌用糖水或清水罐瓶装莲子。在调料上的酸味不够，可适当添加少许果醋，红醋忌用。

5.38 㸆锅油鸡[①]

烹调方法:浸卤

主题味型:咸鲜五香

原料:当年生活母鸡 1 只约 1 750 克,绍酒 250 克,精盐 50 克,清鸡汤 4 000 克,葱结 100 克,干贝精粉 3 克,姜块 75 克,玉果 15 克,桂皮 15 克,大茴 10 克,小茴 10 克,山柰 10 克,姜黄 5 克,菜油 2 500 克,佐味酱油 50 克[②]。

工艺流程:

鸡清理 ⟶ 焯水 ⟶ 浸卤 ⟶ 斩块装盘 ⟶ 上席

制卤水、封油 → 浸卤;酱油蘸料 → 上席

工艺要点:

(1) 清理:将鸡宰杀洗净,焯透水。

(2) 制卤水:将玉果、八角、小茴、桂皮、山柰、姜黄连同姜、葱入锅煸炒起香,用纱布包起成药料包。用 4 000 克清鸡汤加药料包,调以精盐、绍酒,见沸离火,另将 2 500 克菜油加热至 160℃左右,亦离火。

(3) 㸆鸡:将鸡下入卤水中,再封上菜油,徐徐加热浸卤,但见油面有一些小泡冒出为度,约 1 小时,取出。

(4) 装盘及油卤保藏:将油鸡取出斩块装盘,可用白豆腐条垫底,其风味更佳。浇上原卤,带佐味酱油碟一同上席。

将油与卤水分开另盛,卤水见沸去沫,提起药包下次再用,菜油封口冷藏。

风味特色:

色泽金黄,肉质鲜嫩,香味浓郁。

思考题:

1. 㸆锅油鸡在制作上与广东卤水有什么区别?
2. 㸆的特点关键在什么地方?
3. 为什么㸆菜必定用姜黄与多量菜籽油?

---

① 㸆锅:江南苏杭一带传统卤菜的专用锅具,紫铜或陶制,深口,大腹,大小容数只、十数只鸡不等,居家及街头巷尾都见加工,常是老妇的绝活,卤水与油皆反复使用,以时间长者为贵。

② 佐味酱油:传统的常熟帆船牌黄豆发酵酱油,味鲜浓而色红,加大茴、桂皮烧熟,用菜籽油冲和即成,无需味精之类,纯然本味。

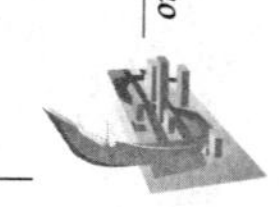

5.39 母油八宝船鸭[①]

烹调方法：红焖

主题味型：咸甜

原料：光母鸭1只2 000克，糯米75克，净莲仁15克，净银杏仁50克，栗仁50克，南芡实仁10克，猪瘦肉丁50克，鸭肫丁30克，熟冬笋丁25克，熟冬笋片25克，水发冬菇丁25克，青菜心3棵，带皮猪肥膘500克，猪骨头500克，绍酒50克，蜂蜜10克，精盐10克，母油175克，绵白糖60克，葱结25克，葱白段50克，芝麻油15克，精炼油750克(耗50克)。

工艺流程：

整鸭出骨 → 填馅 → 扎口 → 预炸 → 焖制 → 上席

八宝制馅 →（填馅）；抹色 →（预炸）

工艺要点：

(1) 出骨：将整鸭出骨。骨架与肫、肝、心洗清待用。

(2) 填馅：将糯米淘洗干净，焯水再淘清，用笋丁、香菇丁、鸭肫丁、肝、心、肉丁、莲仁、芡实、银杏、栗与一起用25克酱油拌和，从出骨刀口处填入鸭腹，用颈皮盖住刀口，鸭头半露在外，扎口，便成八宝鸭生坯。

(3) 焖制：①将八宝鸭烫皮，吸干水分遍抹蜂蜜晾10分钟，用200℃热油浇炸至淡金红色。②另将鸭骨架、猪骨、肥膘肉焯水洗净。③将大砂锅垫的竹箅，鸭脯朝下放锅内，两侧各置骨架、猪肉、肥膘肉与葱结、姜块，加水淹平鸭身。加绍酒、母油100克，绵白糖、精盐于锅中，加热烧沸撇沫，加盖移小火焖3小时至酥烂。

(4) 成菜：开盖，揭去姜、葱及骨架、猪骨、肥膘，竹箅，将鸭翻身脯朝上，铺上笋片、香菇、菜心。炒锅上火，舀入清油50克，将葱白段炸香倒入砂锅，淋上芝麻油，加盖再焖烧5分钟上席。

风味特色：

肥鸭完好酥烂而无骨，八宝馅料鲜香可口。

黏、脆、烂、软、滑、触觉丰富而美妙。

思考题：

1. 填馅的量最佳是指多少程度？

2. 为什么要蜂蜜抹面浇炸？

---

① 母油：指三伏抽酱油，此是酱油中极品，采用密竹箅插入酱缸中，过滤抽取酱的原汁，故又叫作母油、秋油、原油。八宝：大凡取用八种主料混合作为馅料者，因具体菜品不同而不同，常用的有甜八宝、干果八宝、素八宝、糯米八宝、荤八宝、海珍八宝等等，组配多样，随意为之。船鸭：据传说是来源于太湖船宴，故叫船鸭，倘若由鸭腹腿上侧扎起，形成大、小两个球面者，形似葫芦，则又叫葫芦鸭。

3. 为什么要将骨架、猪骨与肥膘与鸭一同焖制?

5.40 苏杭卤鸭[①]

烹调方法:卤酱

主题味型:咸甜五香

原料:光嫩母鸭 20 只(2 000 克/只),带皮猪肥膘 7 500 克,绍酒 1 000 克,精盐 750 克,酱油 800 克,绵白糖 300 克,碎冰糖 1 500 克,红曲粉 750 克,葱 200 克,姜块 200 克,桂皮 300 克,大茴 300 克,小茴 100 克,花椒 50 克,草果 50 克,湿淀粉 250 克,芝麻油 250 克,白醋 100 克。

工艺流程:

清理 ⟶ 焯水 ⟶ 烧煮 ⟶ 装盘
收卤 ⟶ 装盘

工艺要点:

(1) 清理:将鸭腹开取内脏、气管、食管、斩去脚爪洗净晾干,猪肥膘洗净刮白。

(2) 烧煮:将鸭腹朝下与肥膘同置大锅中,锅底垫竹箅,加清水平淹鸭身,旺火烧沸去沫,加红曲、精盐、绍酒、冰糖、白醋、葱、姜、桂皮、大茴、小茴、花椒、草果五香料洗净去黑水,分装两药包,分置锅中鸭子上下两侧,压紧鸭身加盖,旺火烧约半小时,将鸭上下翻转,加盖用中火再烧半小时,至汤稠鸭红肉酥烂时,提出鸭子晾凉。

(3) 装盘:①取卤 2 500 克,加绵白糖,用旺火收浓至稠黏,勾流芡,加芝麻油包面即成浓卤。②将鸭头、颈斩下垫盘底,鸭腿、胸脯斩条块盖面,浇上浓卤即成。

风味特色:

鸭卤红亮油光,味甜香浓郁,鸭肉呈檀香色。皮肥肉嫩,小骨酥嫩,先甜后咸,鲜美可口。

思考题:

1. 为什么要用肥膘肉同卤?
2. 卤鸭用旺、中火加热的目的是什么?

5.41 蟹油鸡茸蛋[②]

烹调方法:软熘

---

① 苏杭卤鸭,即苏州卤鸭与杭州酱鸭的统称。卤菜一般用卤水小火慢浸,不使卤水混浊,而苏杭卤鸭反之用大、中火,在卤制过程中将卤水烧至稠黏如薄酱,故又称为“烧鸭”或“酱鸭”,余下的卤水可以再用,积长为贵,其本质上仍是“卤”鸭,这里在传统调味中增加了白醋和另三味香料:小茴、花椒和草果,经分析研究,增强了卤鸭原有的甜鲜度和香气厚度,而使原有的风味更为优化。

② 鸡茸蛋在传统制作上用鸡油勾芡,这里用蟹油,特此说明。因现代鸡脯肉的浸出物质量少于过去,故增加鸽精粉是重要的。

主题味型：咸鲜

原料：仔鸡里脊肉100克，猪肥膘肉35克，鸡蛋8只取清，水发香菇丝5克，熟火腿丝15克，姜葱汁5克，青菜叶丝5克，绍酒15克，特鲜王1克，鸽精粉1克，蟹黄油25克，鸡清汤150克，精盐3克，青菜心10棵，鹰栗粉10克，精炼油1500克（耗50克）。

工艺流程：

鸡肉粉碎 → 制缔 → 油氽 → 勾流芡 → 装盘
发蛋 → 制缔；菜心焐油 → 勾流芡

工艺要点：

（1）制缔：①鸡肉剔去筋膜，置鲜肉皮肉面，剁成细茸，肥膘亦如此法。②将鸡、肉茸同置一碗，加绍酒、姜葱汁、精盐2克、2只蛋清混合搅拌成鸡茸料。③将剩余蛋清全打成发蛋，分三次加入鸡茸搅透，成鸡茸缔。

（2）成形：将油加热至90℃，用汤匙兜缔成鸡蛋形丸逐一入油氽熟定形。

（3）成熟：将菜心焐至熟捞起排在盘中，将鸡茸蛋入120℃油中重油30秒钟使之熟透，捞起排入盘中菜心上，用150克清鸡汤，三丝和盐1克，鸽精1克勾流芡，打入蟹黄油，浇在鸡茸蛋上即成。

风味特色：

鸡茸蛋色白如雪，饱满光亮，入口即化，细嚼无渣，嫩如豆腐。

思考题：

1. 鸡茸蛋的缔子制作关键有几点？
2. 详述油温的控制。

5.42 碧绿松菌珠鸡①

烹调方法：滑炒

主题味型：咸鲜

原料：养殖珍珠鸡脯肉300克，松树鲜菌100克，熟松子仁50克，嫩韭菜100克，鸡蛋2只取清，清鸡汤50克，精盐4克，太太乐鸡精3克，湿淀粉50克，绍酒10克，菌椒油50克，精炼菜籽油500克（耗50克）。

工艺流程：

鸡脯切丝 → 漂白 → 上浆 → 炒制 → 装盘
松树菌切丝、韭菜切末 → 炒制；松仁 → 装盘

---

① 菌椒油：用松树菌、花椒、精炼菜籽油熬浸而成的香味油。松树鲜菌：江南一带山区林中无毒鲜菌的统称，也可用花菇代用。

工艺要点:

(1) 鸡脯处理:顺丝将鸡脯批切成8厘米长细丝,漂入清水去血渍,吸干表面水,用绍酒5克、精盐2克、鸡精1克、蛋清、湿淀粉上浆,再用25克菌椒油拌匀待用。

(2) 辅料处理:①松树菌选片大而嫩者,洗净焯水切丝。②韭菜洗净,切细末,用1克盐略腌拌。③松子仁过油成熟。

(3) 炒制:①将鸡丝入140℃油中滑散捞起滤油。②炒锅中置50克清油、1克精盐烧热,下韭菜与菌丝略煸,兜50克清鸡汤、1克鸡精勾包汁芡,下鸡丝翻炒包匀,淋25克菌椒油包尾即起。

(4) 装盘:在盘中超前做珍珠鸡头,尾点缀造型,将炒好的鸡丝盛在鸡身位置,撒上松子仁即可。

风味特色:

鸡丝细长如线,遍裹绿色,松菌清香馨肺,形色生动,口味爽快,鸡丝嫩滑。

思考题:

1. 为什么鸡丝要顺丝切,优点何在?
2. 鸡丝上浆的关键在哪里?
3. 韭菜末在此菜中的特定作用是什么?

5.43 瓜仁鸽方[①]

烹调方法:脆炸

主题味型:咸鲜香微辣

原料:乳鸽2只300克/只,葵花籽仁250克,干淀粉100克,面粉100克,糯米粉50克,吉士粉20克,鲜辣粉20克,月桂粉5克,鸡蛋1只,姜20克,葱10克,绍酒20克,精盐3克,味精2克,茶松100克,白醋5克,卡夫奇妙酱50克,炼乳10克、精炼花生油1 000克(耗50克)。

工艺流程:

乳鸽出骨 ⟶ 腌渍 ⟶ 朋粉 ⟶ 挂糊 ⟶ 滚沾 ⟶ 炸熟 ⟶ 装盘

工艺要点:

(1) 出骨:①乳鸽去胫。头及双翅卸下留用。②由脊背剖开拆去脊骨、胸肋骨、腿骨及双爪。在胸脯肉上排刀拍松,用盐、绍酒、味精、五香粉、姜、葱将鸽子连同头、翅腌渍20分钟。

---

① 沾料除葵花仁外,尚可用松子仁、核桃仁、杏仁、橄仁、白瓜仁、麦片、玉米片、面包糠、锅巴粒、椰蓉等等,皆各有特色,蘸料不限。

(2) 着衣:将腌渍的乳鸽吸干水分,拍干淀粉,挂上用面粉、米粉、吉士粉、鲜辣粉、鸡蛋及适量水调制的脆糊,再满沾上葵花籽仁即成生坯。

(3) 炸制:将鸽子投入180℃油中炸至结壳定型,离火蕴炸4～5分钟捞出,待油升温至180℃时再投入复炸至金黄起香出锅滤油。

(4) 装盘:取方竹箅1只,下垫花纸与菜松,将松仁鸽子改刀在盘中堆砌成方形,两端装上头、翅,用奇妙酱炼乳,白醋调和成蘸料,随鸽子上席。

风味特色:

葵花籽仁清香酥脆,鸽肉香鲜嫩松,糊层暗含鲜辣,另有滋味。

思考题:

1. 将鸽子挂糊前为什么先要拍干淀粉?
2. 镶粉糊与单粉糊相比,具有哪些优点?
3. 为什么要在鸽脯的肉面排刀处理?

5.44 飞鸽传书

烹调方法:清炖

主题味型:咸鲜

原料:光鸽2只350克/只,豆腐1块约750克,药芹10根,水发香菇2只,干贝50克,火腿50克,清鸡汤1 500克,姜1块,葱2根,精盐2克,特鲜王2克,熟鸡油10克,啤酒100克。

工艺流程:

光鸽去脏 ⟶ 焯水 ⟶ 填料 ⟶ 炖制 ⟶ 装罐 ⟶ 上席

豆腐冻结 ⟶ 焯水 ⟶ 扎形 ⟶ 整汤 ⟶ (装罐)

工艺要点:

(1) 鸽坯处理:①将光鸽肋开去脏,去爪。②洗净,拍松,焯透水,洗净。③将干贝泡开,火腿切片,与香菇分装入两鸽腹中。

(2) 豆腐处理:将豆腐整块放入－10℃冰柜中速冻,成冰豆腐。将冻豆腐缓解其冻,压去水分,入500克清鸡汤中烧沸套汤,再压干,轻轻改刀成6厘米×4厘米条块,共10块,用烫熟的药芹分别将冻豆腐拦腰扎紧。

(3) 炖制:将鸽子放入防高温的玻璃大碗中,加1 000克清鸡汤、啤酒、鸡油20克、姜、葱,封密碗口,上笼蒸3小时取出,加盐及特鲜王定味。然后将扎好的千层豆腐漂入汤中,复蒸10分钟即可。

风味特色:

鸽肉酥烂脱骨,冻豆腐吸卤多味,千层豆腐比喻书信,独具匠心。

汤清而质醇厚,干贝与火腿之味更觉深厚而有变化。

思考题:

1. 本菜暗含了哪种传统菜肴?

2. 为什么将冻豆腐套汤后漂入鸽汤,而不是将其直接与鸽同肫?

3. 为什么要用鸡汤炖鸽汤,而不用清水炖鸽汤?

5.45 薏仁鸭烩

烹调方法:烩

主题味型:咸鲜

原料:熟鸭脯 150 克,熟鸭血 50 克,熟鸭肫 1 只,熟鸭肝 1 只,芦笋 1 根,水发薏仁芡石 100 克,熟火腿茸 20 克,螃蟹黄油 30 克,熟咸鸭蛋黄 1 只,嫩香菜 10 克,精盐 3 克,特鲜王 2 克,干贝精粉 2 克,熟鸡油 20 克,白胡椒粉 5 克,湿淀粉 20 克,姜葱末各 5 克,绍酒 10 克,鸡清汤 750 克。

工艺流程:

焯水 ⟶ 切丁 ⟶ 烩制 ⟶ 装盅 ⟶ 上席

炼汤 ⟶ 烩制

工艺要点:

(1) 烩前处理:将鸭脯、肫、肝、血及芦笋分别焯水,切成 0.5 厘米小丁。

(2) 烩制:锅中放蟹油、姜葱末稍煸,下鸡汤烧沸,将熟咸鸭蛋黄塌成细泥下入汤中熬汤,调以绍酒、特鲜粉、干贝精、白胡椒粉,用湿淀粉勾芡至稠,下熟鸭各丁及芦笋丁与薏仁搅匀,下鸡油起亮即可。

(3) 装盅:将烩鸭分装 10 只鸭形小盅内,撒火腿茸与香菜叶即成。

风味特色:

汤卤鲜亮莹黄,口味鲜香醇浓,各料特色分呈,余味长久,薏仁香滑洁白。

思考题:

1. "熬汤"是什么意思,在烩菜中具有什么作用?

2. 汤中为什么要用咸蛋黄泥? 与蟹黄油、熟鸡油相加,其原理是什么?

5.46 蛋裹花蟹

烹调方法:炒

主题味型:咸鲜

原料:花蟹 2 只,咸鸭蛋黄 15 只,上汤 50 克,黄油 50 克,干淀粉 10 克,精盐 2 克,鸡精粉 2 克,姜葱汁 10 克,白胡椒 2 克,绍酒 5 克,精炼油 500 克(耗 100 克),香菜 10 克。

工艺流程：

花蟹清理 ⟶ 腌渍 ⟶ 炝粉 ⟶ 过油 ⟶ 炒制 ⟶ 装盘
咸蛋黄蒸熟 ⟶ 粉碎 ⟶ 熬酱 ⟶（炒制）

工艺要点：

（1）清理：①将花蟹瓣开，去盖边、食囊、瓜尖、鳃及脐盖。②将蟹座沿每条腿剁块，卸下蟹钳剁两节，用刀拍裂待用。

（2）熬酱：将咸蛋黄蒸熟，加50克上汤粉碎成糊状，炒锅上火，将黄油化开，投入蛋黄粉糊，慢慢熬至色泽金黄稠黏翻泡，调白胡椒、鸡精粉1克，定味即成蛋黄酱。

（3）加热成熟：用绍酒、姜葱、盐1克、鸡精1克将花蟹拌匀，腌渍5分钟，提出，将蟹的每个刀口处与上盖内侧拍粉拌匀，投入180℃油中炸至封密结壳起香捞出，用10克清油入锅，用中火将蛋黄酱炒沙起泡，投入花蟹翻拌均匀即可。

（4）装盘：将花蟹按原只形状装入盘中，多余的蛋黄酱浇复在蟹盖上，点缀上香菜即成。

风味特色：

蛋黄酱金黄肥润，蟹肉香嫩鲜美。

思考题：

1. 为什么要将花蟹块的刀口处拍粉再炸？
2. 炒咸蛋黄酱要注意哪几个关键问题？
3. 黄油与咸蛋黄的组合对风味的突出具有什么重要作用？

5.47 杨梅皮蛋

烹调方法：脆、熘、脆炸

主题味型：莓酱甜酸

原料：鹌鹑皮蛋20只，松花皮蛋1只，虾厚缔100克，干淀粉30克，淀粉脆糊70克，玉米片70克，杨梅子酱50克，白糖30克，果醋20克，精盐1克，香菜20克，鲜辣粉2克，精炼油750克（耗50克），柠檬1只，葡萄酒50克。

工艺流程：

鹌鹑皮蛋拍粉 ⟶ 挂糊 ⟶ 预炸 ⟶ 复炸 ⟶ 溜制（← 调滋芡）⟶ 装盘
皮蛋切粒 ⟶ 混和（← 虾缔）⟶ 挤圆 ⟶ 滚沾（← 玉米粒）⟶ 炸熟 ⟶ 装盘

工艺要点:

(1) 皮蛋预加工:鹌鸪皮蛋剥壳后用干淀粉 20 克炝拌,挂淀粉脆糊,入 180℃ 油中预炸定型捞出。

(2) 杨梅圆加工:将松花皮蛋黄切粒拌入虾缔中成混合缔,挤成直径 2 厘米小球 10 只,另将玉米片粉碎成粒状,滚沾在虾球上即成杨梅生坯。

(3) 制熟成菜:①将柠檬切薄片围在盘中间。②用梅酱、白糖、葡萄酒、盐、果醋、淀粉 10 克、25 克油熬成熘菜糊芡待用。③将杨梅球入 200℃ 油中急炸成熟,拌鲜辣粉,插香菜成杨梅球状围在盘的外侧。④将皮蛋复炸至外壳硬脆,与梅酱滋芡拌匀在盘中堆叠整齐即成。

风味特色:

色泽金黄,梅汁酸甜利口,皮蛋香美,梅球香嫩,风味别致。

思考题:

1. 以低价的原料,怎样达到"奇味"的效果?谈谈菜肴的附加值是什么?
2. 此菜暗含有哪两种传统菜肴?

5.48 铁钵田螺鸭

烹调方法:烧

主题味型:酱香咸甜微辣

原料:光草鸭 1 500 克,田螺肉 250 克,酱生姜 50 克,甜面酱 50 克,糟红椒茸 50 克,酱油 25 克,白糖 20 克,花椒油 20 克,五香粉 5 克,绍酒 20 克,胡椒粉 2 克,姜、葱、蒜茸各 10 克,精炼植物油 150 克。

工艺流程:

光鸭剁块 → 烫洗 → 煸香 → 烧焖 → 装煲 → 上席
鸭肉 ↗(烧焖) 烧煲 ↗(装煲)

工艺要点:

(1) 预处理:将光鸭剁去头颈,爪、翅尖与脊背骨另用,取鸭胸、翅中、鸭腿剁 3 厘米见方块,用 80℃水烫洗两遍沥干。

(2) 煸烧:用植物油先将甜酱与糟红椒、五香粉、姜、葱末一道煸散出香出红油,下鸭块与田螺肉再煸直至上色出香,烹绍酒、下酱油、白糖与适量清水淹平鸭块,烧沸,置文火焖 2 小时至鸭肉酥烂。改用中火收卤至黏稠到仅占 1/4 时撒胡椒粉离火装碗。

(3) 烧钵成菜:将铁钵上火烧至蓄温达 300℃时,放入花椒油与蒜茸 10 克,迅速用底板托上上席,同时将鸭块跟上倒入铁钵,加盖,待钵内沸腾之声渐小时开盖食用,即可。

风味特色：

开煲香飘四面，色泽红亮，鸭肉酥香肥烂，醇厚入味，田螺更是助鲜美口。

思考题：

1. 这里铁钵在成菜风味上起到了什么作用？
2. 田螺在菜肴中的主要作用是什么？

5.49 三杯鸡①

烹调方法：焖

主题味型：咸鲜

原料：光三黄童鸡1只750克，葱白40克，生姜25克，熟猪油1杯60克，甜米酒1杯60克，生抽酱油1杯60克，芝麻油25克。

工艺流程：

光鸡斩件 ⟶ 腌拌 ⟶ 焖熟 ⟶ 浇麻油 ⟶ 上席

工艺要点：

（1）斩件腌拌：将光童鸡斩去爪与嘴尖，剁成1.6厘米的块，同时将鸡肝、肫也切成同样大小的块，一同放入沙钵内，加葱白、姜片、猪油、米酒、酱油拌匀。

（2）焖熟：将沙钵封口，置木炭泥炉上文火（也可用明炉）焖30分钟至鸡肉熟烂，卤汁收浓时，开封浇芝麻油即可上席。

风味特色：

鸡肉香烂，原汁原味，色泽黄亮。

思考题：

1. 三杯鸡不加汤水的意义是什么？
2. 三杯鸡在短时间内受热酥烂，入味均匀是怎样做到的？

5.50 牙姜鲜腊鸭伴

烹调方法：炒

主题味型：咸鲜微辣

原料：腊鸭脯150克，仔鸭脯200克，牙姜150克，熟冬笋50克，蒜白50克，生抽25克，鸡蛋清30克，剁椒20克，海鲜酱25克，水发香菇25克，味精3克，湿淀

---

① 三杯鸡是江西名菜，但在江、浙、沪、皖等地也很有名，风味独特，在规模性生产中也有了一些变化，例如江南地区的棕香三杯鸡尤有特色，简述如下：(1)将童子鸡剖开，内外浇烫，剁条块扣碗；(2)将西凤酒25克（小杯），生抽60克（大杯），糟椒芝麻油60克，味精2克，绵白糖5克和匀浇入碗中，放姜葱片，用棕叶与玻璃纸封口；(3)将扣鸡蒸40分钟至烂，将新棕叶烫香理齐垫入鲍鱼盘，再将鸡覆入其上，用热芝麻油25克冲20克姜丝浇在鸡上即成。

粉 15 克，肉汤 50 克，绍酒 5 克，熟猪油 500 克(耗 50 克)，芝麻油 25 克。

工艺流程:

鸭脯批片 ⟶ 过油 ↘
牙姜切片 ⟶ 煸炒 ⟶ 勾芡 ⟶ 装盘
冬笋、冬菇批片 ↗

工艺要点:

(1) 配料:将腊鲜鸭脯分别批成 6 厘米大片上浆;冬笋、冬菇、牙姜匀切成片;蒜白对批切 4 厘米段待用。

(2) 过油煸炒:将腊、鲜鸭片入 140℃油中过油捞起，炒锅复上火，下牙姜、冬笋、冬菇片与猪油 30 克煸香，下鸭片继续煸，下绍酒、味精、海鲜酱、生抽王与剁椒煸炒入味，下肉汤勾芡，溅下芝麻油包尾，撒入蒜白拌匀即可。

风味特色:

鲜腊味香，牙姜味突出，色泽红亮，咸鲜爽口。

思考题:

1. 本菜在炒时适宜用兑汁勾芡吗?为什么?
2. 煸炒在调香方面与滑炒有何不同?

5.51 鄱阳酸菜鸭[①]

烹调方法:烧

主题味型:咸鲜微酸甜

原料:光麻鸭 1 只约 1 000 克，酸菜 150 克，绍酒 30 克，甜面酱 15 克，酱油 60 克，白糖 5 克，味精 3 克，生姜块 10 克，香葱 15 克，茴香 3 克，蒜瓣 30 克，胡椒粉 1.5 克，鲜汤 750 克，芝麻油 15 克，猪油 100 克，湿淀粉 50 克。

工艺流程:

光鸭斩件 ⟶ 煸香 ⟶ 烧焖 ⟶ 收汁勾芡 ↘
酸菜去叶 ⟶ 切段 ⟶ 煸炒 ⟶ 正味 ⟶ 装盘 ⟶ 淋油

工艺要点:

(1) 烧鸭:将光鸭斩成 2.5 厘米见方的小块，用 60 克猪油上锅将鸭块煸香，加姜、葱、茴香、蒜瓣、甜面酱，继续煸至上色时，加鲜汤、绍酒、酱油烧沸移文火，焖约 2 小时，至鸭肉酥烂。

(2) 组合成菜:①将酸菜去叶切 2.5 厘米长段，洗净，另用炒锅加猪油 40 克将

① 本菜原是野鸭为主料，现野鸭受到保护不宜使用，改为选用放养的绿头鸭或麻鸭，风味不减。

酸菜煸香，加烧鸭原汤 50 克煮焖 5 分钟盛入汤盘中铺平。②将烧鸭上旺火收卤勾流芡拌匀，盛入汤盘里酸菜上面，撒胡椒面与芝麻油即成。

风味特色：

鸭块红亮酥烂，鲜浓味香，咸酸微甜适口。

思考题：

1. 在烧前预煸的意义是什么？
2. 在调味中加 5 克糖有什么作用？
3. 请比较与川味酸菜鱼的风味与风格有何区别？

5.52 虎皮鸽蛋焖爪翅

烹调方法：焖

主题味型：咖辣咸甜

原料：熟鸽蛋 10 只，鸡翅中 10 只，肥鸡脚 10 只，小豌豆苗 250 克，肉汤 500 克，油咖喱 10 克，豆豉酱 15 克，酱油 15 克，白糖 25 克，油辣子 5 克，盐 1 克，味精 1 克，绍酒 50 克，芝麻油 20 克，姜、葱各 5 克，葱末 5 克，熟猪油 50 克，干淀粉 10 克，熟菜油 750 克（耗 50 克）。

工艺流程：

整理 ⟶ 过油 ⟶ 预烧 ⟶ 装砂锅 ⟶ 焖制
炒豆苗垫底 ↑（装砂锅）
冲油 ↓
⟶ 上席

工艺要点：

（1）整理：将鸡脚胫骨斩去留爪部，翅中两端剁齐，鸽蛋剥壳。

（2）预烧：①将鸡爪与翅中用 5 克酱油拌匀，鸽蛋滚沾干淀粉，分别投入 200℃ 油中炸至起泡，色金黄时捞出。②用猪油将姜、葱、豆豉酱、油咖喱、油辣子煸香，下爪，翅中。加绍酒、白糖、酱油、盐与肉汤，淹平爪，翅烧沸，移小火焖至酥烂，换中火略收稠汤汁。

（3）焖熟成菜：将豆苗炒熟垫入砂锅，再将爪、翅中在锅中围排整齐，中间堆入虎皮鸽蛋，加原汤，上火见沸焖制 10 分钟，收稠卤汁，加味精，洒芝麻葱油即可上席。

风味特色：

色泽金红，香味扑鼻，肉质松、酥、烂，口味咸甜微辣，很是开胃，诱人食欲。

思考题：

1. “虎皮”是怎样在炸制中形成的？
2. 鸽蛋为什么在最后时刻加热？

3. 最后上席前焖煮的意义是什么？

5.53 梅菜汁鸡蹄[①]

烹调方法:蒸

主题味型:干菜咸甜

原料:净猪前蹄 500 克,净鸡腿肉 500 克,梅干菜 150 克,绍酒 100 克,五香粉 10 克,酱油 100 克,方白糖 100 克,姜、葱各 10 克,芝麻油 50 克,荷叶 4 张,新稻橘 10 根,味精 2 克。

工艺流程:

鸡、蹄切块 ⟶ 过油 ⟶ 烧熟 ⟶ 冷凝 ⟶ 包荷叶 ⟶ 复蒸 ⟶ 装盘

工艺要点:

(1) 鸡、蹄过油:将鸡腿肉与猪蹄肉均切成同等条块 10 块,用酱油 10 克拌上色,在 200℃油中炸至金黄。

(2) 烧鸡蹄:①将姜、葱煸香,下鸡、蹄肉块与绍酒、酱油、五香粉、方白糖与水淹平肉块,大火烧沸。②将梅干菜泡软洗净,切成末扎包,加入肉块汤中,移小火焖至烂,加芝麻油拌匀。

(3) 包扎肉块:①将鸡、蹄中干菜末提出,鸡蹄连汤冷凝。②将荷叶裁 10 张,每张荷叶将鸡、蹄各 1 条连肉冻 25 克,包成条包,共 10 包。再用稻草橘将每只条包捆扎起来。

(4) 复蒸成菜:将荷叶包上笼蒸 20 分钟提出装在各客鲍鱼汤盘中上席,随吃随解。

风味特色:

鸡蹄肉块酥烂油润,干菜味浓,荷叶清香,形式古拙,耐人寻味。

思考题:

1. 方糖的甜味感与一般绵白糖有何区别?
2. 扎草包荷叶的实质性使用意义是什么?

5.54 稻草熏烤鸭

烹调方法:烤

主题味型:咸香

① 这里的梅菜汁是指梅干菜汁,梅干菜在江北一带叫干咸菜,江南称梅菜干,而不是梅苋那种霉,一般冬天用大头汤菜腌制咸菜,开春晾干制成。也有雪里蕻、草头盐腌干制的。梅香味足,更有风味特色,用梅菜制菜是苏浙皖沪的一种通行风味。

原料：光鸭1只1 500克，精盐4克，味精2克，十三香粉5克，丁香4粒，花椒5克，葱100克，姜20克，绍酒50克，烤鸭糖浆50克，烤鸭甜面酱80克，芝麻油100克，新稻草橘若干，沙皮纸1张。

工艺流程：

清理 ⟶ 腌渍 ⟶ 熏烟 ⟶ 烤熟 ⟶ 包草 ⟶ 复烤 ⟶ 装器上席

工艺要点：

(1) 清理腌渍：将光鸭从肋下掏出内脏，洗净晾干，用盐、十三香粉、味精、绍酒与葱15克，姜20克捣碎和匀遍擦鸭腔，腌渍20分钟。

(2) 熏烤：取熏箱1只，将鸭上架，下用新稻草洒水作不充分燃烧熏制10分钟，至鸭身渗透熏烟香味时取出。将葱与丁香、花椒粒填满鸭腔，用烤鸭水遍涂鸭身晾干，上钩入烤炉用150～250℃炉温烤约45分钟至皮红脆出炉，刷芝麻油，用沙皮纸包起，再包卷一层草帘。

(3) 复烤上席：将稻草鸭再上钩入炉用250℃炉温烤5分钟即可装盘，桌前拆鸭，带甜面酱上席。

风味特色：

鸭皮枣红略脆，鸭肉鲜香，熏烟香气馨郁，乡土韵味浓厚。

思考题：

1. 为什么要用当季新稻橘作熏料？
2. 要使稻草熏烟充分而清洁应采用哪些方法？
3. 将葱填鸭腔，包草复烤的意义是什么？
4. 与四川樟茶鸭子风味比较，指出其异同点。

5.55 冠盖三军[①]

烹调方法：炒

主题味型：咖喱咸甜微辣

原料：鸡冠250克，鲜菌三种各75克，菜心10棵，姜葱末各5克，球葱末20克，鲜红椒菱形片10片，精盐2克，蚝油10克，酱油10克，白糖15克，油咖喱10克，辣红油8克，味精2克，绍酒10克，京葱油8克，湿淀粉10克，精炼油500克(耗80克)。

---

① 鸡冠在单只鸡上并不起眼，时有弃之，如同鸡脚一样。但作为一种独立原料却有别于鸡体各档原料风味，自成特色，可食性强，成熟后软、糯、滑、脆兼而有之，质感尤美。但老鸡冠一般不宜使用，而应选用当年的三黄鸡、青云鸡的鸡冠。鸡的其他一些看似弃物的部位原料如舌、肾、翅尖、龙脆骨、腿节骨、掌心骨等其实都有这种特殊的意义。现代在江南一带已很是流行。三菌则为三种菌类原料，如香菇、花菇、金针菇、白灵菇、鸡腿菌、羊肚菌、牛肝菌、口蘑、松树菌、虎爪菌等等。

工艺流程:

三菌清理 → 焯水 → 过油 → 炒熟 → 装盘

鸡冠焯水 → 过油 → 炒熟 → 盖面 ←

菜心修齐 → 过油 → 炒熟 → 围边 → 上席

工艺要点:

(1) 过油:①将三菌洗净沥干入 140℃油中滑过。②将鸡冠焯水入 120℃油中焐 3 分钟至柔软。③菜心修成橄榄形与红椒片,逐一入 110℃油中焐透。

(2) 炒熟:①将炒锅上火,下 50 克油将姜葱料煸起香,下三菌与菜心、蚝油、酱油 8 克、味精 1 克、绍酒 5 克、白糖 8 克炒匀,勾包芡装盘,将菜心提出围在三菌周围。②炒锅再上火,下油 20 克将球葱末煸香,将鸡冠与用酱油 2 克,油咖喱、味精 1 克,白糖 2 克,红椒油,绍酒,水淀粉调成的汁芡一同投入锅中,迅速翻炒包芡即起,盛在三菌上面即成。

风味特色:

鸡冠金黄柔嫩略脆,三菌嫩滑,菜心鲜绿,口味香鲜丰富,双色双味。

思考题:

1. 本菜的调味有何特色?

2. 谈谈口味单纯与丰富,淡雅与浓烈的逻辑关系?

5.56 甫里鸭羹[①]

烹调方法:煨

主题味型:咸鲜

原料:光嫩鸡 1 只 1 750 克,带皮火腿 200 克,水发蹄筋 10 根,干贝 25 克,开洋 15 克,熟冬笋 100 克,熟山药 150 克,水发香菇 10 只(一样大小),鱼圆 10 只,荠菜末 75 克,绍酒 50 克,葱 30 克,姜块 50 克,精盐 10 克。

工艺流程:

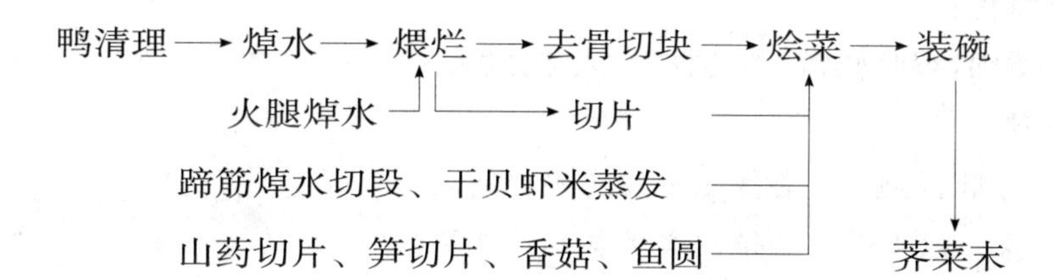

① 甫里:即今苏州市吴中区甪直镇,相传唐代文学家陆龟蒙曾居于此。陆自号江湖散人、甫里先生,本菜传闻是陆龟蒙所创制,故称之为"甫里鸭羹"。

工艺要点：

(1) 鸭子处理：①将臊与鸭脯去除，焯水洗净，原汤澄清待用。②火腿焯水洗净，与鸭子、鸭肫、肝一同入原汤煨烂。

(2) 组配：将鸭子提出去骨，切肉成5厘米×1.5厘米的条块；鸭肫切片，火腿切片。另将山药和冬笋切片，蹄筋切段与冬菇、鱼圆、荠菜末构成鸭羹生坯。

(3) 烩菜：将鸭肉块、肫片、干贝、开洋入原汤中煮沸，加盐及绍酒调味，最后铺上火腿片、笋片、香菇、鱼圆在汤面造型。装碗后撒下荠菜末即成。

风味特色：

原料多样，本质本味，香鲜浓郁，营养丰富。

思考题：

1. 请与"雉羹"作一比较，它们之间有什么异同？
2. 请与"茨石鸭烩"作一比较，它们之间有什么异同？

5.57 龙肝烩凤脑

烹调方法：烩

主题味型：咸鲜

原料：鲤鱼肝200克，熟鸡脑150克，净芦荟200克，菜心10棵，熟火腿50克，葱15克，姜15克，绍酒20克，鸡清汤250克，熟鸡油15克，白胡椒粉2克，精盐3克，味精2克，湿淀粉15克。

工艺流程：

焯水 ⟶ 组配 ⟶ 烩熟 ⟶ 装盘

工艺要点：

(1) 焯水：①加姜、葱、酒于沸水中，将芦荟、鸡脑、鲤鱼肝逐次浸烫焯水漂清。②将菜心修成橄榄形另用沸水焯过待用。

(2) 烩菜：将火腿切成柳叶片，鱼肝批大片，菜心用清油焐油，芦荟也批成大片与鸡脑一道用鸡汤烩制，加精盐、味精勾流芡起锅装盘，撒上胡椒粉即成。

风味特色：

鱼肝柔绵，鸡脑软嫩，芦荟香滑，风味独特。

思考题：

1. 对鱼肝、鸡脑、芦荟焯水要注意哪些问题？
2. 烩菜一般对芡汁的浓度与数量有什么要求？
3. 请列举20种运用原料特殊部位制作的菜肴品种。

5.58 芝麻酥鸡

烹调方法：酥炸

主题味型:麻香咸鲜

原料:童子鸡 1 只 750 克,脱壳芝麻 200 克,鸡蛋液 40 克,面粉 100 克,黄油 10 克,精盐 5 克,味精 3 克,姜、葱各 5 克,绍酒 5 克,麻子酱 25 克,花生酱 20 克,红椒油 15 克,炼乳 15 克,精炼油 700 克(耗 40 克),香菜 50 克。

工艺流程:

腌渍 ⟶ 蒸熟 ⟶ 拆骨分档 ⟶ 挂糊拍芝麻
调糊 ↗(调糊 → 挂糊拍芝麻)
⟶ 炸酥 ⟶ 斩件装盘 ⟶ 上席
调味酱装碟(调味酱装碟 → 上席)

工艺要点:

(1) 腌渍预蒸:将童子鸡洗净去爪,用盐 4 克、绍酒、味精 2 克与葱、姜揉擦鸡的内外腌渍 30 分钟,用保鲜膜包裹鸡身蒸 30 分钟至鸡肉酥烂出笼晾凉待用。

(2) 初炸定型:①将鸡胸连鸡翅掰下,鸡腿亦拆下,分别抽去翅骨与腿骨,鸡颈去掉,鸡头留用。②用蛋液与面粉,适量水调成面糊,另将黄油化开调入,遍挂鸡上,再遍沾芝麻,入 160℃油中炸至结壳定型。

(3) 复炸成熟:①将麻子酱、花生酱用 50 克温水化开,下锅熬制,加盐 1 克、炼乳 15 克、红辣油 15 克、味精 1 克、湿淀粉 1 克熬起黏稠装入味碟。②将油加热至 210℃投入鸡块炸至金黄捞出,改刀以原鸡形装盘,带麻酱碟、香菜一同上席即成。

风味特色:

香以麻酱为主,香型复杂,鸡肉外脆里酥,风味别致。

思考题:

1. 在糊中加黄油的作用是什么?在蘸酱中加炼乳的作用是什么?
2. 若不用面粉调糊而改用淀粉,则芝麻是否能黏附结实?为什么?

5.59 金牛鸭子

烹调方法:酥炸

主题味型:咸鲜

原料:肥鸭 1 只 2 250 克,精牛肉 300 克,菜叶 500 克,紫菜 25 克,猪肥膘肉 50 克,精盐 5 克,酱油 10 克,味精 1.5 克,绍酒 10 克,胡椒粉 3 克,姜 1 克,葱 25 克,葱结 1 只,芝麻油 50 克,鸡精 2 克,湿淀粉 5 克,熟菜油 1 000 克。

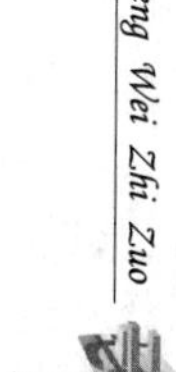

工艺流程：

宰杀 ⟶ 整鸭出骨 ⟶ 腌渍 ⟶ 填馅 ⟶ 蒸酥 ⟶ 炸熟
牛肉切丝 ⟶ 炒馅 ⟶ 填馅
紫菜 ⟶ 炒馅

⟶ 装盘造型
炸菜松 ⟶ 装盘造型

工艺要点：

（1）整鸭出骨：将鸭宰杀洗净，整料出骨，鸭翅从第二节斩断，选为“牛角”，腿骨拆去上节，留下节作“牛腿”。然后用精盐 3 克与味精遍擦鸭身腌渍 2 小时待用。

（2）生坯造型：①将牛肉、肥膘肉切成细丝与紫菜一起下锅炒熟，加酱油 10 克，精盐 2 克，鸡精 2 克，绍酒、胡椒粉调味，包芡，淋麻油，晾凉成馅。②将馅填入鸭腹，在颈部打结，作“卧牛”造型——剁下鸭嘴 2/3，作“牛耳”，翅、腿摆成牛卧时屈腿形态，用线绳捆扎，入沸水锅焯水略煮使之定型。

（3）酥炸成熟：将鸭子上笼，加姜、葱、绍酒，用旺火蒸约 1 小时至酥烂出笼，用 5 克酱油抹遍鸭身，入 200℃油中炸成金黄色捞起。随即将青菜叶切成细丝，炸成菜松，置绵纸上吸油待用。

（4）成品造型：将炸好的鸭子放于盘中，嘴尖作双耳插入头两侧耳孔，翅尖作牛角插入两侧眼窝，鸭头回旋，将菜松围于一周即可。

风味特色：

形似卧牛，皮脆肉酥，馅心鲜香。

思考题：

1. 回顾八宝脆皮鸡、八宝葫芦鸭的制作，谈谈与金牛鸭在风味上的异同。

2. 制作本菜时，在腌渍时能否再香一些，馅心中牛肉丝能否再嫩一些？怎么做？

5.60　云林鹅[①]

烹调方法：干蒸

主题味型：酒香咸鲜

原料：光嫩雌鹅 1 只约 2 000 克，蛋皮丝 15 克，紫菜 5 克，蜂蜜 25 克，福珍酒 300 克，丁香 3 粒，精盐 20 克，葱白 15 克，葱椒 15 克，鸡清汤 500 克，荷叶夹饼 10 只。

---

① 云林鹅因元代大画家倪瓒的号“云林子”而得名。

工艺流程：

腌渍 ⟶ 熏蒸 ⟶ 出鹅 ⟶ 上席
熏蒸 ↓ 调汤；出鹅 ↳ 起汤 ↑ 上席

工艺要点：

(1) 腌渍：将鹅洗净，沥干水分，将 50 克福珍酒，15 克精盐与葱椒调匀，遍抹鹅身内外，静置 1 个小时后，再用福珍酒 30 克与蜂蜜调匀遍涂鹅身，将葱白塞入鹅腔。

(2) 调汤：蒸熟，将鸡清汤、福珍酒一起倒入大砂锅内，汤上架竹架，将鹅腹朝下置竹箅下，使离汤面 5 厘米，将姜片匀铺在鹅身上，盖锅，封口，上笼用旺火猛蒸 2 小时取下。

(3) 成品上席：将姜片取下，熟鹅腹朝上装盘，将紫菜蛋皮丝置大碗中，注入原汤与鹅一同上席，荷叶夹饼亦蒸熟随同上席佐食。

风味特色：

鹅肉酥烂而又不失润泽，酒蜜奇香，汤清醇美。

思考题：

1. 云林鹅的腌渍与一般腌渍有什么区别，说明了什么道理？
2. 云林鹅的蒸熟方法又与其他蒸菜之法有什么不同之处，有什么特点？

5.61 虾蓉涨蛋[①]

烹调方法：煎焖

主题味型：咸鲜微甜

原料：鸡蛋 8 只，猪肥膘 50 克，浆虾仁 100 克，熟火腿茸 50 克，小葱末 50 克，美极鲜汁 15 克，精盐 2 克，鸡精 2 克，绵白糖 10 克，虾籽 1 克，绍酒 20 克，白胡椒 2 克，鸡清汤 100 克，面包粉 10 克，熟猪油 200 克，黄油 10 克。

工艺流程：

调蛋浆 ⟶ 炒 ⟶ 煎焖 ⟶ 出锅改刀 ⟶ 装盘
肥膘切米 ↑ 炒

工艺要点：

(1) 调蛋浆：将鸡蛋磕开，清、黄分别装碗，将蛋清抽打至半发，加蛋黄，肥膘粒，葱末 1/2 及调料打匀，再加鸡清汤、面包粉调匀。

---

① 涨蛋即加热涨发之蛋，类似铁锅蛋原理，铁锅蛋是下煎上烙而成，涨蛋则是缓煎焖焗而成，异曲同工。在江北沿江一带普遍有之。

（2）炒、煎焖：①将虾仁排切米粒状，煸散装碗待用。②下 100 克油及黄油，将蛋浆入锅轻炒至表面即将凝结时，铺虾仁末与 1/2 火茸在蛋面，再加 50 克油，滑动蛋饼大翻锅加锅盖，用小火焖约 15 分钟，至蛋块膨胀时，再一次大翻锅，加油 10 克加盖焖 10 分钟，至两面呈金黄色时开盖，撒下另 1/2 葱末与火茸在蛋面，出锅。

（3）装盘：将煎焖好的蛋饼出锅改刀成菱形块或条块装盘即成。

风味特色：

蛋饼酥香膨润，色泽金黄，孔室丰富。

思考题：

1. 将蛋清单独抽打至发的用意是什么？

2. 请分别说明肥膘、面包粉、鸡汤在蛋浆中的意义。

5.62 饼子老鸭

烹调方法：焖

主题味型：咸甜

原料：老光雄鸭 1 只约 1 000 克，净猪肋肉 250 克，马蹄粒 50 克，带皮猪肥膘 1 块 500 克，熟冬笋 50 克，水发香菇 25 克，鸡蛋 1 只取清，绍酒 100 克，白酱油 50 克，豆抽 50 克，精盐 4 克，白糖 25 克，葱结 20 克，葱段 5 克，葱末 5 克，姜块 6.5 克，姜末 5 克，干淀粉 7.5 克，猪肉汤 300 克，芝麻油 15 克，植物油 70 克。

工艺流程：

老鸭清理 ⟶ 焯水 ⟶ 初焖 ⟶ 再焖 ⟶ 去油及肥膘 ⟶ 浇葱油

马蹄、肋肉切碎 ⟶ 制缔 ⟶ 煎肉饼 ⟶（再焖）

工艺要点：

（1）预加工：①将老鸭细毛根镊净，去鸭臊，焯水漂洗干净。②将肋肉切成米粒，加蛋液、精盐 2 克、绍酒 10 克、姜、葱末、淀粉与马蹄粒混合成缔，均匀做成直径 4 厘米的小肉饼 10 只待用。

（2）焖制成熟：①大砂锅下垫竹箅，下老鸭（腹朝上）、肥膘肉块、姜、葱、绍酒、酱油、糖、盐等，加水淹平鸭身，烧开焖约 1 小时。②将肉饼两面煎至金黄下砂锅与鸭同焖 2 小时，至肉质酥烂时离火，去肥膘及浮油。

（3）成品造型：将火腿片与香菇在鸭脯上摆成花形，另用麻油将葱段炸香，浇在鸭上即成。

风味特色：

鸭汤醇厚有烘烤的鲜香，鸭肉酥烂，风味互补。

思考题：

1. 在老鸭锅中为什么要放肥膘同焖？

2. 本菜的香味主要来自什么？

3. 在肉缔中放马蹄粒的意义是什么？

5.63 香芋红烧珍珠鸡[①]

烹调方法：红烧

主题味型：姜汁咸甜

原料：珍珠鸡 1 000 克，香芋 300 克，五花肉 200 克，酱姜片 100 克，姜汁酒 50 克，老蔡酱油 50 克，红椒油 25 克，葱结 1 只，绵白糖 25 克，花生油 1 000 克(耗 150 克)。

工艺流程：

珍珠鸡剁块 ⟶ 预炸 ⟶ 预烧 ⟶ 烩烧 ⟶ 装器（煲）

工艺要点：

(1) 预加工：将珍珠鸡洗净剁成 3.5 厘米左右长方形，用酱油 10 克拌匀，香芋去皮切块，分别投入 200℃油中炸起金黄色。五花肉切成厚片待用。

(2) 烧熟：将葱结在炒锅中煸起香，放入鸡块、酱姜、姜汁酒、酱油、白糖、五花肉片加水淹平鸡块，大火烧沸，中小火烧焖 40 分钟，待鸡块六成烂时，投下香芋块同烧 15 分钟左右，中火收汁至黏稠时拈出肉片另用，下红油拌匀起锅，装入砂煲内，再煲 5 分钟即可。

风味特色：

鸡肉丰满肥润，姜味特出，咸鲜微甜，香芋软糯。

思考题：

1. 烧鸡为什么要预炸？五花肉的作用是什么？

2. 酱姜、红椒油起到了什么风味增强作用？

3. 为什么香芋预后在鸡块六成烂时再下锅？

5.64 乌嘴鸭炖鳝筒[②]

烹调方法：炖

主题味型：参香咸鲜

---

① 此菜原为“香芋烧竹鸡”，但考虑到环境保护问题改用养殖珍珠鸡，酱姜与红椒油原来传统菜里未用。这里淡用其味，以增丰富，同时酱姜亦是淮扬红烧禽类惯用品，用来也不失传统风味。

② 乌嘴鸭为名贵鸭种，毛白、嘴乌，肉细，具有药食性能，为目前开发养殖的珍贵家禽，喂以带有中药性的饲料。鳝筒与另一主料合炖，是当代流行于江淮广大地区的主料复合式菜型之一，而鳝筒配置亦已形成为广谱特点，可与若干种具有鲜活老韧性动物原料组合，广为流行的有“瘦肉炖鳝筒”“鸡翼炖鳝筒”“牛肚炖鳝筒”“狗肉炖鳝筒”以及牛蛙、田螺、海蚌等等，这种配置形式是当代强强组织与优化互补美食意识的具体体现。

原料：乌嘴鸭 1 只 1 250 克，净鳝鱼段 400 克，洋参片 2.5 克，枸杞子 2 克，姜片 10 克，葱结 10 克，精盐 8 克，特鲜味精 2 克，绍酒 25 克，白胡椒粉 2 克。

工艺流程：

清理 ⟶ 焯水 ⟶ 炖熟 ⟶ 上席

工艺要点：

(1) 清理：将乌嘴鸭洗净，从脊背剖开，摘去内脏，心、肝、肫清理，与鸭一同焯水洗净。鳝段用肥壮者，去头、尾，剞花纹，切 5 厘米小段，焯水，洗净。

(2) 炖制成熟：取大砂锅 1 只，将鸭腹朝上放入，加水烧沸撸沫，放下参片与枸杞，盐 6 克，绍酒、姜、葱，封盖移小火炖 1 小时至鸭对成烂，再放入鳝段继续炖 1 小时，至鸭、鳝均酥烂时，调入胡椒、味精、精盐 2 克，捞出姜、葱即可连锅上席。

风味特色：

本味醇厚，参香淡出，鸭肉滋润，鳝筒香酥，汤质淡茶色，清鲜而不薄。

思考题：

1. 以本菜为例，谈谈你对当代主料本味复合形式的看法。
2. 请从色、香、味、形、意及营养、食补角度评论本菜主料组合特点。

5.65 芹香明月鸡丝卷

烹调方法：蒸熘

主题味型：芹柳咸鲜

原料：鸡脯肉 300 克，生咸鸭蛋黄 6 只，百叶 2 张，嫩药芹 50 克，柠檬 1 只，扬州酱乳瓜 25 克，鸡蛋 2 只，酱生姜 25 克，红椒 1 只，绍酒 10 克，精盐 3 克，干淀粉 20 克，鸡精 2 克，文蛤精 3 克，吉士粉 5 克，高汤 150 克，湿淀粉 10 克，食碱 10 克，熟鸡油 20 克，芝麻油 5 克。

工艺流程：

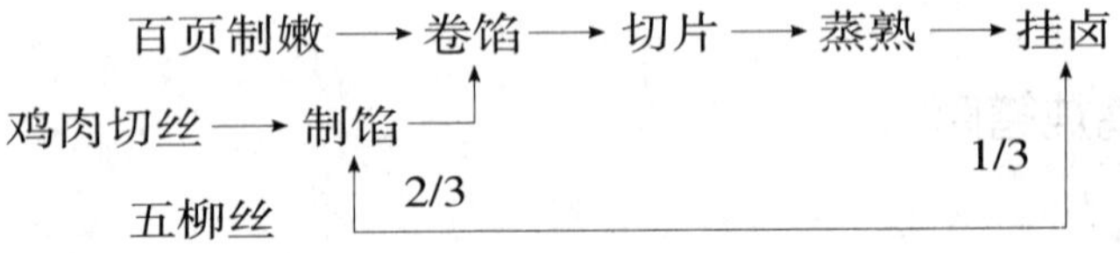

百页制嫩 ⟶ 卷馅 ⟶ 切片 ⟶ 蒸熟 ⟶ 挂卤

鸡肉切丝 ⟶ 制馅 ↗（至卷馅）

五柳丝：2/3 ⟶ 制馅；1/3 ⟶ 挂卤

工艺要点：

(1) 制馅：①将鸡肉切成细丝，加绍酒 5 克、鸡蛋 2 只、精盐 2 克、鸡精、文蛤精各 2 克和干淀粉 5 克混合搅拌成馅，加芝麻油拌匀。②将红椒批薄切成细丝；药芹、柠檬取肉切成细丝；酱瓜与酱生姜洗去咸水亦切成细丝，合成五柳丝。取 2/3 与鸡丝馅拌和。

(2) 卷筒成型：将百叶浸入 80℃水中，加食碱制嫩待百叶微白，软嫩时取出漂清，吸干水分，撒干淀粉 15 克，将鸡丝平铺在百叶一端 8 厘米，将蛋黄搓成两条，分别填在鸡丝馅正中部位，卷起成直径约 4.5 厘米卷筒。

(3) 加热成熟：①将鸡丝卷上笼初步蒸 10 分钟至熟取出晾凉，用锯切法切成均厚 12 片，造型在平盘中，封住，复笼蒸 5 分钟。②起锅，下鸡汤，1/3 五柳丝、吉士粉、精盐 1 克、鸡精、蛤精各 1 克，熟鸡油、绍酒 5 克烧沸，勾流芡浇在鸡丝卷上即成。

风味特色：

芹柠之香突出，鸡卷香嫩，蛋黄如明月，滋汁黄亮，奶香如丝，香韵甜圆清鲜。

思考题：

1. 本菜在调味上有哪些特点？与粤菜的五柳味的区别在哪里？
2. 本菜除了用鸡丝外，对主馅料还可选择一些什么原料？

5.66 肉糕蒸风鹅[①]

烹调方法：蒸

主题味型：腊乳咸鲜

原料：肉茸 250 克，熟风鹅脯 200 克，绍酒 10 克，红腐乳 1 块，南乳 50 克，鸡蛋 2 只，味精 3 克，精盐 2 克，生抽油 10 克，白糖 2 克，胡椒粉 2 克，湿淀粉团 10 克，姜、葱末各 5 克，芝麻油 10 克，清鸡汤 300 克，蒜叶花 5 克。

工艺流程：

制肉糕缔 ⟶ 塑形 ⟶ 装碗 ⟶ 兑汤 ⟶ 蒸熟

鹅脯切块 ⟶ 装碗

工艺要点：

(1) 制肉糕：①将肉茸配置瘦 8 肥 2，与鸡蛋液、精盐、味精 2 克、绍酒、白糖、胡椒粉、红腐乳、南乳汁、湿淀粉、芝麻油、姜、葱末一道混合搅拌起黏成缔。②取 9 英寸平底煲，将肉缔在煲肉铺成圆饼状，中间塑 2 厘米圆孔，抹平即成肉糕生坯。

(2) 造型蒸熟：将熟风鹅脯斜刀批片在肉糕上铺两道刀面，然后将鸡汤中调以抽油与味精 1 克，轻轻注入煲中，淹下肉糕，上笼用旺火蒸 20 分钟成熟，撒下蒜叶花即成。

风味特色：

肉糕老劲有味，风鹅香鲜，汤汁淡红特鲜，本质自然。

---

① 肉糕，又称肉茸松。肉茸松蒸菜是苏、浙江南乡村的特色蒸菜的典型，本味自然，乡情浓郁，与炖蛋一样可称为是一个系列类别。除上述常用的还有“肉糕蒸茭白”“肉糕蒸笋”“肉糕蒸蟹”等等。肉糕蒸成要有咬劲，调味要用香油、豆抽，美味自然天成。

思考题：

1. 为什么肉糕要有劲感，而不是像狮子头那样软嫩？

2. 本菜各料独特风味组合的特征是什么？

5.67 臭干鸡米包

烹调方法：炒

主题味型：酱香咸甜辣

原料：嫩光鸡脯肉 350 克，香瓜子仁 100 克，紫包菜叶 10 片，臭豆腐干 200 克，鸡蛋 1 只取清，糟辣椒粒 50 克，麻辣酱 10 克，精盐 2 克，海鲜酱 20 克，生抽 20 克，绍酒 10 克，绵白糖 5 克，香醋 5 克，芝麻油 20 克，湿淀粉团高汤 100 克，精炼植物油 500 克(耗 75 克)。

工艺流程：

鸡脯切米 ⟶ 上浆 ⟶ 滑油 ⟶ 炒熟 ⟶ 包菜 ⟶ 装盘

瓜仁过油 ⟶（炒熟）

工艺要点：

(1) 预加工：①将鸡脯去皮，切成米粒丁，加精盐、蛋清、淀粉、清油上浆。②将瓜子仁下 140℃ 过熟。③将臭豆腐干洗净切成 0.5 厘米小丁，包菜叶洗净晾干待用。

(2) 加热成熟：将鸡末入 120℃油中滑散滤油。空锅中加油 50 克烧烫，先煸槽椒，再煸臭干丁起香，烹入绍酒、下麻辣酱，海鲜酱继续煸香，下高汤、糖、味精、鸡米、勾包汁芡，烹入香醋，淋入芝麻油包尾起锅，包上紫包菜装盘即成。

风味特色：

臭干不臭，瓜仁香脆，鸡末细嫩，咸甜适口。有麻辣而不重，兼有海鲜酱香，包入菜叶食用饶有趣味。

思考题：

1. 鸡米要上浆饱满，滑油后粒粒分散、光滑、鲜嫩，要达到这个标准，应注意哪些关键？

2. 本菜的香味是通过什么方法得到突出体现的？

5.68 农夫山泉鸡

烹调方法：炖

主题味型：茶菇咸鲜

原料：草鸡(雌、雄皆宜)1 只 2 500 克，鸡杂 1 付，茶树菇 100 克，百叶结 20 只，净冬笋 50 克，腊猪肉 50 克，姜块 50 克，葱结 2 只，精盐 12 克，味精 4 克，绍酒 250

克，山泉净水 4 000 克，新鲜鸡血 300 克，蒜叶花 5 克。

工艺流程：

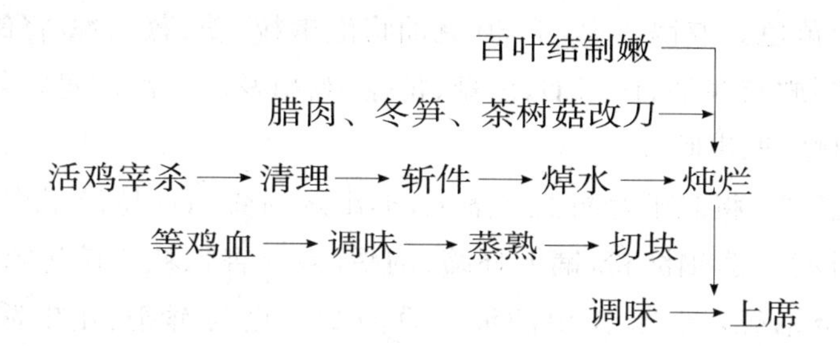

工艺要点：

(1) 宰杀清理：将鸡宰杀，留血去毛。取内脏，去掉食管、气管、淋巴、食囊、胆、脚皮、尾腺与肺，其他皆清理干净。鸡肫、肝、心肠等洗净，鸡血调盐水蒸熟待用。

(2) 装罐炖熟：将鸡斩成 4 厘米左右块件，与鸡杂一道入沸水焯过，分装入两只瓦罐，再将冬笋切成大片，腊肉切块；茶树菇泡发洗净，去老蒂；百叶结用淡食碱水泡过、漂净；将各料焯水后分装两罐，最后注泉水，调绍酒，放精盐，下姜、葱，封罐口，上火炖沸移小火炖 4 小时至酥烂。

(3) 调味上席：上席前，将罐口开封，去掉鸡头颈，放下鸡血块，调味定型，复上火炖 5 分钟，撒下蒜花即成。

风味特色：

鸡汤醇净，鲜味沁肺，回味绵长，鸡肉及各料鲜香酥烂，鸡血柔嫩，原汁原味，有山居风韵。

思考题：

1. 本菜与“网入凤雏”组配具有什么不同的风格？
2. 鸡血块为什么要到最后时刻再下锅？

5.69 杏仁栗香鸽

烹调方法：焖

主题味型：奶酱咸甜

原料：光乳鸽 2 只 500 克/只，虾厚缔 300 克，油炸杏仁粒 75 克，净板栗 250 克，干淀粉 25 克，宴会酱油 30 克，鲜奶 50 克，花生酱 25 克，白酱油 50 克，泡椒粒 25 克，白兰地 10 克，绍酒 10 克，精盐 2 克，白糖 20 克，姜 1 块，葱结 1 只，鸡精 5 克，球葱 1 只，湿淀粉 10 克，精炼植物油 750 克(耗 50 克)，香芹段 15 克。

工艺流程：

鸽清理 ⟶ 剖开 ⟶ 着色预炸 ⟶ 烧焖 ⟶ 去骨 ⟶ 酿缔 ⟶ 过油
↓
铁板锅焗

工艺要点：

（1）鸽子处理：将乳鸽从脊部剖开，拍平，遍抹黄酒于鸽身，稍晾，投鸽于180℃油中炸至淡金黄色。取锅上火，下30克油将泡椒粒、姜、葱煸香，将鸽皮向上扒入锅中，下余下绍酒与酱油、白酱油、白糖、精盐、鸡精及水平淹鸽身，再下板栗，盖锅烧焖至鸽肉熟烂，取出晾凉。

（2）生坯造型：将鸽子背向上置案上，拆出颈与骨而保持鸽子皮肉不散，头与翅留用，吸干汤汁，遍拍淀粉，铺上虾缔，刮平，嵌上杏仁粒。托起鸽坯与头、翅下150℃油中炸至结壳，定型，捞出滤油。原汤200克与鲜奶、花生酱调匀下锅勾流芡。

（3）铁板锅焗：将8英寸圆形深壁铁板锅上火烧烫约300℃左右。将杏仁鸽、虾茸一面朝上切块按原形排在盘中，将球葱切片垫在锅底，鸽子脱盘排在球葱上，板栗围在四周。烹入白兰地，将芡汁浇在鸽子上，迅速上盖，使汤卤在锅入沸腾时上席，即成。

风味特色：

香味扑鼻，松嫩酥烂，芡浓味醇，红白交映。

思考题：

1. 本菜与一般铁板烧相较，有何不同之处？
2. 本菜中用于增香的原料有哪些？

5.70 鹑脯金

烹调方法：炸

主题味型：咸香、甜辣

原料：鹌鹑10只，香菜150克，精盐3克，味精3克，玫瑰酒10克，绍酒5克，南乳20克，生抽王10克，白糖20克，大茴、丁香、花椒、桂皮、良姜混合粉6克，鸡蛋3只，鲜辣粉3克，面粉10克，香炸粉50克，湿淀粉10克，红椒油15克，姜葱各5克，芝麻油15克，精炼植物油1 000克(耗100克)。

工艺流程：

宰杀 → 分档 → 腿腌拌 → 着衣 → 脆炸 → 拌味 → 装盘
分档 → 胸过油 → 烧熟 → 过油 → 挂卤 → 装盘

工艺要点：

（1）宰杀分档：将鹌鹑闷杀，烫毛择洗干净，卸下双腿，摘除内脏洗净。

（2）烧鹑脯：①将鹌鹑去腿洗净后，入油锅中，用180℃油温拉油至起色捞起。②炒锅中下油25克烧热，先将姜葱及混合香料粉稍煸起香，下酒、鹌鹑、南乳、生抽、糖及适量清水烧沸，用中火煤至上色酥烂捞起，切下桃形双胸遍抹芝麻油待用。

（3）腌鹌鹑腿：将鹌鹑腿捶松，用盐、味精 2 克、绍酒腌拌 30 分钟，吸干水分，与蛋黄、面粉拌匀，再拍沾香炸粉待用。

（4）加热成菜：将香菜洗净垫于盘中。先用 180℃热油将鹌鹑腿炸透架放在香菜上，再将鹑胸浇炸至略脆，围在香菜四周。取原汤 150 克加味精 1 克与红椒油勾流芡浇在鹑脯上即成。

风味特色：

一鹑两吃，脯红，鲜香甜辣，腿黄鲜香脆嫩，形似棒槌，设计精巧。

思考题：

1. 为什么要捶松鹑腿？
2. 将鹑胸脯连在骨架上烧熟意义何在？
3. 为什么将鹑胸脯浇炸而不是直接投入油中炸？

5.71　葵花鸭四宝

烹调方法：笼扒

主题味型：咸鲜微甜

原料：烧鸭脯 400 克，蛋白糕 50 克，水发海参片 75 克，水发鱼肚片 75 克，熟鲍片 50 克，水发干贝 50 克，水发冬菇 25 克，7 厘米虾茸蛋饺 12 只，熟葵花仁 5 克，青菜心 24 棵，姜、葱各 5 克，葱姜汁 10 克，绍酒 5 克，酱油 5 克，白糖 3 克，精盐 3 克，鸡精 4 克，湿淀粉 20 克，清鸡汤 250 克，鸭原汤 100 克，芝麻油 10 克，熟猪油 20 克，精炼植物油 500 克（耗 75 克）。

工艺流程：

鱼肚、海参套汤 → 扣碗；鲍片、香菇批片 → 扣碗

鸭脯切块 ⟶ 扣碗 ⟶ 蒸扒 ⟶ 覆盘 ⟶ 围边 ⟶ 挂卤

蛋饺蒸熟、菜心炒熟 → 围边

挂卤 → 撒葵花籽

工艺要点：

（1）扣碗造型：①将鸭脯切成边长为 1.5 厘米的菱形块排入抹有猪油的碗中，蛋白糕切成条嵌入每块之间成网格状。②将鱼肚、海参用鸡汤套过，与鲍片、干贝、香菇入锅煸炒出香，下酱油、绍酒、白糖、精盐调味，铺入扣鸭碗中，四边垫平，注入原汤，封住碗口。

（2）蒸扒：①将鸭碗与蛋饺上笼蒸透，同时将菜心焐油，炒熟入味。②将鸭碗覆盘，滤出原汤，将菜心头向外竖排围在鸭周，再在菜心叶部围排上蛋饺于鸭周围，象征葵花叶瓣。③用原汤勾流芡浇在鸭上，再撒上葵花籽即成。

风味特色：

形像葵花，鸭肉及四宝口感丰富，柔酥烂软，鲜醇香溢。

思考题：

1. 为什么要将四宝套汤正味？

2. 就本菜谈谈造型美观与风味突出的内在关系。

5.72 鸭掌舌烧芥菜

烹调方法：烩

主题味型：咸鲜

原料：去骨鸭掌 12 只，去骨鸭舌 60 克，芥菜心 200 克，火腿肉 25 克，水发香菇 50 克，湿淀粉 10 克，食碱 1 克，绍酒 10 克，白酱油 15 克，味精 5 克，上汤 150 克，熟鸡油 15 克，精炼花生油 75 克，湿淀粉 15 克。

工艺流程：

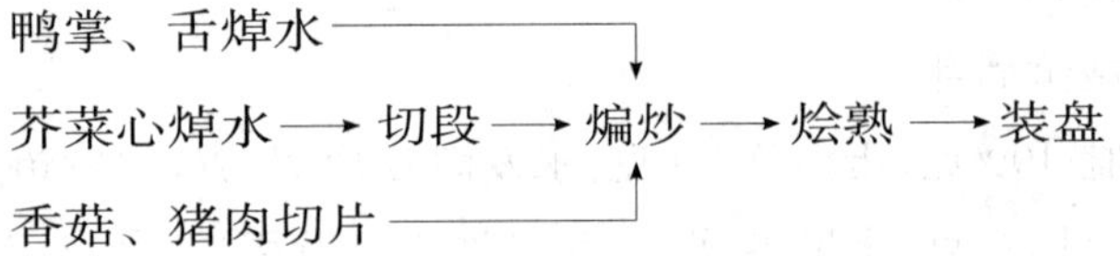

鸭掌、舌焯水 →（编炒）

芥菜心焯水 → 切段 → 煸炒 → 烩熟 → 装盘

香菇、猪肉切片 →（煸炒）

工艺要点：

（1）焯水：将掌、舌入沸水锅焯水捞起，另用水锅加食碱烧沸，将芥菜氽焯至碧绿捞起漂洗干净，切成 3.5 厘米段待用。

（2）煸炒：将五花肉与香菇切成薄片，与芥菜段、鸭掌、舌等一同下锅，下花生油煸炒起香，加入上汤、酱油、味精、绍酒烧沸烩 5 分钟勾芡，淋鸡油即可。

（3）成品造型：装盘时，将芥菜心及香菇、肉片等推在盘中，鸭掌围边，鸭舌盖帽即可。

风味特色：

掌、舌脆嫩，芥菜鲜美，形式大方，荤素互补。

思考题：

1. 用淡食碱水对芥菜心焯水的作用是什么？

2. 鸭掌、舌是怎样出骨的？

5.73 香露全鸡

烹调方法：蒸炖

主题味型：曲香咸鲜

原料：肥嫩光鸡 1 只约 1 克，水发花菇 2 只，火腿肉 2 片，丁香 5 粒，高粱酒 50

克，姜葱各 10 克，精盐 4 克，味精 2 克，鸡原汤 750 克。

工艺流程：

清理 ⟶ 焯水 ⟶ 蒸炖 ⟶ 上席

工艺要点：

(1) 清理：将鸡由脊背剖开，摘去内脏，洗净，入水锅焯水洗净。

(2) 炖制：将鸡腹朝上置蒸钵里，铺上姜葱、火腿片与香菇，调入精盐、味精，加入鸡汤，将高粱酒、丁香粒盛装在高脚酒杯里，小心摆在钵内，用绵纸密盖，上笼蒸约 2 小时至酥烂时离火。

(3) 成品上席：将体内酒杯取出，姜葱拣出，即可上席。

风味特色：

鸡肉肥润清鲜，汤清醇而有奇酒清香拍鼻。

思考题：

1. 为什么将曲酒与丁香置于酒杯中而不是直接放在汤中？
2. 分析本菜的奇思构想。

5.74 闽中双吃鸡片①

烹调方法：蒸、煎烹

主题味型：咸鲜

原料：净鸡胸肉 600 克，干贝 50 克，葱白 200 克，鸡蛋 2 只取清，干淀粉 30 克，白酱油 25 克，绍酒 30 克，精盐 6 克，鸡清汤 600 克，芝麻油 10 克，味精 6 克，胡椒粉 1 克，精炼植物油 250 克(耗 100 克)。

工艺流程：

鸡肉批片 ⟶ 上浆 ⟶ 1/2煎香 ⟶ 烹汁 ⟶ 装盘 ⟶ 上席
上浆 ⟶ 1/2焯水 ⟶ 蒸熟 ⟶ 装盘 ⟶ 上席
干贝蒸发 ⟶ 捏碎 ⟶ 蒸熟

工艺要点：

(1) 鸡片处理：将鸡胸肉剞梳子花刀，批成 24 大片，用 2 只蛋清，盐 4 克，味精 2 克，淀粉 25 克上浆，分成两份待用。

(2) 组配：①将干贝蒸发至软，葱白炸黄。②将鸡汤 250 克入锅上火，加金葱、白酱油，味精、绍酒 20 克，兑成味汁，烧沸，收浓至 1/2。

---

① 本菜采用两菜合一的方法，内含福建名菜“干贝水晶鸡”与“葱段生煎鸡”两菜，个别地方作了小的修改。两菜合一是流行在高档酒店的上乘形式。一般有柔和性组合、对比性组合、互补性组合(同一主料不同方法)等三类形式。组合菜给人以多样性的强烈美感。

(3) 加热成菜：①将1/2鸡片氽熟，置玻璃碗中，上铺干贝，加入鸡汤350克、调入10克绍酒与精盐2克、味精2克、封口蒸约10分钟取出置大盘一端即成。②另将鸡片下煎锅煎至两面金黄时滤出油，烹入味汁拌匀即可，装在大盘另一端即可。

风味特色：

鸡片洁白而又金黄，肉质滑嫩，双鲜双味，干湿互补，滋味丰富。

思考题：

1. 保持蒸鸡片滑嫩的关键在哪里？

2. 如果将1/2鸡片滑油，与煎的口味区别在哪里？

5.75 沙茶鸡丁①

烹调方法：滑炒

主题味型：香辣咸微甜

原料：嫩鸡净肉400克，水发香菇15克，绍酒5克，熟冬笋100克，葱白50克，蒜茸5克，干淀粉50克，沙荣辣酱100克，花生酱10克，白糖5克，白酱油15克，味精2克，高汤150克，精炼植物油500克(耗150克)。

工艺流程：

鸡肉剞刀 → 切丁 → 上浆 → 滑油 → 炒熟 → 装盘

冬笋切丁 → 滑油

兑汁 → 炒熟

工艺要点：

(1) 鸡丁上浆：将鸡肉剞花刀切成2厘米见方的大丁，用白酱油5克拌匀起黏，再用淀粉拌匀用生油10克拌松。

(2) 配料：①将笋切成1.5厘米的方丁，冬菇、葱段切成小丁。②将沙茶辣酱、花生酱、绍酒、白糖、酱油、高汤、味精调成味汁。

(3) 炒熟装盘：①将鸡丁与笋丁一道投入150℃油中滑油，变色即起。②将蒜茸与冬菇、葱白丁下锅，用50克油煸香，随即将鸡、笋丁与味汁一同下锅，旺火收干，淋芝麻油拌匀即起装盘。

风味特色：

鸡丁干香软嫩，色泽红亮，香辣利口而不失鲜纯。

---

① 沙茶酱，原产于印尼，是印尼文SATE的中文译音，原意是烤肉串，亦即专用于烤肉的一类调味品，味觉与香气相当复杂，有沙茶、沙爹两种类别，各自都有若干派生品种，每种由数十种原料精细配置而成，又视具体品种而不同，总之，沙茶或沙爹都以香辣咸鲜为主题味型特色，广泛用于炸、熘、煨、炒、烤的菜肴之中，风味特别，闽、粤菜肴擅长此味，而淮扬菜系中亦已由福建渐向沿江传播，使用则较为清淡，沙茶类炒菜、烧菜最具特色。

思考题：

1. 对鸡丁上浆没有使用蛋浆而是采用拍粉拌匀的干粉浆，这有什么好处？

2. 在炒制时，为什么不用淀粉勾芡，这在本菜中又有什么好处？与前者是否存在内在的联系？

5.76 早红橘络鸡

烹调方法：蒸扒

主题味型：橘香咸鲜

原料：嫩光母鸡1只1 500克，早红橘400克，白面粉50克，绍酒15克，精盐10克，味精2克，葱结25克，姜片10克，香叶2张，葱末5克，熟鸡油75克，花生油1 000克(耗100克)。

工艺流程：

光鸡背开去内脏 ⟶ 排刀 ⟶ 过油 ⟶ 蒸扒 ⟶ 装盘 ⟶ 上席

早红橘剥皮 ⟶ 取络 ⟶ 制酱 ⟶（蒸扒）；橘瓣点缀 ⟶（上席）

炒面粉 ⟶（制酱）

工艺要点：

(1) 光鸡处理：将光鸡背开去内脏与鸡爪，在肉面排刀剁断脊、腿、胸、翅等骨，洗净待用。

(2) 制橘络酱：①将面粉与香叶炒成淡金黄色，拈去香叶。②将早红橘250克去皮取络，与面粉、鸡油、盐2.5克炒成橘终酱。

(3) 蒸扒：将鸡入180℃油中炸至金黄色，与橘络酱拌匀，置汤碗中，加绍酒、精盐6克、味精2克、葱结、姜片、香叶4张、鲜橘皮50克，用圆盘压住鸡身，用棉筋纸封住碗口，旺火蒸约2小时，至鸡烂取出。

(4) 装盘：将蒸烂的鸡覆入大盘，撒葱末，浇热油50克，用橘瓣点缀成月季花形即成。

风味特色：

橘香怡人，新鸡肥美。

思考题：

1. 本菜是什么季节的名菜？

2. 炒橘络酱的作用是什么？

3. 本菜的香味是通过哪几个方法使之突现出来的？

5.77 芥味鸡丝

烹调方法：拌

主题味型:芥香咸甜

原料:嫩光鸡1只1克,西红柿片150克,荠头100克,鸡蛋2只,姜片10克,芥末3克,炼乳50克,绍酒50克,精盐8克,味精4克。

工艺流程:

清理 ⟶ 腌鸡 ⟶ 蒸熟 ⟶ 拆骨 ⟶ 拌味 ⟶ 装盘

调味汁 ⟶ 拌味

西红柿 ⟶ 装盘

工艺要点:

(1) 鸡处理:将鸡摘去内脏,剁去头、颈、爪、翅,洗净。用精盐5克遍抹鸡身,腹中填姜片上碗,淋绍酒,上笼干蒸25分钟至肉烂提出,拆出鸡骨,将鸡肉切成5厘米长的细丝装盘。

(2) 调味:将鸡蛋磕在碗里,用竹筷抽打3分钟,加入炼乳、芥末、精盐3克与味精调搅成芥末酱,静置3分钟,浇淋在鸡丝上。

(3) 造型:将西红柿片与荠头围饰在盘边,上撒白糖即可。

风味特色:

芥香而不辣,咸甜适口,鸡丝柔嫩,味汁稠黏绵醇。

思考题:

1. 请分析炼乳、鸡蛋、芥末、荠头在本菜中的调味特点。

2. 请分析本例闽南芥末鸡丝与鲁菜对芥末使用的区别性,体会清淡与浓郁风味的差异性。

5.78 罈子鸭舌

烹调方法:熟糟

主题味型:糟香咸鲜微甜

原料:鸭舌30只,红糟20克,酒酿20克,鱼露20克,精盐1克,味精2克,丁香5粒,花椒2克,汾酒5克,姜、葱各5克,白糖2克,酸话梅4粒,纯净水300克。

工艺流程:

鸭舌烫洗 ⟶ 预煮 ⟶ 去叉骨 ⟶ 浸卤 ⟶ 封坛凉制

制糟卤 ⟶ 浸卤

工艺要点:

(1) 预加工:将鸭舌烫洗干净,预煮至软嫩成熟取出,抽出叉骨。

(2) 制卤:将丁香、花椒、红糟、酒酿、鱼露、精盐、白糖、话梅、姜、葱各料与纯净水一道入锅用小火煮出香味过滤。留用话梅,调入味精、汾酒,即成糟卤。

(3) 糟坛:将糟卤灌入砂坛,浸入鸭舌,用锡纸封住坛口,放入10℃室温下冷置

12 小时上席即成。

风味特色：

糟香复杂，鸭舌柔嫩而脆爽，鲜醇入味。

思考题：

1. 本菜与糟鸡的做法有何不同？

2. 鱼露、话梅、汾酒分别具有什么重要作用？

5.79 东篱有菊

烹调方法：爆

主题味型：咸鲜

原料：净鹅肫仁 10 只约 250 克，净鹅肠 250 克，芦笋 10 根，白菊花 10 朵，食碱适量，白酱油 15 克，精盐 3 克，特鲜王 3 克，绍酒 5 克，白胡椒 2 克，姜葱汁 10 克，白糟油卤 10 克，淀粉适量，花椒 3 克，调和油 500 克（耗 100 克），萝卜雕刻菊花 1 朵，香菜 2 克。

工艺流程：

肫仁去皮 → 剞花 ┐
鹅肠切条 → 扎花 ┘ → 致嫩 → 浸漂滤干 → 着衣

泡菊花 ↓
芦笋焯水 → 编篱 → 点缀 ┐
→ 过油 → 包芡 → 装盘 ┘ → 上席
兑汁 ↑（包芡）

工艺要点：

（1）主料造型：①将肫仁去皮剞成菊花块，鹅肠切 6 厘米的段再切 0.5 厘米条，从中扎起成菊花形。②将肫、肠皆用食碱 3%溶液致嫩 1 小时后漂清水待用。

（2）辅料准备：①菊花泡开，芦笋焯水，批开编成竹篱饰物，再烫过待用。②将白酱油、特鲜王、绍酒、白糟卤、白胡椒、姜葱汁、清油 20 克，淀粉 5 克调成芡汁芡汤，待用。将花椒入油中加热至 160℃出香捞出，熘油在锅里待用。

（3）加热成菜：①将篱笆片置一盘中，边饰萝卜与香菜。②将肫、肚与盐、味精 1 克，湿淀粉 10 克抓匀着衣，迅速入锅中热花椒油爆熟即起。③锅控净，将肫、肚花与兑汁一同下锅，迅速翻拌至包芡即盛入盘中笋篱之上，洒下白菊于菜上即成。

风味特色：

肫色褐，肠色白，形似卷菊，口感脆嫩爽口，调味香鲜淡雅，设型诗意，菊味悠然。

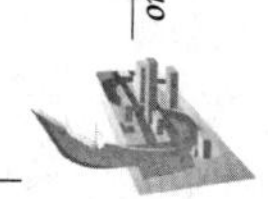

思考题：

1. 谈谈你对高雅菜肴诗情画意的认识。
2. 本菜中运用了哪些优化工艺方法？
2. 谈谈本菜的调香特点，为什么不像通常那样使用芝麻油与蒜茸？

5.80 梅龙镇烧鸡

烹调方法：扒

主题味型：黄油香，咸鲜

原料：嫩光鸡1只1 250克，水发海参10支，熟鹌鹑蛋10只，青菜心10棵，净鸡肫150克，酱油25克，绍酒10克，生姜10克，葱10克，黄油20克，精盐7克，味精4克，清鸡汤300克，葡萄酒25克，精炼花生油750克。

工艺流程：

清理 ⟶ 过油 ⟶ 焖制 ⟶ 装盘 ⟶ 收卤

工艺要点：

（1）清理：①将鸡爪去掉，从脊背剖开去内脏，敲断翅、腿、胸肋骨，起去脊骨，洗净，用5克酱油遍抹鸡身。②将鸡肫剞菊花、海参洗净，菜心修齐，鹌鹑蛋剥壳，待用。

（2）烧鸡：将鸡投入180℃油中炸于金黄捞出。将鸡腹朝上扑入锅中，加姜、葱、绍酒、黄油、酱油、盐、味精与鸡清汤淹平鸡身。旺火烧沸，中、小火焖制2小时至鸡肉酥烂捞出扒在盘中。

（3）成品造型：将鸡肫、海参、菜心、鹌鹑蛋焯水，再用原汤1/2将其烩制入味捞出排在鸡旁。将另外1/2原汤收浓淋入葡萄酒，浇在鸡上即成。

风味特色：

色泽黄亮，鸡肉酥烂，辅料鲜爽，色彩绚丽，黄油与葡萄酒香洋溢。

思考题：

1. 梅花镇烧鸡的调味有什么特色？
2. 梅龙镇烧鸡的色彩组配有什么特点？

项目六　综合与果蔬类菜例

知识目标

本项目精选了淮扬风味中的综合类与果蔬类菜品菜例，要求学生能够正确地理解综合类菜品的性质，了解果蔬类菜品的制作特点与关键。

能力目标

通过演示与学生对典型的菜品制作实操训练，使学生能够基本了解综合类与果蔬菜品的特点，提高对该类菜品制作与设计能力。

6.1　黄焖素狮子头

烹调方法：红焖

主题味型：咸甜

原料：豆腐 750 克，冬笋片 100 克，水发香菇 100 克，山药 200 克，烤麸 150 克，油面筋 20 克，青菜心 400 克，鸡蛋 2 只，湿淀粉 25 克，姜末 8 克，葱末 8 克，大茴粉 10 克，宴会酱油 15 克，大米粉 75 克，芝麻油 30 克，味精 5 克，蘑菇精 3 克，冰糖 50 克，白兰地酒 50 克，精盐 10 克，精炼油 1 500 克（耗 150 克）。

工艺流程：

山药蒸熟 → 去皮 → 切丁
香菇、烤麸、面筋 → 切丁
豆腐粉碎
炒五香米粉
（以上）→ 混合 → 制坯 → 预炸
预炸、青菜心、笋片 → 焖制 → 定味装盘

工艺要点：

（1）备料：将山药煮熟去皮切 0.5 厘米的丁，香菇、烤麸、油面筋亦切丁，但烤

麸与油面筋丁略大。豆腐需去老皮粉碎。五香粉加入米粉中用中火炒至起香。

（2）混合：将上述原料混合，加姜、葱末、鸡蛋、白兰地、盐、味精、冰糖粉 20 克，湿淀粉混合搅拌成黏性缔子，再做成 100 克球状生坯 10 只。

（3）焖制：将素狮子头生坯入 180℃油中炸至金黄捞出。砂锅内垫下菜心与笋片，放下狮子头，加清水、酱油、冰糖 20 克，烧沸，加盖焖约 20 分钟离火，再调入蘑菇精与芝麻油即可上席。

风味特色：

色呈金黄，味鲜质嫩，用汤匙舀食。

思考题：

1. 本菜用什么方法使狮子头凝结不散？
2. 本菜采用了什么方法达到增香增鲜的效果？

6.2 双爆肫肚

A. 汤爆双脆

烹调方法：汤爆

主题味型：咸鲜

原料：鹅肫 3 只，猪肚岭 200 克，食碱 10 克，上汤 1 000 克，冬笋尖 20 克，香菜叶 2 克，白胡椒 2 克，精盐 3 克，高汤粉 2 克，太太乐鸡精鲜味王 1 克，绍酒 3 克。

工艺流程：

鹅肫、肚岭去皮 ⟶ 剞花 ⟶ 制嫩 ⟶ 漂洗 ⟶ 焯水 ⟶ 装碗
吊汤 ⟶ 装碗

工艺要点：

（1）预处理：加工如前，加熟笋尖片、盐、白胡椒粉、高汤粉，剞蓝格花刀呈网格结构，拉长成条制嫩同上。

（2）汤爆成菜：①将上汤调味加温，见沸去沫，盛于汤碗中。②锅上火加 1 000 克清水，3 克绍酒加温至沸，氽下双脆，见沸捞起，冲去浮沫，漂入汤碗之中，撒下香菜叶即可。

风味特色：

肫、肚鲜嫩脆爽，型如拉网，汤味香醇，清澈见底，鲜厚有质。

思考题：

1. 汤爆与氽法的区别是什么？
2. 汤爆使原料格外脆嫩的关键在哪里？

6.3 水陆爆肫肚

A. 油爆双脆[①]

烹调方法:油爆

主题味型:蒜茸咸鲜

原料:鹅肫3只,猪肚尖300克,蒜茸15克,白胡椒2克,鲜味王1克,精盐3克,绍酒10克,淀粉15克,芝麻油10克,精油500克(耗50克),白醋1克,食碱10克,白糖1克。

工艺流程:

肫、肚去皮 ⟶ 剞花 ⟶ 制嫩 ⟶ 漂洗 ⟶ 爆制 ⟶ 装盘

工艺要点:

(1) 预加工:将肫与肚皆分别去皮,割4/5深度荔枝花刀。用10克食碱粉与肚花块拌匀制嫩,待肚块见胖肥起来,再用清水反复漂洗去尽碱味。鹅肫花漂洗去血水,上蛋清粉浆待用。

(2) 爆制成菜:①将蒜茸、绍酒、盐、水淀粉、白胡椒粉、白糖、白醋、芝麻油与味精勾兑成汁芡待用。②将油温上升至180℃,迅速倒下肫、肚油爆3~4秒,待翻花变性迅速倒出沥油。炒锅上火,待锅温上升至250℃左右,迅速将兑汁芡与肫、肚花同时下锅,快速翻拌至芡汁紧包出锅装入点缀好的盘中即成。

风味特色:

肫、肚脆嫩鲜香,花型美丽,色泽褐白分明。

思考题:

1. 油爆与滑炒的区别在哪里?

2. 在实际操作中怎样做到确保油爆肫、肚不跑汁、不老韧?

3. 这里为什么在调味中增用1克糖、1克白醋、2克白胡椒,而传统的爆双脆中并不使用,是否合理?

6.4 文思豆腐羹

烹调方法:烩

主题味型:咸鲜

原料:内酯豆腐1盒,干贝茸10克,熟火腿丝5克,青菜叶丝5克,水发发菜5克,冬笋丝5克,湿淀粉15克,熟鸡油5克,白胡椒2克,盐4克,味精2克,鸡清汤

① 这里是肫肚的两种爆法,肫即鹅肫仁,肚取猪肚头(或称肚岭);因成熟后口感皆为脆嫩,故传统上称之为"双脆"。南北皆有,只是淮扬菜在做工、口味上与鲁、粤、川有别。

750克。

工艺流程：

豆腐切丝 ⟶ 漂水 ⟶ 烩汤 ⟶ 勾芡 ⟶ 装碗

工艺要点：

（1）切丝：将豆腐切成细丝漂入沸水碗，火腿、青菜叶、熟冬笋均切成极细的丝状，粗细如火柴棒。

（2）烩制成菜：将鸡汤上火，下辅料，盐及味精见沸，勾芡。将豆腐丝滤去水滑入锅中，用手勺轻推分散，待沸时撒入白胡椒与鸡油搅匀即可装碗。

风味特色：

豆腐丝细如棉线，辅料五彩映衬，汤质鲜醇而滑。

思考题：

1. 一块豆腐可切1万余丝，整齐而不零碎，你能做到吗？

2. 为什么在加热时，要先下辅料、勾芡，后下豆腐丝？

3. 旧时文思豆腐用香菇，不勾芡。而这里将香菇换发菜，增加干贝茸，并且要勾芡。这样做有什么好处？

6.5 鸡汁煮干丝

烹调方法：煮

主题味型：咸鲜

原料：白豆腐干500克，虾籽3克，熟鸡丝25克，浆鲜虾仁50克，熟鸡肫片25克，笋丝20克，绿色菜5克，熟火腿丝10克，猪油200克（耗50克），食碱5克，酱油5克，精盐6克，鸡汤500克。

工艺流程：

豆腐干预煮 ⟶ 压平晾凉 ⟶ 批片切丝 ⟶ 焯水 ⟶ 组配 ⟶ 煮制 ⟶ 装盘 ⟶ 上席

工艺要点：

（1）整理：将豆腐干入水锅，加3克盐煮开浸5分钟提出，压平晾凉，运用平推刀法批出薄片，再直切出干丝。干丝细度不超过0.1厘米。

（2）焯烫：沸水中加入5克食碱，将干丝沸烫一次，过清，再用沸水浸烫两次，浸没于凉水中。待用。

（3）组配：将干丝与（虾仁、鸡丝、鸡肫、笋丝、绿叶菜、火腿丝）干丝帽构成生坯。

（4）煮制成菜：锅内放鸡汤500克，下干丝，另将鸡丝、肫、火腿丝、笋丝、绿叶菜等放在干丝另一侧,加入酱油、虾籽、精盐、猪油 50 克煮沸至汤浓时调以味精,盛入汤盘,呈堆砌状。干丝帽子装在堆上称为盖帽,另将虾仁滑油后亦装在菜上即可上席。

风味特色:

干丝精细绵软,汤汁醇厚鲜美。

思考题:

1. 将豆腐干焯水时加盐与焯水后压干凉晾的作用是什么?

2. 第一次浸烫干丝时加食碱的作用是什么?应注意什么问题?

3. 煮干丝时为防止干丝黏结成团,应怎样处理?

6.6 刀鱼羹卤子面

烹调方法:煮

主题味型:咸鲜微甜

原料:大刀鱼 1 500 克,刀切面条 1 500 克,熟春笋 1 000 克,猪骨汤 2 000 克,鸡清汤 2 000 克,姜片 20 克,葱 20 克,绍酒 25 克,虾籽酱油 250 克,绵白糖 25 克,虾籽 10 克,味精 5 克,湿淀粉 10 克,熟猪油 250 克,嫩姜丝 100 克。

工艺流程:

清理 → 煮刀鱼 → 制羹 → 装碗 → 上席

煮面条 → 装碗 → 上席

调鸡汤 → 装碗 → 上席

工艺要点:

(1) 清理:①将刀鱼去鳞、鳃、鲚和内脏,切下头、尾、肚边洗净。②将春笋切成 4 厘米长片,入 90℃油中焐透。

(2) 烧刀鱼:将刀鱼中段两面抹酱油,煎香,加酒、酱油、糖、水淹平鱼身,旺火煮 10 分钟至熟透离火,拆去鱼骨。

(3) 制羹:①锅上火,用猪油 50 克将姜、葱煸香,再将鱼头、尾、肚边煸炒,加猪骨汤,虾籽,烧沸去沫。待汤呈乳状离火过沥去渣。②将过滤后鱼汤上火,加入煮鱼原卤及鱼肉,笋片煮沸,勾薄芡。调入熟猪油 50 克即成鱼羹,分装 10 小碗待用。

(4) 煮面条:将水烧沸,投入面条待其浮起,激两勺冷水,待再沸,捞起静养凉开水中 5 分钟,即将面条分装在 10 寸汤面碗中待用。

(5) 调鸡汤:将鸡清汤烧沸分装在 10 只小碗中与鱼羹碗,面碗一道带姜丝碟上席。

风味特色:

刀鱼羹味鲜细腻,原汁原味,菜肴化主食别开生面,面条滑爽,汤汁醇厚,亦点

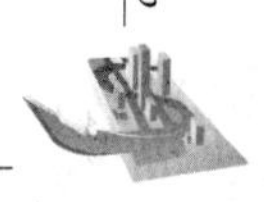

亦菜。

思考题：

1. 就此菜谈谈对菜肴化主食或点心的看法。
2. 煮面条过程中为什么要激凉水入锅？煮好的面条养入凉水的作用是什么？

6.7 糖醋辣白菜

烹调方法：腌 拌

主题味型：咸甜酸辣

原料：白菜 1 500 克，干红椒 20 克，鲜红椒 20 克，白糖 200 克，镇江陈醋 200 克，精盐 20 克，生姜 50 克，花椒 5 克，芝麻油 100 克。

工艺流程：

选料 ⟶ 切条 ⟶ 腌渍 ⟶ 挤干 ⟶ 二次调味 ⟶ 焖置 ⟶ 改刀装盘

工艺要点：

(1) 选用紧棵白菜，去边叶用梗，洗涤后晾擦干。

(2) 切条：将白菜梗切宽 1 厘米长条，加盐轻轻揉擦腌拌至出水分，稍挤去水分。

(3) 二次调味：将白菜条理齐，再将姜、鲜红椒切成细丝在白菜的上下各放 1/2。糖与醋调和均匀撒在白菜上。

(4) 焖置：炒锅上火，用麻油将干红椒丝、花椒粒慢慢煸香捞出，将热油迅速浇在白菜上，立即加盘压紧，焖置至 4～5 小时。

(5) 装盘：用时将白菜条理齐改刀为 6～7 厘米段码在盘中，上放菜中的姜、椒丝少许点缀即可。

风味特色：

咸鲜甜酸，白嫩脆爽，香味诱人，微辣微麻。

思考题：

1. 此菜在选料上有什么特点？
2. 为什么要热油焖置？
3. 如果水分过多会对风味起到什么影响？

6.8 如意冬笋

烹调方法：蒸

原料：净冬笋 400 克，净鱼肉 150 克，红方肠 25 克，青椒 50 克，鸡蛋清 60 克，绍酒 5 克，干淀粉 20 克，精盐 4 克，鸡精 4 克，上汤 100 克，姜、葱汁 10 克，精炼油 25 克。

工艺流程：

冬笋焯水 ⟶ 批笋片 ⟶ 拍粉 ⟶ 卷筒

鱼茸制缔 ⟶（卷筒）

⟶ 蒸 ⟶ 晾凉 ⟶ 切片造型

工艺要点：

(1) 焯水：将冬笋剥壳刨平，入水锅煮沸腾 10 分钟至熟。

(2) 批片：用薄刀运用旋批之法将笋切成薄片。每段长约 20 厘米。

(3) 拍粉：将薄片轻拍淀粉，铺平待用。

(4) 制鱼茸：将鱼茸漂白，加盐、蛋清、鸡精、姜葱汁、淀粉少许，混合成硬质鱼缔。

(5) 卷筒：将鱼缔薄薄地平酿在笋片之上，厚度为 1.5 毫米，另将红肠与青椒切条直径为 2 毫米，分别贴在笋片两端，接着将笋片相对卷起成如意卷筒状。

(6) 蒸：用放气蒸法，将卷筒蒸 8 分钟至成熟，取出晾凉，改刀厚为 5 毫米的片装盘或扣碗。

(7) 成品造型：将如意冬笋片在盘中造型，蒸 5 分钟，用上汤勾流芡汁浇上即成。

风味特色：

形态美观，色彩雅丽，口味清鲜，嫩脆爽口，冷热由之。

思考题：

1. 阐述将冬笋焯水的重要意义。旋刀批要注意什么关键？

2. 怎样做才能使笋卷不会松散？

6.9 冬菇四灵

烹调方法：蒸炖

原料：活甲鱼肉 600 克 1 只，熟火腿 125 克，熟鸡脯肉 200 克，鲜鳜鱼肉 125 克，冬瓜 250，去柄水发冬菇 50 克，青菜叶 5 克，黄蛋糕 4 片，鱼缔 25 克，红樱桃 5 粒，精盐 6 克，味精 2 克，黄酒 50 克，麻油 5 克，葱段 35 克，姜块 35 克，鸡清汤 600 克。

工艺流程：

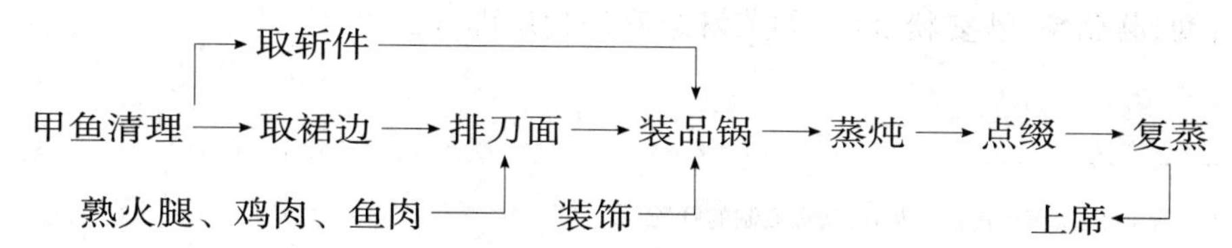

工艺要点：

(1) 原料处理：将甲鱼宰杀洗净取下裙边，其余斩件焯水洗净。将冬瓜挖出8粒瓜球，其余切成3厘米方块，焯熟待用。将鳜鱼肉剞眉毛花刀焯烫定形。

(2) 造形蒸熟：将甲鱼块与冬瓜置品锅中垫底，上层用鱼段、火腿、鸡胸肉、甲鱼裙边均批成厚片，在品锅四周摆成四排拼式扇面，中间用香菇堆叠，再将瓜球放于四周面上。放姜、葱、酒及鸡清汤、盐、味精上沸水笼蒸1小时至熟烂。

(3) 成品点缀：将黄蛋糕剞两条小金鱼模片，上塑以鱼茸造成金鱼形，另用大香菇1只制作，如霸王别姬式饰件，放在品锅中点缀，上笼复蒸5分钟即可。

风味特色：

清醇鲜厚，四色本味，相辅相成，造型端庄、朴实。

思考题：

1. 使四个刀面原料成熟一致的关键是什么？
2. 本菜的复合味主要是指什么原料间的复合，有什么特色？

6.10 双冬素大肠

烹调方法：熟炒

主题味型：咸鲜微甜

原料：生水面筋400克，水发冬菇60克，熟冬笋尖60克，胡萝卜60克，小菜心10颗，精盐2克，绵白糖10克，蘑菇精粉2克，沙姜粉2克，芝麻油20克，素上汤150克①，花生油250克（耗100克）。

工艺流程：

煮熟面筋 → 晾凉切片 ┐
冬笋、冬菇、胡萝卜切片 ┘→ 焯水 → 炒制 → 装盘
菜心 ↗（炒制）

工艺要点：

(1) 面筋生坯加工：将面筋分成8块压成扁条，分别卷在4根竹筷上成筒状，入冷水锅缓慢加热养熟，捞入冷水中晾凉，抽出竹筷即成素大肠生坯。

(2) 组配：将素大肠料切成0.5厘米片，冬笋、冬菇、胡萝卜皆切成秋叶片，焯水。将菜心剖为两半，焐油至熟。

(3) 炒熟成菜：炒锅上火，下花生油50克将上述各料煸炒起香，下素汤、精盐、绵白糖、蘑菇精、沙姜粉烧沸，勾芡淋芝麻油包层即成。

---

① 素上汤：素菜中用黄豆芽，鲜菌等熬制的鲜汤。

风味特色:

面筋形似猪肠片,双冬清香,面筋脆嫩,风味香醇。

思考题:

1. 怎样才能使面筋卷筒煮熟后不松不散而又显得脆嫩?

2. 请问该菜属于什么类型素菜?有什么特点?

6.11 参汤菊花豆腐

烹调方法:蒸炖

主题味型:咸鲜微苦

原料:内酯豆腐 2 盒,熟螃蟹黄 25 克,三吊清汤 1 000 克,洋参片 10 克,精盐 4 克,香菜叶 20 片,文蛤精粉 3 克,火腿汁 15 克。

工艺流程:

内酯豆腐剞花 ⟶ 浸烫 ⟶ 浸汤 ⟶ 蒸炖 ⟶ 点缀 ⟶ 上席

工艺要点:

(1) 内酯豆腐剞花:将内酯豆腐批平四面,细剞深 4/5 的荔枝花刀,分割 10 块,轻放入大盆烫水中浸置至水冷却待用。

(2) 浸汤蒸制:①将三吊清汤加上述调味,另将西洋参用 200 克清水蒸透出味。②将洋参汤与三吊清汤混合分装在 10 只玻璃小炖盅里,将豆腐花条纹理呈分散的放射状菊花形,轻托出放入盅里,上笼蒸 10 分钟出笼。

(3) 成品造型:将螃蟹黄分成 10 小块轻点在豆腐花心,再飘入 2 片香菜嫩叶即可。

风味特色:

刀法细腻,形象生动,汤清醇厚,参汤香气悠然,色香味形养具全。

思考题:

1. 豆腐剞花时需注意什么关键?

2. 豆腐花为什么先要在烫水中浸烫?

3. 蒸时过长会产生什么不良效果?

6.12 宫廷红枣

烹调方法:炒

主题味型:蜜汁咸香

原料:无核大红枣 200 克,炸熟花生仁 75 克,糯米粉 75 克,蜂蜜 100 克,糖粉 50 克,橙汁 50 克,香槟酒 50 克,湿淀粉 5 克,糖桂花 1 克。

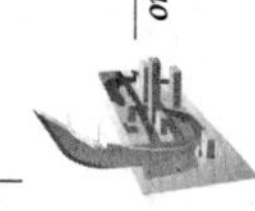

工艺流程：

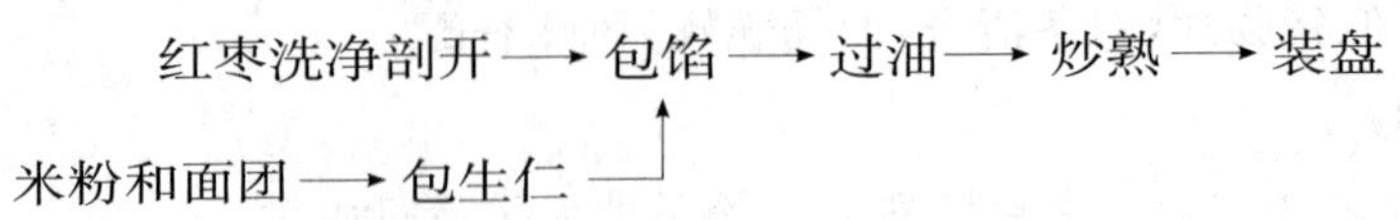

红枣洗净剖开 → 包馅 → 过油 → 炒熟 → 装盘
米粉和面团 → 包生仁 ↑（→包馅）

工艺要点：

（1）备料：选用红皮小花生油炸至脆晾凉，用小磨粉和水制皮将小花仁包裹成球作馅心。将无核枣洗净剖开填入馅心捏成原型。

（2）制熟成菜：将红枣投入 160℃油中蕴炸成熟捞起滤油，炒锅上火烧热，投下过油红枣，边颠翻炒锅边依次投下蜂蜜、糖粉、橙汁、香槟酒、湿淀粉炒至卤汁黏附在枣上，撒下桂花即成。

风味特色：

枣红甜糯，花生里脆，香气扑鼻。

思考题：

1. 红枣为什么不能用水泡开？

2. 馅心里糯米面团具有什么作用？

6.13 太极湘莲[①]

烹调方法：扒

主题味型：蜜汁

原料：无心干莲子 150 克，干桂圆仁 100 克，枣泥馅 100 克，绵白糖 150 克，蜂蜜 100 克，精盐 1 克，马蹄花 10 朵[②]，猪油 100 克，糖桂花 10 克，绿樱桃 1 颗，红樱桃 6 颗，湿淀粉 5 克。

工艺流程：

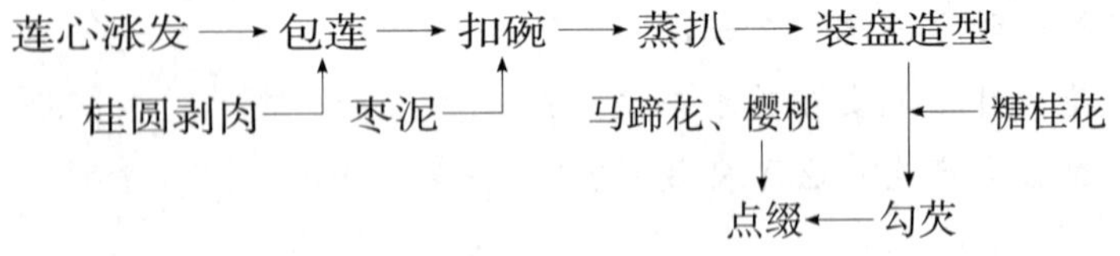

莲心涨发 → 包莲 → 扣碗 → 蒸扒 → 装盘造型
桂圆剥肉 ↑（→包莲）　枣泥 ↑（→扣碗）
装盘造型 ↓ 糖桂花 → 勾芡 → 点缀
马蹄花、樱桃 ↓（→点缀）

工艺要点：

（1）莲心预处理：将莲心蒸熟至酥，取 1/3 用桂圆肉包被。取 1/3 打碎成泥用 50 克白糖、25 克猪油炒起黏成馅。

① 太极湘莲的填馅品种可采用山药泥、各色豆泥、枣泥、莲茸等多种原料。全用桂圆肉包被在莲心上蒸炖，称为“琥珀莲芯”。

② 马蹄花：用大荸荠刻出的菊花、月季花等花形。

(2) 扣莲：取三号碗一只，内抹猪油，将桂圆莲心与白莲心入碗排成太极图样，两侧分别填入莲茸与枣泥压实，将多余莲心填在双色馅子上与碗口平，铺 50 克白糖在上面，封口。

(3) 制熟造型：将莲心扣碗上笼蒸 30 分钟，取下覆入盘中，滤去原汁，锅上火加 50 克白糖、50 克水与蜂蜜、糖、桂花，勾流芡浇淋在莲心上。马蹄花用沸水烫过，围于莲周，将红绿樱桃各一颗点缀在双色莲心上，并将 5 颗樱桃切半分别点缀在马蹄花上即成。

风味特色：

形象典雅美观，甜香绵长，莲酥茸糯，桂肉馨香。

思考题：

1. 扣碗中为什么要填馅？
2. 莲心为什么采用蒸发而不用水发？
3. 蜜汁芡要做到黏滑、透明、纯净、甜鲜的关键是什么？

6.14 知了白菜[①]

烹调方法：烩

主题味型：咸鲜

原料：矮脚黄青菜心 10 颗，鲜虾仁 200 克，生肥膘 20 克，熟火腿 10 克，鸡蛋 1 只取清，水发香菇 100 克，鲜腌黄瓜半条，精盐 2 克，鸽精粉 2 克，干淀粉红 10 克，湿淀粉 3 克，熟猪油 750 克（耗 50 克），三色丝 2 克[②]，鸡汤 150 克，米酒 5 克。

工艺流程：

青菜心洗净 ⟶ 剖成两半 ⟶ 生坯造型 ⟶ 油蕴 ⟶ 烩熟

制虾缔 → 生坯造型；成品造型 → 烩熟

工艺要点：

(1) 生坯造型：①将菜心洗净，修圆菜头，剖开两半，吸干表水，在剖口沾干淀粉。将虾仁吸干表水与肥膘一道粉碎，加蛋清、盐 1 克、鸽粉 1 克，搅拌制缔，分 20 等份分别酿在菜心的拍粉面，呈头圆尾尖的水滴状。②用香菇批半圆形片贴在菜心中部两侧向上交叉成蝉翅状，另用香菇小粒嵌到头部两侧做蝉眼，三色丝相间分别嵌在眼与翅之间，即成知了白菜生坯。

(2) 制熟：①将知了白菜生坯轻轻放入 95℃热油中温蕴至缔质发白，菜叶碧绿

① 知了白菜的简化，则在缔子上不作装饰，谓之“青镶白玉”，用汤匙托缔，上镶菜心，前叫“瓢儿白菜”。皆是金陵上品。

② 三色丝：菜叶、火腿、香菇三丝合称。

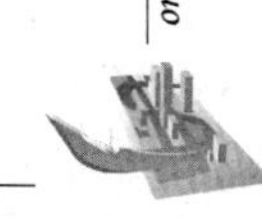

时轻轻提出沥油。②用鸡汤将菜心稍烩，调以盐 1 克、鸽粉 1 克、米酒 5 克，勾流芡起锅。

(3) 成品造型：用鲜腌黄瓜在盘中超前点缀成柳条盘饰，将知了白菜整齐排入盘中，淋上芡汁即成。

风味特色：

造型生动，菜酥虾嫩汤汁清鲜，色调明快。

思考题：

1. 使虾缔能紧黏在菜心上的关键是什么？
2. 蕴熟知了白菜的油温应怎样把握？

6.15 炖菜核[①]

烹调方法：炖

主题味型：咸鲜

原料："矮脚黄"青菜心 1 000 克，生鸡脯 60 克，净熟冬笋 30 克，火腿 30 克，水发冬菇 15 克，鸡蛋清 20 克，绍酒 15 克，精盐 3 克，鸡精 1 克，干淀粉 3 克，鸡清汤 180 克，熟鸡油 15 克[②]，熟猪油 750 克(耗 100 克)。

工艺流程：

修整菜心 → 焐油 → 装锅 → 盖帽 → 炖制 → 淋鸡油 → 上席

鸡脯切片 → 上浆 → 滑油 → 盖帽

火腿片、香菇片、冬笋片 → 盖帽

工艺要点：

(1) 修整菜心：①选用 4～5 瓣/棵的矮脚黄菜心，将菜头修削成橄榄形，洗净。②将菜心投入 100℃油中氽蕴至碧绿色捞起滤油。

(2) 装锅：①将菜心头朝外叠在砂锅里。②将鸡脯切柳叶片上浆滑油，冬笋、火腿、冬菇均批切成 5 厘米×2 厘米长片，与鸡片一道相夹旋排在砂锅中心菜核上，露出菜头。

(3) 加热制熟：将精盐、鸡粉、绍酒调和鸡汤定味，将汤注入砂锅与菜核平，旺火加热至沸，换小火炖约 15 分钟，淋入熟鸡油即可上席。

风味特色：

菜心酥烂甘鲜，色彩绚丽和谐，汤汁醇美。

---

① 炖菜核：在淮扬各地广泛使用，因地而名，同类菜肴有梅岭菜心、砂锅菜心、鸡油菜心、香菇菜心等，主体均为菜心，以立冬霜降以后为佳。在成菜上或辅料不同，或锅具不同，或盛器不同，或造型不同等。例如将菜头剖开十字含一片菱形火腿叫"鹦鹉菜心"，将其剖半镶以鱼(虾)缔则叫"美人菜心"等。

② 熟鸡油：老母鸡生油加酒、姜、葱蒸溶而得。

思考题：

1. 炖菜核为什么不能加锅盖，不能蒸制？

2. 余蕴的油温为什么不能过高？

6.16 南腿面筋[①]

烹调方法：炖

主题味型：咸鲜

原料：生水面筋 250 克，猪夹心肉 300 克，皮冻 200 克，熟火腿 50 克，白萝卜 500 克，水发香菇 1 只，鸡蛋 2 只取清，清鸡汤 750 克，精盐 6 克，绍酒 10 克，鸡精粉 2 克，米葱 5 克，姜 5 克，淀粉 5 克。

工艺流程：

皮冻粉碎 → 制馅
猪肉粉碎 → 制馅 → 包馅 → 炖制 → 成菜
水面筋上劲 → 漂清 → 包馅
火腿切片 → 炖制
萝卜挖球 → 焯水 → 炖制

工艺要点：

(1) 备料：①将猪肉粉碎，加蛋清、绍酒、姜、葱末、皮冻、精盐 2 克、鸡粉 1 克、淀粉混合搅拌成馅。②用 2 克盐撒在面筋上，甩压上劲，用清水漂清。③用球勺将白萝卜挖出 40 只萝卜球。

(2) 生坯成形：将面筋浸在 50℃左右温水中，崩开面筋将肉缔包起成直径为 3 厘米的球状，约 40 只，下 90℃烫水中养至上浮。

(3) 炖制成熟：取大玻璃碗 1 只，放入萝卜球与面筋球，注入鸡汤，加盐 2 克、鸡粉 1 克、绍酒 2 克。将火腿修裁成秋叶片 8 片，旋排在碗里面筋面上正中，中间置香菇 1 只成排叠花形图案，用玻璃纸封口，入笼沸水蒸约 1 小时即可。

风味特色：

汤清鲜醇，面筋软韧，肉馅鲜香而又有卤性。

思考题：

1. 为什么要用盐对生面筋上劲？

2. 包馅时为什么要用温水浸泡？

3. 包馅的手法关键是什么？

---

① 南腿面筋又叫肉酿生麸，是江、浙、沪通菜，尤以常熟为最佳。生麸包肉馅，皮薄而透明，只只如雀卵，汤多而不外溢，面滑而无气泡，一口一只又叫口子面筋，可谓佳绝之作。用此面筋炖制老鸡，亦会叫人久久不能忘记其味。

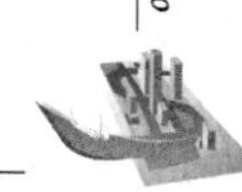

6.17 荷花什锦炖

烹调方法：蒸炖

主题味型：咸鲜

原料：熟鸡脯 100 克，熟虾茸蛋卷 100 克，熟冬笋片 150 克，净鳜鱼肉 50 克，净鸭肫 50 克，净猪腰 50 克，油发水鱼肚 150 克，浆虾仁 50 克，水发香菇 75 克，熟鸡蛋 10 只，青菜心 2 棵，鸡清汤 1 750 克，绍酒 50 克，精盐 10 克，葱末 5 克，葱姜汁水 10 克，熟鸡油 50 克，鸡汤 1 500 克。

工艺流程：

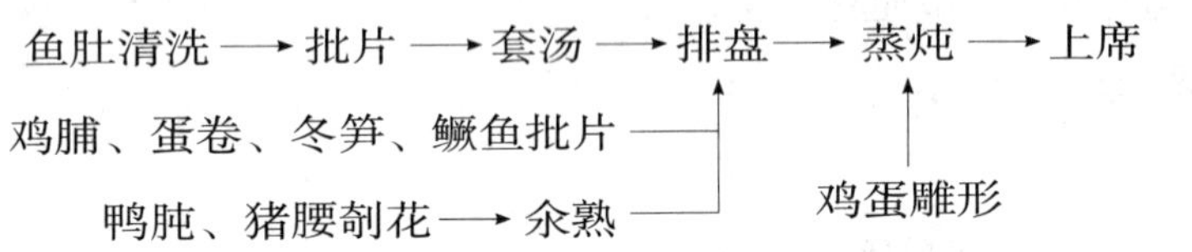

鱼肚清洗 → 批片 → 套汤 → 排盘 → 蒸炖 → 上席

鸡脯、蛋卷、冬笋、鳜鱼批片 → 排盘

鸭肫、猪腰剞花 → 氽熟 → 排盘

鸡蛋雕形 → 蒸炖

工艺要点：

（1）各料整理：将鱼肚批磨刀片洗净，用 750 克鸡汤煮沸套汤待用。将冬笋 100 克、火腿 100 克、虾卷、鸡脯匀切成片。将鸭肫、猪腰剞花；鱼肉、香菇批成片，与虾仁分别烫熟待用。

（2）排扣造形：取 20 寸大汤盘 1 只，将鱼肚垫底，鸡脯、火腿、虾卷、冬笋在盘中满排十形，一面一料，四角空处呈放射状排叠鱼片、香菇、鸭肫和腰花。将菜心一剖两在四角，菜头朝中点缀十字。

（3）蛋坯制作：将熟鸡蛋大头朝上，底部削平，用圆口刀由上部 1/3 处斜着向下刻出花瓣，挖去蛋黄，用火腿 50 克冬笋 50 刻出鸡心形花瓣。将虾仁分装在荷花蛋坯中。

（4）蒸炖：①将蛋坯沿盘中排料一周排放。②加 800 克鸡汤于盘中调味封口，猛蒸 20 分钟取出，揭膜上席即可。

风味特色：

极其新鲜，淡然真味，形式整齐，原料多样，气势庞大。

思考题：

1. 此菜与全家福的区别在哪里？

2. 此菜醇真鲜淡的风格主要表现在哪里？

6.18 上汤扣三丝

烹调方法：蒸炖

主题味型：咸鲜

原料:光鸡 1 只 1 000 克,鲜猪里脊 300 克,熟笋尖 75 克,生瘦火腿 200 克,水发冬菇 1 只(直径 3.5 厘米),鸡蛋 1 只,绿叶菜 5 克,绍酒 15 克,精盐 5 克,葱段 5 克,姜片 10 克,酱油 0.2 克,熟鸡油 10 克,熟猪油 15 克。

工艺流程:

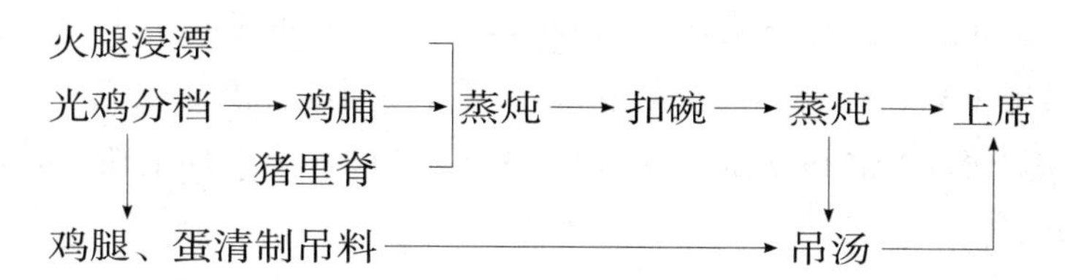

工艺要点:

(1) 蒸炖:①将光鸡分档,取鸡腿剁碎加蛋清、盐 2 克、水 100 克、酱油 0.5 克、姜 5 克、葱 5 克、绍酒 5 克,和匀做吊汤料待用。②将火腿泡去 2/3 咸味洗刮干净,与鸡脯,猪里脊一同焯水,蒸炖至烂。

(2) 扣碗:取高碗 1 只,直径约 8 厘米,高度约 10 厘米。遍抹猪油,将香菇放碗底正中,分别将笋尖、鸡脯、火腿切成 9 厘米长细丝,分 3 档或 6 档排齐在碗中,切里脊丝垫入中间,注原汤分封口,再蒸炖 40 分钟取出。

(3) 制汤成菜:将碗中汤滤入原汤上火见沸,下吊汤料,改中小火加热至汤料上浮,撇去物,过滤成上汤。将三丝复入大汤碗中,注入调味后的上汤即成。

风味特色:

汤清鲜醇而香,三丝精细整齐,独见功力,色彩雅丽。

思考题:

1. 略述吊汤呈清的机理。
2. 为什么要在吊汤料中加蛋与微量酱油?

6.19 镜箱豆腐

烹调方法:烧

主题味型:咸鲜微酸甜辣

原料:小箱豆腐 1 块 500 克,猪夹心肉 250 克凤尾大虾仁 10 只,水发香菇 20 克,青芦笋 1 根,猪肉汤 150 克,绍酒 50 克,精盐 4 克,酱油 10 克,绵白糖 15 克,甜辣酱 25 克,番茄酱 30 克葱末 15 克,湿淀粉 25 克,芝麻油 20 克,精炼油 1 000 克(耗 100 克),嫩草头 200 克。

工艺流程:

豆腐下坯 → 油炸 → 挖瓤 → 填馅 → 装饰 → 烧制 → 装盘

肉茸制馅 → 填馅;大虾 → 装饰;菜心烧熟 → 装盘

工艺要点：

(1) 炸坯：将豆腐改刀成 5 厘米×3 厘米×3 厘米长方块 10 块，投入 200℃油中炸至结壳两面金黄，捞出晾凉。在一侧大面各开一个长方形盖口，剜去内部 2/3 豆腐，保持外壁完好。

(2) 制馅：将猪夹肉与香菇切成米粒状，芦笋焯水亦切成小丁，加葱末、绍酒、精盐 2 克、鸡蛋 1 只、湿淀粉 5 克、芝麻油 10 克，一同混合搅拌成馅。

(3) 生坯成形：将馅心满酿入豆腐内，抹平盖口，将凤尾虾上粉浆，半卷两头深插肉馅上，象征箱环。

(4) 烧制成熟：起小油锅，将茄酱与甜辣酱炒出红油，加肉汤，排入镜箱豆腐，调入酱油、绵白糖、绍酒、精盐、旺火烧沸，小火焖制 20 分钟，再旺火收稠卤汁，加 10 克芝麻油包尾。

(5) 装盘：另将草头生煸制熟，铺入盘中，将豆腐排在草头上，浇上原卤即成。

风味特色：

形似古代妇女闺中镜箱，色泽红亮，咸甜酸而微辣，口味内蕴丰富，衬以草头，红绿对比富有乡土气息。

思考题：

1. 参看传统菜谱，指出这里所作的细微变化是什么？
2. 加热时要注意哪些问题？

6.20 龙凤腿[①]

烹调方法：炸

主题味型：咸鲜微甜

原料：生鸡丝 60 克、虾仁 60 克、猪网油 250 克、鸡蛋 2 只、葱椒盐蛋浆 50 克、辣酱油 50 克、绍酒 25 克、精盐 2 克、鸡粉 2 克、葱末 50 克、白胡椒粉 1 克、绵白糖 10 克、干淀粉 50 克、面粉 50 克、面包糠 300 克、鸡腿骨 10 根、花生油 1 000 克(耗 100 克)。

工艺流程：

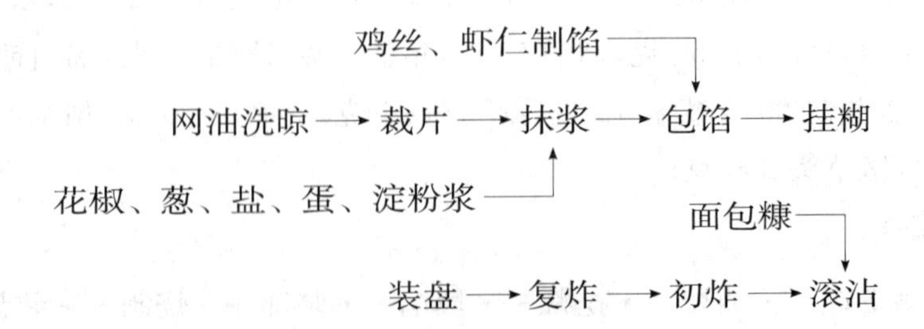

① 虾为龙、鸡为凤，形似鸡腿，故叫“龙凤腿”，为苏南名菜。

工艺要点：

（1）制馅：将鸡丝、虾仁、鸡蛋 1 只磕开、葱末、白糖、辣酱油、盐、鸡粉、白胡椒，一同混合搅拌成馅。

（2）包腿：①将网油洗晾后裁成 10 厘米×10 厘米小块片 10 片，遍抹葱椒盐蛋浆。②馅心分装在网油方片上，在斜角装一根鸡腿骨，1/2 露在网油外，包成棒槌形即成龙凤腿毛坯。

（3）滚沾：用鸡蛋 1 只磕开，加适量水，与淀粉、面粉混合搅拌成糊，将糊遍抹在龙凤腿上，再滚沾上面包糠即成龙凤腿生坯。

（4）炸制成熟：将龙凤腿投入 180℃油中初炸至结壳定型，再衡温 120℃养蕴 5 分钟至透，捞出，待油温升至 200℃时复炸至金黄色捞出装盘即成。带辣酱油碟上席。

风味特色：

形像鸡腿，外脆里嫩，馅心鲜香。

思考题：

1. 此菜油温控制是为关键，请问本菜在油温方面是怎样控制的？
2. 为在炸中使网油溶化逸出可采用什么方法？

6.21 蟹油水晶球

烹调方法：松炸

主题味型：咸鲜香麻

原料：熟河蟹油 250 克[①]，鸡蛋 3 只取清，粳米粉 75 克，绍酒 15 克，花椒盐 2 克，白胡椒粉 2 克，葱茸 50 克，姜汁 1 克，火腿末 15 克，精炼油 750 克（耗 70 克），橙汁蘸料 1 碟[②]。

工艺流程：

蟹油拌馅 ⟶ 搓球 ⟶ 挂糊 ⟶ 炸制 ⟶ 装盘

（搓球 ← 椒盐、胡椒、葱茸；挂糊 ← 蛋清、粳米粉调糊；装盘 ← 橙汁蘸料）

工艺要点：

（1）拌馅搓球：在蟹油中加椒盐、胡椒、姜末、葱茸、火腿末拌匀，搓 1.5 厘米丸子 20 只。

（2）挂糊：将蛋清打发，拌入粳米粉成松质糊，用牙签戳住蟹油球逐一挂满糊投入 120℃油中，外层凝固即可抽出牙签，出锅滤油。

---

① 蟹黄油：用熟猪油熬炼熟河蟹黄而成，油色黄亮而鲜香，一般用于烧烩菜肴的添加，以增加其蟹味鲜香。
② 香橙汁：用原味橙汁、姜汁、精盐、蜂蜜、大红浙醋调制的味汁。

(3) 复炸成熟：待油温上升至160℃时，迅速投入蟹油球复炸10秒左右，至色泽淡金黄色，糊壳起脆时出锅装盘，带橙汁蘸酱上席即可。

风味特色：

松如茸球，脆软肥香，淡黄纯净具有透明感。

思考题：

1. 发蛋粳粉糊与发蛋面粉糊的成菜质感有什么区别？
2. 简述蟹油馅心调味的个性特征。

6.22 鲜奶裹烧笋

烹调方法：奶烩

主题味型：奶香咸鲜

原料：熟冬笋尖400克，白鱼茸250克，鲜牛奶500克，火腿茸10克，干淀粉100克，鸡蛋一只取清，精盐4克，特鲜王2克，小青菜心10棵，姜葱汁5克，白葡萄酒5克，精炼油500克(耗50克)。

工艺流程：

鲜笋焯水 → 撬块 → 裹缔 → 养油 → 烩熟 → 装盘

鱼肉漂白 → 粉碎 → 制缔 ↗(裹缔)　　菜心焐油 ↗(烩熟)

工艺要点：

(1) 笋块处理：将笋尖焯透水，用撬刀法，撬出劈材块，撒干淀粉拌匀。

(2) 制缔：将白鱼肉漂白，粉碎至极细。加姜、葱汁、白葡萄酒、鲜奶100克、盐2克、鲜味王1克，于鱼茸中混合至稠厚，加淀粉5克拌匀。将蛋清打发加入鱼茸中再拌匀即成鱼奶缔。

(3) 烩制：将蹄子挤成圆球，将笋块逐一插入裹住，投入120℃油中养余成熟，将菜心同时也焐油成熟。再起小油锅，投入鲜奶，用小火慢炒，加盐1克、特鲜王1克、湿淀粉炒至稠黏时投下裹缔笋与菜心烩制，至鲜奶稠黏裹附在笋块上即可出锅装盘。

(4) 装盘：将裹烧笋盛在盘中，菜心围边上撒火腿茸即可。

风味特色：

鱼嫩笋脆奶稠，洁白纯净自然。

思考题：

1. 在缔中加一只发蛋的用意是什么？
2. 为什么要用撬刀法将冬笋撬成劈材块？
3. 裹缔前笋块为什么要拌沾干淀粉？
4. 此菜蕴含哪两款传统名菜？

6.23 锅烧山菌①

烹调方法:煎塌

主题味型:鲜咸

原料:滑菇 50 克,牛干菌 50 克,虎爪菌 50 克,直径 8 英寸圆,蛋皮 1 张,鸡腿菇 50 克,火腿茸 10 克,鲜虾仁 200 克,白鱼茸 200 克,鸡蛋 2 只取清,面粉 50 克,姜葱汁 10 克,精盐 3 克,鸡精 3 克,淀粉 10 克,芝麻油 75 克,虾籽酱 20 克,美极鲜汁 30 克,清鸡汤 150 克,绍酒 5 克,绵白糖 5 克,精炼油 100 克(耗 30 克)。

工艺流程:

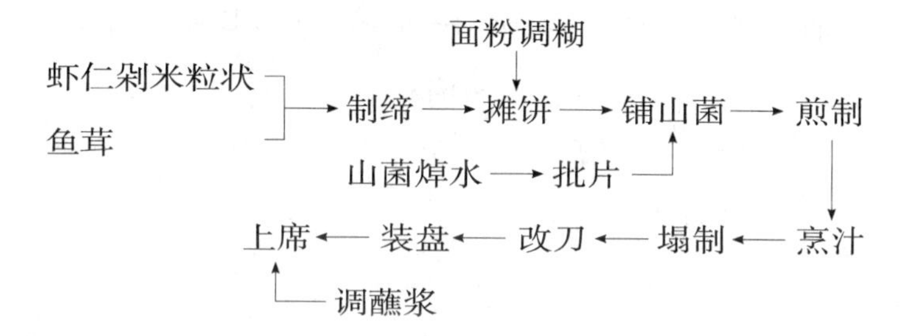

工艺要点:

(1) 制缔:将虾仁打清水滤干剁成米粒状。与鱼茸、鸡汤 100 克、姜葱汁、绍酒、精盐 2 克、鸡精盐 2 克、鸡蛋清、火腿茸、淀粉混合搅拌成稠黏厚缔。

(2) 山菌处理:将各菌漂尽咸味批片,焯透水,滤干,用干洁布吸干表面水分。

(3) 生坯造型:取 10 英寸平盘,抹遍清油,用鸡蛋黄与面粉调成脆糊,铺满盘底,上贴蛋皮,在蛋皮上铺上鱼虾缔,刮平成 8 英寸圆饼状,再将各山菌均匀铺在缔子上按实黏紧,面上再蒙薄薄一层缔子。

(4) 煎塌:用煎锅一只,布 100 克清油,缓缓将盘中山菌滑入锅中,用中火煎至下面黄脆时控去油,烹入用 50 克鸡汤,1 克盐,1 克鸡精调兑的味汁,加盖焖至汤收干时,在下 50 克芝麻油煎至底部酥脆时出锅。

(5) 装盘:将锅烧山菌切成条块码在盘中。用虾籽酱、美极鲜汁、白糖、芝麻油、鸡精 1 克、炒熬成蘸料装碟跟上。

风味特色:

下脆上嫩,下黄上白,香鲜细嫩,山菌软滑。

思考题:

1. 在煎的过程中,烹汁加盖的作用主要是什么?

2. 拖糊煎的风味主要突出了哪一点?

---

① 也可先蒸后煎,即先将鱼虾缔蒸熟后再煎塌。

6.24 八宝油条

烹调方法：脆熘

主题味型：咸甜酸微辣

原料：油条2根100克，鱼茸200克，八宝末（干贝、青豆、虾米、香菇、鸡肫、咸鱼、冬笋、火腿）100克，鸡蛋2只取清，姜葱汁20克，湿淀粉40克，绍酒5克，精盐5克，特鲜王2克，芝麻油5克，泡红椒末1.5克，白糖10克，蜂蜜20克，西柠汁20克，浙醋20克，蒜茸5克，红酱油5克，精炼油1 000克（耗80克），香菜100克。

工艺流程：

油条剖干掏空 ⟶ 灌浆 ⟶ 填馅 ⟶ 预炸 ⟶ 切段

鱼茸、八宝末制馅 ⟶ 填馅

⟶ 复炸 ⟶ 装盘 ⟶ 上席

调流利芡 ⟶ 装盘

工艺要点：

（1）制馅：将鱼茸里加绍酒、姜葱汁、盐2克，水适量、特鲜王2克，湿淀粉20克，鸡蛋清2只搅拌起黏，再加八宝料末与麻油拌匀成馅。

（2）生坯造型：将油条一分为二撕成四根切去两头，中间剪开，掏空油条内腹。用2只蛋清，加湿淀粉15克调成蛋粉浆。灌入油条再滤出。填入八宝鱼茸缔，抹平开口。入180℃油中炸至定型捞出。

（3）制熟成菜：将捞出的油条轻切成12段，入210℃油中复炸至油条酥脆捞出，码在盘中，围上香菜，用清油25克，水50克下蜂蜜，泡椒末，浙醋，蒜茸，红酱油，白糖，烧沸出味过滤，勾流利芡，浇在油条上，再淋下西柠汁即可。

风味特色：

油条酥脆馅料鲜香，口味奇异，色泽金黄。

思考题：

1. 以此菜为例，谈谈你对菜肴创造中"点石成金"手法的认识。
2. 运用极其平常的原料制菜，怎样才做得具有较高的品尝价值？

6.25 金鼎全家福[①]

烹调方法：火锅煮

① 全家福统称为大杂烩，言多种主料、辅料的综合，是淮扬各地大庆之夜家人团聚的头菜，什锦指多样，但绝非限定用料品种，可用普通料，亦可用山珍海味料，亦可两者兼而有之，但其中鱼、虾、肉三圆一般是不可少的，而肉皮、蹄筋、鱼肚、鱼皮、鹿筋、鱿鱼等一般是可以任选的。

主题味型:虾籽咸鲜

原料:水发猪蹄筋 100 克,水发海参 100 克,水发香菇 50 克,油炸肉圆 10 粒,鱼圆 10 粒,虾圆 10 粒,火腿片 10 片,熟鹅肫 10 片,熟鸡丝 50 克,大河虾仁 50 克,熟猪肚片 10 片,青菜心 10 棵,熟冬笋片 10 片,黄豆芽 100 克,干贝 15 克,精盐 6 克,鸡精 5 克,白汤 1 000 克,虾籽 15 克,蘑菇精粉 2 克,熟猪油 100 克,精炼油 500 克(耗 50 克)。

工艺流程:

焯水 ⟶ 排面 ⟶ 吊汤 ⟶ 煮食

工艺要点:

(1) 容器:用下带炉体的仿古陶鼎,容积与大号暖锅相当,炉体中用固体酒精燃烧加热。

(2) 排料:将各料均焯水,虾仁上浆。将豆芽、干贝、虾籽等垫于鼎底,上部按 6 荤 4 蔬排成 10 道刀面,其余垫底。

(3) 加热:将白汤烧沸,加熟猪油,滚沸至稠浓度增加,调入精盐、鸡精、蘑菇精定味注入鼎中,上桌点火加盖边煮边食。

风味特色:

五味杂成,鲜香交错,味美形奇,风格浑厚。

思考题:

1. 菜是多种原料融合之味,是本味复合的最高形式,传统上称之为什么菜类型?

2. 本菜以暖锅为本质,但用这种仿古形式是有什么饮食审美的意义?

6.26 酥炸番茄

烹调方法:酥炸

主题味型:茄汁填酸

原料:直径 6 厘米西红柿 2 只,猪肉茸 100 克,虾茸 50 克,鸡蛋 2 只,球葱碗雕件 1 只,青菜松 100 克,黄油 20 克,喼汁 5 克,茄酱 25 克,白醋 5 克,芝麻油 3 克,白糖 20 克,精盐 2 克,味精 1 克,姜葱末各 5 克,干淀粉 30 克,精面粉 50 克,臭粉 2 克,绍酒 3 克,湿淀粉 10 克,精炼油 1 000 克(耗 50 克)。

工艺流程:

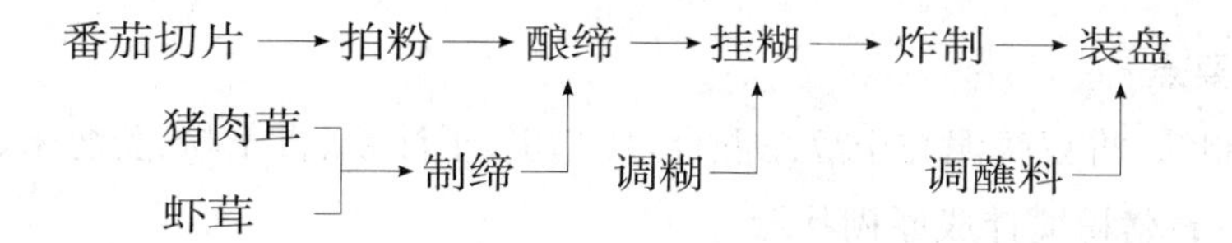

工艺要点：

(1) 番茄备料：将番茄每只切花瓣相等8片，去瓤批皮拍干粉待用。

(2) 制缔：猪肉茸、虾茸、绍酒、酱葱末、精盐1克、味精、鸡蛋1只、湿淀粉5克，芝麻油等料混合搅拌成缔。

(3) 调糊：精白粉、淀粉20克，鸡蛋1只水适量、臭粉、清油10克，搅拌成糊待用。

(4) 生坯成型：将肉缔镶黏在番茄片内面抹成光滑饱满状态。挂糊下180℃油中养炸至结壳成型基本成熟。

(5) 成菜：①将菜松铺在盘中上置雕件碗。另在炒锅中下黄油、番茄酱、精炼油20克炒出红色，加绍酒、嗆汁、白糖、盐1克、白醋、湿淀粉5克熬成蘸料味酱盛入盘中雕件。②油锅上火，将油加温至200℃时将番茄重油复炸至外壳金黄酥脆时捞出，将其在雕件四周码成花型即可。

风味特色：

番茄金黄，外壳酥脆，内馅鲜嫩，蘸料甜酸，奶香淡雅。

思考题：

1. 本菜平中见奇，粗料细活的特点反映在哪里？

2. 此菜在什么方面可以看到传统工艺与现代调味的交融？

6.27 熘素虾球

烹调方法：脆熘

主题味型：咸甜鲜酸微辣

原料：豆腐300克，去皮土豆400克，青豆25克，葱段20克，鸡蛋2只，味精2克，蘑菇粉2克，绍酒10克，精盐5克，干淀粉50克，湿淀粉20克，荸荠20粒，铁签10拔，姜、葱末各5克，白兰地酒25克，宴会酱油5克，番茄酱30克，果醋10克，红油5克，蜂蜜10克，吉士粉5克，白胡椒粉2克，姜汁5克，精炼油1 500克(耗100克)。

工艺流程：

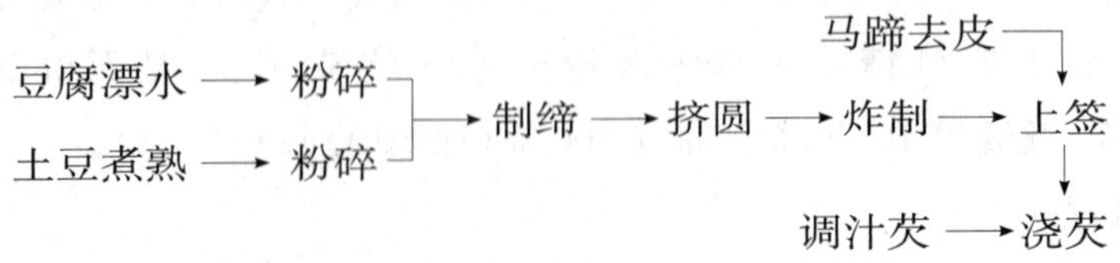

马蹄去皮 → 上签
豆腐漂水 → 粉碎
土豆煮熟 → 粉碎
（两者）→ 制缔 → 挤圆 → 炸制 → 上签
上签 → 浇芡
调汁芡 → 浇芡

工艺要点：

(1) 制缔：将豆腐泥与土豆泥混合，加鸡蛋、干淀粉、吉士粉、姜葱末、绍酒、盐3克、味精与蘑菇粉搅拌成厚糊状缔。

(2) 炸制：将绨子挤 2 厘米圆球 30 粒，入 200℃油中炸起脆壳捞出上签，每签 3 只虾圆 2 只，马蹄间夹成串，再用 200 油浇炸 1 次上盘。

(3) 调汁：锅内置 50 克清油，下番茄酱炒出红油，下 50 克清水、宴会酱油、果醋、红椒油、白兰地、姜汁、白胡椒粉、蜂蜜熬制勾流利芡，浇在菜签前虾圆之上即可。

风味特色：

荤菜素做，虾球鲜嫩微脆，以假乱真，口味丰富复杂，色泽桃红。

思考题：

1. 此菜运用了什么素菜荤做艺术手法？
2. 在形式与调味上本菜具有哪些不同于传统素虾圆之处？
3. 分析本菜蘸味与酥炸番茄的不同之处。

6.28 八宝香瓜

烹调方法：蒸

主题味型：果香甜

原料：金香瓜 1 只约 600 克，糯米饭团 40 克，金橘饼 20 克，葡萄干 20 克，冬瓜糖 10 克，青梅 20 克，杏仁 20 克，苹果脯 20 克，无核酸话梅 10 克，松子仁 10 克，熟核桃仁 20 克，片糖 150 克，蜂蜜 100 克，薄荷精 1 滴，糖桂花卤 5 克，精盐 1 克，精炼油 1 000 克(耗 10 克)，湿淀粉 5 克，香雪酒 50 克。

工艺流程：

整理香瓜 ——→ 雕刻 ——→ 填料 ——→ 焐油 ——→ 蒸制 ——→ 装盘

果料切丁 ——→ 制馅 ——↑（→ 填料）

打卤 ——→ 浇芡（装盘 ↓ 浇芡）

工艺要点：

(1) 整理：选用圆整无斑金黄皮色、香味浓郁的香瓜，刷洗干净，在 1/6 处蒂下开盖，在瓜身浅刻图，最后取出瓜瓤。

(2) 制馅：将金橘饼、冬瓜糖、青梅等皆切成小丁与米饭、松子、蜂蜜 50 克、薄荷精 1 滴、片糖 100 克混合成什绵果馅待用。

(3) 制熟成菜：将果料馅填入香瓜内加盖，底部修平炖于锅中，用 80～90℃温油焐至微软出锅，上笼旺火蒸 15 分钟至软出笼，放于玻璃盘中，用清水 100 克、蜂蜜 50 克、片糖 50 克、香雪酒 50 克、桂花卤 5 克、盐 1 克、湿淀粉勾流利芡汁浇在瓜上即可。

风味特色：

香瓜软烂香甜，八宝甜中微酸，香气复杂而圆和。

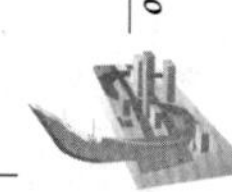

思考题：

1. 在馅心中加糯米饭的作用是什么？
2. 本菜在用糖和甜味方面，为什么用片糖和蜂蜜而不用白糖或果糖？
3. 在本菜中用瓜盅是盛器吗？

6.29 御果园

烹调方法：冰镇凉冻

主题味型：甜香

原料：红瓤无籽西瓜 2 只（直径 17 厘米与 14 厘米各 1 只），鲜荔枝、葡萄、橘瓣、枇杷各 10 粒，猕猴桃 2 只，菠萝 200 克，白香瓜 1 只，冰糖 200 克，鲜柠汁 100 克，盐 1 克，清水 600 克。

工艺流程：

雕刻西瓜 → 填料 → 加糖水 → 冰镇 → 上席
整理鲜果 → 填料
调糖水 → 加糖水

工艺要点：

（1）雕刻：①从大西瓜 1/3 处用圆刀戳下作盖，底部修平，瓜身刻四种实环和浅刻图案，挖出瓜瓤做容器外套，瓜盖亦刻圆环突出待用。②小西瓜亦由 1/3 处剖开，上部刻花纹作底架，下部刨去外皮，挖出瓜肉做容器内胆。

（2）调糖水：用 600 克清水加冰糖 200 克烧沸化开，晾凉后加入西柠汁与 1 克盐，入冰柜冷却至 0℃左右，待用。

（3）组装成菜：将瓜胆套入大瓜中架于瓜架上，另将西瓜瓤、菠萝、白香瓜、猕猴桃一并挖成球状，荔枝去核，葡萄剥皮，枇杷剥皮去核，橘瓣去筋，上述各料排齐填入西瓜中，注入冰镇糖水，加盖再入 5℃冰箱冷藏直至上席。

风味特色：

鲜果纷呈，果香馨郁，瓜雕精美，冰甜沁肺。

思考题：

1. 用多种鲜果制作冰镇甜菜，为什么不用香精调味？
2. 如果用罐头制品怎么办？
3. 此菜的美感更重要的在什么方面？

6.30 雪里寻梅

烹调方法：蒸

主题味型：奶味甜香

原料:听装枇杷 20 只(或去皮新鲜枇杷),枣泥 75 克,带柄红绿提子 25 只,鸡蛋 2 只取清,黄油 20 克,三花奶 150 克,蜜陈皮 10 克,白糖 100 克。

工艺流程:

修整枇杷 ⟶ 酿馅 ⟶ 蒸熟 ⟶ 盖帽 ⟶ 蒸 ⟶ 浇奶
（酿馅 ↑ 陈皮切末 ⟶ 混合制馅；盖帽 ↑ 搅打蛋清；浇奶 ↑ 炒鲜奶）

工艺要点:

(1) 制馅:将陈皮切成细末与枣泥拌匀,搓成 20 只圆球做馅。

(2) 生坯造型:将枇杷上下修齐修平,作一般高低,将枣泥球填入枇杷抹平,按五朵梅花造型置于盘中,另将蛋清打成芙蓉状待用。

(3) 制熟成菜:将枇杷入沸水笼中蒸 5 分钟取出,不均匀蒙上蛋清芙蓉作堆雪状,上笼放气蒸 2 分钟,待凝结随即出笼,另用锅将黄油、奶、糖炒合起黏状出锅,浇在蛋白上。将提子点缀周围即成。

风味特色:

枇杷鲜香甜美,奶香浓郁,寓意感人。

思考题:

1. 菜肴的原料选用与寓意造型具有什么关系?

2. 本菜在精细的加工里不失自然的本色,谈谈菜肴创意中的本质诱导问题。

6.31 桂花糖藕[①]

烹调方法:扒

主题味型:桂花蜜甜香

原料:藕 1 000 克,糯米 200 克,绵白糖 300 克,糖桂花卤 3 克,蜂蜜 50 克,玫瑰酱 50 克,红曲粉 50 克,荷叶 2 张,精炼油 25 克,猪板油 50 克,熟猪油 25 克。

工艺流程:

清理 ⟶ 灌米 ⟶ 煮焖 ⟶ 扣碗 ⟶ 蒸扒
⟶ 装盘 ⟶ 浇卤
（浇卤 ↑ 熬卤）

工艺要点:

(1) 清理:①将藕节下 3 厘米切下,刨去藕皮。②将糯米淘洗干净,置 1 小时酥透,拌 50 克白糖,灌入藕孔,压实。

(2) 煮焖:将藕段节复位封口,用竹签插紧,置于铝锅中(不宜铁锅)。加清水

① 本菜可一次性加足调料焖至烂,晾凉后直接用作冷盘。煮藕原汤可反复使用,本菜以批量制作为好。

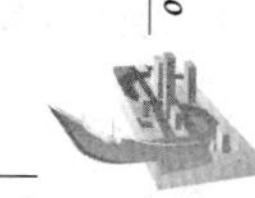

淹下藕段，再加红曲水、白糖200克，盖上荷叶及锅盖，加温至沸移小火焖6小时至烂，出锅晾凉。

(3) 蒸扒：大碗内抹熟猪油。将藕改刀成0.5厘米厚片排扣入碗中，加糖100克、玫瑰酱与板油丁，封口猛蒸30分钟取出，去掉板油。

(4) 装盘成菜：将藕覆盘，滤出原汁下锅，加蜂蜜50克与桂花卤熬起稠黏状，下精炼油打匀，浇在藕片上即成。

风味特色：

糖藕黏糯，甜香扑鼻，色泽红亮、透明。

思考题：

1. 为什么煮藕不宜用铁锅?

2. 传统上用食碱的作用是什么，现不用碱煮的优点是什么?

另有"捶藕"一品也较有特色，其制作有如下区别：①灌糯米同上。②煮熟同上。③煮熟后顺长切0.8厘米厚片，拍淀粉用面杖轻轻敲打，使藕片薄而不碎，然后炸成金黄，改刀切块。垫果料、排藕片如上法扣碗蒸烂，装盘成菜亦与上同，其特点是更为黏糯松软，口感更纯。另外捶藕也可捶后直接炸脆排盘，挂卤，如西柠汁卤、茄汁卤、甜桃汁卤、香菠汁卤等等。风味酥脆香甜。

6.32 灌香山药

烹调方法：炸

主题味型：芝麻甜香

原料：山药500克，豆腐皮2张，鸡蛋2只取清，绵白糖150克，彩色糖粉50克，芝麻75克，面粉20克，水淀粉40克，精炼油1 000克(耗75克)，绿菜松100克。

工艺流程：

温焐腐皮、调蛋浆 ↓

山药煮烂 → 去皮 → 塌泥 → 拌馅 ┐

芝麻炒熟 → 粉碎 → 拌馅 ┘ → 包卷生坯

装盘 ← 炸制 ← 粘糊 ← 改刀

工艺要点：

(1) 制馅：①选用易煮烂的本山药，蒸烂去皮，塌成泥，放糖25克拌匀成馅。②将芝麻洗净晾干炒熟，磨碎，加糖75克拌和成馅。

(2) 包卷生坯：用热毛巾将豆皮捂软，抹上蛋清淀粉糊，刮抹一层山药馅，铺上芝麻糖馅卷起成直径2厘米卷筒，改刀为4厘米段，用蛋糊封住刀口。

(3) 炸制成熟：将山药段投入180～200℃油中炸至外脆，呈金黄色捞出装盘，下衬菜松，撒上彩色糖粉即可。

风味特色：

外壳酥脆，内馅滑糯，麻香恬人，沁甜爽口。

思考题：

1. 本菜本乡本土，朴实明快，请问其关键要素有几点？
2. 你能通过这种基本菜式设计多样变形品种吗？

6.33 镶红瓜角

烹调方法：蒸

主题味型：咸鲜

原料：黄瓜4根（直径2.5～3厘米/根），河虾茸250克，河蟹黄50克，鸡蛋清60克，精盐4克，葱姜汁10克，熟猪脂20克，干淀粉20克，鸡精2克，绍酒10克，鸡清汤100克，熟鸡油20克。

工艺流程：

黄瓜刻纹 → 切段 → 去瓤 → 填馅 → 蒸熟 → 勾芡

虾茸制缔 → 填馅

蟹黄 → 镶嵌 → 填馅

工艺要点：

(1) 黄瓜处理：选择直径2.5～3厘米嫩黄瓜洗净，用小槽口刀刻出风轮长条纹，再切成6厘米斜刀段，用圆口刀戳去瓜瓤，用盐1克拌匀待用。

(2) 填馅：将虾茸中加盐2克、葱姜汁、绍酒、鸡精1克、淀粉15克、熟猪脂混合搅拌起黏，逐一填入黄瓜孔中抹平在盘中叠出花形，在每个瓜段上面镶嵌一枚红色蟹黄。

(3) 蒸熟成菜：将瓜段盘用保鲜膜封好，上笼蒸15分钟至瓜烂缔熟取出。用100克鸡汤，加盐1克、鸡精1克、熟鸡油烧沸，勾流芡浇上即可。

风味特色：

瓜段清香，虾缔细嫩，蟹黄红如玛瑙，造型如花，本汁本味。

思考题：

1. 虾缔要黏附在瓜段里，使虾缔不脱落应注意什么问题？
2. 虾茸有两种选择：①塌细成细茸；②切细成米粒茸，试比较两种缔质在成菜风味方面的精细微区别。

6.34 镶银包金

烹调方法：汆熘

主题味型：咸鲜香微辣

原料：猪瘦肉 300 克，净鱼肉 300 克，鸡蛋黄 150 克，鸡蛋清 100 克，胡椒粉 3 克，豌豆苗 200 克，精盐 6 克，特鲜粉 2 克，海鲜汁 10 克，鸡汤 100 克，姜葱汁 20 克，姜黄粉 2 克，姜、葱末各 5 克，绍酒 10 克，熟鸡油 20 克，湿淀粉 50 克，芝麻油 10 克，精炼植物油 500 克（耗 50 克）。

工艺流程：

鱼肉粉碎 → 制缔 → 挤圆汆熟 → 裹鱼缔汆熟 ┐
猪肉粉碎 → 制缔 → 挤圆炸熟 → 裹圆缔炸熟 ┘→ 装盘

→ 挂芡汁 → 镶围豆苗
炒豆苗 ↗

工艺要点：

（1）制缔：①将鱼肉漂白粉碎加姜汁 10 克、绍酒 5 克、精盐 2 克、味精 1 克、鸡蛋清与湿淀粉 20 克、清水 100 克搅拌上劲成鱼缔。②将瘦肉切片漂白粉碎加姜葱汁 10 克、绍酒 5 克、鸡蛋黄、姜黄粉、芝麻油、清水 50 克与湿淀粉 20 克搅拌起黏上劲成肉茸缔。

（2）挤圆造型：①将鱼缔挤出直径 2 厘米圆子入 95℃热水中汆熟提出冷却，再用肉缔裹挤成直径 3 厘米圆子入 140℃热油中温炸成熟，装盘。②将肉缔挤出 2 厘米直径的肉圆入油锅炸熟，再如上法裹一层鱼缔入水汆熟待装盘。

（3）成品造型：将豆苗炒熟围在双圆一周，用鸡汤烧沸加海鲜汁、鸡油调味，勾流芡浇在双圆上即可。

风味特色：

双圆香嫩，鱼为银，银中有金。肉为金，金里有银，肉、鱼双味互补，鲜美有趣。

思考题：

1. 参看传统鄂菜谱，你会发现本菜有哪些微妙的变化？
2. 感受一下，说出两种做法的风味异同。

6.35 黄陂烧三合

烹调方法：烩

主题味型：咸鲜

原料：猪前夹肉 150 克，净鳡鱼茸 125 克，鱼圆 12 只，肉圆 12 只，豆油皮 1 张，荸荠 50 克，水发木耳 25 克，水发玉兰片 25 克，鸡蛋 2 只，肉汤 300 克，酱油 25 克，精盐 6 克，鸡精 3 克，胡椒粉 2 克，湿淀粉 40 克，绍酒 20 克，熟猪油 50 克，葱段 15 克，姜葱汁 10 克，熟鸡油 20 克。

工艺流程：

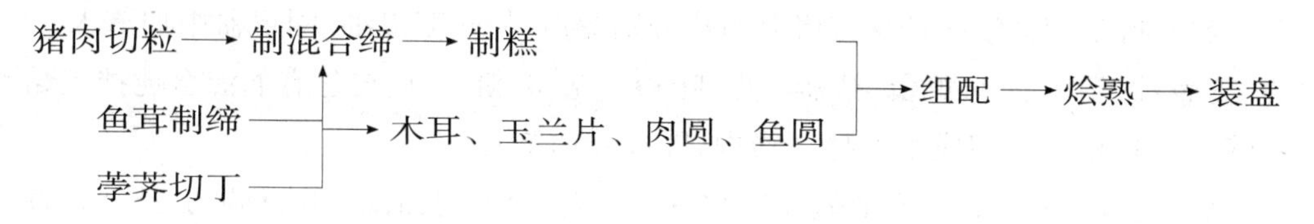

工艺要点：

(1) 混合缔加工：①将鱼茸里加清水 100 克、精盐 3 克、鸡精 2 克、湿淀粉 30 克、2 只鸡蛋的清搅拌起黏。②将猪肉与荸荠皆切成小丁，加入鱼缔中，再加盐 2 克，胡椒粉、绍酒、姜葱汁混合成混合缔。

(2) 制肉糕：将混合缔匀铺在油豆皮上，蒸 8 分钟至熟；吸干肉面水分，涮一层鸡蛋黄浆再蒸 5 分钟，取出晾凉即成鱼肉混合肉糕。

(3) 烩熟成菜：将肉汤下锅，上火烧沸加熟猪油 50 克，将肉糕切成 5 厘米×2 厘米长条，与鱼、肉圆、木耳、玉兰笋片烧至汤稠白，下酱油、精盐 2 克、鸡精 1 克、鸡油，用 10 克湿淀粉匀薄芡后装入大汤盘中，撒下胡椒粉与香葱段即可。

风味特色：

三合一味，味极醇厚，风格朴实，乡土气息浓郁。

思考题：

1. 本菜与大杂烩、全家福的风格相同吗？
2. 本菜鱼、肉糕的制法与荆沙鸡糕有何不同？
3. 猪肉与荸荠切丁在缔子里起到了什么风味效果？

6.36 蟠龙卷切

烹调方法：蒸

主题味型：咸鲜

原料：瘦猪肉 200 克，白鱼净肉 200 克，猪肥膘 50 克，烤紫菜 2 张，鸡蛋 4 只，精盐 5 克，绍酒 10 克，味粉 3 克，淀粉 50 克，鸡清汤 150 克，芝麻油 25 克，熟鸡油 50 克，熟猪油 500 克(耗 50 克)，姜、葱汁各 5 克，青菜心 30 棵。

工艺流程：

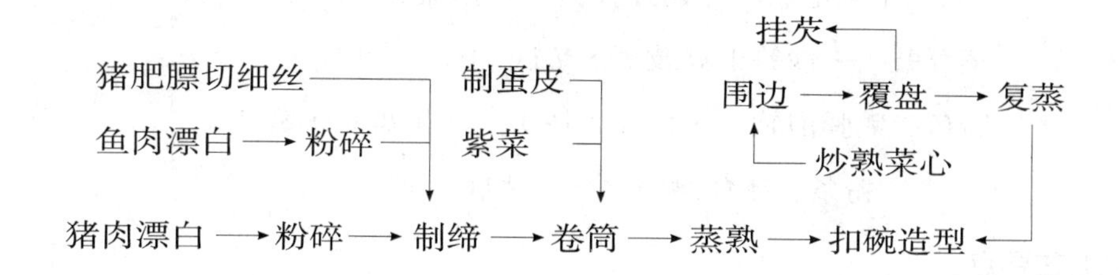

工艺要点：

（1）制缔：①将鱼肉拍粉，猪肉切片分别漂白，粉碎至极细，同置盆中加清水50克，姜葱汁、绍酒、2只鸡蛋、精盐4克、味粉2克、淀粉30克与芝麻油混合搅拌起黏成缔。②将猪肥膘切成细丝拌入缔中，即成卷切馅心。

（2）卷筒：①取2只鸡蛋磕开，加淀粉10克、盐1克、清水20克调匀，摊2张直径约25厘米的大蛋皮，并修剪成与烤紫菜20厘米×20厘米一样的片。②将缔子均匀的薄抹在紫菜与蛋皮上卷成直径约3厘米的卷筒，各2卷，再用玻璃纸包卷结实。

（3）扣碗造型：①将卷筒上笼蒸20分钟成熟取出，晾凉。②取大碗内抹猪油，将冷凝的卷筒剥汁去包纸，切成0.3厘米厚的片，黄碣相夹竖旋码在碗中填平，撒1克盐、1克味粉、150克鸡汤，再用玻璃纸封住碗口，复蒸15分钟。

（4）成品造型：将菜心焐油炒熟排入大盘，再将蟠龙菜取出滤出原汤，覆入大盘菜心上，用原汤加鸡油勾流芡淋在蟠龙菜及菜心上即成。

风味特色：

双卷旋转如蟠龙，双色分明，鱼、肉相融，香鲜细嫩，清新雅致。

思考题：

1. 摊蛋皮应怎样做，才能达到其色黄匀薄、韧光而香的质量标准？

2. 用玻璃纸包卷比用油盘蒸有什么好处？

3. 缔子菜要做到细嫩光滑有弹性应注意什么问题？

6.37 腊味三蒸

烹调方法：蒸

主题味型：咸鲜、甜辣

原料：腊鱼200克，腊肉200克，腊鹅脯200克，粉皮条100克，豆豉25克，水发笋干75克，冰豆腐200克，绵白糖15克，绍酒30克，曲酒5克，咖喱油20克，剁红椒油20克，葱丝10克，姜丝10克，青椒丝10克，蒜片10克，熟笋块200克，精炼油50克，特鲜粉3克。

工艺流程：

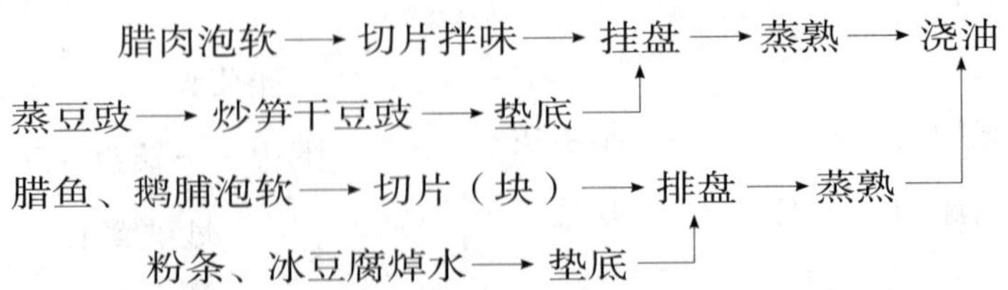

腊肉泡软 → 切片拌味 → 挂盘 → 蒸熟 → 浇油

蒸豆豉 → 炒笋干豆豉 → 垫底 →（挂盘）

腊鱼、鹅脯泡软 → 切片（块）→ 排盘 → 蒸熟 →（浇油）

粉条、冰豆腐焯水 → 垫底 →（排盘）

工艺要点：

（1）备料：①将三腊料用清水浸泡回软，咸味淡化分别批（切）成有规律的片或块待用。②豆豉用绍酒 5 克撒拌蒸透，与笋干片一道入锅，加清油 50 克、白糖 5 克、味精 1 克炒香，另将豆粉条与冰豆腐焯水待用。

（2）排盘：①取大盘 1 只，用冬瓜切成厚片，在盘中分隔成三个区域。将豆豉笋、粉皮条与冰豆腐分别在三个区位中铺平垫底。②鱼块排在粉条上，撒绵白糖 5 克、特鲜粉 1 克、曲酒 5 克。③腊肉片用绍酒 10 克、蒜片、绵白糖 5 克、特鲜粉 1 克拌匀，排在豆豉笋上。④腊鹅块铺在冰豆腐块上，撒绍酒 5 克、特鲜粉 1 克。

（3）蒸熟成菜：将排盘封玻璃纸，上笼猛蒸 40 分钟，至鹅肉熟烂时出笼，揭去封纸，在鱼、肉、鹅上分别铺上姜丝、干椒丝和生姜丝，再将清油、红油、咖喱油逐一加热浇在鱼、肉、鹅面上即成。

风味特色：

腊香扑鼻，三色三味，鲜醇诱人。

思考题：

1. 对三种腊味原料应浸泡到什么程度为适当？
2. 从本菜中可以看出哪些川湘风味过渡的特征？
3. 分别分析三蒸三料的口味特征。

6.38 圆笼三蒸[①]

烹调方法：蒸

主题味型：咸、鲜、甜、辣

原料：去骨鸭掌 10 只，五花肉 200 克，荠菜 150 克，马蹄 5 只，熟熏咸鱼 150 克，茄子 2 只，米粉 50 克，荷叶三张，鸡蛋液 60 克，蒜茸 50 克，姜末 10 克，葱末 10 克，绍酒 15 克，辣豆豉 15 克，糟椒末 5 克，酱油 5 克，绵白糖 10 克，盐 3 克，鸡汁酱油 10 克，芝麻油 50 克，味精 6 克，香醋 5 克，鸡汤 50 克，鸡油 10 克，湿淀粉 5 克，熟菜油 500 克（耗 20 克）。

工艺流程：

鸭掌拉油 → 泡软 → 拌味 → 蒸烂 → 浇油

五花肉粉碎 → 制缔 → 混合 → 挤圆 → 蒸熟 → 挂芡

荠菜烫熟 → 粉碎 →（混合）

马蹄 →（粉碎）

咸鱼批片 → 扣笼 → 浇卤 → 蒸熟 → 浇油

茄子切片 →（扣笼）

（以上三路）→ 上席

① 圆笼三蒸是鄂东传统的行菜形式，其内容的具体实为三种相对独立菜式，可以随季随地而变，十分灵活多样，但在原料上一般应遵循的规则是肉类、禽类、水产类与蔬菜的搭配，做到色泽、口味、口感、材质的对比组配。小巧玲珑，清鲜适口。

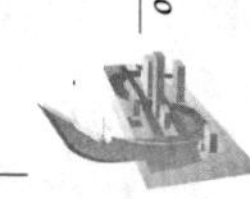

工艺要点：

（1）蒸虎皮鸭掌：①将鸭掌入200℃油中炸起泡捞出，浸入清水中使其回软。②将鸭掌吸干水分，用辣豆豉、酱油、糟椒末、糖6克、味精2克、蒜茸20克、姜葱末各2克、绍酒5克、芝麻油5克拌匀，上笼密封蒸烂待用。

（2）蒸荠菜肉圆：①将五花肉粉碎成茸，加鸡蛋液、盐2克、味精2克、淀粉5克、绍酒5克混合搅拌成厚肉缔。②将荠蒂烫熟拧干，剁成泥，将马蹄去皮切成粒一道加入肉缔拌均匀，挤成直径2.5厘米圆子上笼密封蒸熟待用。

（3）蒸咸鱼茄子：①将咸鱼批大片，茄子亦切成0.5厘米厚片，相夹叠入鲍鱼盘。②用鸡汁酱油、白糖5克、蒜茸5克、味精2克、芝麻油20克、香醋5克和成叶汁浇在茄片上，密封蒸至茄烂待用。

（4）组合成菜：取三只直径15厘米小笼，内密垫荷叶，将三料分别扣入笼中密封上火，蒸8分钟到烫取出，在鸭掌上浇葱油，在咸鱼茄子上浇蒜茸芝麻油；在荠菜肉圆上使用鸡汤芡汁，同时上席即成。

风味特色：

口味多样、丰富，色彩缤纷，荤素组合一体，形式独特。

6.39 双色藕饼圆[①]

烹调方法：炸

主题味型：咸香、酸甜

原料：嫩藕800克，猪肉茸125克，鱼茸125克，玉米片100克，椰丝粉100克，鸡蛋清120克，干淀粉10克，面粉10克，精盐4克，味精2克，椒盐辣味粉，千岛酱40克，酸梅酱10克，姜葱汁10克，芝麻油2克，绍酒20克，精炼植物油1 000克（耗100克）。

工艺流程：

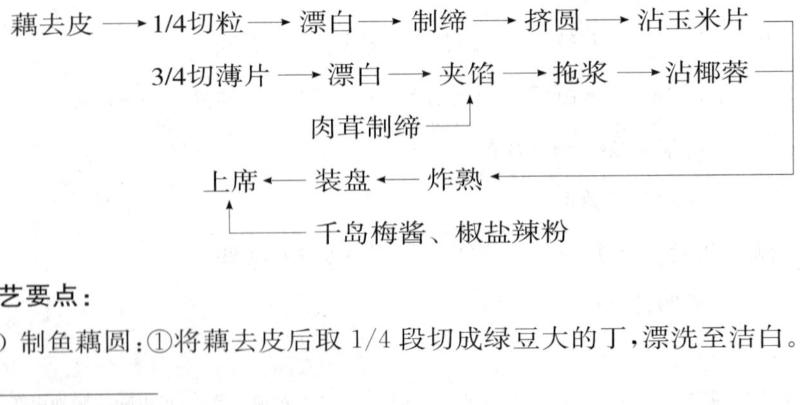

藕去皮 → 1/4切粒 → 漂白 → 制缔 → 挤圆 → 沾玉米片 → 炸熟

3/4切薄片 → 漂白 → 夹馅 → 拖浆 → 沾椰蓉 → 炸熟

肉茸制缔 → 夹馅

炸熟 → 装盘 → 上席

千岛梅酱、椒盐辣粉 → 上席

工艺要点：

（1）制鱼藕圆：①将藕去皮后取1/4段切成绿豆大的丁，漂洗至洁白。②将鱼

① 双色藕饼圆亦有全素做法：将藕煮烂，一半切片捶成薄饼炸熟，用橙汁煟，另一半捣茸拌料上甜馅，搓圆，滚浆沾面包糠，干炸。这种做法也很有风味特色，笔者原先在酒店主厨时经常供应此菜，很受食客欢迎。

茸中加葱、姜汁5克、蛋清40克、清水50克、盐2克、味精1克、淀粉5克混合起黏上劲，下藕丁拌匀，挤成直径2.5厘米圆子滚沾玉米片即成。

(2) 制藕夹饼：①将3/4藕去皮后顶刀切0.2厘米薄片，漂白沥干遍撒干淀粉。②将肉茸中加葱、姜汁5克、鸡蛋清40克、淀粉5克、清水50克、盐2克、味精1克、芝麻油2克混合搅拌至起黏上劲，匀塌在藕片1面，抹平，再压上1个藕片，光平四周。③用蛋清40克、水20克，加面粉调成薄糊遍抹藕夹，再遍沾椰茸即可。

(3) 制熟成菜：将鱼藕圆与藕肉夹分别入180℃油中炸至脆。藕圆装盘中，撒上椒盐辣粉，藕饼夹围四周，用裱花嘴挤上千岛梅酱即可。

风味特色：

藕圆金黄，藕饼乳白，外脆里嫩，双色双味。

思考题：

1. 这只荤素组合成型菜给你有什么启发？能说出来源的菜肴名称吗？

2. 本菜沾料除了玉米片和椰茸外还可用一些什么原料？有什么不同的特色吗？

3. 在蘸料上请举例20个品种。

6.40 锦绣水晶冻

烹调方法：冻

主题味型：咸鲜

原料：鲜猪肉皮1 000克，老光鸡1只1 000克，精盐8克，味精5克，姜100克，葱50克。啫喱粉20克，明矾粉20克，绍酒10克，皮蛋糕10克，山楂糕15克，黄蛋糕15克，蛋白糕15克，青菜叶15克，海苔10克，陈醋50克。

工艺流程：

猪肉皮清理 ⟶ 焯水 ⟶ 蒸烂 ⟶ 制冻 ⟶ 凝结
光鸡剁块 ⟶（焯水）
⟶ 切片装盘

工艺要点：

(1) 清理：①将猪皮去清膘油，反复洗刮，漂于明矾水中6小时至洁白时洗净。②将老鸡剁块洗净，鸡与皮皆焯水洗清。

(2) 预蒸：将鸡块与猪皮同置盆中，加姜50克、葱、绍酒、精盐与清水2 000克，密封蒸2小时至猪皮酥烂。

(3) 制冻卤：将鸡捞出另用。将肉皮捞起粉碎，重入原汤，捞出姜、葱，加入啫喱粉、味精再蒸约2小时至肉皮粒基本溶解时出笼，用纱布过滤后便成冻卤。

(4) 凝冻：将皮蛋糕、蛋白、蛋黄糕、山楂糕、青菜叶与海苔皆切成末，混合成混合彩末，彩末入冻卤内，注入模盆中，在5℃室温冷凝。

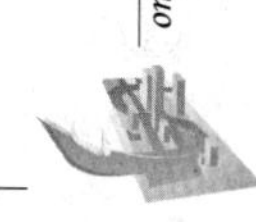

(5) 装盘造型：将冷凝充分的皮冻切成条或丝，或片装盘，带香醋和姜丝也可带其他蘸料上席。

风味特色：

晶莹透明，内映五彩，口感柔韧软滑，富有弹性，口味清鲜爽利。

思考题：

1. 用明矾浸漂洗刮为什么使肉质显得白净？
2. 在皮汤中啫喱粉的用意是什么？

6.41 素八宝脆皮鸡

烹调方法：油淋

主题味型：咸鲜香

原料：薄桃豆腐皮 10 张，熟土豆泥 200 克，熟冬笋 150 克，水发冬菇 50 克，银杏仁 20 粒，板栗肉 10 粒，炸核桃仁 25 克，青豆 20 克，素火腿 20 克，素鸡 20 克，鸡蛋 2 只，红椒 5 克，精盐 3 克，味精 4 克，五香粉 5 克，酱油 10 克，沙姜粉 10 克，姜葱粉 10 克，干淀粉 30 克，葱末 10 克，姜末 10 克，芝麻油 20 克，绵白糖 5 克，熟菜油 750 克(耗 100 克)。

工艺流程：

制馅、温皮 → 包馅成形 → 油淋 → 装盘

工艺要点：

(1) 制馅：将冬菇 50 克洗净，银杏、板栗、桃仁、素火腿与素鸡皆切成青豆一样大小的丁，与青豆、姜、葱末 5 克一道下锅，用 50 克菜油煸香，用酱油、白糖、味精 2 克调味，烧沸收卤，盛起。与土豆泥拌和，加盐 3 克、味精 2 克、芝麻油、五香粉、沙姜粉、姜黄粉调味和匀即成馅心。

(2) 生坯成形：将豆腐皮在温笼中用蒸气温软，鸡蛋磕开，加淀粉、葱茸 5 克调成浆液，抹在豆腐皮边缘，包馅成鸡头(用红椒做鸡冠，冬笋削尖做鸡喙)，颈、胸、翅、腿(笋条做腿骨)之形。

(3) 油淋成熟：将生坯置漏勺中，用 160～200℃热油不断淋在生坯上，使之逐渐形成金黄酥脆的外层质感时装盘上席。

风味特色：

金黄香脆，形可乱真，内馅香鲜。

思考题：

1. 本菜主要突出的是什么风味？从什么方面表现？
2. 土豆泥在馅心中主要作用是什么？

3. 温皮与抹浆有什么作用?

4. 油淋时油温能一次性提到很高吗? 为什么?

6.42 脆皮扒豆腐

烹调方法: 扒

主题味型: 蟹香咸鲜微辣

原料: 内酯豆腐 500 克,干淀粉 150 克,面粉 75 克,鸡蛋液 80 克,鸡酱 15 克,蟹黄 25 克,泡辣椒末 25 克,精盐 4 克,鸡精 2 克,姜末 20 克,葱 2 根,绍酒 20 克,白胡椒 2 克,香菜 5 克,肉汤 250 克,生菜 150 克,熟菜油 500 克(耗 100 克)。

工艺流程:

豆腐切条 → 沾粉 → 挂糊 → 过油 → 扒熟 → 装盘

调糊 →(挂糊)

工艺要点:

(1) 豆腐成型:①将豆腐切成 2 厘米×5 厘米条。用盐 2 克、姜片 10 克、葱 1 根拍碎与绍酒 10 克和匀将豆腐略腌并遍撒干淀粉。②用淀粉 100 克与面粉 75 克、鸡蛋液、适量水和匀调成脆糊。③将豆腐条遍挂脆糊投入到 180℃油中炸至定型结壳捞出。

(2) 扒制成熟:①待油温升到 200℃时再投入豆腐复炸至色泽金黄,壳脆有声时捞出沥油。②将炒锅复上火,下油 50 克先将姜、葱煸香,再将蟹黄、泡椒末与鸡酱煸香,下肉汤、盐 2 克、胡椒与味精烧沸,整齐排入脆皮豆腐,同时用湿淀粉勾糊芡,出锅滑入盘中(下垫生菜),撒上香菜末即成。

风味特色:

豆腐色泽金黄,外脆里嫩,香鲜微辣。

思考题:

1. 为保证脆皮豆腐成熟后达到皮脆完整的标准应注意几个关键问题?

2. 本菜调味有什么特色?

6.43 银芽黄鱼扒素翅

烹调方法: 扒

主题味型: 咸鲜微甜

原料: 绿豆芽 300 克,连皮黄鱼肉 200 克,绿豆粉丝 100 克,虾茸 75 克,蛋清 50 克,酱油 25 克,美极鲜 20 克,味精 4 克,淀粉 40 克,精盐 3 克,芝麻油 15 克,白胡椒 2 克,绵白糖 8 克,绍酒 15 克,葱末 10 克,鸡清汤 150 克,精炼花生油 500 克(耗 50 克)。

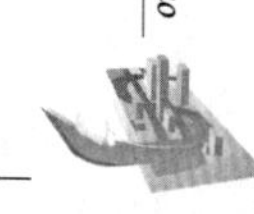

工艺流程：

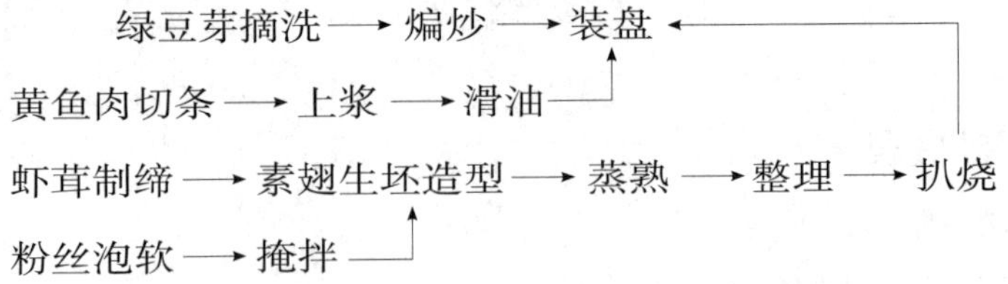

绿豆芽摘洗 → 煸炒 → 装盘 ←
黄鱼肉切条 → 上浆 → 滑油 ↗(装盘)
虾茸制缔 → 素翅生坯造型 → 蒸熟 → 整理 → 扒烧 ↗(装盘)
粉丝泡软 → 掩拌 ↗(素翅生坯造型)

工艺要点：

（1）预加工：①将绿豆芽摘去头、尾洗净。②将黄鱼肉切成5厘米×1.5厘米条，用盐1克、味精0.5克，鸡蛋清25克、淀粉10克搅拌上浆。③用热水将粉丝泡软，用美极鲜酱油5克、味精、干淀粉10克拌匀。④在虾茸中加精盐1克、味精1克、鸡蛋清25克、淀粉10克搅拌成缔。

（2）素翅生坯造型：取长盘1只下抹麻油，铺1层粉丝，铺1层虾茸，再铺1层粉丝，轻轻压平，上笼蒸2分钟定型取下晾凉，沿边缘处切成翅针形。

（3）加热成熟：①将银芽煸炒成熟装盘。②将鱼条入140℃油中滑油成熟辅陈在银芽上。③将素鱼翅生坯下锅，加鸡汤、酱油、白糖、绍酒、胡椒粉烧至汤汁稠黏盛起辅在鱼条上，原汁勾流芡浇上，另用清油25克烧热冲葱油淋上即成。

风味特色：

黄鱼翅形象逼真，透明晶亮，银芽香脆，鱼条细嫩，鱼翅滑嫩。

思考题：

1. 将粉丝先用美极鲜与酱油腌拌是什么作用？
2. 黄鱼条上浆与滑油应该注意什么问题？
3. 如果做全素鱼翅应如何做？

6.44 罗汉全斋[①]

烹调方法：烩

主题味型：咸鲜

原料：水发花菇、香菇、蘑菇、金针菜、木耳各15克，油面筋250克，豆腐衣200克，水扁尖25克，青豆10克，熟马铃薯50克，素肉圆250克，熟栗子50克，熟银杏10克，熟卷心菜250克，绿花菜150克，熟素鸡150克，熟素肠150克，熟笋50克，精盐5克，姜黄粉1克，沙姜粉5克，酱油30克，白糖50克，素鲜汤200克，味精3克，芝麻油25克，熟菜油75克，水淀粉15克。

---

① 本菜实质上是佛教烹饪的全素杂烩，尽品植物精华，其中的豆制品与菇类最为重要。此菜常作为素宴的头菜，可大盘盛、可沙锅装亦可做暖锅。

工艺流程:

生料定形 ⟶ 焯水 ⟶ 煮烩 ⟶ 装碗淋油

工艺要点:

(1) 料形加工:①将花、香菇、蘑菇批成大片,黄花菜切成两段。②油面筋对切开。③豆腐皮切成 10 厘米长条。④素肠切成 3 厘米长的段。⑤素鸡切成滚刀块。⑥熟笋、土豆和卷心菜均切成 3 厘米×2 厘米的片。⑦水扁尖撕成 3 厘米长的细丝。⑧菜花切成 1.5 厘米大小的块。

(2) 烩制成菜:①锅内放熟菜油 50 克烧热,将花菇、黄花菜、木耳、油面筋、豆腐皮、素素肠、素肉圆、扁尖丝、熟马铃薯片、卷心菜片一起投入煸炒起香,加酱油 20 克,白糖、精盐、味精、姜黄粉、沙姜粉与素上汤 1 000 克,烧沸后略焖 1 分钟,用淀粉勾流芡装盘。②另用锅下 25 克菜油烧热,下香菇、蘑菇、栗子、银杏、笋片、青豆、花菜煸炒起香,加酱油 10 克、白糖 5 克、味精 1 克、素鲜汤 200 克烧沸入味,勾包汁芡起锅,覆盖在盘中菜上。再淋上芝麻蚝油即成。

风味特色:

素菜用料丰富多彩,口味醇厚,香鲜清爽,汤汁乳黄。

思考题:

1. 用熟菜油是否比用其他如花生油、豆油更具有风味性特征?
2. 素鲜汤是怎么熬制的? 沙姜粉与姜黄粉的妙用有什么特点?

6.45 八宝西柿盅

烹调方法:蒸

主题味型:奶香,咸鲜微酸

原料:西红柿 10 只(直径 6.5 厘米),鲜鳜鱼肉 150 克,青豆 20 克,熟冬笋 50 克,鲜香菇 50 克,鲜虾仁 50 克,绿花菜 50 克,熟火腿 20 克,鲜墨鱼 50 克,丘比特沙拉酱 100 克,精盐 3 克,鲜奶 20 克,白糖 5 克,白醋 5 克,味精 2 克,熟猪油 30 克,老鸡油 30 克,上汤 100 克,清酒 10 克,湿淀粉 10 克,芝士粉 5 克。

工艺流程:

八宝切丁 ⟶ 焯水 ⟶ 拌馅 ┐
西红柿开盖 ⟶ 去籽瓤 ⟶ 灌馅 ⟶ 蒸熟 ⟶ 挂卤 ⟶ 上席

工艺要点:

(1) 制八宝馅:将鳜鱼肉、虾仁、火腿、鲜墨鱼、鲜香菇、熟冬笋、绿花菜皆切成青豆一般大小的丁,入沸水中汆烫变色,加沙拉酱、精盐 2 克、白糖、鲜奶、白醋、味精 1 克、清酒拌匀成馅。

（2）生坯造型：将西红柿盅用玻璃纸封口，上笼蒸15分钟至西红柿熟软取出。将鸡清汤烧沸，下盐1克、味精1克、熟鸡油、湿淀粉勾流芡，撒芝士粉拌匀，浇在西红柿上即可。

（3）蒸熟成菜：从西红柿蒂部下侧开盖，掏去籽瓤，将馅子填入柿盅里，加盖，置10只玻璃小碗里。

风味特色：

西红柿色彩红艳，八宝清香，沙拉酱等调味绝妙组合，风味怡人。

思考题：

1. 本菜在调味上有什么特别风格？
2. 本菜馅心为什么采用熟拌的方法而不是炒、烩制成？

6.46 筋包百叶卷

烹调方法：蒸

主题味型：咸鲜

原料：无锡油面筋10只、猪夹心肉200克、干贝茸50克、猪排肉300克、百叶100克、水发金针菇15克、水发木耳25克、葱末15克、精盐4克、味精4克、酱油15克、白糖7.5克，绍酒15克、高汤200克、嫩豌豆苗10根。

工艺流程：

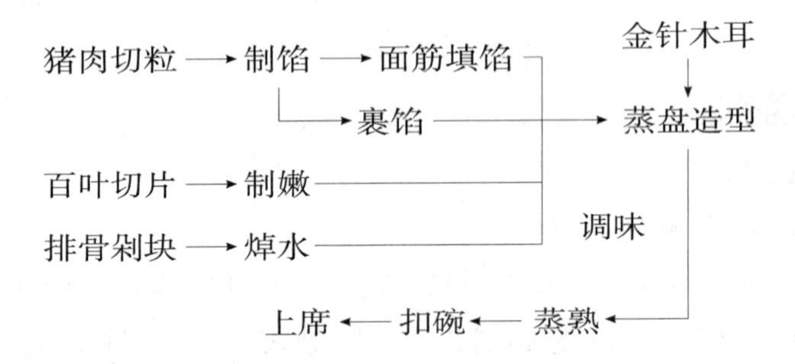

工艺要点：

（1）制馅：①将干贝加鸡汤、黄酒蒸发，揉碎，原汤澄淀冷却。②将猪肉切成米粒状，加干贝茸及原汤、精盐1克、味精2克、绍酒5克、酱油、白溏与葱末混合搅拌成馅。

（2）上馅：①将百叶切25℃边长的等高三角片，入食碱水（0.3%）浸泡至发白时捞起洗净，裹进肉馅成条。②将油面筋戳一孔亦填进肉馅。

（3）蒸熟：将排骨剁块焯水，垫在大蒸碗底，再依次放进面筋包与百叶卷，用金针、木耳铺在碗面，加高汤、绍酒、精盐、味精上笼蒸1个半小时，取出覆入大汤盘中，烫几根豌豆苗漂在汤中即成。

风味特色：

面筋松软润滑，百叶卷柔嫩鲜美。十足的江南乡土风情。

思考题：

1. 用碱水制嫩适用于什么品种的百叶？
2. 面筋泡填馅时能用水浸软吗？
3. 干贝茸起到了什么重要的作用？

6.47 问政山笋[①]

烹调方法：炖

主题味型：咸鲜微甜

原料：净问政山笋500克，水发花菇100克，火腿肉100克，熟火腿爪1只，精盐8克，冰片糖8克，鸡粉2克，鸡清汤750克，熟猪油100克(耗20克)。

工艺流程：

笋子切块 → 煸香 → 炖制 → 上席

花菇、火腿切片 → 炖制

工艺要点：

(1) 料形加工：将山笋切成滚刀块，火腿切在长方片，花菇去蒂批大片。

(2) 炖制成熟：将山笋入炒锅加猪油煸香，捞出滤油。下砂锅做排面，火腿片、花菇、盐、冰糖、用炭基火炖24小时，调鸡粉定味连锅上席。

风味特色：

本质本味，清鲜爽口，笋子细嫩清脆。

思考题：

1. 以此菜阐述淮扬风味中“天然真味”“淡泊真趣”的思想。
2. 菜肴材质是决定工艺与成品质量的唯一决定因素吗？

6.48 兴国豆腐

烹调方法：蒸

主题味型：韭香咸辣

原料：粉豆腐3块(500克)，猪瘦肉250克，虾米25克，水发香菇50克，韭菜100克，青菜叶10片，辣椒酱25克，酱油125克，湿淀粉20克，精盐5克，味精2克，胡椒粉2克，葱末10克，肉汤300克，熟菜油1 000克(耗50克)。

---

① 问政山笋，即安徽歙县问政山所产之笋，特鲜嫩，质量冠于众笋。但在其他地区难以获得。一般可采用春燕笋制作，选择小嫩者，其风味亦可佳。

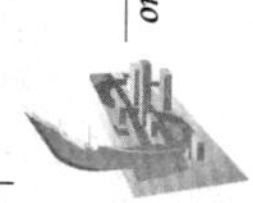

工艺流程：

下坯 ⟶ 预炸 ⟶ 翻边 ⟶ 填馅 ⟶ 蒸熟 ⟶ 挂芡
配馅 ⟶ 炒馅 ⟶ (填馅)

工艺要点：

(1) 下坯预炸：将水豆腐切成6厘米边长、0.7厘米厚的正方形厚片10片，再对切成三角块，逐片投入180℃热油中炸至两面金黄，上浮在油面时捞出滤油。

(2) 制馅：将瘦猪肉、香菇、虾米、韭菜与多余的水豆腐均切成粒。用50克猪油将猪肉末煸香煸散，再陆续下豆腐粒、虾米粒、香菇粒翻炒均匀，下酱油50克、精盐3克、味精1克、肉汤50克调味，用淀粉勾芡装碗晾凉后，拌入韭菜粒即为馅心。

(3) 填馅：沿豆腐角底边剖开，将豆腐角黄面翻向内，将馅心填入，排入盘中。

(4) 蒸熟成菜：将豆腐角上笼蒸8～10分钟出笼，移入铺有烫绿菜叶的盘中，用肉汤250克、酱油75克、猪油30克、辣椒酱25克、味精1克烧沸勾米汤芡浇在豆腐上，撒上葱花与胡椒粉即可。

风味特色：

形式别致，豆腐香软而有弹性，馅料鲜香上口微辣。

思考题：

1. 以此菜与其他酿豆相比较，在工艺上有什么特别之处？
2. 怎样才能做到炸得不起孔，不焦糊，不破碎？
3. 为什么在制馅时，韭菜要最后拌入？
4. 从本菜中，怎样判别江西菜风味由东南清淡向西南浓烈过渡的特征？

6.49 三虾豆腐

烹调方法：煎烧

主题味型：虾油咸鲜

原料：小箱豆腐500克，干虾籽5克，浆虾仁50克，虾油卤15克，熟冬笋25克，熟猪瘦肉250克，绍酒15克，葱段2克，姜末5克，鸡精粉2.5克，精盐2克，白汤250克，葱末5克，湿淀粉50克，熟鸡油25克，精炼油150克(耗50克)。

工艺流程：

豆腐切片 ⟶ 焯烫 ⟶ 预蒸 ⟶ 烧烩成熟 ⟶ 装碗
猪肉、笋切片 ⟶ 预煸 ⟶ (烧烩成熟)

工艺要点：

(1) 豆腐处理：①将豆腐批去外皮，切6厘米×4厘米×1.5厘米三角块，入沸水中浸烫至透捞出吸干表水。②用平底煎锅上火，下100克精炼油加热，将豆腐外皮徐徐煎至淡黄起香，起锅滤去油。虾仁滑油待用。

（2）加热至熟：将熟猪肉与熟笋匀切成4厘米×2厘米薄片，虾籽3克同姜、葱一道入锅煸香，加肉汤、虾油卤、绍酒烧沸，放入豆腐烧入味。勾芡装碗，另用鸡油加热至120℃下虾籽2克，葱末冲油浇在豆腐上再撒下虾仁即可。

风味特色：

豆腐软嫩缔，虾味十足，风味鲜醇。

思考题：

1. 豆腐的料形除了三角形外还可切成其他什么样式？
2. 本菜在传统的做法上改动了一些什么地方？为什么要改动？

6.50 菊花锅①

烹调方法：涮

主题味型：咸鲜

原料：鲜嫩鸡脯肉100克，净鲜猪腰100克，净大凤尾虾仁100克，猪里脊肉100克，鲜净鹅肫100克，净鳜鱼肉100克，净鲜鸭舌20根，净南腿100克，熟冬笋100克，净菜心100克，净鸡腿菇100克，净生菜100克，小油条（茶馓）100克，老虎脚爪100克，绿豆粉皮丝100克，油面筋100克，白菊花6朵，精盐8克，鸡精4克，白胡椒2克，干贝精4克，绍酒50克，葱段10克，姜汁水10克，腌韭菜花10克，白腐乳汁100克，虾卤油100克，蚝油鸡酱100克，美极芝麻酱100克，鸡清汤1 500克，熟猪油50克，熟鸡油100克②。

工艺流程：

调汤定味 → 装锅 → 上席

排八生碟、排蔬菜盘、装调味碟 → 上席

工艺要点：

（1）调汤：①将精盐、鸡精、胡椒、绍酒10克调入汤中形成基本定味，装火锅与品锅（添汤用），将白菊放入火锅汤中。②取猪油、鸡油混合加热，将葱段略炸起香

① 菊花锅因汤中有明显的菊香味而得名，涮用生料，因此叫菊花生片锅，如与山鸡配则又叫“菊花山鸡锅”。其实质上是以涮食为主要特征的火锅，又叫涮锅，而有别于暖锅。一般生片火锅尚清鲜，不用辣、麻、香料等，一些有特出腥（海产品）膻（羊、牛内脏等）气味色素、粉质（土豆等），异香（香菇等）原料不宜混用。从而使汤在涮食过程中始终保持清沥明净，讲究一个清鲜纯净风格。这类火锅以荤生料而定有“四生片锅”“八生片锅”“十二片生锅”“山鸡锅”“海鲜锅”“涮羊肉锅”等等。

② 本菜的量需加以说明，如6～8人以菊花锅为主体涮食，则量如上述。若在宴席中作为一只菜的程式，则用量可减半，用“四生锅”足矣。如在涮食过程中有客人喜蘸辣酱或醋之类，这纯属个人行为。

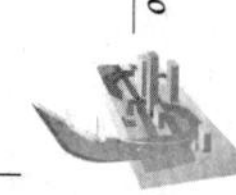

倒入火锅中形成油面。

（2）排菜：①将各生菜均批（切）成大薄片，在小盘中码成造型，各用5克绍酒浸渍上席围在锅侧。②将各素料整齐排盘上席按一菜一果次序围在锅外侧。

（3）调味碟：将4种蘸料可混合成混合味料，亦可各盛1小碗上席让客人自调。

风味特色：

边涮边吃，犹如游戏，生片细嫩鲜美，菜、果美味爽口，本汁本味，天然风味。

思考题：

1. 用于涮锅的原料可随意调换吗？怎样调换？
2. 用于涮锅的调味蘸料可任意改变吗？怎样改变？
3. 汤中口味应怎样控制才能达到开始到结束口味的稳定不变？

6.51 金钱豆腐饼

烹调方法：脆炸

主题味型：椒盐咸香

原料：大豆斋饼20只约400克，猪肉100克（肥瘦1∶1），鲜河虾仁75克，熟笋末30克，鸡蛋2只取清，绍酒10克，虾籽酱油5克，精盐3克，白糖1.5克，味精2克，葱末10克，花椒盐2克，干淀粉15克，芝麻油25克，花生油1 500克（耗约125克），加工甜面酱25克。

工艺流程：

猪肉、虾仁切碎 → 制缔（笋末 ↑）

大豆斋饼剖片 → 镶馅 → 挂糊（↑调糊） → 炸熟 → 炝锅（← 芝麻油、葱末、花椒盐） → 装盘

工艺要点：

（1）制缔：将猪肉与虾仁分别切成米粒状，与笋末、精盐、白糖、味精、酱油、绍酒、葱末6克混合搅拌成缔。

（2）镶馅：将斋饼每块由中剖开，镶入缔子，夹平四边，即成金钱豆斋饼生坯。

（3）制熟成菜：用蛋清与干淀粉调成蛋清淀粉糊，抹在每块饼周边，迅速投180℃油中炸至金黄香脆时提出沥油，锅中下芝麻油、花椒盐、葱花、味精1克迅速大豆斋饼拌入味出锅装盘即成，带甜面酱。

风味特色：

成菜香脆而又松软，馅心鲜嫩，食时蘸甜面酱，风味犹佳。

思考题:

1. 你能为此菜设计一种另有风味的蘸料吗?

2. 为什么在饼周挂上脆浆,而不是全挂?

3. 你能为本菜设计一种另有风味的糊吗?发蛋糊能炸得金黄吗?

6.52 干贝珍珠笋

烹调方法:烩

主题味型:咸鲜

原料:嫩玉米芯500克,干贝50克,嫩丝瓜50克,熟火腿末5克,水发冬菇50克,鸡清汤150克,绍酒10克,精盐2克,味精1克,葱段5克,姜片2.5克,水淀粉5克,熟猪油500克(耗50克)。

工艺流程:

取料 → 干贝蒸发 → 烩熟
珍珠笋、丝瓜 → 焐油 → 烩熟 → 装盘

工艺要点:

(1) 取料:①取灌浆玉米梗芯削去外皮,每根剖成4条,切成4.5厘米段。②取嫩丝瓜刮去胶皮,剖开切菱形片。③干贝选直径1.5厘米左右一般大小的,洗净。④香菇选用金钱菇10只洗净泡发。

(2) 预热加工:①将珍珠笋与丝瓜块依次入110℃油中焐熟捞出。②用鸡清汤、黄酒、姜、葱将干贝蒸发至软,待用。

(3) 烩菜成熟:用干贝原汤下锅,放入玉米芯条,冬菇25克,熟猪油烧沸,加入盐、味精、丝瓜块,用水淀粉勾芡起锅。

(4) 装盘:用丝瓜块与香菇围边,中间排入珍珠笋,中心叠上干贝,撒上火腿末即成。

风味特色:

选料独特,珍珠笋清脆鲜爽,口味甘鲜,干贝鲜香酥软。

思考题:

1. 以此菜谈谈你对中国烹饪点石成金的手法中对原料选用的特点。

2. 最有特色的风味来自于最平凡的原料,你是这样想的吗?选一种最平凡的原料,设计一下品种。

6.53 鸭红紫菜卷

烹调方法:冻

主题味型:咸鲜

原料:烤紫菜4张,红心咸鸭蛋20只,猪瘦肉茸150克,白鱼茸150克,白胡椒2克,白酱油5克,烙鸡蛋皮4张,花椒粉2克,啫喱粉15克,虾油5克,绍酒5克,精盐1克,味粉2克,鸡蛋1只,淀粉5克,高湿玻璃纸2大张。

工艺流程:

制缔 ⟶ 卷扎 ⟶ 蒸熟 ⟶ 晾凉 ⟶ 切片装盘

咸蛋黄 ⟶（卷扎）

工艺要点:

(1) 制缔:将猪肉茸与鱼肉茸粉碎至细,加姜、葱汁、绍酒、盐、味粉、胡椒、鸡蛋液、白酱油、虾油、啫喱粉、淀粉与水适量混合搅拌成黏稠状缔子。

(2) 卷扎:将紫菜上刮一层混合缔,贴一张蛋皮再刮一层混合缔,两层缔层均厚约0.2厘米,将咸鸭黄取出捏出四条,分别卷在紫菜蛋皮中,成四条卷筒,最后用保鲜膜卷紧封密。

(3) 成菜:将紫菜鸭黄卷上笼蒸30分钟成熟取出,置5℃冰柜中晾凉冷凝后取出,去掉保鲜膜,切片装盘即成。

风味特色:

色彩丰富,层次感强,口味鲜香爽口,冷热食皆可。

思考题:

1. 在缔子中加啫喱粉的作用是什么?
2. 肉茸与鱼茸结合的混合缔在卷筒菜中具有什么优点?
3. 如果保鲜膜包卷时较松,会给成菜带来什么后果?为什么?

6.54 红楼鸡油茄

烹调方法:㸆

主题味型:腊香咸鲜甜

原料:咸青鱼肚档200克,茄干400克,文蛤粉3克,白酱油20克,蜂蜜30克,鸡精4克,绍酒20克五香粉2克,鱼露30克,白糖5克,姜、葱末10克,蒜茸20克,熟鸡油100克,鸡汤250克,芝麻油50克,熟菜油500克(耗20克)。

工艺流程:

咸鱼浸软 ⟶ 过油 ⟶ 预烧 ⟶ 㸆制 ⟶ 装体、封藏

茄干浸软 ⟶ 过油 ⟶ 预烧 ⟶（㸆制）

工艺要点:

(1) 预加工:①将风咸青鱼肚档洗净浸在清水里10小时使之脱去部分咸味,

再切成丁或条，入 180℃油中炸至起面。②将茄干亦浸软，切成丁或条入 180℃油中炸起色。

(2) 加热成熟：①将鱼干入锅，加水 200 克，绍酒、白酱油、白糖、鸡精 2 克、五香粉用中小火烧焖至将干。②另将茄干与姜、葱、蒜茸下锅，加熟鸡油煸香，下鸡汤、鱼露、蜂蜜、鸡精 2 克，文蛤粉烧沸，移中小火焖至汤汁将干时与咸鱼干合锅一同煨干汤汁，下芝麻油拌透即可。

风味特色：

风香拂面，干香吸味，嚼嚼还香，可装瓶久食，食时装盘，凉食最佳。

思考题：

1. 选用咸青鱼的肚档有什么意义?
2. 将茄干焖熣后依然有弹性的关键在哪里?

6.55 吹纱洞箫

烹调方法：蒸

主题味型：咸鲜

原料：芦笋 10 支，水发竹荪 15 条，鲜河虾茸 350 克，猪肥膘茸 50 克，火腿茸 20 克，水发香菇 5 只，烫芹丝 20 根，精盐 4 克，蘑菇精 3 克，白酱油 5 克，鸡精 2 克，鸡蛋清 80 克，鸡清汤 400 克，湿淀粉 15 克，姜、葱汁 10 克，绍酒 5 克，紫苏红油 20 克(或咸蛋黄油)，干淀粉 30 克，精炼植物油 250 克(耗 10 克)，葱末 5 克。

工艺流程：

清理 ⟶ 下料 ⟶ 酿缔 ⟶ 卷笋 ┐
                                          ├⟶ 蒸熟 ⟶ 挂卤
制缔 ⟶ 填缔 ⟶ 扎口 ┘

工艺要点：

(1) 清理下料：①将芦笋切去老根，连笋尖部分切下 8.5 厘米嫩段，入 80℃油中焐绿待用。②将竹荪泡发漂净黄水，取菌筒部分，用 5 条切出 10 只 7 厘米短筒，再将 10 条剖开裁齐四边成 8 厘米×5 厘米长方片，吸干水分待用。

(2) 生坯造型：①将虾茸、肥肉茸、鸡蛋清、精盐、鸡精、干淀粉 20 克、姜葱汁、绍酒混合起黏成为虾缔。②取 1/3 虾缔与火腿茸、香菇粒(4 只)、葱末拌匀成馅，分别填入竹荪筒内，用芹丝扎起两端成气袋形待用。③将竹荪一面遍撒干淀粉，将 2/3 虾缔均匀平酿在竹荪片上，将芦笋卷起，修齐根端，露出笋尖，成洞箫造型待用。

(3) 加热制熟：将荪包扣碗下垫香菇 1 只，加 100 克鸡汤上笼；将笋菌卷排入平盘，封口亦上笼，同时用旺火蒸 10 分钟成熟取出。

(4) 成品造型：将荪虾包覆盘滤去原汤，将笋菌卷围于四周，用鸡汤、白酱油、

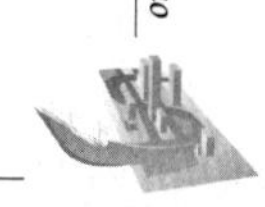

蘑菇精、紫苏红油一起下锅烧沸，勾流芡浇在菜上即成。

风味特色：

造型雅意，鲜香脆滑嫩五美俱全，汤芡透明淡红，诱人食欲。

思考题：

1. 请指出本菜在口感设计上的特征？
2. 本菜在成品色彩方面对菜肴整体风味效果起到了一个什么重要作用？
3. 菜名与菜本身的相互关系在这里是怎样体现的？

6.56 茶庄老豆腐

烹调方法：卤

主题味型：茶末咸甜

原料：老豆腐 400 克，铁观音 10 克，冰糖 15 克，鸡精 2 克，特鲜酱油 15 克，精盐 2 克，大茴 5 克，甘草 5 克，肉桂 3 克，良姜 3 克，玉果 1 粒，鸡汤 500 克，京葱油 50 克，鱼露 10 克，绍酒 10 克，菜油 500 克(耗 25 克)。

工艺流程：

豆腐切块 ⟶ 过油 ⟶ 浸卤 ⟶ 装壶 ⟶ 上席
制卤水 ⟶ 浸卤

工艺要点：

(1) 制卤水：将香料洗净，用纱布包起成小香包，将香料包放入鸡汤上火烧沸，加冰糖、绍酒、酱油、精盐、鱼露，在小火上熬至香味飘出，用京葱油封面待用。

(2) 浸卤：将铁观音亦用小纸袋装起。将豆腐切成 1.5 厘米×1.5 厘米方块，入 200℃油中炸起虎皮色，与茶叶包一同浸入卤水中，保持微沸状态，浸 30 分钟。

(3) 上席：将豆腐连卤水装入敞口提梁紫砂壶中，提出香袋，调下鸡精、带酒精炉上席即可。

风味特色：

豆腐吸卤有味，茶香幽雅，咸鲜甜香之余茶味淡出，耐人寻味，边加热边食时更觉香馨适人，形式古拙切题。

思考题：

1. 豆腐过油的目的主要是什么？
2. 茶叶为什么在制卤水时不下，而是与豆腐同时入卤？
3. 五种香料的组合与使用特点是什么？

6.57 蕈油三笋[①]

烹调方法:炒

主题味型:蕈油咸鲜

原料:春笋尖200克,净嫩茭白200克,净芦笋200克,精盐3克,蕈油75克,鸡精3克,白糖2克,姜、葱末各5克,绍酒5克,生抽10克,熟菜油500克(耗50克),鸡汤100克。

工艺流程:

切条 ⟶ 过油 ⟶ 炒制 ⟶ 装盘

工艺要点:

(1) 过油:将三笋分别切成1厘米×5.5厘米方条,先将芦笋用80℃油温过油,再用120℃油温将茭白过油,最后用180℃油温将春笋过油。

(2) 炒熟:将净锅上火,下菜油25克将姜、葱略煸,下三笋继续煸,烹绍酒,下鸡汤,调入精盐、生抽、白糖、味精,收干卤汁,下蕈油炒拌均匀,装盘即可。

风味特色:

三笋三色,蕈油鲜香,脆嫩入味。

思考题:

1. 对三笋为什么要用三种不同油温过油?

2. 为什么蕈油要在临起时炒拌而不是直接与主料炒制?

6.58 明月松间照

烹调方法:炒、爆、蒸

主题味型:蒜茸咸鲜

原料:鹅肫3只,西兰花250克,花菜200克,鸽蛋10只,红椒粒20克,蒜茸15克,白胡椒2克芝麻油10克,精盐6克,姜、葱末各5克,特鲜粉3克,上汤200克,鸡油10克,湿淀粉30克,干淀粉10克,绍酒20克,白糖3克,熟猪油25克,精炼植物油500克(耗100克)。

---

① 蕈油,又叫菌油,是松乳菇、或鸡纵菌用菜籽油或茶油熬炼而成的乳油状复合调料。这里所用为常熟特产"松树蕈油"(即松乳菇与熟菜油熬炼的"菜油寒菌",该菌是一种在国际市场也难得到的珍品)。具体的制作如下。原料:松树蕈5 000克,熟菜油2 000克,精盐3.5克,黄豆抽油100克,生姜20克。加工:鲜菌洗净沥干稍剁,用500克油烧达200℃,将鲜菌炒干水气,加姜末、生抽、盐继续炒至出香,将油倒入,用中小火慢熬2小时,至无水气溢出即可,晾凉装瓶收藏。成品连菌带油约4 000克。风味:菌质滑脆鲜香,油质香醇,可用在拌、炒、烩、烧的各式菜中。

工艺流程：

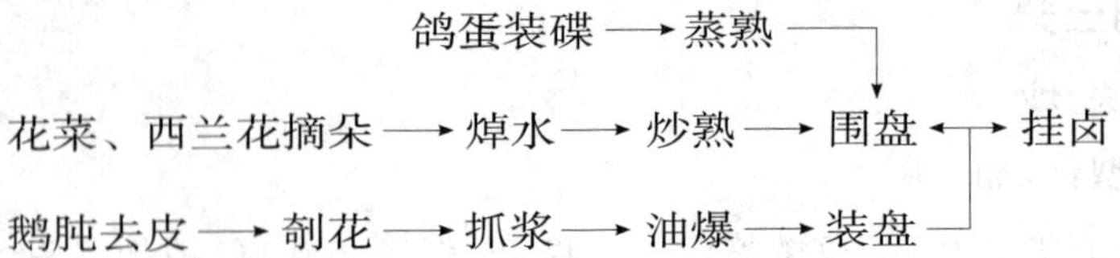

鸽蛋装碟 → 蒸熟 → 围盘
花菜、西兰花摘朵 → 焯水 → 炒熟 → 围盘 ↔ 挂卤
鹅肫去皮 → 剞花 → 抓浆 → 油爆 → 装盘 → 挂卤

工艺要点：

（1）鹅肫处理：将鹅肫去皮，分每只肫为4只肫仁，剞菊花花刀，用盐1克，腌拌10克干淀粉拌匀抓浆待用。另用绍酒、蒜茸4克，姜、葱末、胡椒粉、白糖、湿淀粉15克，上汤50克，芝麻油、精盐2克、红椒粒、特鲜粉2克同一碗和匀兑汁芡待用。

（2）花菜与西兰花加工：将二花摘成小朵，去梗，入沸水烫焯待用。

（3）鸽蛋盏加工：取小酱油碟10只，内抹熟猪油，磕下。

（4）组合成菜：将鹅肫油爆制熟推于盘中；花菜炒熟，夹色围边；鸽蛋再围叠在花菜上，用鸡汤调味烧沸，勾流芡浇在蛋上即成。

风味特色：

清鲜爽脆，设计新颖，诗情画意。

思考题：

1. 本菜对色彩、口味、口感、造型的设计具有什么特色？
2. 菜肴的命名技巧在本菜中有何体现？

6.59 岁寒三友

烹调方法：熘

主题味型：奶香咸鲜

原料：净春笋10枝（长度6～10厘米），鱼茸150克，油炸净松子仁200克，鸡蛋2只，虾茸150克，鲜熟蟹黄50克，干淀粉20克，精盐7克，姜葱汁10克，鸡精4克，蒸发发菜2克，红胡萝卜鲜汁200克，鲜奶100克，嫩黄瓜1根，湿淀粉15克，熟猪油500克（耗25克）。

工艺流程：

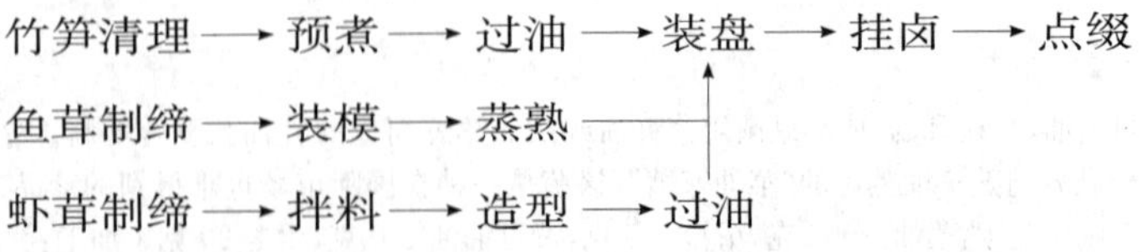

竹笋清理 → 预煮 → 过油 → 装盘 → 挂卤 → 点缀
鱼茸制缔 → 装模 → 蒸熟 → 装盘
虾茸制缔 → 拌料 → 造型 → 过油 → 装盘

工艺要点：

（1）竹笋加工：将笋削平，去老根，剖半，加盐2克预煮后再入120℃油中焐透

捞起待用。

(2) 松球加工:将虾茸加蛋清30克、姜葱汁5克、精盐2克、鸡精2克、干淀粉10克搅拌起黏,再与松仁混合,挤成10只松子虾圆待用。

(3) 梅花糕加工:将鱼茸中加入余下鸡蛋液、精盐2克、鸡精2克、姜、葱汁、干淀粉5克与适量的混合搅拌成缔,取梅花模10只,内抹猪油,再将鱼缔酿入模中,用蟹黄与发菜点缀成花蕊,待用。

(4) 加热成熟:①将花模蒸熟,同时将松子球入150℃油炸熟,冬笋再焐油一次捞出。②将松果球、梅花蟹黄鱼糕放在长盘两端,竹笋排在盘中造型。③将炒锅上火,下胡萝卜汁、精盐、鸡精烧沸勾流芡,调下鲜奶稍拌,见沸,提出,浇在盘中各料上即成。

风味特色:

清鲜爽口,脆嫩软柔,造型诗意,清香适人,尤其熘芡白中有红,似雾似霞,韵味悠远。

思考题:

1. 通过本菜阐述风味、设型、造意、营养之间的关系。
2. 本菜芡汁有哪些特点?
3. 本菜中对传统调味的破格具有什么新的意义?

6.60 脆皮玉子豆腐

烹调方法:熘

主题味型:咸甜微辣

原料:玉酯豆腐4根、干贝茸25克,蒜叶末10克,青菜心20棵,干淀粉20克,鲜汤150克,脆皮糊250克(面粉1.5∶淀粉1∶水2∶蛋清0.4∶泡打粉0.12∶盐0.01∶油0.70),蒜茸辣酱25克,沧椒粒10克,生抽10克,白糖5克,番茄沙司25克,香醋5克,味精2克,姜、葱末各5克,芝麻油20克,湿淀粉20克,熟菜油1 000克(耗150克)。

工艺流程:

豆腐切条块 ⟶ 撒粉 ⟶ 挂糊 ⟶ 炸脆 ⟶ 熘汁 ↓

菜心修形 ⟶ 洗净 ⟶ 焐油 ⟶ 炒熟 ⟶ 装盘

工艺要点:

(1) 豆腐处理:将玉酯豆腐切成1.5厘米厚片,平铺盘中,遍撒干淀粉,挂脆皮糊入160℃油锅中炸至结壳捞出待用。

(2) 调卤:炒锅内放油50克,上火煸炒,姜、葱末与蒜茸辣酱、泡椒粒,番茄沙司起香,再下鲜汤,加生抽、白糖、味精、香醋烧沸,勾糊芡,打入麻油与25克热油。

(3) 熘菜成熟:先将菜心入100℃油中焐绿捞出,加盐1克、味精1克炒熟入味

出锅，围排在盘周造型，接着将豆腐入 200℃油中重油复炸至皮壳酥脆捞出，码在盘中。同时另用干净炒锅烧烫，余下熘汁于锅中，呈极度沸腾状时，迅速浇在豆腐上，撒上蒜叶花即成。

风味特色：

豆腐外极松脆，里极细嫩，色彩红艳，菜心碧绿，口味咸香鲜甜辣酸五味俱全。

思考题：

1. 怎样才能使脆皮糊调发成细如流璃的特点？
2. 在豆腐上撒干淀粉的作用是什么？
3. 本菜的工艺难度较大，应把握什么关键？

6.61 布袋玉子豆腐

烹调方法：蒸

主题味型：咸鲜

原料：玉子豆腐 6 根，虾茸、鸡茸各 50 克，干贝茸 15 克，水发海米 20 克，熟火腿烂、冬笋粒 10 克，冬菇粒 5 克，烫熟药芹 12 根，葱末 2 克，绍酒 5 克，芦笋 10 支，精盐 6 克，鸡精 2 克，味精 2 克，湿淀粉 15 克，鸡清汤 150 克，精炼油 1 000 克（耗 100 克），干淀粉 15 克。

工艺流程：

玉子豆腐切段 ⟶ 过油 ⟶ 去瓤填馅 ⟶ 扎口蒸制
制馅 ⟶（去瓤填馅）

⟶ 装盘挂卤 ⟶ 上席

工艺要点：

（1）做袋：将每根豆腐切成两段，遍沾干淀粉，投入 200℃油中炸至金黄结壳，捞出晾凉，从切口处剖开挖出内瓤成口袋状。

（2）制馅：将虾茸、鸡茸、干贝茸、水发海末、火腿粒、冬笋粒、冬菇粒、姜葱末、精盐 2 克、鸡精 2 克与绍酒调和拌匀成馅。

（3）生坯成型：将馅心分别填酿入豆腐袋里，用烫熟的药芹轻轻扎起袋口，放入碗中，加鸡汤与精盐、味精蒸熟。

（4）成品造型：将芦笋焐油，炒熟，排在盘中，将口袋豆腐轻提排在笋上，将原汤上火勾流芡浇在布袋豆腐上即成。

风味特色：

形似布袋，芦笋如舟，造型典雅，豆腐柔嫩，内馅鲜香。

思考题：

1. 与川菜口袋豆腐的做法有何区别？

2. 除了蒸外，是否还可以炸熟，烧熟呢？口味是否可以作一些更多的设计？

6.62 冷蔬三款

1. 皮松

烹调方法：炒

主题味型：咸鲜

原料：油豆腐皮 10 张，酱油 5 克，白糖 5 克，精盐 3 克，鸡精 1 克，味精 1 克，五香粉 3 克，麻油 10 克，鲜汤 100 克，精炼植物油 1 000 克(耗 70 克)。

工艺流程：

腐皮切细丝 → 炸脆 → 泡软 → 沥干炒熟 → 晾凉装盘

风味特色：

鲜香爽口，松软柔绵。

2. 酸辣花菜

烹调方法：腌

主题味型：咸甜酸辣

原料：花菜 600 克，红泡椒丝 20 克，生姜丝 5 克，精盐 15 克，白糖 150 克，白醋 70 克，花椒油 75 克。

工艺流程：

花菜摘朵 → 焯水 → 盐腌（5小时）→ 沥干拌糖、醋、椒、姜 → 热花椒油焖味（4小时）装盘

风味特色：

酸甜咸辣，爽口香脆。

3. 酱萝卜条

烹调方法：渍

主题味型：酱香咸甜酸

原料：白萝卜 500 克，精盐 3 克，生抽 50 克，香醋 100 克，味精 2 克，白糖 50 克，黄酱 50 克，纯净水 750 克，芝麻油 20 克。

工艺流程：

萝卜去皮 → 切条 → 剞篮格花刀 → 盐腌1小时 → 沥干泡卤24小时

风味特色：

萝卜清脆，咸甜酸适口，色泽淡酱红，萝条伸缩有趣。

6.63 宝藏十香菜[1]

烹调方法：炒

主题味型：咸鲜微甜

原料：百页丝50克，花生仁50克，干金针菜25克，姜瓜丝10克，胡萝卜丝50克，玉兰笋丝50克，黄豆50克，干红椒丝5克，水发木耳50克，油面筋25克，水发香菇25克，黄豆芽25克，腌雪菜梗100克，精盐2克，白糖5克，鸡精5克，白酱油10克，熟菜油100克，芝麻油50克，姜、葱末各10克，沙姜粉10克，鸡汤200克。

工艺流程：

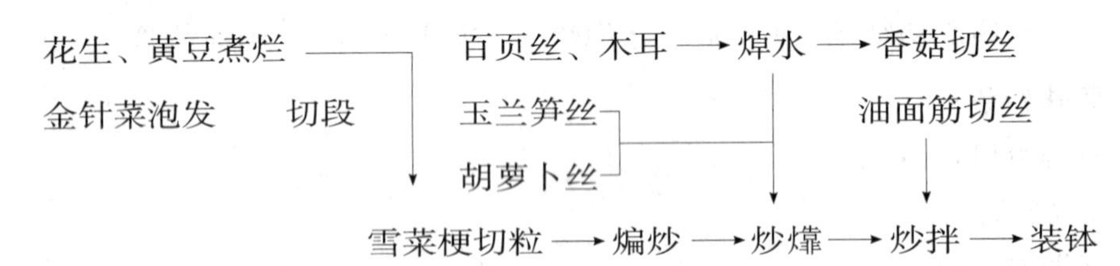

工艺要点：

（1）预热处理：将花生仁与黄豆预先煮烂；金针菜泡发切2厘米段，雪菜硬切成0.5厘米粒状，百页丝，香菇切丝，胡萝卜丝、黄豆芽，玉兰笋丝及木耳皆出水，待用。

（2）炒制：锅里下熟菜油烧热先将沙姜粉、姜、葱、干红椒丝、酱瓜丝与雪菜梗煸香，下花生、黄豆、金针菜继续煸炒出香，接着下鸡汤与百页、木耳、香菇、胡萝卜丝、黄豆芽、玉兰笋丝等烧沸，调以白酱油、白糖、盐、鸡精，继续煸炒，直至卤汁㸆干时，拌下油面筋丝，与芝麻油拌炒均匀装入瓷钵，食时取出装碟即可。

风味特色：

十种原料，十香十味，鲜香渗透。

思考题：

1. 本菜为什么要用菜油炒，香油拌透？
2. 本菜分批次投放具有什么意义？

6.64 金钩三野

烹调方法：炒

主题味型：咸鲜

原料：大金钩虾米25克，水发茶树菇250克，熟火腿25克，水发绿笋100克，

---

① 十香菜是大江南北居家春节前后食用的传统小菜，具体配料各地略有差异，但基本做法是如此。本菜作小菜使用，如点心、粥、面等佐味，十分爽利，风味独特且耐于保存，故宜批量制作。

山蕨菜 250 克，白酱油 6 克，白糖 2 克，味精 3 克，绍酒 10 克，上汤 150 克，汾酒 1 克，湿淀粉 5 克，熟菜籽油 50 克，熟松子仁 10 克。

工艺流程：

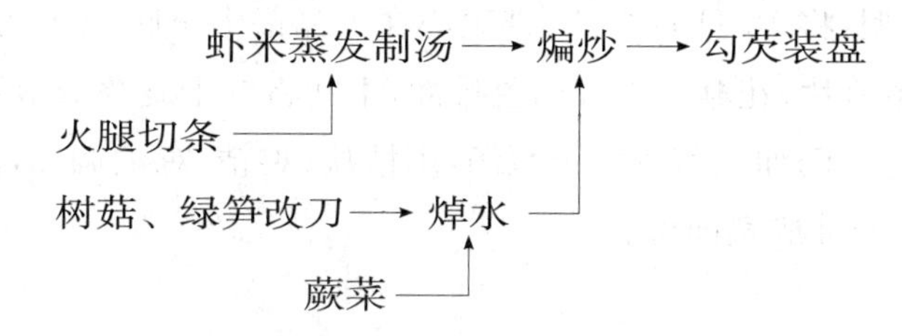

工艺要点：

(1) 制汤：将虾米、火腿置碗中，加绍酒、上汤蒸 30 分钟至虾米松软、汤汁浓鲜时取出，原汤待用。

(2) 山野处理：将茶树菇切去老蒂，绿笋撕成长条，改刀成 3.5 厘米段，与蕨菜分别焯水。

(3) 炒熟成菜：用熟菜油下锅将三野略煸，下白酱油、味精、汾酒、金钩、火腿条与原汤勾湿淀粉收汤装盘，撒上松子仁即可。

风味特色：

三野香脆，其中树菇松脆，蕨菜滑脆，绿笋清脆，三脆不同加之金钩与火腿原汁香鲜，口味隽永。

思考题：

1. 本菜在调味中的立意是什么？
2. 三野在质、味、色的组配方面有什么特色？
3. 用熟菜油在风味表现方面与色拉油有什么不同之处？

6.65 虾干四蔬

烹调方法：蒸炖

主题味型：咸鲜

原料：风虾干 100 克，水发花菇 200 克，熟冬笋 200 克，白菜心 20 棵，油面筋 20 只，上汤 650 克，精盐 4 克，鸡精 3 克，熟鸡油 10 克，绍酒 10 克，姜、葱各 5 克。

工艺流程：

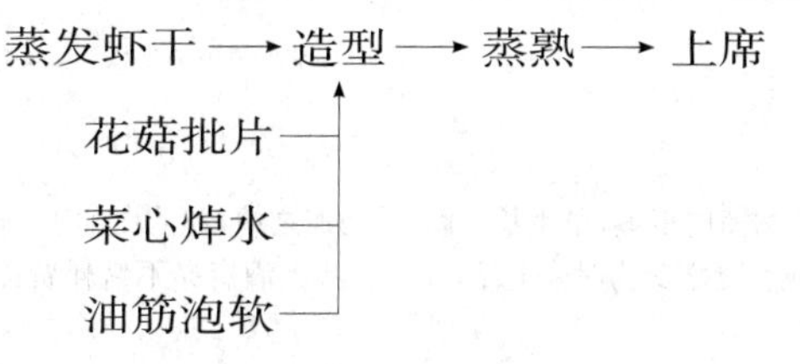

工艺要点：

（1）备料：用上汤150克，黄酒、姜、葱将虾干蒸发出香待用。另将花菇批片，冬笋切片，菜心焯水，油面筋浸泡回软，待用。

（2）生坯造型：将10只油筋、10棵菜心在大品锅中垫底，上面用另10棵菜心、10只油面筋与冬笋片、花菇片排成四色排面，中间将虾干旋叠造型。

（3）蒸熟：将上汤加入蒸发虾干原汤，用精盐、鸡精、鸡油调和，注入品锅中，封口，上笼旺蒸25分钟成熟即可。

风味特色：

虾干四蔬，原汁原味，清鲜纯净，田园风情浓郁。

思考题：

1. 怎样从本菜简洁的工艺过程看其崇高的美食精神？

2. 请用乡土特产设计2只有特色的蒸菜。

6.66 鸡油扒蒲菜[①]

烹调方法：扒

主题味型：咸鲜

原料：鲜蒲菜750克，浆河虾仁100克，蒸发开洋10克，鸡清汤1 250克，精盐4克，鸡精粉2克，熟鸡油100克，湿淀粉15克，姜片5克，葱2段。

工艺流程：

修剪 ⟶ 套汤 ⟶ 扣碗 ⟶ 蒸扒 ⟶ 覆盘 ⟶ 挂芡 ⟶ 盖帽

虾仁滑油 ⟶ 盖帽

工艺要点：

（1）修剪蒲菜：将蒲菜洗净，理齐剪下10厘米长的嫩茎，将750克鸡汤烧沸，投下蒲菜套汤。

（2）扒菜：用50克鸡油下锅加热，将蒲菜与开洋略煸，下鸡汤250克与盐将蒲菜煮沸，至熟软时理齐扣入碗中，上放开洋与姜片、葱段，另用250克清汤注入，调入盐2克、鸡粉2克、封碗口蒸8分钟左右，覆入汤盘中。

（3）成品造型：滤出蒲菜原汤，加鸡油50克与湿淀粉15克匀流芡浇在蒲菜上，再将虾仁滑油盖在蒲菜上即成。

---

① 蒲菜，多年生草本植物蒲的根茎，虽生长于湖、塘污泥之中，却洁白如玉，鲜嫩清香。苏北与鲁南均有产，而以淮安之产为最为特色，在春夏之交为时令上品，江南一些大酒店亦不惜耗费以托运供应为贵，特别在淮安以为特产名菜迭出。

风味特色：

蒲菜牙黄，软脆细嫩，清香适人，虾仁洁白，透明如玉，清爽淡雅。

思考题：

1. 将蒲菜套汤有什么重要的意义？
2. 鸡油对扒蒲菜风味的形成较之猪油或其他素油有什么独到之处？

6.67 酒心芋艿

烹调方法：炸

主题味型：咸香微甜

原料：熟芋艿泥 400 克，风虾干 100 克，白芝麻 50 克，琼脂 10 克，红葡萄酒 200 克，白糖 40 克，精盐 3 克，味精 2 克，鸡蛋 4 只取清，干淀粉 50 克，香葱末 20 克，精炼植物油 1 000 克(耗 50 克)，香菜 100 克。

工艺流程：

艿泥制缔 ⟶ 包馅 ⟶ 沾料 ⟶ 炸熟 ⟶ 装盘

工艺要点：

(1) 制缔：将芋泥置盆中，加葱末、精盐 2 克、味精 2 克、鸡蛋清 60 克与干淀粉 30 克搅拌均匀，另将风虾干用清水浸软，剁成末待用。

(2) 制馅：将琼脂用温水泡发捞起，入锅用 200 克红葡萄酒、40 克糖、1 克盐在小火上慢慢熬融充分，冷凝后切成 10 块做馅心。

(3) 生坯成型：①像包汤圆一样，用芋泥缔包酒冻馅，包成 10 只 4.5 厘米直径的圆子，滤粉搓圆。②用鸡蛋清 2 只加 20 克干淀粉调成浆，遍沾芋球，再将风虾干与芝麻拌匀，滚沾在芋球上即成。

(4) 炸熟装盘：将油上火加热至 150℃，下芋球先炸至结壳，再用 120℃油温养 10 分钟，最后再加温到 180℃，待芋球色泽金黄，外壳香脆时捞出装在盘中，用香菜点缀即成。

风味特色：

形似麻团，外香脆，里糯软，壳薄鲜香，卤多微甜，咬破酒香四溢，很有趣味。

思考题：

1. 葱末在艿芋缔中有什么调味的效果？
2. 沾料用风虾干与芝麻，表达的是什么风味特色？
3. 成品要做到馅溶而芋壳不穿，壳脆而不至焦黄，应把握什么关键？

6.68 蜜枣扒山药

烹调方法：蒸扒

主题味型:甜香

原料:无核金丝蜜枣150克,粉山药175克,白糖100克,蜂蜜25克,金橘2颗,糖桂花2克,湿淀粉10克,橘瓣12片,熟猪油50克。

工艺流程:

蜜枣蒸软 ⟶ 扣碗 ⟶ 蒸烂 ⟶ 覆盘 ⟶ 挂卤 ⟶ 围边

山药煮熟 ⟶ 去皮切块 ⟶ 扣碗

工艺要点:

(1) 扣碗成形:将蜜枣蒸软压平,排扣在抹有猪油的碗里,1/2的一面。将山药洗净煮烂去皮,切片排扣在另一半,撒糖,填下多余的蜜枣与山药,金橘粒放在上面,压实。

(2) 蒸熟成菜:将扣碗上笼蒸40分钟,至烂透,覆入汤盆滤出原汤,再加蜂蜜、桂花与适量水烧沸过滤,下淀粉勾流芡浇在山药蜜枣上,围上橘瓣即可。

风味特色:

软糯柔滑,满口甜香。

思考题:

1. 做甜菜的植物原料,一般选择哪一类品种?
2. 怎样区别甜菜与甜点?

6.69 红绿最相思

烹调方法:软炒

主题味型:咸鲜、甜香

原料:红豆沙250克,熟腰豆50克,绿豆沙250克,熟嫩蚕豆瓣50克,紫苏油50克,浓青菜叶汁50克,蜂蜜50克,白糖100克,金橘粒10克,精盐3克,鸡精粉2克,开洋粒10克,熟猪油150克,湿淀粉30克,上汤175克。

工艺流程:

煮豆 ⟶ 擦沙过滤 ⟶ 炒熟 ⟶ 分别扣碗 ⟶ 装盘

工艺要点:

(1) 炒绿豆沙:用中火将锅烧烫滑油,下75克猪油熔开,将绿豆沙炒香,下上汤、精盐、鸡精、菜汁、开洋粒、熟豆瓣拌炒入味稠黏时,勾淀粉浆15克,再下50克猪油拌匀包尾,装碗放一处。

(2) 炒红豆沙:用中火将锅烧烫滑油,下50克猪油熔开,将红豆沙炒香,下清水175克,蜂蜜、盐1克,白糖、金橘粒、腰豆拌炒入味稠黏时,勾淀粉15克,再下紫苏红油50克拌匀包尾,装碗放一处。

(3) 组合成型:取 S 型模具置玻璃浅碗中,将双豆泥由两组同时倒入大碗两侧,成双鱼形,取出模板,即成。

风味特色:

一甜香,一咸鲜,一红艳一翠绿,黏滑糯软,在对比中更显协调自然。

思考题:

1. 豆沙是怎样加工出来的?
2. 两种豆沙的中心风味分别突出了什么?
3. 在两种豆泥中分别加紫苏红油与菜叶汁的目的是什么?

6.70 霸王别姬

烹调方法:炖

主题味型:咸鲜

原料:活甲鱼 1 只 600 克,光母鸡 1 只 750 克,鸡茸缔 150 克,熟冬笋 50 克,水发冬菇 50 克,熟火腿 40 克,青菜心 3 颗(直径 1.5 厘米),紫菜肉卷 1 根,蛋黄糕 30 克,红提子 1 颗,精盐 4 克,特鲜粉 2 克,黄酒 15 克,葱结 1 只,姜块 10 克。

工艺流程:

甲鱼宰杀 → 焯水 → 开盖 → 填料 → 装锅 → 点缀 → 蒸熟

鸡清理 → 造型 → 焯水 → 洗净 → (装锅)

工艺要点:

(1) 甲鱼处理:将甲鱼宰杀后入 90℃水中浸烫 10 分钟,取出洗去黑膜及杂质,用小刀沿上甲盖边内侧剔下甲鱼盖,而保持裙边的完整,甲鱼蛋焯水待用。

(2) 鸡处理:将双翅穿入颈下刀口处从嘴中抽出,如吐翅状。鸡脚别在鸡翅下,入水锅焯水洗净待用。

(3) 生坯造型:①将鸡茸缔填入甲鱼开盖处抹平,将紫菜肉卷切成薄片,交叉平贴在缔面象征盔甲。②将甲鱼与鸡两头相反置于大品锅中,下垫熟火腿、冬笋、冬菇片,注满清水,封好锅口。

(4) 蒸炖与点缀:①将品锅入笼中蒸到鸡、鱼酥烂时取出,开封调入精盐、特鲜粉。②同时将鸡缔抹在一片大香菇上,周围镶嵌上小的甲鱼子,中间嵌上大的甲鱼子一颗,点缀在甲鱼背上,另用黄蛋糕预先刻好的剑、戟小体摆在鸡背上,复上笼蒸 2～3 分钟即可,将红樱桃一颗含在鸡嘴上即可。

风味特色:

这是在传统炖鸡火鳖的基础上的造型菜,形式壮美,意境感人,鸡、火、鳖几种主料风味互补,汤清而醇厚,可吃可看。

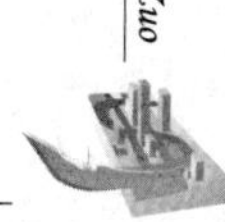

思考题：

1. 谈谈本菜在食用时的附加值是什么？
2. 甲鱼与母鸡具有什么互补特点？火腿的作用是什么？

6.71 东壁龙珠[①]

烹调方法：炸

主题味型：咸甜酸

原料：龙眼 750 克，猪五花肉茸 100 克，虾茸 100 克，水发香菇 15 克，鸡蛋 5 只，芥蓝菜叶 250 克，精面粉 100 克，咸苏打饼干末 100 克，番茄酱 50 克，白糖 10 克，精盐 4 克，味精 3 克，精炼花生油 750 克(耗 100 克)。

工艺流程：

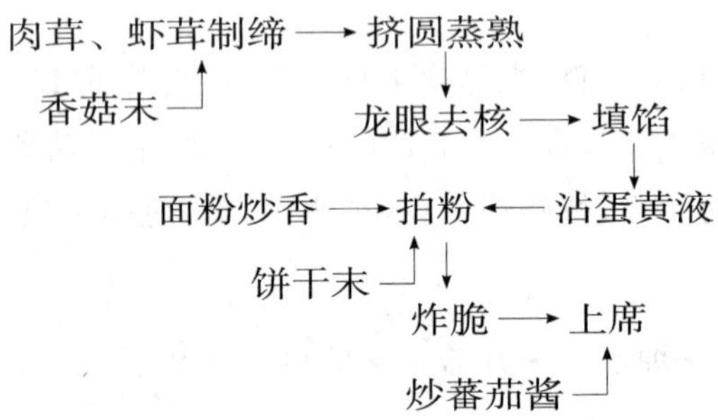

肉茸、虾茸制缔 → 挤圆蒸熟（香菇末 → 制缔）
挤圆蒸熟 → 龙眼去核 → 填馅 → 沾蛋黄液 → 拍粉
面粉炒香 → 拍粉；饼干末 → 拍粉
拍粉 → 炸脆 → 上席（炒蕃茄酱 → 上席）

工艺要点：

(1) 制缔：将猪肉茸、虾肉茸、香菇切末同置一碗，加精盐 2 克、白糖 4 克、味精 2 克、1 只鸡蛋取清，搅拌成缔，挤出直径 1 厘米大小的肉圆排盘上笼蒸熟做成馅丸待用。

(2) 包馅：将龙眼去壳取肉，逐一将肉划一小口取出果核，再将蒸熟的肉圆包入龙眼肉里搓成圆形。

(3) 拍粉：①将面粉下锅用小火炒香，取出冷却后与苏打饼干末拌匀成混合粉。②将填馅的龙眼肉核先与鸡蛋黄拌匀，再遍沾混合粉。

(4) 炸熟成菜：①将滚满粉的桂圆珠，投入 160℃的热油中炸至金黄，外壳香脆时捞出装盘。②将芥菜叶切小煸炒成熟取出围边，另将炒好的番茄酱装小碟跟上即可。

风味特色：

金黄香酥，龙眼香气清幽，色泽美观。

---

① 东壁龙珠，即东壁龙眼，东壁，地名，为福建泉州开元寺内小寺“东壁寺”。因本菜原由泉州名厨张春火所原创，采用东壁寺所出龙眼，故叫东壁龙眼，其实凡龙眼皆可为之，不一定局限于东壁寺龙眼。

思考题：

1. 本菜的主题特点就是对本地特色原料的菜品开发。请你结合这种立意设计家乡特产原料为主料的菜品一例。

2. 本菜与琥珀湘莲的做法相类似，请对两菜成品的不同风味发表你的评议。

项目七　山海珍品类菜例

知识目标

本项目特选了部分山珍海味等高档原料的代表菜品。让学生充分了解这些高档菜品的制作特点及工艺价值，拓宽学生视野。

能力目标

通过对部分高档的菜品演示，通过对山珍海味的资料的更多阅读，提高学生对该类精品菜肴的认知能力。

7.1　清汤芙蓉燕菜

烹调方法：烩

主题味型：咸鲜

原料：燕菜 30 克，鸡蛋 3 只取清，熟火腿 30 克，绿菜叶 5 克，精盐 3 克，味精 3 克，三吊清汤 1 500 克，熟鸡油 2 克。

工艺流程：

燕菜涨发 → 套汤 → 烩制 → 装碗

蒸芙蓉蛋 → 烩制

火腿丝、绿菜丝 → 装碗

工艺要点：

(1) 涨发：将干燕菜刷洗净用 80℃热水泡发胀开，换清水，除净绒毛等杂质，用 500 克上汤将燕菜浸泡蒸发 10 分钟，取出，滤去原汤。

(2) 熟制：将蛋清置碗中，加冷上汤 150 克和盐、味精等调匀蒸熟，用手勺舀成 0.7 厘米厚片浸置大玻璃碗中，将 800 克上汤烧沸调味出汁，轻轻注入玻璃汤碗中。将燕菜再套汤一次，轻轻放入大碗中的蛋片上面，撒下火腿与菜叶细丝，滴两点鸡油即成。

风味特色：

燕菜纯洁滑糯，汤清而醇，配上火腿与菜叶细丝，显得格调高雅。

思考题：

1. 涨发燕菜时，这里为什么不用“热碱提质”？

2. 上汤在锅中能沸腾吗？如果沸腾的时间稍长时，会出现什么状况？

7.2 鸡茸鱼肚

烹调方法：软炒

主题味型：咸鲜

原料：干鮰鱼肚 100 克，生猪肥膘 50 克，生鸡脯肉 100 克，鸡蛋 4 只取清，熟火腿茸 5 克，湿淀粉 40 克，绍酒 20 克，姜 2 片，葱段 10 克，精盐 5 克，味精 2 克，熟猪油 50 克，香菜叶 5 克，上清汤 600 克，精炼油 1 000 克(耗 100 克)，熟鸡油 150 克。

工艺流程：

鱼肚蕴发 → 炸发 → 水发 → 刀工处理 → 正味 ↘

鸡脯漂白 → 粉碎 → 制缔 → 炒制 → 拌和 → 装盘

肥膘 ↗（粉碎）　　火腿茸 ↗（装盘）

工艺要点：

(1) 涨发鱼肚：将干鮰鱼肚放入 110℃油中蕴发 40 分钟至体轻松软，改用 210℃油温迅速炸发，见鱼肚淡金黄色、膨松脆涨饱满时捞出，立即用冷水浸发至松软，批成磨刀大片待用。

(2) 制缔：与“鸡粥缔”同。

(3) 熟制：①将鱼肚焯火，滤干。用上汤 100 克，盐、味精、猪油 50 克、姜、葱与湿淀粉 5 克将鱼肚炒入味，盛出待用。②炒鸡茸，如前将鱼肚滤去汤水，与锅中鸡粥拌和装盘，撒上香菜叶与火腿茸即成。

风味特色：

鱼肚松软入味，鸡粥滑嫩、爽口，相得益彰，鱼肚除油发外，尚可以水发，成菜风味软嫩和谐，称为“银肚”。

思考题：

1. 试述油发鱼肚对不同油温运用的机理。

2. 试比较鮰鱼肚与黄鱼肚的油发工艺区别。

3. 将鱼肚拌入炒熟的鸡茸时，为什么要滤干汤汁？

7.3 蟹黄扒玉翅

烹调方法：扒

主题味型：咸鲜

原料：水发鱼翅 1 000 克(排翅)，熟猪肥膘 200 克，熟大闸蟹黄 250 克，蟹肉 250 克，绍酒 25 克，葱结 1 只，姜 4 块，精盐 4 克，水淀粉 15 克，熟鸡油 100 克，上汤 1 000 克，白胡椒粉 1 克。

工艺流程：

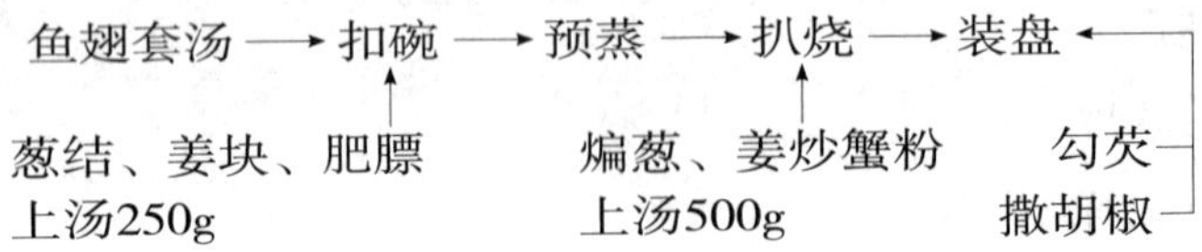

鱼翅套汤 ⟶ 扣碗 ⟶ 预蒸 ⟶ 扒烧 ⟶ 装盘

扣碗 ↑ 葱结、姜块、肥膘、上汤250g

扒烧 ↑ 煸葱、姜炒蟹粉、上汤500g

装盘 ← 勾芡、撒胡椒

工艺要点：

(1) 套汤：将鱼翅批成两大片，焯水，用 250 克上汤套汤捞起。

(2) 预蒸：将鱼翅扣入大碗，加姜、葱、酒、肥膘，上汤 500 克，用旺火蒸约 2 小时至鱼翅针软糯时取出。

(3) 扒烧：将蟹黄留 100 克待用，其他与蟹肉、姜、葱煸香，放 500 克 上汤，覆鱼翅于锅中，用中火烧㸆 5 分钟至入味，勾流芡出锅。

(4) 装盘：将扒好的鱼翅起锅滑入盘中，另用鸡油 50 克将余下的 100 克蟹黄煸香，下盐、味精、绍酒、白胡椒粉定味出锅，浇在鱼翅上即成。

风味特色：

鱼翅软糯鲜香，汤汁金黄，品格高雅。

思考题：

1. 鱼翅有许多品种，但依据不同的品级，说出下列鱼翅各适宜制作什么菜品：排翅、荷包翅、金钩翅、散翅。

2. 制作鱼翅的上汤应怎样制作?

3. 扒鱼翅中运用的"扒"法是怎样操作的?

这是最具代表性的淮扬鱼翅名菜，其他名品尚有原焖鱼翅，红烧鱼翅、鮰鱼烧鱼翅，三丝清汤鱼翅、干丝烧鱼翅、鸡茸鱼翅、通天排翅、桂花鱼翅等，早在数百年之前就已享誉南北。

7.4 月宫鲍鱼

烹调方法：扒

主题味型：咸鲜

原料：水发明鲍 10 只 500 克，鸽蛋 10 只，水发香菇丝 4 克，熟火腿末 4 克，绿菜叶 3 克，青菜心 10 棵，葱段 20 克，姜片 10 克，绍酒 10 克，老鸡清汤 1 000 克，精盐 4 克，熟猪油 250 克(耗 25 克)。

工艺流程:

鲍鱼剞刀 ⟶ 扣碗 ⟶ 蒸扒 ⟶ 覆盘 ⟶ 兑汤 ⟶ 上席
鸽蛋磕盘 ⟶ 点缀 ⟶ 预蒸 ⟶ 覆盘
菜心焐油 ⟶ 覆盘
吊上汤 ⟶ 兑汤

工艺要点:

(1) 鲍鱼预处理:将鲍鱼一面剞 1/2 深度十字花刀，排入碗中，加鸡汤、姜、葱、酒、盐等旺火蒸至软嫩。

(2) 鸽蛋造型:将小碟抹油磕入鸽蛋。用菜叶末与火腿末点缀蛋面，置笼中放气蒸 2 分钟，成熟取出，轻滑入鸡汤碗中待用。

(3) 成菜:①将鲍鱼滤去原汤覆入大汤盘中。②用 110℃油温将菜心焐油至熟漂去油滴，与鸽蛋相间围于鲍鱼周围。③用 500 克鸡清汤，烧沸去沫调味注入盘中即成。

风味特色:

鲍鱼滑软鲜嫩，鸡汤清醇，鸽蛋细嫩，象征月宫，形式典雅。

思考题:

1. 鲍鱼剞花刀的作用是什么?
2. 本菜是扒菜还是蒸菜，蒸与扒区别在哪里? 为什么不勾芡?
3. 如用活鲍鱼，应怎样初加工?

7.5 黄焖紫鲍

烹调方法:黄焖

主题味型:咸甜

原料:干紫鲍 200 克，油鸡半只，蹄膀 1 只，菜心 6 根，姜、葱各 15 克，酱油 25 克，咖喱油 20 克，绵白糖 20 克，精盐 3 克，绍酒 100 克，球葱半只，硼砂 25 克，鸡油 50 克。

工艺流程:

紫鲍涨发 ⟶ 剞刀 ⟶ 焖制 ⟶ 整理再焖 ⟶ 成菜上席
油鸡、蹄筋清理 ⟶ 焖制；整理再焖
菜心焐油 ⟶ 整理再焖

工艺要点:

(1) 涨发:

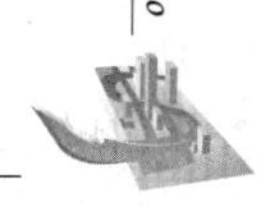

干紫鲍浸泡5小时 → 刷洗 → 焖发12小时 → 换水焖发12小时 → 漂洗3次 → 剞兰花刀待用

清水、硼砂 → 焖发12小时

(2) 焖制：①将油鸡、蹄膀去除杂质洗净、焯水。②砂锅下垫竹箅，放油鸡、蹄膀、鲍鱼、姜、葱、球葱、咖喱油、酒、酱油、白糖、水烧沸焖制 4～6 小时捞出。③将油鸡去骨留肉，蹄筋去肥留瘦，放于锅底，上盖鲍鱼，原汤过滤注入，再焖 20 分钟。

(3) 成菜：用旺火收稠汤汁，菜心焐油后排入，浇葱油即成。

风味特色：

鲍鱼肥软滑糯，肥醇鲜香，砂锅上席，香气四溢，色泽金黄。

思考题：

1. 干鲍鱼是怎样涨发的？
2. 油鸡与蹄膀的运用对本菜风味的形成具有什么意义？
3. 什么是黄焖，黄焖有哪些特点？

7.6 云腿扒鲜鲍

烹调方法：扒

主题味型：咸鲜微甜

原料：活网鲍 3 只 1250 克，云腿 150 克，光老鸭 1 只，猪筒子骨 2 根，水发香菇 150 克，青菜心 24 棵，绍酒 15 克，精盐 5 克，白糖 5 克，味精 3 克，精炼油 50 克，熟鸡油 10 克，葱、姜各 25 克，鸡清汤 600 克，水淀粉 15 克。

工艺流程：

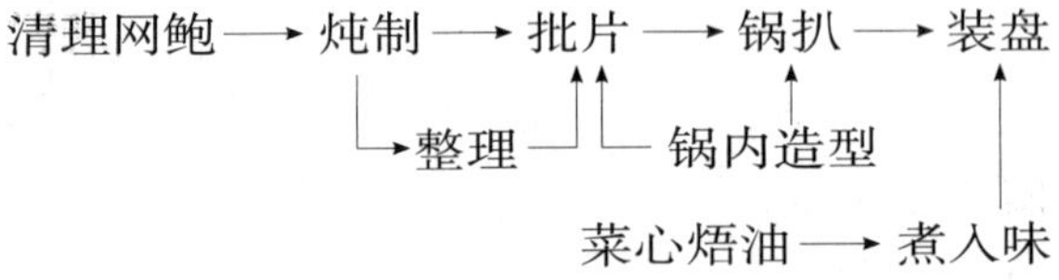

清理网鲍 → 炖制 → 批片 → 锅扒 → 装盘

炖制 → 整理 → 批片

锅内造型 → 批片、锅扒

菜心焐油 → 煮入味 → 装盘

工艺要点：

(1) 清理：①将鲍鱼肉挖出刷洗干净。②将猪骨、老鸡焯水洗净。③菜心修成火箭形洗净待用。

(2) 预炖：将猪骨、老鸡、鲍鱼置大砂锅内，加绍酒、姜、葱、鸡汤炖 12 小时取出鲍鱼，原汤过滤待用。

(3) 锅扒：将鲍鱼洗去污渍，修圆四周，批成大片，香菇与火腿亦批成大片。将三片相夹整齐排入锅内，加原汤、盐、味精、白糖、姜、葱油中小火慢煨 1 小时，至汤汁稠黏，鲍鱼软烂。

(4) 成菜：①将菜心用鸡清汤烧熟入味捞出，排在盘中。②将锅中鲍鱼勾芡，淋芝麻油，大翻锅滑入盘中的菜心之上即成。

风味特色：

鲍片排列整齐，软滑鲜醇，色彩绚丽，香气袭人。

思考题：

1. 干鲍与鲜鲍的加工特点有哪些区别？

2. 预炖鲍鱼的原汤能弃吗？为什么？

3. 对活鲍鱼的调味你是选择香鲜浓烈的味型还是清鲜原味的味型？为什么？

小延伸

"龙井鲍鱼"一菜，十分特殊，其制法是炖，操作如下：

① 鲍鱼制法如上需用鸡、骨汤炖12小时至软烂时批片。

② 汤的制法是：取原汤吊清，泡开上等清明前龙井茶过滤，调以盐、味精及少量白糖再过滤，使色呈透明晶莹无悬浮物质，分装口碗，漂入2～3片鲍鱼即成。

此菜清鲜之极致，茶香爽口，绿色适人。

淮扬菜中尚有鲍鱼鸽蛋、鲍鱼鸡翼、扒鲍鱼盒等都有百年历史，此不多述。

7.7 乌龙藏凤

烹调方法：蒸扒

主题味型：咸鲜

原料：水发刺参10只500克，生鸡脯肉150克，猪肥膘50克，南荠50克，鸡蛋1只取清，鲜豌豆25克，熟猪油25克，熟鸡油10克，绍酒25克，精盐10克，味精5克，姜、葱各10克，姜、葱汁水5克，水淀粉15克，鸡清汤600克，火箭菜心10棵。

工艺流程：

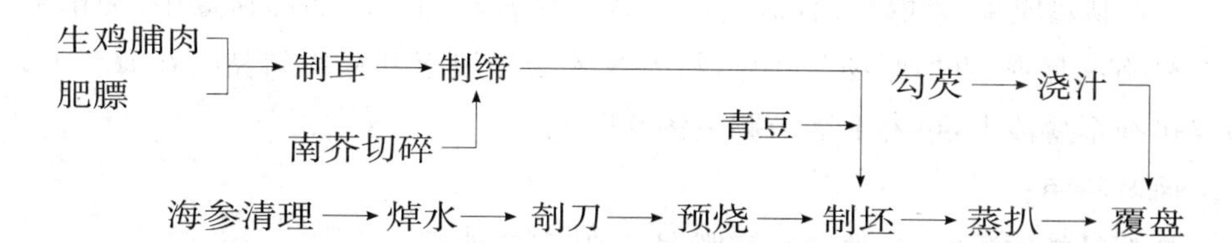

工艺要点：

（1）制缔：将生鸡脯与肥膘分别粉碎制茸，加蛋清、葱姜汁、绍酒、精盐、味精、冷鸡汤20克混合搅拌成厚缔。另将南荠切成米粒丁和入缔中。

（2）海参处理：①将海参洗净，焯水，在腹内浅剞十字花刀，用100克鸡汤、精盐、绍酒、味精入锅将海参烧5分钟入味捞出晾凉。②将鸡缔填入海参腹内，再填

入鲜豌豆，用纱布包紧，腹朝下整齐码在蒸盘内，上笼加酒、盐、味精、鸡汤、姜、葱蒸5分钟成熟，拆去纱布。

（3）制熟成菜：用猪油将姜、葱炸黄捞出，滤入海参原汤，再加入清鸡汤200克烧沸，加精盐、味精，用水淀粉勾芡，起锅淋熟鸡油10克于海参上围上烧入味的菜心即成。

风味特色：

海参软滑，内馅鲜嫩，形制整齐，清爽味美。

思考题：

1. 刺参是通过什么方法涨发的？要注意什么关键？
2. 要使内馅在蒸制时不易脱落，一般可采用什么增凝手法？

7.8 虾籽扒开乌

烹调方法：整扒

主题味型：虾籽咸甜

原料：干大乌参200克（2条），虾籽20克，猪五花肉500克，酱油20克，冰糖100克，精盐3克，鸡精2克，香醋5克，姜25克，金葱油50克，葱50克。

工艺流程：

涨发海参 ⟶ 预烧 ⟶ 火汁 ⟶ 装盘
猪肉切块 ↑（预烧） 虾籽 ↑（火汁） 葱过油垫底 ↑（装盘）

工艺要点：

（1）涨发海参：海参按火燎→煮焖→清肠的程序涨发海参至7成软烂捞出漂清，在腹内斜批大吞刀片（皮不能破）待用。

（2）预烧：将猪肉切小块与海参一同加虾籽5克，酱油、冰糖、盐、香醋、绍酒及姜块红烧，（多量可将海参用纱布包起），3小时至汤浓肉烂，海参软嫩入味。

（3）制熟成菜：另取炒锅，锅内放金葱油将葱段煸绿出锅铺在盘中，油留锅中下虾籽略煸起香，再加原汤100克，将海参入汤慢煨至虾籽均匀黏附在海参上，将海参扒在金葱段上，再淋上锅中剩余汤汁即成。

风味特色：

虾籽粒粒鲜香突出，海参软糯肥润，风味醇厚地道。

思考题：

1. 本菜在传统的继承下又有一些什么变数？
2. 用五花肉红扒海参具有什么好处？
3. 为什么需对海参涨发至七成足？
4. 熟练掌握大乌参的涨发过程。

小延伸

亦有“清汤大乌”一品，与“虾籽大乌”齐名，在涨发方面与上同，只是在预熟加热方面有所不同。前者用猪肉烧海参，在烧的过程中与吊料使之进一步发透，而后者则是依靠鸡汤，并在与鸡同炖时进一步发透，汤用上清汤加绍酒吊清、过滤，调以白胡椒、虾籽、盐、鸡精、香菜定味，将发透的海参放入吊清定味的上清汤即成。在淮扬名菜中海参菜很多，著名的有“笙箫烧海参”“海参饼”“鸡酥圆海参”“蝴蝶海参”“春白烩海参”“八宝海参”“鸡茸海参”“芙蓉海参”“鸡腿扒海参”“甲鱼烧海参”“烧二海”“海参锅巴”等，限于篇幅不一一列举。

7.9 酒蒸干贝

烹调方法：蒸

主题味型：咸鲜

原料：瑶柱 250 克，猪网油 50 克，圆蒜子 10 粒，樱桃萝卜 10 粒，冬瓜球 10 粒，花雕酒 100 克，鸡清汤 250 克，精盐 2 克，姜 1 块，葱 1 根，熟猪油 500 克(耗 20 克)。

工艺流程：

清理 ⟶ 初蒸 ⟶ 排盘 ⟶ 复蒸 ⟶ 上席

网油、蒜子 ⟶ 排盘

萝卜、冬瓜焐油 ⟶ 排盘

工艺要点：

(1) 清理：①将瑶柱去老肉刷洗干净。②将猪网油漂清异味。③蒜子、萝卜削去两头，冬瓜挖球待用。

(2) 预熟处理：①将瑶柱置汤盘中，加鸡汤、花雕、姜、葱封密蒸 2 小时取出。②将萝卜球与爪球入 100℃猪油中焐熟取出。

(3) 制熟加工：①将瑶柱整齐排在盘中，蒜子、萝卜、瓜球间夹围于四周。②将网油略烫，盖在盘上，原汤过滤注入，再加 50 克花雕密盖，用旺火蒸 30 分钟取出，揭去网油即可。

风味特色：

瑶柱酥烂，鲜香无比，汤汁橘黄。

思考题：

1. 瑶柱是一种以什么风味为特色的原料，在许多菜肴的配料是一般充当什么角色？

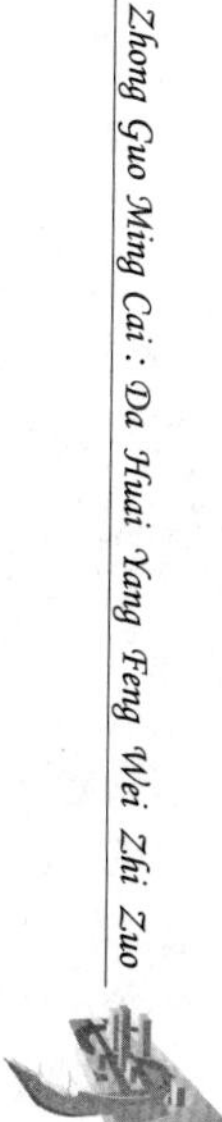

2. 瑶柱在什么调料的作用下，香鲜度倍增？

3. 如果说在烩菜中，需先对瑶柱涨发，那么在炖菜中应对瑶柱怎样处理？

7.10 绣球干贝

烹调方法：蒸

主题味型：咸鲜芹香

原料：干贝 100 克，生白鱼肉 100 克，鲜虾仁 100 克，水发香菇 15 克，熟火腿 15 克，熟鸡脯 25 克，绿菜叶 20 克，干淀粉 10 克，水淀粉 5 克，鸡蛋 2 只取清，清鸡汤 50 克，熟鸡油 50 克，精盐 3 克，味精 1 克，姜葱汁水 10 克，香芹汁 25 克。

工艺流程：

干贝涨发 → 揉碎 → 拌丝 → 滚沾 → 蒸制 → 勾芡

鱼肉、虾仁 → 漂白 → 粉碎 → 制缔 → 挤圆

工艺要点：

(1) 制五丝：用鸡汤将干贝蒸发 1 小时，揉碎，火腿、菜叶、香菇切成极细的丝，鸡脯亦撕成线形丝，将上述五料均拌成五丝。

(2) 制缔：用清水将鱼肉反复漂至白；虾仁加食矾水打清；挤去水分粉碎。加姜葱汁、水、蛋清、盐、味精、淀粉混合搅拌成厚缔。

(3) 生坯成形：将缔子挤成直径 2 厘米圆球，匀滚沾上五丝成绣球状，共 20 只。

(4) 制熟成菜：将绣球干贝上笼蒸 5 分钟成熟，取出或扣碗或直接在盘中摆成几何造型，复蒸 2 分钟，出笼滤出原汤，覆后盘中，加 50 克鸡汤与鸡油、盐、香芹汁、味精等，勾流芡淋于球上即成。

风味特色：

形似绣球，鲜香细嫩。

思考题：

1. 绣球类菜肴，除了绣球干贝外，你能举一反三地制作“绣球鳜鱼”“绣球鸡”“绣球银耳”吗？

2. 在绣球干贝的鱼、虾缔中，如按正常鱼虾圆般多加水或不加水会产生什么状况？

3. 蒸制绣球干贝的火候使用是旺火圆气蒸一气呵成呢，还是旺火放气蒸制呢？为什么？

7.11 裙边鸽蛋

烹调方法：烩

主题味型：咸鲜

原料：水发裙边750克，生鸽蛋10只，青菜心10棵，熟火腿50克，熟冬笋尖50克，上汤1 000克，葱结1只，姜片10克，绍酒10克，味精2克，虾籽2克，熟鸡油50克，湿淀粉20克。

工艺流程：

裙边改刀 ⟶ 套汤 ⟶ 烩制 ⟶ 装盘
火腿、冬笋切片 ⟶ 烩制
菜心焐油 ⟶ 烩制

工艺要点：

(1) 熟制前加工：①将裙边改刀成7厘米×3.5厘米菱形大片，入大碗加上汤400克，绍酒、姜片、葱结蒸20分钟至软糯取出。②将鸽蛋入冷水碗蒸熟，去壳，浸入上汤蒸入味。③将菜心入90℃油中焐熟。火腿冬笋均改刀成菱形片待用。

(2) 熟制：炒锅上火，下鸡油50克，将虾籽略煸起香。将鱼裙与火腿、笋片、菜心下锅，加入500克上汤烩制入味，勾芡起锅。

(3) 装盘：将裙边在盘中叠成花形，火腿、笋片在上面摆齐亦成花形，将菜心与鸽蛋相间围于一周，浇上原芡汤即成。

风味特色：

裙边软滑糯鲜，鸽蛋细嫩，口味醇净鲜美，色彩雅丽。

思考题：

1. 为什么要用冷水蒸鸽蛋？
2. 为什么要用上汤对裙边套汤？
3. 熟练掌握上汤的吊制工艺。

7.12 鸡包鱼翅

烹调方法：原焖

主题味型：咸鲜

原料：活老母鸡1只1 250克，水发金钩翅500克，熟冬笋尖100克，熟火腿100克，水发花菇50克，大瑶柱5粒，生姜50克，绍酒150克，葱10克，菜心10棵，西瓜2只(一大一小)。

工艺流程：

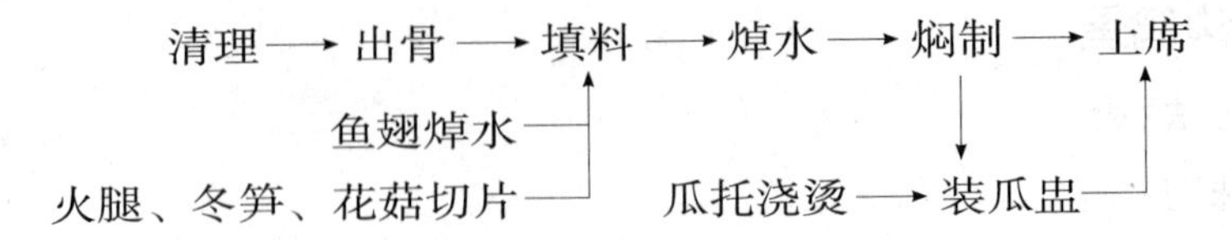

工艺要点：

（1）鸡处理：由嘴内部剪断喉管将鸡宰杀，烫去毛，去爪。整鸡出骨如“三套鸭”。

（2）填料：①将鱼翅焯水，填入鸡腹，同时填入火腿片、冬笋尖片和花菇片。②用鸡颈圈起两翅扎口。

（3）焖制：将填好的鸡坯入沸水焯透，洗净，放入垫有竹箅的砂锅中，加水与黄酒、姜 40 克、葱 10 克，淹齐鸡身，烧沸去沫，加盖盘再封口，微火炖焖 3 小时，改用小火焖 1 小时，至鸡汤稠浓，鸡肉酥烂时下盐及味精调定口味。

（4）装瓜盅上席：①取厚皮西瓜一大一小两只。小瓜切 2/3 刨去外皮，剜去瓜瓤做盛器，做好后沸水浇烫一次，1/3 刻成瓜盅底座待用。大瓜切 2/3 刻成透空环结构瓜盅，1/3 刻瓜盅盖。②将刨去瓜皮的小瓜盛器套入大瓜盅内，将鸡包鱼翅连汤带鸡盛入瓜盅中。③另将菜心用多余鸡汤烫熟围在鸡周即成。

风味特色：

鸡中包翅，平中藏奇，鸡汤醇浓清香，鱼翅糯滑爽口，形式经典高贵。

思考题：

1. 淮扬著名的三包，还有两种什么品种？
2. 此菜采用的是什么组配手法？这种手法的意义是什么？
3. 思考一下菜肴中的扬春白雪与大多餐饮店的生产关系。

7.13 冬茸干贝

烹调方法：软炒

主题味型：咸鲜

原料：瑶柱 100 克，鲜鳜鱼茸 150 克，冬瓜皮质 200 克①，鸡蛋 3 只取清，鸡汤 400 克，火腿茸 10 克，米酒 25 克，干淀粉 50 克，湿淀粉 20 克，精盐 2 克，鸡粉 2 克，熟猪油 150 克。

工艺流程：

冬瓜切皮 → 切末 → 制缔 → 软炒 → 装盅

鱼茸制缔 → 制缔

干贝蒸酥 → 揉碎 → 软炒

火茸 → 装盅

① 冬瓜皮质：冬瓜表面不像一般的刨削去皮，而是用瓷片刮去表皮，表皮大碧绿的一层为皮质层。

工艺要点：

（1）制缔：①将瑶柱洗净，用鸡汤、米酒上笼蒸酥，将瑶柱揉碎，原汤冷却过滤，与鱼茸、精盐 2 克，干淀粉、鸡粉、鸡蛋清混合搅拌成缔。②将冬瓜皮质烫绿冷却再切成米粒茸与鱼粥缔拌和。

（2）炒制：将炒锅上火，下 100 克猪油烧热，徐徐倒下鱼粥炒至起黏翻泡，撒下 1 半瑶柱茸拌匀勾芡，下包尾油起锅装入汤盅，锅内留 1/3 冬茸鱼粥下另 1 半瑶柱茸拌匀装入汤盅，最后撒下火腿茸即成。

风味特色：

色泽翠绿中有米白，口感滑爽鲜嫩，滋润可口。

思考题：

1. 为什么不将冬瓜像鱼茸样粉碎？
2. 为什么将冬瓜皮质先烫绿再切碎入缔？
3. 用鸡汤蒸瑶柱原汤的意义是什么？

7.14 鸡酥丸子烧海参

烹调方法：烧

主题味型：葱香咸甜

原料：水发海参 500 克，猪肉茸 250 克，熟冬笋 50 克，姜、葱各 10 克，糊葱油 50 克，虾籽 2 克，鸡汁酱油 50 克，白糖 15 克，盐 3 克，白胡椒粉 2 克，绍酒 50 克，鲜味王 2 克，干贝精 1 克，芝麻油 10 克，鸡蛋 1 只，高汤 250 克，湿淀粉 5 克精炼油 1 000 克(耗 20 克)。

工艺流程：

清理海参 → 批片 → 焯水 ┐
冬笋切粒 ┐ → 制缔 → 过油 ┘ → 烧烩 → 装盘
猪肉茸 ┘

工艺要点：

（1）备料：①将海参洗刮干净，批斜刀 6 厘米大片，焯透水待用。②猪肉茸加鸡蛋、绍酒、盐 1 克、鸡精 1 克、糖 5 克、姜葱末、酱油 10 克、淀粉 5 克混合成缔，再加冬笋粒、麻油 5 克搅拌均匀。用刀刮肉缔成一头尖圆长约 6 厘米的眉毛形肉丸，入 180℃油中炸至定形起香酥时捞出待用。

（2）烧烩：将鸡酥丸子下锅，加鸡汤、酱油、白糖、绍酒、虾籽、盐、糊葱油烧沸焖 30 分钟至肉圆出味起酥，烩入海参，旺火将汁收稠。调下干贝精、鲜味王各 1 克，白胡椒与芝麻油，勾芡起锅，装入汤盘即可。

风味特色：

丸子香酥嫩松，海参味透滑爽，香味醇和，咸甜鲜特出，具有十分独特的品味。

思考题：

1. 鸡酥丸子炸酥与一般炸肉丸子的有何区别？

2. 糊葱油在菜中的风味调节作用是什么？这里将老蔡鸡汁酱油与一般酱油比较，风味的强化性在哪里？

7.15 南瓜宝龙珠

烹调方法：炖

主题味型：咸鲜

原料：光仔鸽 2 只 750 克，猪肥膘茸 50 克，虫草 20 根，瑶柱 10 粒，熟火腿片 10 片，北菇片 100 克，姜葱各 20 克，菜心 10 根，熟冬笋片 50 克，水发鱼肚 250 克，上清汤 1 000 克，龙身南瓜盅刻件 1 只（容积 1 000 毫升），精盐 8 克，绍酒 20 克，鸡精 4 克，鸡油 20 克，鸡蛋清 80 克，淀粉 15 克。

工艺流程：

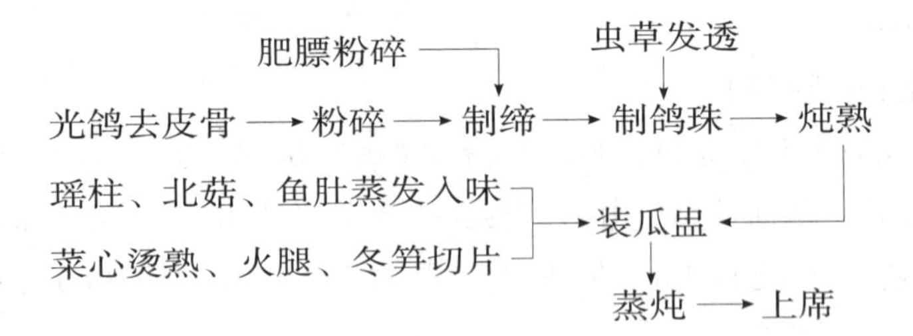

工艺要点：

（1）制鸽珠：将鸽皮、骨剔除，鸽肉粉碎，与猪肥膘茸一起加绍酒 10 克，盐 2 克，鸡精 1 克，姜、葱末 5 克，鸡蛋清、淀粉与适量冷鸡汤混合搅拌成缔子，将鸽肉缔挤 20 只圆珠，插入 1 根虫草即成龙珠。

（2）预熟加工：①将龙珠排入汤碗，加上汤 500 克，姜、葱 5 克，绍酒 5 克，上笼蒸 40 分钟至鸽圆出味。②北菇与鱼肚批大片焯水后，与瑶柱一道加上汤 500 克蒸入味，另将菜心烫熟待用。

（3）扣盅炖熟：将鱼肚、火腿、北菇、菜心、冬笋、瑶柱、鸽珠排入瓜盅，注入原汤，加精盐、鸡清、鸡油调好味，上笼猛蒸 20 分钟至瓜盅发软时取出，盛放在大汤盘中上席即成。

风味特色：

鸽珠鲜嫩，汤鲜醇美，瓜香与菜香合璧，滋味丰富多样，造型壮美。

思考题：

1. 本菜中南瓜盅除了作为盛器外，还有什么作用？南瓜盅能吃吗？

2. 本菜中虫草与瑶柱具有什么意义？

3. 请理解“为了食用而造型”“为了美观而造型”的辩证意义。

7.16 金花银裙

烹调方法：扒、㸆

主题味型：咸鲜、甜辣

原料：水发裙边250克，水发牛鞭250克，熟鸡丝50克，熟火腿50克，水发香菇1只，熟冬笋50克，西兰花200克，鸡汤500克，熟鸡油25克，精盐5克，鸡精4克，金酱25克，胡椒2克，酱油25克，剁椒红油25克，绵白糖8克，绍酒20克，湿淀粉15克，熟猪油50克，姜、葱、蒜末各5克。

工艺流程：

裙边批边 → 焯水 → 扣碗 → 蒸扒 → 覆盘 → 挂芡

西兰花摘朵 → 焯水 → 正味 → 围边 ← (挂芡)

牛鞭剞刀 → 切段 → 焯水 → 烧㸆 → (围边)

工艺要点：

(1) 裙边加工：将裙边批6.5厘米×2.5厘米大片焯水，待用。用熟猪油遍抹小汤碗内壁，将水发香菇、火腿片、冬笋片拼叠图案，将鱼裙平扣在碗内，填入熟鸡丝与冬笋、火腿余料，加鸡汤、盐、酒、味精封口蒸40分钟至软糯。

(2) 西兰花加工：将西兰花摘成小朵，焯水，炒入味。

(3) 牛鞭花加工：将牛鞭剞一字花刀，刀距0.2厘米，再顺长切一吞刀，并将牛鞭切成6厘米段，焯透水成花瓣双层的环状菊花形。用猪油25克入锅，将姜、葱、蒜略煸起香，下鞭花、绍酒10克、汤50克、金酱、酱油、白糖、胡椒粉烧入味，勾芡，溅糟椒红油包尾。

(4) 组合成菜：将裙边覆盘，原卤加鸡油勾流芡浇上，围上西兰花，再围上鞭花即成。

风味特色：

裙边软滑糯，口味清鲜本味。牛鞭金红鲜香，口味醇厚，对比鲜明。

思考题：

1. 本菜的热双拼突出了调味组合的什么原理？

2. 西兰花在本菜中充当了什么角色？

7.17 三宝探海

烹调方法：炖

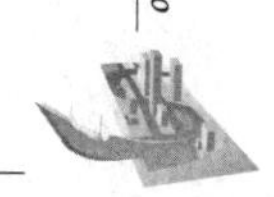

主题味型：咸鲜

原料：净牛鞭500克，猪腰2只半约400克，鸡睾丸10付，熟火腿10片，大海马10条，水发小刺参10条，枸杞20克，姜葱各10克，黄酒10克，鸡精4克，鸡清汤1 000克，蒜子10瓣，精盐4克，白胡椒3克，香菜10克。

工艺流程：

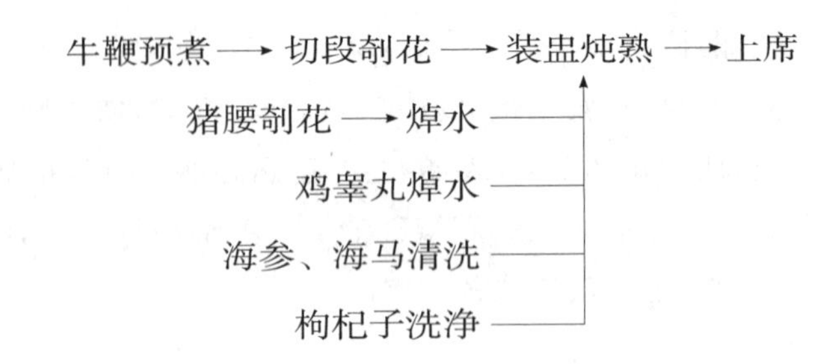

工艺要点：

(1) 剞花：①将牛鞭在高压锅里压至7层烂，捞出冷凝，切成5厘米段，由一端剞菊花刀型。②将猪腰批去髓质，切刀成5.5厘米×3.5厘米的长方块10块，剞寿字花刀、焯水。

(2) 炖制：①将鸡睾丸焯透水。海马洗去泥沙与海参亦焯水，将上述各料与枸杞、姜、葱、绍酒、蒜子分装在10只汤盅里。②在清鸡汤里调以盐、鸡精定味注满各汤盅，用玻璃纸封口，上笼蒸1小时。

(3) 整理上席：将汤盅取出，开封拣去姜、葱，加胡椒与香菜于各盅，即可上席。

风味特色：

牛鞭软滑而糯，猪腰酥香，鸡丸与海参皆滑嫩，汤质醇厚而清澈，咸鲜利口。

思考题：

1. 本菜的选料立意具有中国传统食疗的哪些意义？
2. 要使本菜风味纯净无异味应注意哪方面问题？
3. 谈谈选用海马与海参在本菜中的特别作用？

7.18 金蹀鲜裙

烹调方法：蒸扒

主题味型：咸鲜微甜

原料：活甲鱼(雄)1只/1 000克，鹅掌10只，熟火腿150克，水发冬菇1只，精盐2克，美极鲜汁5克，葡萄糖粉15克，干贝精粉2克，绍酒25克，葱15克，姜15克，蒜子20克，黑胡椒10粒，高汤200克，水淀粉20克，精炼油50克，西兰花400克。

工艺流程：

甲鱼清理 ⟶ 预熟 ⟶ 拆骨 ⟶ 扣碗 ⟶ 蒸扒 ⟶ 覆盘 ⟶ 挂卤

鹅掌预熟 ⟶ 拆骨 ⟶（扣碗）

炒围菜 ⟶（覆盘）

工艺要点：

(1) 甲鱼处理：将甲鱼宰杀去内脏及黄油，烫洗去黑膜，拆出裙边，另将甲鱼身块入锅，加姜、葱 5 克与蒜子煸香，加绍酒 10 克与适量水略焖至肉软取出拆去肢骨。

(2) 鹅掌处理：将鹅掌入锅，加清水、姜、葱 5 克、绍酒 5 克，加热至沸，焖至皮软取出，由掌背部拆去掌骨，而鹅掌依然保持完整形态。

(3) 扣碗蒸扒：将香菇、火腿片、裙边、甲鱼肢块、鹅掌依层扣入大碗之中。在高汤中用精盐、美极鲜汁、葡萄糖粉、干贝精粉、绍酒及姜、葱、黑胡椒调准口味，注入蒸碗中，封口，蒸约 1 小时。

(4) 成品造型：①将扣碗取出，滤出原汤，覆入大盘。②将西兰花朵炒熟围于碗边，掀开扣碗，用原汤下淀粉勾流芡浇在菜上即成。

风味特色：

质感滑糯软爽，口味极鲜醇，珠联璧合。

思考题：

1. 就本菜谈谈由本味型转向强化调味型的时代特征。
2. 举例说明野生甲鱼与养殖甲鱼在风味呈现上的差异性。

7.19 蛋美鹿筋

烹调方法：炒

主题味型：咸甜微辣

原料：水发鹿筋 600 克，10 厘米蛋白皮 10 片，虾缔 50 克，鹿瘦肉 50 克，熟松仁 20 克，口蘑 20 克，姜米 10 克，葱末 10 克，XO 酱 75 克，糖 8 克，香醋 2 克，美极鲜 50 克，菜心 10 棵，熟芝麻 20 克，精盐 1 克，鸡精 4 克，绍酒 20 克，鲜橘皮粒 50 克，蒜茸 10 克，芝麻油 50 克，鸡汤 150 克，湿淀粉 4 克，白胡椒粉 2 克，鸡汤 750 克，熟猪油 500 克 9(耗 25 克)。

工艺流程：

鹿筋切条 ⟶ 套汤 ⟶ 炒熟 ⟶ 成品造型

制馅 ⟶ 蛋烧麦成型 ⟶ 蒸熟 ⟶（成品造型）

菜心修理 ⟶ 焐油 ⟶ 炒熟 ⟶（成品造型）

工艺要点：

(1) 预加工：将鹿筋切成 8.5 厘米长条，用 650 克鸡汤下锅烧沸稍焖至软糯提

出待用。另将菜心修成橄榄头洗净入 80℃油中焐绿待用。

（2）烧卖成型：①将虾缔薄抹蛋皮一周。②将猪油 15 克下锅鹿肉切末下锅煸炒，加美极鲜 20 克，XO 酱 15 克，绍酒 5 克，姜、葱末各 5 克，胡椒 1 克，鸡精 1 克煸炒，加入口么粒，松仁拌炒均匀，勾包汁芡，淋芝麻油 15 克出锅，分装在蛋皮中，并将蛋皮四边撮起成烧卖状，上笼 5 分钟蒸至熟待用。

（3）加热成菜：①用油 25 克下锅上火先将余下姜葱末煸香，下鹿筋、XO 酱、美极鲜、白糖、香醋、鸡精、绍酒、白胡椒粉翻炒上色起香，勾包芡装碗。②将锅刷清，下芝麻油、橘皮粒用小火慢炸出香，滤去橘皮粒，撒下芝麻、蒜茸，立即将碗中鹿筋倒入锅中翻炒拌匀，顺方向排入鹿形大平盘中。③从笼中取出烧卖围在两侧，菜心亦围在两侧点缀，用 100 克鸡汤、1 克盐、1 克鸡精烧沸，勾流芡浇在烧卖与菜心上即成。

风味特色：

鹿筋齐整、红亮，烧卖雪白，菜心翠绿，多种香味奇异、复杂，口味浓淡相宜，糯滑鲜嫩，口感丰富，形式大方。

思考题：

1. 阐述本菜中蛋烧卖的使用价值。
2. 本菜的扒法前期加热有些什么方法？

7.20 瑶柱金钱鳖肚

烹调方法：蒸、熘

主题味型：虾糟咸甜

原料：油发黄鱼肚 150 克，瑶柱 50 克，熟火腿 50 克，姜葱汁 10 克，虾茸 250 克，肥膘茸 50 克，鸡蛋清 80 克，菜心 12 棵，干淀粉 25 克，鸡汤 350 克，虾油 8 克，鱼露 5 克，生抽 10 克，绍酒 10 克，香糟卤 8 克，文蛤精 2 克，精盐 2 克，绵白糖 5 克，姜 2 片，葱 1 段，水淀粉 10 克，精炼植物油 25 克。

工艺流程：

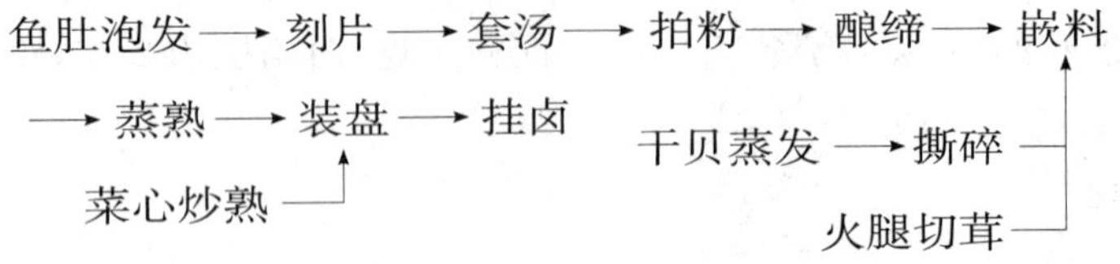

鱼肚泡发 → 刻片 → 套汤 → 拍粉 → 酿缔 → 嵌料（← 干贝蒸发 → 撕碎；← 火腿切茸）

→ 蒸熟 → 装盘（← 菜心炒熟）→ 挂卤

工艺要点：

（1）鱼肚处理：将鱼肚水发回软，批平，刻 20 片直径 4 厘米的圆片，用鸡汤 150 克烧沸套汤滤出，吸干水分，遍拍一面干淀粉待用。

（2）生坯造型：①将虾茸、肥膘茸与精盐、文蛤精粉、姜葱汁混合搅拌起黏，将蛋清打发加干淀粉 10 克与虾茸拌匀，匀酿在鱼肚拍粉的面上。②将瑶柱洗净用鸡汤 100 克、绍酒 10 克与姜片、葱段蒸酥，汤留用，瑶柱塌成细茸，火腿亦切成细茸，两者拌和满嵌在鱼肚虾缔上即成金钱鱼肚生坯。

（3）加热成熟：将金钱鱼肚上沸水笼，用中火蒸 5 分钟至熟，同时将菜心炒熟，在盘中组合造型，用鸡汤 100 克、干贝原汤 50 克、虾油、鱼露、生抽、香糟、白糖、葱末 5 克烧沸，下湿淀粉、清油 25 克勾流芡浇在金钱鱼肚上即可。

风味特色：

鱼肚鲜香细嫩，色彩绚丽，形似金钱，滋汁鲜亮，糟香轻盈，鱼虾鲜醇回味丰富。

思考题：

1. 本菜调味为虾糟汁模式，通过这种调味模式，谈谈你对调味模式重要意义的认识。

2. 如果泡发的鱼肚过于软塌，问题主要出现在什么地方？怎样处理？

3. 比较与广菜“百花鱼肚”的区别。

7.21 佛跳墙[①]

烹调方法：煨

主题味型：咸鲜微甜

原料：净老母鸡 1 只约 1 500 克，净蕃鸭 1 只约 2 000 克，猪里脊肉 2 000 克，猪蹄 2 000 克，水发鱼翅 500 克，水发刺参 300 克，水发鳊肚 300 克，水发猪蹄筋 200 克，水发鱼唇 400 克，蒸发鲍鱼 5 只约 150 克，蒸发干贝 125 克，净章鱼肉 500 克，水发香菇 10 只，鸽蛋 10 只，奶汤 4 000 克，八角 10 克，桂皮 10 克，生姜 400 克，葱 250 克，荷叶 1 张，加饭酒 2 500 克，黄豆抽油 75 克，味精 50 克，精盐 10 克，冰糖 50 克，熟猪油 1 000 克(耗 100 克)，熟鸡油 5 克。

工艺流程：

老母鸡、鸭、里脊、猪蹄切块 ⟶ 焯水 ⟶ 装坛煨制 ⟶ 取汤

鱼翅焯水 ⟶ 煨制

海参切条 ⟶ 焯水 ⟶ 过油 ⟶ 煨制

鱼肚、蹄筋、鱼唇切块 ⟶ 焯水 ⟶ 煨制

香菇去蒂 ⟶ 蒸制

鸽蛋、干贝 ⟶ 装罐

上席 ⟵ 蒸炖

① 本菜被称为福建第一名菜，现在整个淮扬地区都有供应，但在具体的用料方面与用调料又略有区别，在口味方面更多的是减少了对冰糖与酱油的用量，我认为减少是可以的，但不能不放，更不能没有感觉，否则将失去佛跳墙应有的味嗅特征性。

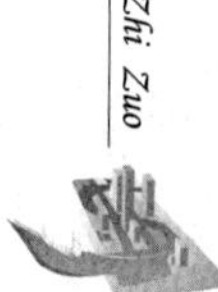

工艺要点：

(1) 制汤：将鸡、鸭、肉、蹄切成块，焯透水，下锅加猪油 50 克、姜 300 克、八角与桂皮煸炒起香，加入加饭酒 2 000 克、奶汤 3 000 克、酱油 75 克、精盐 10 克、味精 25 克、冰糖 50 克煮沸，盛入竹箅垫好的小酒罐中，用荷叶封口，盖上坛盖，置小火上煨制 4 小时取出原汤待用。

(2) 煨制：①鱼翅排在竹箅上，下姜片、葱段、加饭酒入沸水锅焯水 10 分钟取出，用奶汤 200 克煨制待用。②水发刺参切成条，如上法焯水，再下熟猪油过油，用 150 克奶汤煨制待用。③水发鱼唇与 肚皆切成 3 厘米×5 厘米条块，如上法煨好待用。④水发鲍鱼 5 只批成 10 片，与蹄筋 10 条亦如上法焯水，煨好待用。⑤净章鱼肉切成 3 厘米×5 厘米条块焯水洗净，入锅用熟猪油、姜、葱煸香，加入加饭酒 20 克、酱油 20 克、味精 5 克、奶汤 100 克煨 40 分钟至烂待用。⑥水发香菇洗净，用奶汤 50 克、味精 5 克、鸡油 5 克蒸好待用。⑦干贝蒸发连原汤、白鸽蛋煮熟剥壳待用。

(3) 装坛成菜：将各种煨好，蒸好的原料匀分 10 份分别整齐排列装入 10 只小坛之中，注入用鸡、鸭、蹄、肉煨制的鲜汤，盖好荷叶与坛盖。蒸 20 分钟至烫即可上席。

风味特色：

开坛十里香，原汁醇浓，质感多样。微量元素丰富，咸鲜中透出丝丝沁甜。

思考题：

1. 本菜与什锦类杂烩是一类品种吗？不同点在哪几个方面？
2. 细究本菜整个制作过程，精细加工主要表现在什么地方？
3. 请分析一下，本菜的制成所表达的是什么味觉特征？

7.22 虾皇烩燕

烹调方法：烩

主题味型：咸鲜

原料：干燕菜 25 克，熟明虾脑 150 克，精盐 3 克，白胡椒粉 0.2 克，绍酒 10 克，文蛤精 5 克，味精 2 克，鸡精 2 克，虾露 6 克，生抽 6 克，急汁 4 克，芝麻油 3 克，美极鲜 2 克，姜汁酒 5 克，芫荽子粉 1.5 克，红泡椒粒 3 克，上汤 700 克，鸡清汤 500，熟猪油 500 克(实耗 75 克)。

工艺流程：

涨发燕菜 ⟶ 套汤二度 ⟶ 装碗 ⟵ 烩羹

虾脑切粒 ⟶ 拉油 ⟶ (烩羹)

工艺要点：

（1）燕菜加工：①将燕菜浸入凉水 4 小时，捞起用沸水泡 1 小时，再反复换沸水泡至柔软，拣去丝毛及杂物，漂入清水。②将燕菜再入沸水焯过，换鸡清汤滚开捞起挤干汤水。③旺火烧锅，加入猪油、绍酒、上汤 300 克、精盐 2 克烧沸，下燕菜，换中火煨至燕菜软滑，捞起吸干汤水，盛入玻璃汤碗中。

（2）烩羹成菜：将虾脑切成石榴粒状，用 80℃ 油温拉油至刚熟时捞起。空锅上火，下上汤 400 克，虾脑、绍酒及余下所有调料烧沸，用湿淀粉勾流芡下芝麻油包尾拌匀，出锅盛在燕菜上即成。

风味特色：

糯软鲜滑，高汤色味清鲜，芡卤透明，口味奇妙难言。

思考题：

1. 本菜调味被称为“鲜皇汁”，请分析其中各种调料的功能作用。
2. 将燕菜套汤、正味后反复吸干是什么作用？

7.23 火桃藏羊

烹调方法：炸

主题味型：咸甜香

原料：水发羊肚菌 250 克，油炸核桃仁 75 克，熟火腿茸 50 克，熟猪油 100 克，葱末 25 克，花椒粉 3 克，面包糠 100 克，鸡蛋液 80 克，面粉 100 克，高汤 75 克，姜汁 5 克，豉油鸡汁 20 克，芝麻油 10 克，白胡椒粉 1 克，卡夫奇妙酱 15 克，绵白糖 5 克，鸡精粉 3 克，柠檬原汁 10 克，炼乳 5 克，精盐 2.5 克，香槟酒或雪碧 10 克，湿淀粉 25 克，精炼植物油 1 000 克（耗 75 克）。

工艺流程：

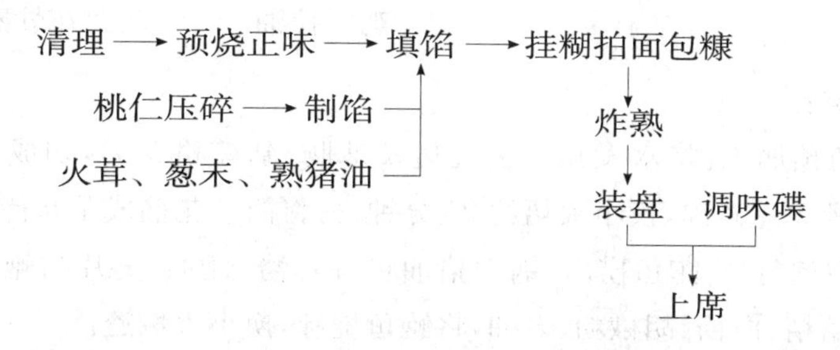

工艺要点：

（1）羊肚菌处理：选一般大小的羊肚菌用沸水泡透，剪去根蒂洗净，挤干。炒锅上火，加 25 克油，将羊肚菌略炒，加姜汁与豉油鸡汁、高汤、白胡椒烧沸，收浓汤汁，淋入芝麻油拌匀装盘晾凉待用。

（2）制馅：将核桃仁压成碎粒，与火茸、花椒粉、熟猪油、葱末、精盐 2 克，鸡精

粉3克调和拌匀成馅。

(3) 生坯成型:将火桃馅子分别填入每一只羊肚菌里。用鸡蛋液与面粉、水淀粉调成糊浆,遍沾羊肚菌上,再滚沾面包糠,即成火桃藏羊生坯。

(4) 炸熟上席:将生坯投入160℃油中炸至金黄色,外壳酥脆时捞出,用牙签戳小孔滴出猪油后装盘。用卡夫、柠汁、香槟、炼乳、白糖、精盐0.5克调而成的香槟汁味碟一同上席,蘸食即可。

风味特色:

色泽金黄,酥脆松嫩,口感复杂,内咸外甜,对比鲜明,具有多层感与冲突感,耐人寻味。

思考题:

1. 将炸好的羊肚菌戳孔流油的作用是什么?
2. 将羊肚菌正味有什么意义?
3. 本菜的调味特征主要是什么?

7.24 凤球兰花鲍

烹调方法:烩

主题味型:蚝香咸甜辣

原料:水发鲍鱼300克,鸡圆200克,西兰花250克,蚝油10克,老抽5克,精盐2克,蒜茸酱5克,白糖8克,绍酒10克,文蛤精3克,美美椒4克,白胡椒粉2克,姜片2克,葱段2克,芝麻油5克,湿淀粉15克,味精5克,芫荽子粉2克,上汤200克,毛汤400克,熟猪油500克(约耗100克)。

工艺流程:

鲍鱼清理 → 剞花切块 → 预煨 → 烧焖 → 烩菜 → 装盘 → 围边

鸡圆拉油 → 烩菜;西兰花炒熟 → 围边

工艺要点:

(1) 鲍鱼预加工:将水发鲍鱼去枕边及沙肠,剞篮格花刀,切成块,入锅加毛汤、精盐、绍酒5克煮沸,换小火焐约20分钟,另将西兰花摘成朵状待用。

(2) 烧焖鲍鱼:将鲍鱼捞出,锅中猪油将蒜茸酱、蚝油、姜片与鲍鱼煸香,下绍酒、上汤、文蛤精、白糖、胡椒粉、老抽,将鲍鱼烧沸,换小火焖透。

(3) 烩菜装盘:换锅将鸡圆与西兰花分别入80℃油中过油捞出,放入鲍鱼锅中,旺火收卤,用湿淀粉勾芡,下芝麻油、包尾油、美美椒、芫荽子粉和葱段拌匀起锅装盘,将西兰花提出围边即成。

风味特色:

鲍鱼软糯柔滑,鸡圆细嫩鲜美,色泽淡红,蚝香味突出,鲜甜辣适口。

思考题：

1. 简述干鲍鱼的涨发过程。

2. 掌握鸡圆的制作关键。

7.25 三鲜烧海参[①]

烹调方法：红烧

主题味型：糟香咸甜

原料：水发大乌参200克，熟鸡脯肉100克，熟猪蹄肉100克，油爆鱼100克，熟冬笋50克，熟北灵菇50克，青菜心10棵，酱油15克，白糖10克，花生酱5克，海鲜酱5克，香糟卤10克，精盐2克，鸡精5克，绍酒10克，姜、葱各5克，湿淀粉20克，鸡汤150克，芝麻油10克，熟猪油100克。

工艺流程：

批片 ⟶ 焯水 ⟶ 烧熟 ⟶ 装盘

工艺要点：

（1）预加工：将海参斜批2.5厘米×7.5厘米大片，焯水。鸡脯肉、猪蹄肉、冬笋、北菇亦批切相同大小的厚片状，焯水待用。另将菜心修成橄榄头，洗净，入80℃油中焐熟捞出待用。

（2）烧熟成菜：将炒锅上火，下猪油75克先将姜、葱煸香，再将全部原料（除菜心外）下锅煸香，烹绍酒下高汤烧沸，接着调下酱油、花生酱、海鲜酱、鸡精、白糖、精盐等，用中火烧至汤汁稠浓，略勾粉芡，淋下麻油，拌入菜心，起锅装盘即可。

风味特色：

咸甜适中，汤浓味厚，家常风味

思考题：

1. 本菜的“烧”与什锦的“烩”有何区别？

2. 三鲜配菜系列的组配特点是什么？

7.26 丹荷蛤士蟆

烹调方法：软炒

---

① 三鲜，系淮扬地区各地惯用的配菜手法，与杂烩或者什锦属同一类型，不同的是：三鲜作为辅料，与一种主料相配，而什锦则是主料由几种荤料组成。一般情况下，三鲜由三种荤料构成，具体原料无一定规定，家常一些的是禽、畜、鱼等；高档一些的则由海鲜，比如鲜鱿、大虾之类。而主料是三鲜类型，菜档次高低的关键，更高档主料一般由干货涨发的原料充当，如鱼翅、海参、鱿鱼、鱼肚、鱼皮、鱼唇、鱼裙、鱼骨、鱼唇、猪蹄筋、鹿筋等充当。三鲜就是三鲜，一般是三荤三素或加一种最高档主料，而这一主料更珍贵于所配三鲜料的形式，如果再加一些如肉皮、蹄筋、三圆之类则就是什锦了。三鲜在成菜形式上有若干种，如汤三鲜、扣三鲜、烧三鲜、海三鲜、火锅三鲜、花三鲜等等，调味红色、白色皆可。

主题味型：奶香咸鲜

原料：水发雪蛤膏50克[①]、蟹黄20克、炸干贝丝15克、鸡蛋6只取清，红番茄3只，黄油25克，绍酒15克，干马蹄粉25克，精盐1.5克，鸡精4克，三花淡奶250克，吉士粉2克，精炼花生油500克（耗50克）。

工艺流程：

鸡精、蛋清、吉士粉、200g鲜奶调匀 ⟶ 滑油成片 ⟶ 烩炒 ⟶ 装盘

蟹黄烫熟 ⟶ 滑油 ⟶ 烩炒

水发蛤士蟆 ⟶ 烩炒

西红柿批片 ⟶ 围边 ⟵ 装盘

工艺要点：

（1）调浆滑油：将蛋清、鲜奶200克、吉士粉、鸡精、盐1克调匀成混合浆液。缓慢注入80℃油中，晃动油锅使受热浆液凝结成片不断浮出，待全部凝结成片时用漏勺捞起，滤油待用。

（2）蟹黄与西红柿处理：①将蟹黄从活蟹挖出，入沸水烫半熟，再用80℃温油拉熟捞出待用。②将西红柿每只分割剖成8瓣，批去瓤籽成肉质片，每片再批连刀两片待用。

（3）炒熟成形：①将净锅上火烧得烫滑，下黄油熬融，再下50克鲜奶、绍酒、精盐1.5克，鸡精2克及蛋奶片水发雪蛤膏，见沸勾流芡装盘。②将西红柿片围于一周即成。

风味特色：

奶香扑鼻，红白黄相映，装盘如荷花，软、糯、滑相适，咸鲜爽口。

思考题：

1. 请熟练掌握蛤士蟆的选择与涨发过程。

2. 蟹黄、蛋奶片的过油关键是什么？

7.27 梨蒸蛤士鸭

烹调方法：蒸

主题味型：甜香

原料：甜水发蛤士蟆400克，带蒂鸭梨10只，直径7.5厘米/只，冰糖粉100

---

① 蛤士蟆的涨发分咸甜两种，公式如下：

选择 ⟶ 泡软 ⟶ 摘去杂物 ⟶ 加20倍水蒸发或炖发绍酒、姜、葱 ⟶ 漂洗分装

漂洗分装 ⟶ 咸发用鸡汤继续蒸发 ⟶ 原汤待用

漂洗分装 ⟶ 甜发用冰糖水蒸发 ⟶ 原汤待用

克，枸杞子 10 克，蜂蜜 100 克，甜桂花 5 克，湿淀粉 15 克，香槟酒 50 克，熟猪油 750 克(耗 30 克)，明矾 10 克，红绿丝(蜜饯)各 5 克。

工艺流程：

梨削皮 ⟶ 浸明矾水 ⟶ 浇炸 ⟶ 填料 ⟶ 蒸熟 ⟶ 挂芡

蜜蒸蛤士蟆 ⟶（填料）

工艺要点：

(1) 梨子处理：逐一将梨子旋削去皮，从蒂下 2.5 厘米切下作盖，用挖刀挖出梨核及部分梨肉，浸入 5 000 克淡食矾溶液中，完毕控去水分，用 180℃热油浇炸至表皮起光待用。

(2) 填料：将蛤士蟆置碗中加香槟、蜂蜜 50 克、冰糖 75 克、枸杞子、桂花 5 克、蒸 20 分钟至入味时，取出分装入梨中，放入各客蒸盅，加盖。

(3) 蒸熟成菜：将蒸盅上旺笼蒸 20 分钟至梨将扒软时取出，滤出蒸卤，另用净锅，下清水 200 克，蜂蜜 50 克，桂花 5 克，冰糖份 50 克烧沸，勾流芡浇在梨在，撒上红绿丝即成。

风味特色：

蛤士蟆沁甜肥润，鸭梨松软入味，香气清幽，馨人肺腑。

思考题：

1. 为什么削梨要立即浸入明矾水中？
2. 用猪油浇炸梨子的作用是什么？
3. 红绿丝与枸杞子在这里有什么意义？

7.28 一品火夹猴头

烹调方法：扒

主题味型：咸鲜

原料：水发野山猴头菇 300 克(挤去水分)，熟火方 1 块 250 克，鲜仔鸡腿肉 150 克，水发香菇 1 朵，熟冬笋 50 克，青菜心 10 棵，盏蒸鸽蛋 10 枚，湖虾籽 2 克，精盐 6 克，高汤精粉 2 克，鸡精粉 2 克，绍酒 20 克，熟猪油 10 克，熟鸡油 25 克，上清汤 1 000 克，白糖 2 克，湿淀粉 15 克，精炼植物油 500 克(耗 25 克)。

工艺流程：

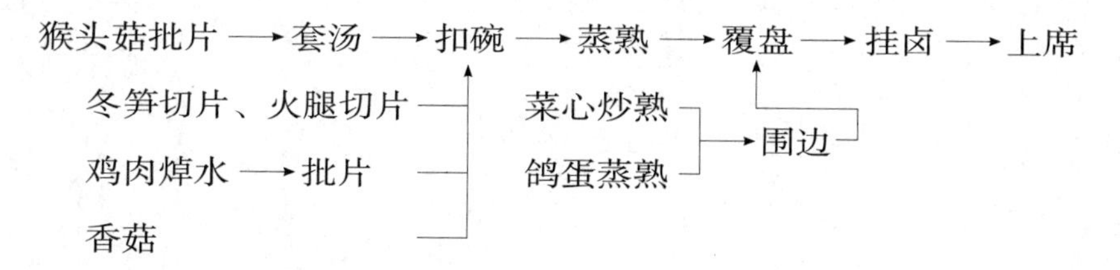

工艺要点：

(1) 预加工：①将猴菇批大薄片，入 400 克上清汤中，加盐 2 克，烧 5 分钟使之入味捞出。②将香菇去蒂、冬笋切 2.5 厘米×8 厘米梳子大片，火腿切 2.5 厘米×6 厘米大薄片待用。③将鸡肉焯水，批片待用。

(2) 扣碗：①取 18 厘米蒸碗，遍抹猪油于碗壁，下置香菇与笋片 6 片，再将猴头片挤干汤汁与火腿片相夹旋叠在碗中，上垫鸡肉片压平，上汤 500 克调入精盐 3 克，高汤粉、鸡粉、绍酒、湖虾籽 1 克，注入大碗，封口。②另取碗 1 只，内放 100 克上汤，将盏蒸鸽蛋脱入碗中，菜心入油焐熟待用。

(3) 蒸扒成菜：将猴菇上沸水笼蒸 1 小时，鸽蛋蒸 5 分钟取出覆盘，上火加虾籽鸡油。滤出原汤，略煸香，勾流芡浇在猴头上，另将菜心炒入味与鸽蛋盏围于周围，即成。

风味特色：

猴菇柔嫩，鲜香醇美，造型大气端方，名贵华丽。

思考题：

1. 猴头菇扣碗中各料组配有什么特点？
2. 你是怎样认识菜肴制作的大气与贵气的？
3. 猴头菇是怎样涨发的？

图书在版编目(CIP)数据

中国名菜:大淮扬风味制作/陈苏华主编. —上海:复旦大学出版社,2016. 9(2025. 1 重印)
(复旦卓越·21 世纪烹饪与营养系列)
ISBN 978-7-309-12395-1

Ⅰ. 中…　Ⅱ. 陈…　Ⅲ. 苏菜-菜谱　Ⅳ. TS972. 182. 53

中国版本图书馆 CIP 数据核字(2016)第 143349 号

中国名菜:大淮扬风味制作
陈苏华　主编
责任编辑/徐惠平　谢同君

复旦大学出版社有限公司出版发行
上海市国权路 579 号　邮编:200433
网址:fupnet@fudanpress. com　http://www. fudanpress. com
门市零售:86-21-65102580　团体订购:86-21-65104505
出版部电话:86-21-65642845
常熟市华顺印刷有限公司

开本 787 毫米×1092 毫米　1/16　印张 23. 5　字数 438 千字
2025 年 1 月第 1 版第 3 次印刷

ISBN 978-7-309-12395-1/T · 579
定价:58. 00 元